高职高专“十二五”规划教材

U0792154

电工电子技术

罗　岩　主　编
张永生　杨俊伟　刘一兵　副主编

经济科学出版社

图书在版编目(CIP)数据

电工电子技术/罗岩主编. —北京:经济科学出版社,2010,7
高职高专“十二五”规划教材
ISBN 978-7-5058-9680-2

Ⅰ.①电… Ⅱ.①罗… Ⅲ.①电工技术—高等学校:技术学校—教材 ②电子技术—高等学校:技术学校—教材 Ⅳ.①TM ②TN

中国版本图书馆CIP数据核字(2010)第137462号

责任编辑:王东萍
责任校对:徐领柱
技术编辑:李长建

电工电子技术
罗 岩 主 编
张永生 杨俊伟 刘一兵 副主编
经济科学出版社出版、发行 新华书店经销
社址:北京市海淀区阜成路甲28号 邮编:100142
教材编辑中心电话:88191344 发行部电话:88191540
网址:www.esp.com.cn
电子邮件:espbj3@esp.com.cn
北京密兴印刷厂印装
787×1092 16开 18印张 340千字
2010年7月第1版 2010年7月第1次印刷
ISBN 978-7-5058-9680-2 定价:31.90元

前　言

电工电子技术是高职高专工科类专业的一门专业基础课程，对于提高专业技能，在实践中发现问题、思考问题、分析问题和解决问题，提高综合素质，都有很大帮助。为了适应高等教育的需要，与时俱进，我们全面贯彻“以应用为目的，以必需够用为度”的原则，编写了这本书。本书根据高等职业教育电工电子技术课程的最新基本要求编写，同时充分考虑了高等职业教育的特点，在教材的结构和知识点的分布以及深度上进行了调整，使教材更加突出实用性、更加通俗易懂、更加贴近生产实际。

本书共分十三章，主要内容包括：电路的基本知识、直流电路、常用电工仪表、正弦交流电路、变压器应用技术、电动机应用技术、电动机控制技术、低压电器与安全用电技术、PLC 及其应用技术、电子电路中的元器件、直流稳压电源、放大电路和数字电路。

为了使学生能够加深对知识的掌握，本书每章都设置有与内容相对应的实训部分。在编写过程中，编者力求内容简练、方便阅读，采用大量图形，以使学生能够更好地掌握本教材的理论知识与应用技能。

为了配合教学，本书配备了丰富的教学资源，可从经济科学出版社网站（www. esp. com. cn）下载。

本书可以作为高职高专电子、电气、自动化及相关专业的教材，也可以作为电气工程技术人员的参考用书。

由于编者水平有限，时间也比较仓促，书中难免存在不足和考虑不周之处，望专家和读者批评指正，使本书在教学实践中不断完善。

编　者

目　录

第 1 章

电路的基本知识

内容提要

本章主要内容包括电路的基本概念和欧姆定律。其中,对电路中的电流、电压和电位以及电源和电动势进行了详细的阐述。将直流电路的欧姆定律、电功和电功率作为重点。本章还对电阻元件的连接方式及电阻电路的特点进行了阐述。

教学建议

在学习本章内容时,要从概念入手,加强对电路系统特点与特性的掌握,特别是对电路的整体概念必须有深刻的理解,以免将电路的个别因素与整体电路的特性相互对立。

学习目标

1. 了解电路的基本概念、电路的组成以及电路中的电流、电压、电位、电源和电动势。
2. 理解直流电路的欧姆定律、电功和电功率以及电阻元件的连接方式和电路特点。

第 1 节　电路的基本概念

电路的功能是实现电能的转换、分配以及对信号的传输和处理等。

电路在我们的生产和生活中广泛存在,其组成方式和作用多种多样,功能也各不相同。比如,由供电线路将照明灯具与交流(或直流)电源连接成的照明电路,学校的电铃电路,电视机内部的电路、电动机电路等。

根据电路中所使用供电电源的类型,可以将电路分为电力电路和电子电路。电力电路中使用的供电电源一般为单相交流电或三相交流电,其电压数值比较高,通常将这种电路称为强电系统;而在电子电路中使用的供电电源一般是电压数值比较低的直流电,通常将这种电路称为弱电系统。

1.1.1 电路的组成

照明是人们生活中必不可少的设施。照明电路的作用各不相同,类型也多种多样。但是其组成基本相同,都是由照明灯具、照明线路、供电电源以及开关等部分组成。其各个部分通过一定的方式连接起来就构成了电路,这个电路可以实现照明的功能。

在图 1-1 所示照明电路中我们可以看到,整个电路是由导线将灯泡、电源和开关连接起来构成的。

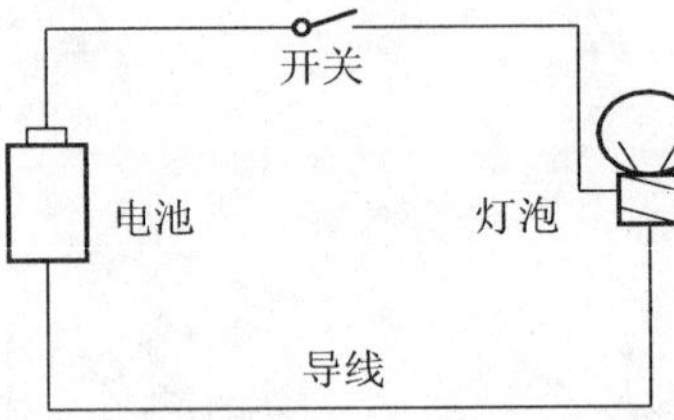

图 1-1

通常我们把电路中的用电器具称为负载,而把为负载提供电能的部分称为电源。在这个照明电路中,灯泡是电路中的负载,电池是电路中的电源。用导线通过开关将电源与负载连接起来就组成了一个照明电路。如比较简单的手电筒电路是由电池、灯泡、开关、导线等组成的一个闭合的电流通路。

如前所述,电路由电源、负载和中间环节三个部分组成。电源是电路中的供电设备,它将其他形式的能转化为电能(如发电机、干电池、蓄电池等)。负载是电路中用电设备的总称,它将电能转化成其他形式的能(如电动机、扬声器、电灯、电风扇等)。中间环节是介于电源和负载之间的控制设备、保护设备、导线等,如开关、熔断器、接触器、继电器、电表等。

在进行电路分析时,可以建立电路的模型。电路模型是由理想元器件和理想导线所构成的电路。而在实际电路中使用的元器件较为复杂,为了便于对电路进行分析和计算,我们对实际元器件进行科学的抽象与概括,成为电路的理想元件,从而获得具有普遍意义的电路规律(通常电路模型中的导线电阻忽略不计,电流表的内阻为零,电压表的内阻为无穷大等),并根据国家的标准用统一的符号来表示。

图 1-2 所示是一个电路的模型,其中 E 表示电源,R 表示负载,K 表示开关。

电路的状态通常有三种,即通路状态、开路状态和短路状态。

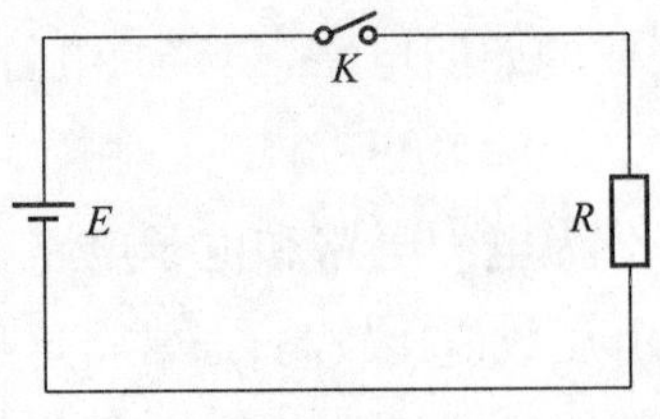

图 1-2

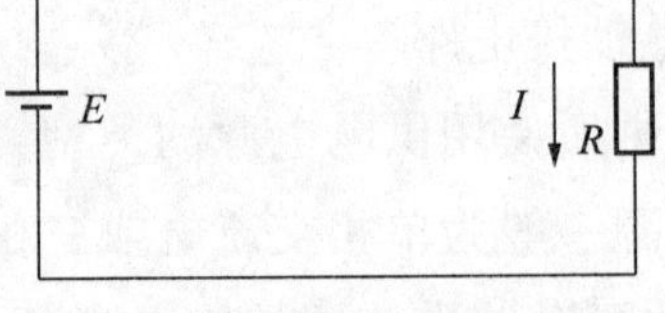

图 1-3

(1)通路状态

通路状态也称为工作状态、带负载状态或闭路状态。电路中开关闭合,电源与负载连成闭合回路。此状态下,电路中有电流 I 流过,如图 1-3 所示。

(2)开路状态

开路状态也称为断路状态,当电路中的开关断开或电路中某一处断开时,就是开路状态。此状态下,电路中没有电流流过,如图 1-4、图 1-5 所示。

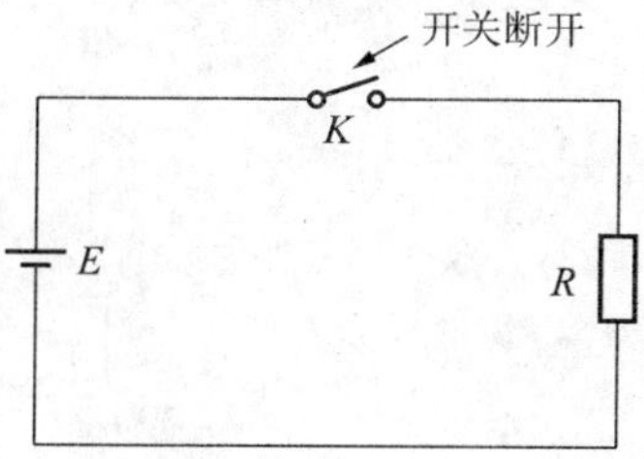

图 1-4

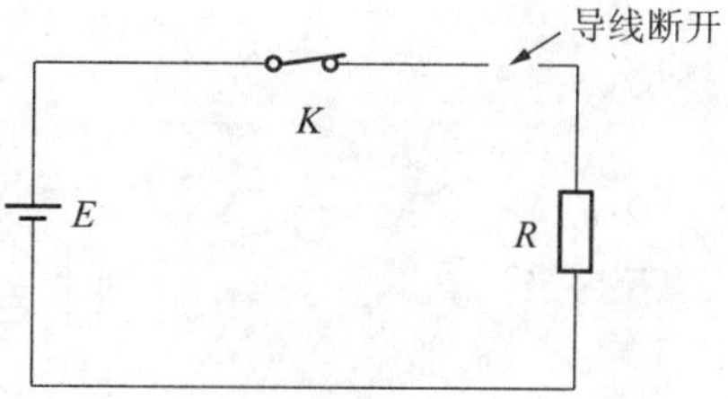

图 1-5

(3)短路状态

当电路中的电源或电路的某部分被导体短接时,就是短路状态,如图 1-6 所示。当电源被短路时,电源及电源与短路点之间导线的电流很大,而负载中没有电流流过,非常容易烧毁电源或由于电流过大使导线发热而引发事故,损毁电路中的元器件。短路状态是非正常状态,是不允许出现的。

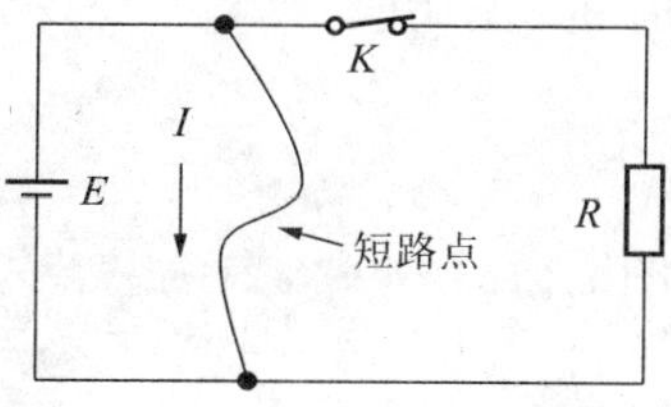

图 1-6

1.1.2 电流

1. 电流的形成

电流是由于电荷的定向移动而形成的。金属导体中的自由电子在做无规则的自由运动,当加以外部电场时,这些自由电子在电场力的作用下做定向移动就形成了电流。如照明电路导线中的自由电子在电源电场的作用下形成电流,并且按一定规律流过灯具,使灯具发光。

导体中形成电流是有一定条件的:导体内部不仅应该具有能够自由移动的电荷,还要具有能够使自由电荷做定向移动的电场,即要使导体两端具有电位差(电压)。

2. 电流的方向

(1)电流的实际方向

通常将电路中正电荷移动的方向规定为电流的实际方向。正电荷是由电源的正极出发,经过外电路的负载再回到电源的负极。电源内部正电荷移动的方向是由电源的负极流向正极。

(2)电流的参考方向

在进行电路分析时,可以任意设定电流的方向,这个设定的电流方向叫做电流的参考方向。当计算结果为正值时,说明设定的电流方向与电路中电流的实际方向相同;当计算结果为负值时,说明设定的电流方向与电路中电流的实际方向相反。如图 1 -7 所示是电流参考方向与实际方向的示意图。

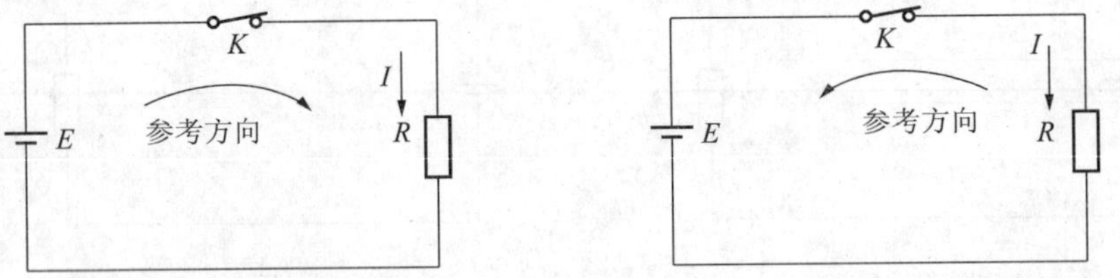

(a)电流参考方向与实际方向相同　　(b)电流参考方向与实际方向相反

图 1 -7

3. 电流强度

电流强度,简称电流,是表示电流大小的物理量,是单位时间内电荷的通过量,即流过电路中导体横截面的电荷量 q 与通电时间 t 的比值,即

$$I = \frac{q}{t}$$

式中,q——流过导体横截面的电荷量(C)

t——通电时间(s)

I——电流(A)

电流的单位为安培(A),简称安。常用的电流单位还有千安(kA)、毫安(mA)、微安(μA),它们之间的关系为

$$1\ \text{kA} = 1\ 000\ \text{A} = 10^3\ \text{A}$$

$$1\ \text{A} = 1\ 000\ \text{mA} = 10^3\ \text{mA}$$

$$1\ \text{mA} = 1\ 000\ \mu\text{A} = 10^3\ \mu\text{A}$$

1.1.3 电压和电位

1. 电压

(1)电压的定义

电场力在任意两点 A、B 间移动电荷所做的功与被移送的电荷量的比值叫 A、B 两点间的电压,即

$$U_{AB}=\frac{W_{AB}}{q}$$

式中,W_{AB}——电场力所做的功(J)

q——由 A 点移动到 B 点的电荷量(C)

U_{AB}——A、B 两点间的电压(V)

(2)电压的方向

1)电压的实际方向

电压的实际方向规定为电场力移动正电荷的方向,即由高电位指向低电位的方向。电压的方向在电路中可用箭头表示。

2)电压的参考方向

在计算电路之前各元件上电压的实际方向往往不容易判断,可事先假定一个电压的方向,这个假定的方向就是电压的参考方向。当电压的参考方向与实际方向相同时,电压为正;反之为负,如图1-8所示,图中箭头方向表示电压的参考方向。

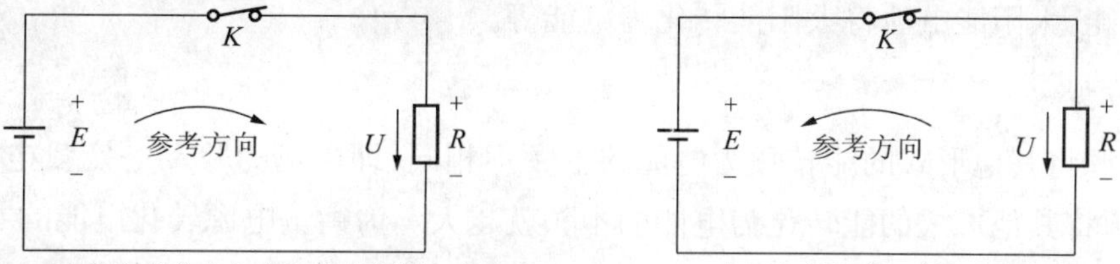

(a)电压参考方向与实际方向相同　(b)电压参考方向与实际方向相反

图1-8

3)电压的单位

在国际单位制中,电压的单位为伏(V),常用的电压单位还有千伏(kV)、毫伏(mV)、微伏(μV),它们之间的关系为

$$1\ kV=1\ 000\ V=10^3\ V$$

$$1\ V=1\ 000\ mV=10^3\ mV$$

$$1\ mV=1\ 000\ \mu V=10^3\ \mu V$$

2. 电位

(1)参考点

电路或电场中假定为零电位的点叫做参考点。通常选大地作为参考点,在电子电路中常把公共端作为参考点。实际上,在电路的计算中可以任选一点作为参考点。

(2)电位的定义

电场力把正电荷从某点移送到参考点所做的功与被移送的电荷量的比值叫做这点的电位,即

$$V=\frac{W}{q}$$

式中，W——电场力所做的功(J)

q——电荷量(C)

V——点电位(V)

某点的电位在数值上等于该点与参考点之间的电压。某点的电位比参考点电位高时，该点的电位为正；比参考点电位低时，该点的电位为负。电位是相对的，当参考点变化时，电路中各点的电位也随之变化。电位是标量，只有大小，没有方向。需要注意的是，两点间的电压是这两点间的电位差，是不随参考点的变化而变化的。

1.1.4 电源和电动势

1. 电源

电源有交流电源和直流电源等。在电源内部，非电场力使电荷逆着电场力的方向做定向移动，从而使电源两极间产生电压，这种非电场力称为电源力。电源力移动电荷时要克服电场力做功，将其他形式的能转化为电能。如蓄电池和干电池将化学能转化为电能，发电机将机械能转化为电能，太阳能电池将太阳能转化为电能等。

2. 电动势

不同电源将其他形式的能转化为电能的本领不相同，即电场力移动一定量电荷时所做的功越多，电源将其他形式的能转化为电能的本领就越大。为衡量电源转化电能的本领大小，引入电动势这个概念。电动势是电源力将正电荷从电源的负极移送到正极时所做的功与被移送的电荷量的比值，即

$$E = \frac{W}{q}$$

式中，W——电源力所做的功(J)

q——电荷量(C)

E——电动势(V)

电动势的方向在电源内部由负极指向正极，如图 1－9 所示。当电动势为正时，表示电源向电路供电，起电源作用；当电动势为负时，表示电源吸收电路的能量，起负载作用。

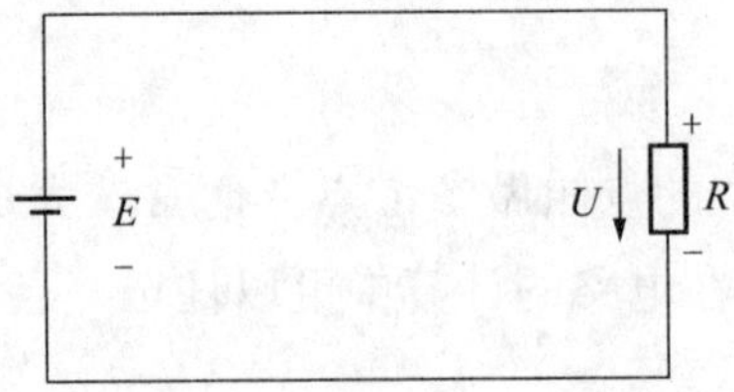

图 1－9

第2节 欧姆定律

1.2.1 电阻元件

物体对电流的阻碍作用叫做电阻。物体的电阻越大,其导电能力越差。自然界中的各种物质,按其导电性能可分为导体、绝缘体和半导体三大类。导电性能良好的物体称为导体,在导体中存在着大量的自由电荷,如金属导体银、铜、铝等。导电性能很差的物体称为绝缘体,绝缘体中几乎没有自由电荷,如橡皮、干木头、塑料等。导电性能介于导体和绝缘体之间的物体称为半导体,在半导体中自由电荷数量较少,如硅、锗等。

1. 电阻定律

实验证明,在一定的温度下,横截面均匀的导体的电阻与导体的长度成正比,与导体的横截面积成反比,与导体的材料有关,这一规律称为电阻定律,即

$$R = \rho \frac{L}{S}$$

式中,ρ——导体的电阻率(Ω·m),它与导体材料的性质和所处的状态(如温度等)有关,与导体的几何尺寸无关

L——导体的长度(m)

S——导体的横截面积(m^2)

R——导体的电阻(Ω)

表1-1中所列是几种常用材料的电阻率。

表1-1　常用材料在0 ℃时的电阻率

材料名称	电阻率 ρ(Ω·m)
银	1.5×10^{-8}
铜	1.6×10^{-8}
铝	2.5×10^{-8}
钨	5.5×10^{-8}
铁	8.7×10^{-8}
铂	9.8×10^{-8}
汞	9.4×10^{-7}
碳	3.5×10^{-5}

2. 导体的电阻与温度的关系

几乎所有导体的电阻都随温度的变化而变化。通常情况下,金属导体的电阻随温度的升高而增大,当导体的温度变化不大时,其电阻变化很小,一般可忽略。当导体的温度变化很大

时,其电阻的变化也显著,如白炽灯内的钨丝,在灯泡点亮的前后电阻变化明显。半导体的电阻随温度的升高而减小。也有一些材料(如碳、石墨、电解液)在温度升高时电阻减小,这种特性在一些电气设备中起到温度补偿作用。

3. 电阻的伏安特性

电阻中的电流与其两端电压的关系曲线称为电阻的伏安特性曲线。电压与电流的比值恒定的电阻称为线性电阻,线性电阻的阻值由电阻本身的特性决定,与电流和电压无关。如图 1-10(a)所示为线性电阻的伏安特性曲线。电压与电流的比值不为恒定值的电阻称为非线性电阻。如图 1-10(b)所示为非线性电阻的伏安特性曲线。

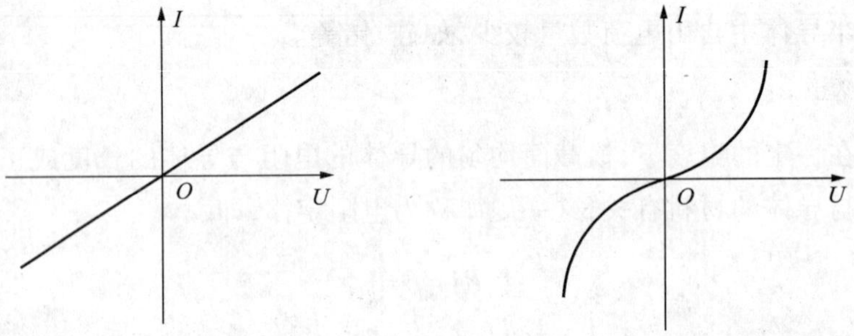

(a)线性电阻的伏安特性　　(b)非线性电阻的伏安特性

图 1-10

【例 1-1】 电炉丝是长度为 2 m、直径为 0.5 mm 的镍铬丝(镍铬丝的电阻率 $\rho = 1.1\times10^{-6}\ \Omega\cdot\text{m}$),试求出其电阻值。

解 电阻丝的横截面积为

$$S = 3.14\times0.25^2\approx0.2\ \text{mm}^2 = 2\times10^{-7}\ \text{m}^2$$

则

$$R = \rho\frac{L}{S} = \frac{1.1\times10^{-6}\times2}{2\times10^{-7}} = 11\ \Omega$$

1.2.2 欧姆定律

欧姆定律是分析电路的基本定律之一,它分为部分电路欧姆定律和全电路欧姆定律。

1. 部分电路欧姆定律

1826 年,德国物理学家欧姆通过实验总结出:电阻中的电流与加在电阻两端的电压成正比,与电阻值成反比,这一结论称为部分电路欧姆定律,简称为欧姆定律,即

$$I = \frac{U}{R}$$

式中,I——部分电路中的电流(A)

U——部分电路两端的电压(V)

R——部分电路中的电阻(Ω)

2. 全电路欧姆定律

实际电路是由电源和负载组成的闭合电路,称为全电路或闭合电路,如图1-11所示。

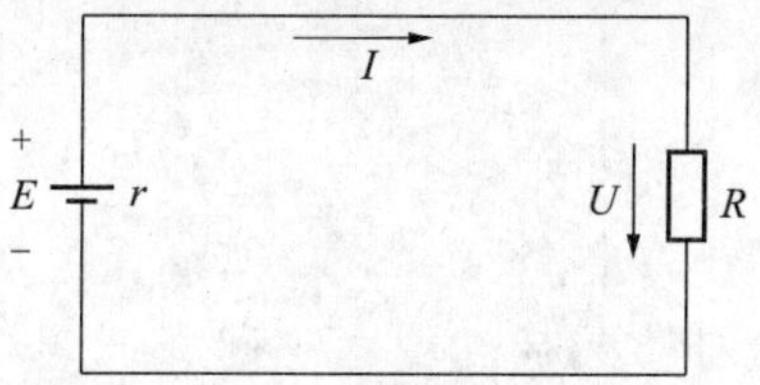

图1-11

图中,E 为电源电动势,r 为电源内阻,R 为负载电阻。电路闭合时,电路中有电流流过。闭合电路中的电流与电源电动势成正比,与电路的总电阻(内电路电阻与外电路电阻之和)成反比,即

$$I = \frac{E}{R + r}$$

上式经变换之后为 $E = Ir + IR$,而 $U = IR$ 是外电路上的电压,一般称为端电压,因此有

$$U = E - Ir$$

全电路欧姆定律只适用于线性电路(由线性电阻组成的电路)。

3. 电源的外特性

一般情况下,电源的电动势 E 是不变的,但电源有内阻 r,当外电路的电阻 R 变化时,电路的端电压 U 也随之改变。当外电路的电阻 R 增大时,电路中的电流 I 减小,电路的端电压 U 就增大;当外电路的电阻 R 减小时,电路中的电流 I 增大,则端电压 U 就减小。端电压 U 与负载中电流 I 的变化规律称为电源的外特性。电源的外特性曲线如图1-12所示。

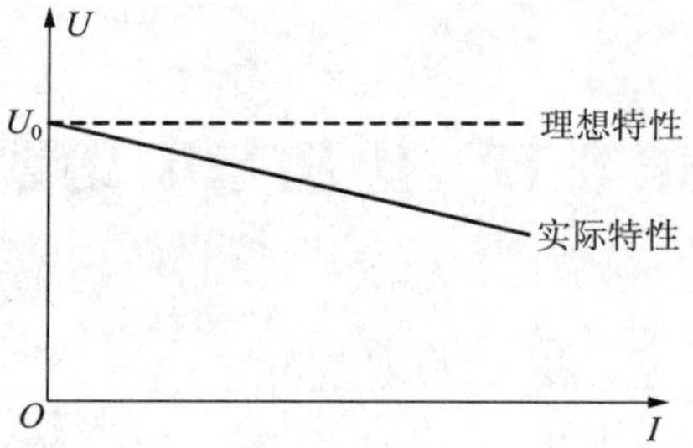

图1-12

【例 1－2】 人体的最小电阻为 800 Ω，若通过人体的电流为 50 mA 时，就会引起呼吸困难，人就不能自主地摆脱电源。求这时人体上的电压。

解

$$I=50\ \text{mA}=5\times10^{-2}\ \text{A}$$

由欧姆定律可知

$$U=IR=5\times10^{-2}\times800=40\ \text{V}$$

由此可见，当人体上的电压达到 40 V 时就不安全了。所以，在比较干燥的情况下，人体的安全电压规定为 36 V；对于潮湿的环境，安全电压降为 24 V 或 12 V。

【例 1－3】 在如图 1－13 所示的电路中，已知电源的电动势 $E=24$ V，内阻 $r=1$ Ω，负载电阻 $R=11$ Ω。求：

(1) 电路中的电流；

(2) 电源的端电压；

(3) 负载电阻 R 上的电压降；

(4) 电源内阻上的电压降。

图 1－13

解 (1) 电路中的电流为

$$I=\frac{E}{R+r}=\frac{24}{11+1}=2\ \text{A}$$

(2) 电源的端电压为

$$U=E-Ir=24-1\times2=22\ \text{V}$$

(3) 负载上的电压降为

$$U_{\text{R}}=IR=2\times11=22\ \text{V}$$

(4) 电源内阻上的电压降为

$$U_{\text{r}}=Ir=2\times1=2\ \text{V}$$

第 3 节 电功与电功率

1.3.1 电功

当电流流过负载时可以做功，如电动机将电能转化为机械能，电灯将电能转化为光能和热能。我们将电流在电路上所做的功叫做电功。

由电压的定义式 $U=\dfrac{W}{q}$ 可知电功的计算式为

$$W=Uq \text{ 或 } W=UIt$$

式中，W——电流所做的功(J)

q——电荷量(C)

U——电路两端的电压(V)

上式表明,电流在一段电路上所做的功与这段电路两端的电压、电路中的电流和做功时间的乘积成正比。

在纯电阻电路中,欧姆定律成立。将 $U=IR$ 和 $I=\frac{U}{R}$代入 $W=UIt$ 得

$$W=\frac{U^2}{R}t=I^2Rt$$

通常电功也用“度”做单位,1 度 = 1 kW · h = 3.6×10^6 J。

1.3.2 电功率

为描述电流做功的快慢,引入电功率这个物理量,电流在单位时间内所做的功称为电功率,即

$$P=\frac{W}{t}$$

式中,W——电流所做的功(J)

t——做功所用的时间(s)

P——电功率(W)

在纯电阻电路中,有

$$P=\frac{U^2}{R}=I^2R=UI$$

【例1-4】 一只功率为 60 W 的电灯泡,每天照明 5 h,如果平均每月按 30 天计算,则每月消耗多少电能,合多少焦耳?

解 电灯每月工作的时间为

$$T=5\times30=150\ \text{h}$$

故电灯每月消耗的电能为

$$W=Pt=60\times150=9\ \text{kW}\cdot\text{h}$$

即每月消耗的电能为 9 度,合 $9\times3.6\times10^6=3.24\times10^7$ J。

【例1-5】 在如图 1-13 所示的电路中,电动势 $E=120$ V,负载 $R=119\ \Omega$,电源内阻 $r=1\ \Omega$。试求:负载电阻消耗的功率 $P_{负}$,电源内阻消耗的功率 $P_{内}$及电源提供的功率 P。

解 由全电路欧姆定律知

$$I=\frac{E}{R+r}=\frac{120}{119+1}=1\ \text{A}$$

负载上消耗的功率为

$$P_{负}=I^2R=1^2\times119=119\ \text{W}$$

电源内阻上消耗的功率为

$$P_{内} = I^2 r = 1^2 \times 1 = 1\ \text{W}$$

电源提供的功率为

$$P = IE = 1 \times 120 = 120\ \text{W}$$

因为 $P = P_{负} + P_{内}$，所以，电路中功率是平衡的。

在闭合电路中，电源所提供的功率一部分消耗在电源内阻上，另一部分消耗在负载电阻 R 上。负载电阻 R 变化时，负载上的功率随之改变，那么，当负载电阻 $R = r$ 时，电源有最大的输出功率，其值为

$$P_{\text{m}} = \frac{E^2}{4R}$$

在电子电路中，把负载电阻等于电源内阻时的状态称为阻抗匹配。阻抗匹配时负载可以获得最大的功率。

【例 1-6】 如图 1-14 所示，电源电动势 $E = 20\ \text{V}$，内阻 $r = 1\ \Omega$，$R_1 = 3\ \Omega$，R_{P}为可变电阻。问：当 R_{P}为何值时可获得最大功率？

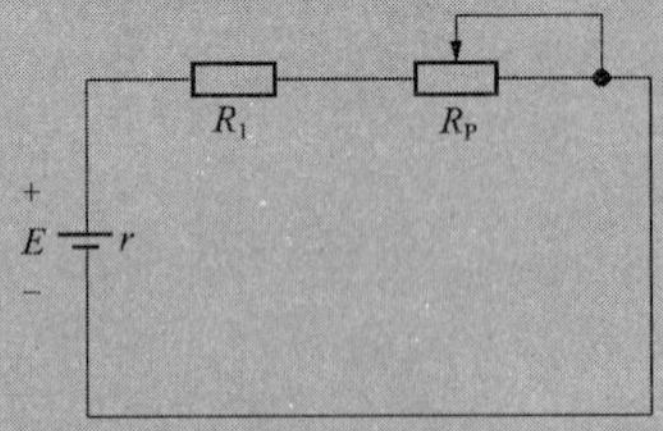

图 1-14

解 根据负载获得最大功率的条件，当 $R_{\text{P}} = R_1 + r = 3 + 1 = 4\ \Omega$ 时，R_{P}可以获得最大功率，其值为

$$P_{\text{m}} = \frac{E^2}{4R_{\text{P}}} = \frac{20^2}{4 \times 4} = 25\ \text{W}$$

综合实训 1　电流与电压值的测量（电工仪表的使用）

一、实训目的

(1) 熟悉实验装置上各类测量仪表的布局。

(2) 熟悉实验装置以及各类电源的使用方法。

(3) 掌握电压表、电流表内阻的测量方法。

二、原理说明

(1) 为了准确地测量电路中的实际电压和电流，必须保证仪表接入电路后不会改变被测

电路的工作状态,这就要求电压表的内阻为无穷大,电流表的内阻为零,而实际使用的电工仪表都不能满足上述要求。因此,当测量仪表一旦接入电路,就会改变电路原有的工作状态,这就导致仪表的读数值与电路原有的实际值之间出现误差,这种测量误差值的大小与仪表本身内阻值大小密切相关。

(2)采用"分流法"测量电流表的内阻,如图1-15所示。

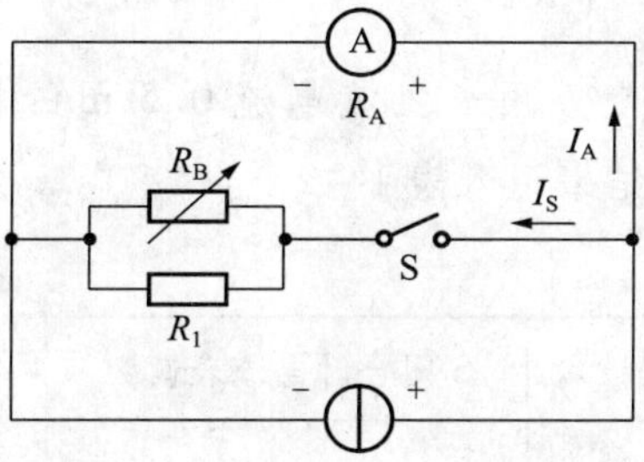

图1-15

在电路中,Ⓐ为被测内阻(R_A)的直流电流表,测量时先断开开关S,调节直流恒流源的输出电流I使Ⓐ表指针满偏,然后闭合开关S,并保持I值不变,调节电阻箱R_B的阻值,使电流表的指针指在$\frac{1}{2}$满偏位置,此时有

$$I_A = I_B = \frac{1}{2}I$$

所以

$$R_A = R_B /\!/ R_1$$

R_1为固定电阻器之值,R_B由可调电阻箱的刻度盘上读得。R_1与R_B并联,且R_1选用小阻值电阻,R_B选用较大电阻,则阻值调节可比单只电阻箱更为细微、平滑。

(3)测量电压表的内阻采用"分压法",如图1-16所示。

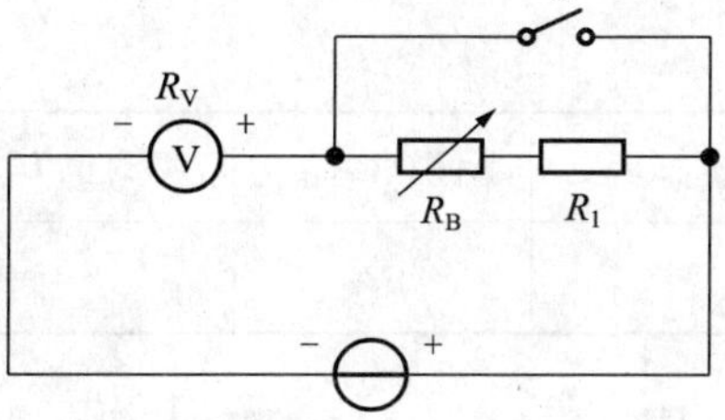

图1-16

Ⓥ为被测内阻(R_V)的电压表,测量时先将开关S闭合,调节直流稳压电源的输出电压,使电压表Ⓥ的指针满偏,然后断开开关S,调节R_B的阻值,使电压表Ⓥ的指示值减半,此时有

$$R_V = R_B + R_1$$

电压表的灵敏度为

$$S=\frac{R_V}{U}$$

三、实训设备

可调直流稳压电源一台，可调直流恒流源一台，万用表一块，可调电阻箱一个，电阻器若干。

四、实训内容

(1)根据“分流法”原理测定万用表直流电流0.5 mA和5 mA档量限的内阻，电路按图1－15所示接线，将所测量的结果记入表1－2。

表1－2

被测电流表量限	S断开时电流表读数	S闭合时电流表读数	R_B	R_1	计算R_A
0.5 mA					
5 mA					

(2)根据“分压法”原理，按图1－16所示接线，测定万用表直流电压2.5 V和10 V档量限的内阻，将所测量的结果记入表1－3。

表1－3

被测电压表量限	S闭合时电压表读数	S断开时电压表读数	R_B	R_1	计算R_V	计算S
2.5 V						
10 V						

(3)用万用电表直流电压10 V档测量图1－16中R_1上的电压U_{R1}，并计算测量的绝对误差与相对误差，将结果记入表1－4。

表1－4

U	R_2	$R_{10\,V}$	计算值U_{R1}	实测值U_{R1}	绝对误差	相对误差
10 V						

五、分析与思考

(1)根据实训内容(1)和(2)，若已求出0.5 mA档和2.5 V档的内阻，可否直接计算得出5 mA档和10 V档的内阻？

(2)用量限为10 A的电流表测实际值为8 A的电流时，实际读数为8.1 A，求测量的绝对误差和相对误差。

六、实训总结

(1)列表记录实验数据，并计算各被测仪表的内阻值。

(2)计算实训内容(3)的绝对误差与相对误差。

习 题

1－1 电路主要由哪几个部分组成？各个部分的作用是什么？

1－2 电路一般有几种状态？不允许出现的状态是哪种？

1－3 电流是如何形成的？何谓电流的参考方向和实际方向？

1－4 欧姆定律中的主要参数有哪些？它们之间的关系是怎样的？

1－5 在如图1－17所示电路中，$U=100$ V，当串入电路中电阻的阻值由20 Ω增大到40 Ω时，电路中的电流是增大还是减小？变化量是多少？

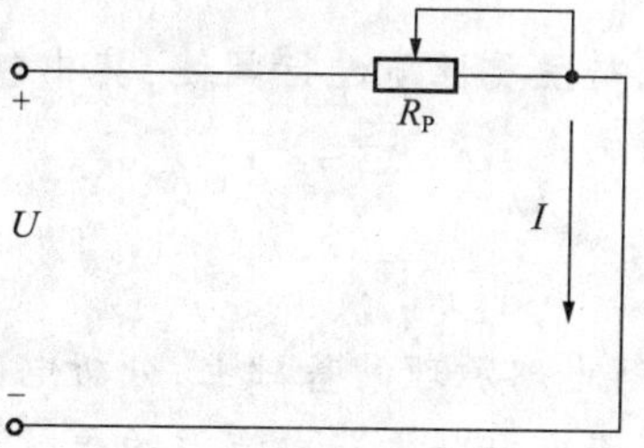

图1－17

第 2 章

直流电路

内容提要

本章重点对直流电路的特点与主要性质进行阐述，其中包括电阻的连接、电源的连接、基尔霍夫定律以及电压源与电流源。

教学建议

在学习本章内容时，要在理解电路原理的基础上，分析电阻串联电路、电阻并联电路、电源的连接和基尔霍夫定律。主要难点在电压源与电流源的等效变换。

学习目标

1. 了解电阻的连接方式，特别是电阻串联电路、并联电路以及混联电路的等效电阻计算。
2. 了解电源串联电路和电源并联电路。
3. 掌握基尔霍夫电流定律和基尔霍夫电压定律的应用。
4. 掌握电压源与电流源的等效变换以及戴维南定理的基本原理。

第 1 节 电阻的连接

2.1.1 电阻串联电路

1. 电阻的串联

将两个或两个以上的电阻依次连接起来，中间没有分支的连接方式称为电阻的串联。如图 2－1 所示是电阻串联的示意图。

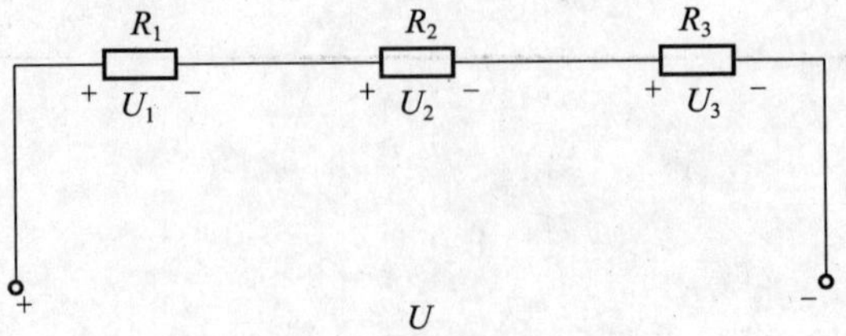

图 2－1

2. 电阻串联的特点

(1)串联电路中的电流相等。在电阻串联电路中，电路中各处的电流相等，或者说，流过各个电阻的电流是相等的。设有 n 个电阻串联之后，各个电阻上的电流依次为 I_1、I_2、I_3、…、I_n，则

$$I_1 = I_2 = I_3 = \cdots = I_n$$

(2)串联电路的总电阻等于各个分电阻之和。在电阻串联电路中，电路的等效电阻等于串联的各个电阻之和。在电阻串联电路中，设有电阻 R_1、R_2、R_3…、R_n，电路的等效电阻为 R，则

$$R = R_1 + R_2 + R_3 + \cdots + R_n$$

如图 2－2 所示是电阻串联后的等效电阻示意图。

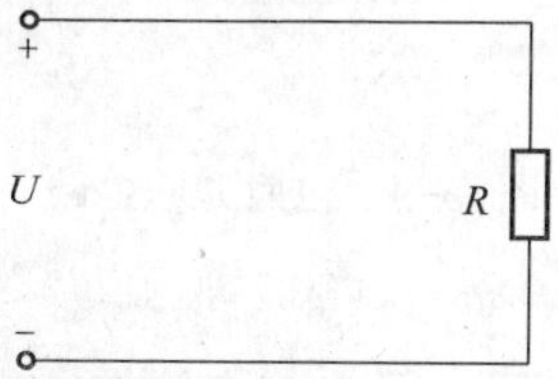

图 2－2

(3)串联电路的总电压等于各个电阻两端电压之和。在电阻串联电路中，电路两端的总电压等于各个电阻上的电压之和。当电路中有 n 个电阻串联时，如果设电路两端的总电压为 U，每个电阻上的电压分别为 U_1、U_2、U_3、…、U_n，则

$$U = U_1 + U_2 + U_3 + \cdots + U_n$$

(4)串联电路中各个电阻的电压和功率与其本身的电阻值成正比。在串联电路中电压分配和功率分配存在一定的对应关系，即

$$\frac{U_1}{U_2} = \frac{R_1}{R_2}, \frac{P_1}{P_2} = \frac{R_1}{R_2}$$

可见，串联电路中的电压分配与各电阻的阻值成正比，串联电路中的功率分配与各电阻的阻值也成正比。

【例 2－1】 如图 2－3 所示是常见的分压器电路，已知电路的输入电压为 100 V，可调电阻 $R = 200\ \Omega$，当可调电阻触点移到 CD 间阻值为 80 Ω 的位置时，求输出电压 U_{CD}。

解 由于串联分压与电阻值成正比，则

$$U_{CD} = \frac{R_{CD}}{R} U = \frac{80}{200} \times 100 = 40\ \text{V}$$

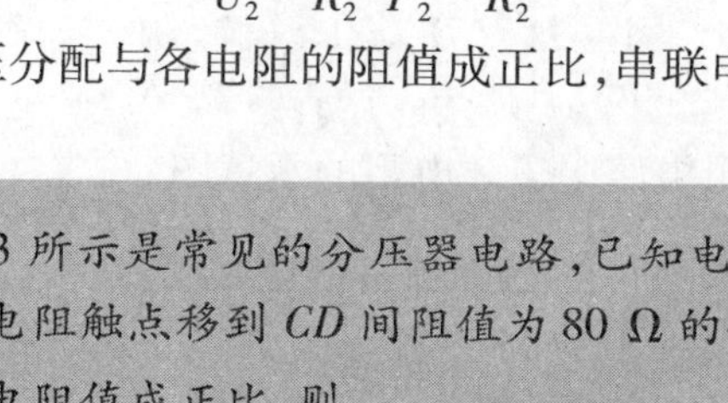

图 2－3

2.1.2 电阻并联电路

1. 电阻的并联

将两个或两个以上的电阻并列地连接在两点之间，每个电阻成为一条单独支路的连接方式称为电阻的并联，如图 2－4 所示。

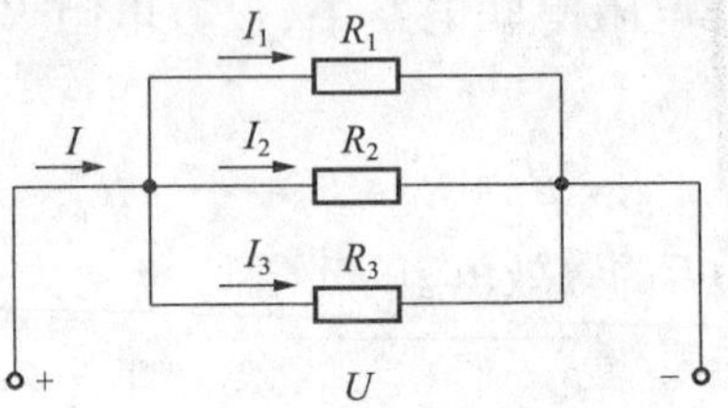

图 2－4 电阻并联电路

2. 电阻并联的特点

(1)并联电路中各支路两端的电压相等。在电阻并联电路中，设有电阻 R_1、R_2、R_3、…、R_n，各支路两端的电压分别为 U_1、U_2、U_3、…、U_n，则

$$U_1 = U_2 = U_3 = \cdots = U_n$$

(2)并联电路的总电流等于各支路电流之和。在电阻并联电路中，设有电阻 R_1、R_2、R_3、…、R_n，各支路中的电流分别为 I_1、I_2、I_3、…、I_n，电路的总电流为 I，则

$$I = I_1 + I_2 + I_3 + \cdots + I_n$$

(3)并联电路的等效电阻的倒数等于各电阻的倒数之和。在电阻并联电路中，设有电阻 R_1、R_2、R_3、…、R_n，等效电阻为 R，则

$$\frac{1}{R} = \frac{1}{R_1} + \frac{1}{R_2} + \frac{1}{R_3} + \cdots + \frac{1}{R_n}$$

如图 2－5 所示是并联电阻电路中等效电阻的示意图。

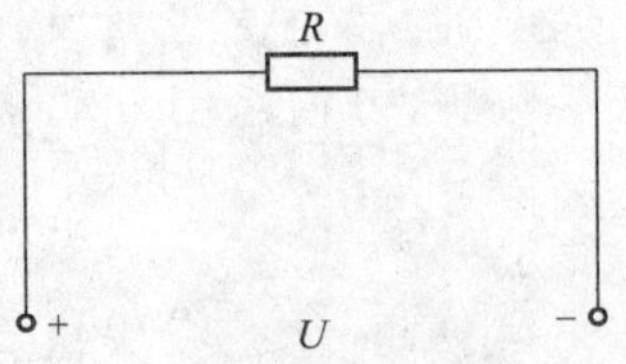

图 2－5

在电路中，如果只有 R_1、R_2 两个电阻并联时，等效电阻为

$$R = \frac{R_1 R_2}{R_1 + R_2}$$

(4)并联电路的电流分配和功率分配与各支路的电阻成反比，即

$$\frac{I_1}{I_2} = \frac{R_2}{R_1}, \frac{P_1}{P_2} = \frac{R_2}{R_1}$$

【例2-2】 如图2-4所示，并联电阻$R_1=8\ \Omega$、$R_2=4\ \Omega$、$R_3=10\ \Omega$，电源电压$U=16\ V$，如果内阻不计。求：

(1)电路的总电阻；

(2)各支路电流I_1、I_2、I_3和总电流I；

(3)各电阻上消耗的功率P_1、P_2、P_3和电路的总功率P。

解 (1)求电路的总电阻

由$R=\dfrac{R_1R_2}{R_1+R_2}$得

$$R_{12}=\frac{R_1R_2}{R_1+R_2}=\frac{8\times4}{8+4}\approx2.7\ \Omega$$

$$R=\frac{R_{12}R_3}{R_{12}+R_3}=\frac{2.7\times10}{2.7+10}\approx2.1\ \Omega$$

(2)求各支路电流和总电流

$$I_1=\frac{U}{R_1}=\frac{16}{8}=2\ A$$

$$I_2=\frac{U}{R_2}=\frac{16}{4}=4\ A$$

$$I_3=\frac{U}{R_3}=\frac{16}{10}=1.6\ A$$

$$I=I_1+I_2+I_3=2+4+1.6=7.6\ A$$

(3)求各电阻上消耗的功率和总功率

$$P_1=UI_1=16\times2=32\ W$$

$$P_2=UI_2=16\times4=64\ W$$

$$P_3=UI_3=16\times1.6=25.6\ W$$

$$P=P_1+P_2+P_3=121.6\ W$$

【例2-3】 如图2-6所示，已知$R_1=R_2=R_3=R$，求AB间的等效电阻R_{AB}。

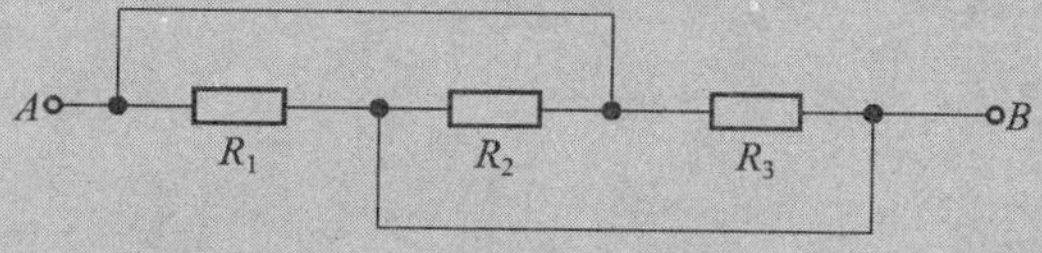

图2-6

解 将原电路等效变换后，显然R_1、R_2、R_3为并联关系，如图2-7所示是等效电路。

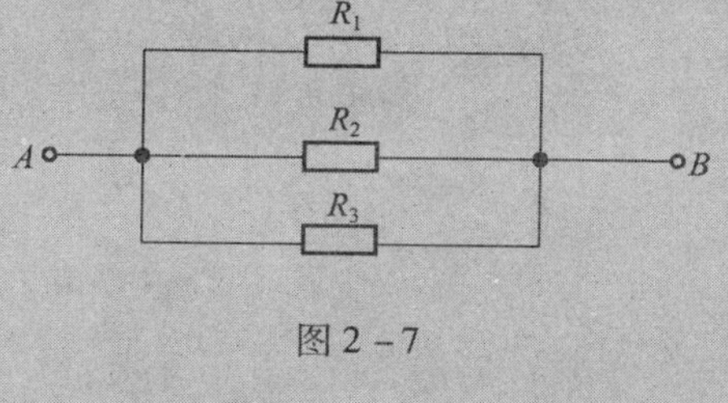

图2-7

由公式得

$$R_{AB}=\frac{R}{3}$$

2.1.3 电阻的混联电路

1. 电阻的混联

在电路中，既含有串联电阻又含有并联电阻的电路称为电阻的混联电路。如图 2－8 所示是两种最基本的电阻混联电路。

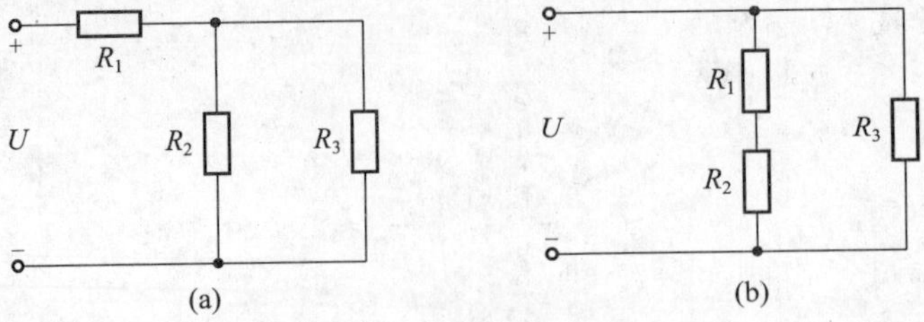

图 2－8

2. 混联电路的分析方法

混联电路在实际应用中非常普遍。计算电阻混联电路的关键是分析电路的结构，将不规范的串、并联电阻逐一简化为规范的串、并联关系。先画出等效电路，然后再利用串联和并联电路的原理从局部到总体进行计算。

【例 2－4】 在如图 2－9 所示的电路中，已知 $R_1=R_4=4\ \Omega$，$R_2=R_3=1\ \Omega$，$R_5=4\ \Omega$，求等效电阻 R。

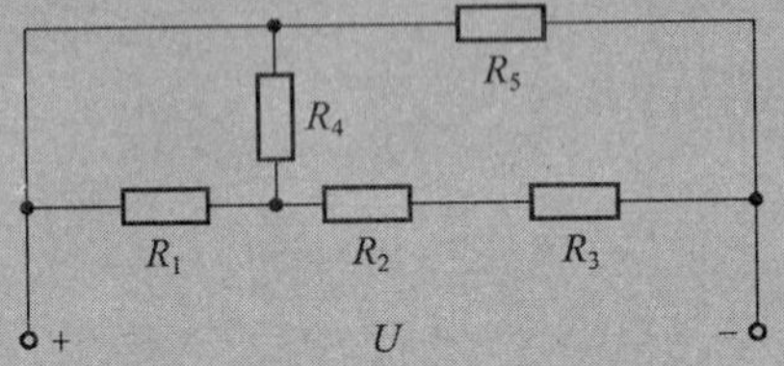

图 2－9

解 分析电路结构，逐步化简，化简电路如图 2－10 所示：

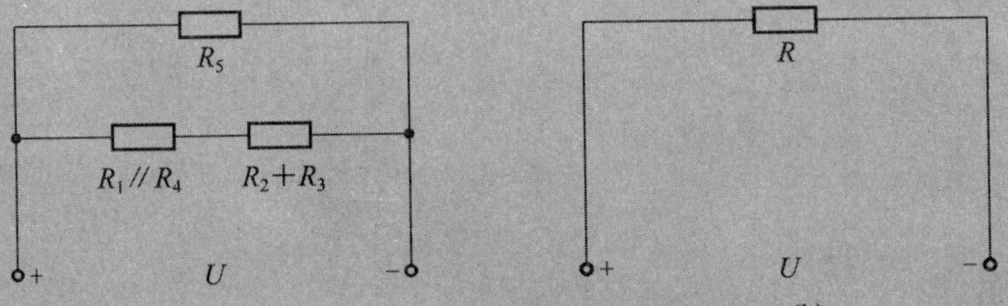

图 2－10

R_1 与 R_4 并联，其等效电阻为

$$R_{并}=R_1 // R_4=\frac{R_1R_4}{R_1+R_4}=\frac{4\times4}{4+4}=2\ \Omega$$

R_2 与 R_3 串联，其等效电阻为

$$R_{串}=R_2+R_3=1+1=2\ \Omega$$

$R_{并}$与$R_{串}$串联，其等效电阻为

$$R_{串并} = R_{并} + R_{串} = 2 + 2 = 4\ \Omega$$

R_5与$R_{串并}$并联，则总等效电阻为

$$R = R_5 /\!/ R_{串并} = \frac{4 \times 4}{4 + 4} = 2\ \Omega$$

第2节 电源的连接

电池是人们日常生活中使用较多的一种直流电源。单个电池提供的额定电压和最大允许电流都是有限的，在很多情况下满足不了人们的实际需要，那么，就有需要将电池按一定方式组合起来，以提高供电电压或增大供电电流。电池组一般由相同的电池串联或并联组成。

2.2.1 电池的串联电路

1. 串联电池组

在实际使用中，把几个相同的电池按同一极性方向依次串联起来就组成了串联电池组。第一个电池的正极就是电池组的正极，最后一个电池的负极就是电池组的负极，如图 2 – 11 所示。

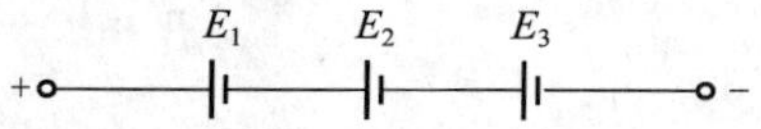

图 2 – 11

2. 串联电池组的电动势和内阻

在电路中，如果有 n 个相同的电池，每个电池的电动势为 E，内阻为 r，则串联电池组的总电动势为

$$E_{串} = nE$$

内阻为

$$R_{串} = nr$$

当外接负载电阻 R 时，串联电池组输出的电流为

$$I = \frac{E_{串}}{R + R_{串}} = \frac{nE}{R + nr}$$

显然，串联电池组的电动势 $E_{串}$ 高于单个电池的电动势 E，所以当用电设备的额定电压高于单个电池的电动势 E 时，可用串联电池组供电，但负载的额定工作电流仍然不能大于单个电池的最大允许电流，这一特点在实际应用中必须要引起注意。

2.2.2 电池的并联电路

1. 并联电池组

在实际应用中，把几个相同的电池的正极接在一起作为电池组的正极，负极接在一起作为

电池组的负极，就组成了并联电池组，如图 2－12 所示。

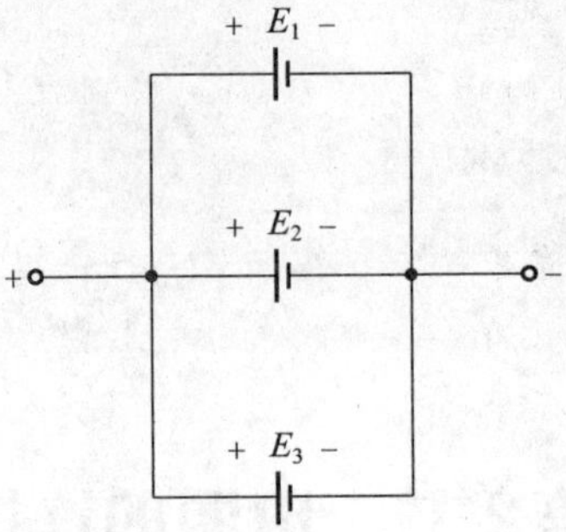

图 2－12

2. 并联电池组的电动势、内阻和额定电流

若有 n 个相同的电池，每个电池的电动势为 E，内阻为 r，额定电流为 I_0，则并联电池组的电动势为

$$E_{并} = E$$

内阻为

$$R_{并} = \frac{r}{n}$$

当外接负载电阻 R 时，流过负载的电流为

$$I = \frac{E_{并}}{R + R_{并}} = \frac{E}{R + \frac{r}{n}}$$

并联电池组的额定电流为

$$I = I_1 + I_2 + I_3 + \cdots + I_n = nI_0$$

所以，并联电池组的额定电流为单个电池的额定电流之和，但电动势仍然为 E。当用电设备的额定电流大于单个电池的额定电流时，可采用并联电池组供电，这一特点在实际应用中也必须要引起注意。

第 3 节　基尔霍夫定律

在实际应用中，由于复杂电路不能用串联、并联分析方法化简成无分支的单回路电路。分析和解决复杂电路时欧姆定律就不够用了，且欧姆定律只适用于线性电路。基尔霍夫定律是分析、解决复杂电路的基本定律，不仅适用于线性电路，也适用于非线性电路。

基尔霍夫定律包括电流定律（KCL）和电压定律（KVL）两部分，与欧姆定律共同组成分析电路的三个主要定律。在介绍基尔霍夫定律之前，必须先介绍几个重要术语：

（1）支路：电路中由一个或几个元件串联而成的一段无分支的电路。

（2）节点：电路中三条或三条以上支路的连接点。

（3）回路：电路中任意一个闭合路径。

（4）网孔：电路中不包含其他支路和回路的最小回路。

如图 2－13 所示是一个含有支路、节点、回路和网孔的电路。图中有 *acb*、*adb* 和 *aeb* 三条支路，*a*、*b* 两个节点，*acbda*、*adbea* 和 *acbea* 三个回路及 *acbda*、*adbea* 两个网孔。

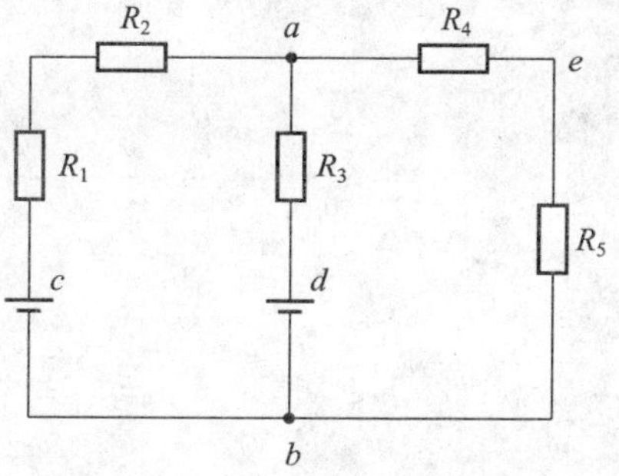

图 2－13

2.3.1 基尔霍夫电流定律

1. 基尔霍夫电流定律(KCL)

基尔霍夫电流定律也称为基尔霍夫第一定律。任一时刻，电路中任一节点的电流代数和恒等于零。若流入节点的电流为正时，流出节点的电流为负；反之亦然。其数学表达式为

$$\sum I = 0$$

【例 2－5】 如图 2－14 所示是某电路中的一个节点，其中各支路的电流方向如图所示。在节点电路中，根据基尔霍夫电流定律(KCL)有

$$I_1 - I_2 + I_3 - I_4 - I_5 = 0 \text{ 或 } I_1 + I_3 = I_2 + I_4 + I_5$$

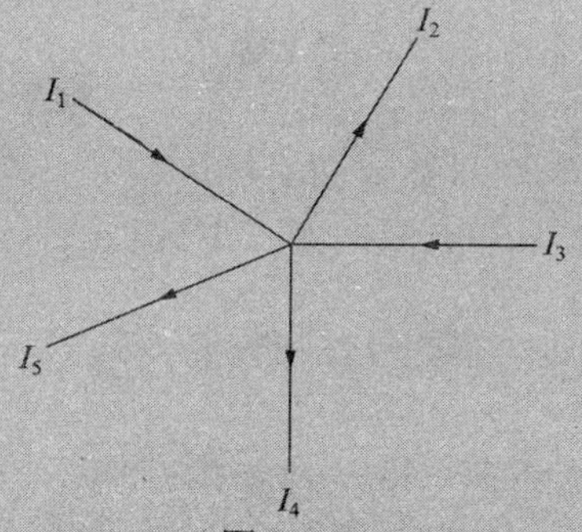

图 2－14

2. 基尔霍夫电流定律的应用

基尔霍夫电流定律可以推广到广义节点。电路中任何一个假想的封闭面，称为广义节点。任一瞬间，通过广义节点的各支路的电流代数和恒等于零；或说任一瞬间，流入广义节点的电流之和等于流出广义节点的电流之和。

【例2-6】 如图2-15所示是电流定律的应用实例。

在图(a)中，不论虚线框内电路有多复杂都视为一个广义节点，则有

$$I_A + I_B - I_C = 0 \text{ 或 } I_A + I_B = I_C$$

在图(b)中，也将虚线框内的复杂电路视为一个广义节点，则有

$$I_E - I_B - I_C = 0 \text{ 或 } I_E = I_B + I_C$$

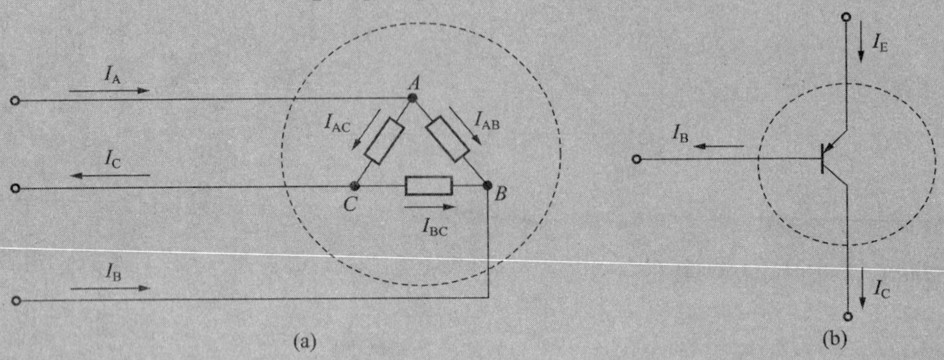

图2-15

2.3.2 基尔霍夫电压定律

1. 基尔霍夫电压定律(KVL)

基尔霍夫电压定律也称为基尔霍夫第二定律。任一瞬间，沿电路的任一闭合回路绕行一周，各段电压的代数和为零，即

$$\sum U = 0$$

应用回路电压定律解题时的一般步骤：

(1)任意设定回路的绕行方向，顺时针或逆时针。

(2)任意设定回路中各支路上未知电流的参考方向。

(3)确定电源两端的电压方向。

(4)列回路电压方程。各段电压的参考方向与回路绕行方向一致时取正值，与绕行方向相反时取负值。

【例2-7】 如图2-16所示是一个复杂电路，根据基尔霍夫定律，列出回路的电压定律方程。

解 (1)设定回路绕行方向如图中虚线所示。

(2)设定各支路电流I_1、I_2、I_3、I_4的方向，如图所示。

(3)确定各电源的极性(电压方向)。

(4)根据基尔霍夫电压定律列方程式

$$I_1R_1 + I_2R_2 + E_1 - I_3R_3 - I_4R_4 - E_2 = 0$$

或

$$I_1R_1 + I_2R_2 - I_3R_3 - I_4R_4 = -E_1 + E_2$$

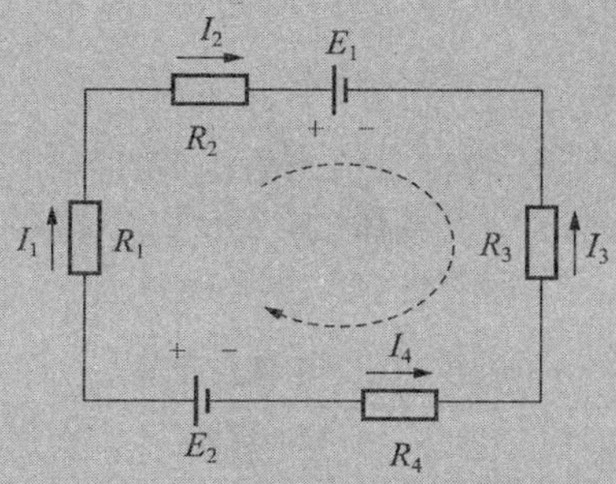

图 2-16

2. 基尔霍夫电压定律的应用

将不闭合电路的两开口端电压用 U_{ab} 表示，形成一个假想的回路，称为广义回路。

【例 2-8】 列出如图 2-17 所示电路的回路电压方程。

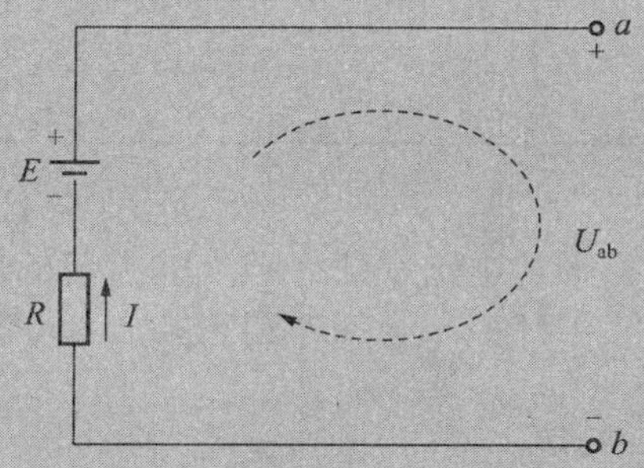

图 2-17

解 (1)设定回路绕行方向如图中虚线所示。

(2)设定各支路电流 I 的参考方向如图所示。

(3)设定开口端电压 U_{ab}，如图所示。

(4)确定各电源的极性(电压方向)。

(5)列回路电压方程为

$$IR - E + U_{ab} = 0$$

或

$$IR + U_{ab} = E$$

2.3.3 基尔霍夫定律的应用

基尔霍夫定律最基本的应用是支路电流法。支路电流法是分析求解电路的基本方法。以各支路电流为未知量，运用基尔霍夫第一定律和第二定律列方程组，解方程组求得各支路电流的方法称为支路电流法。

运用支路电流法解题的一般步骤：

(1)设定各支路电流的参考方向、元件上的电压方向和回路绕行方向。

(2)根据基尔霍夫第一定律列出节点电流方程。要注意的是，电路中若有 n 条支路时只能列出 $(n-1)$ 个独立的节点电流方程。方程的独立性是一个方程不能被其他方程所代替，独立方程中至少有一个新的物理量是其他方程中不具有的。

(3)根据基尔霍夫第二定律列出独立的回路电压方程,方程中至少包含一条新的支路,一般选择每个网孔列一个方程。

(4)代入已知量求出未知电流。

基尔霍夫定律是电路设计与计算的重要依据,为了加深对基尔霍夫定律的理解,同时,巩固电压与电流测量的技能,我们通过一个具体的实验项目对基尔霍夫定律进行分析和验证。

1. 相关的元器件(如表2-1)

表2-1 电路元器件名称及型号

名称	代号	规格	数量	备注
电阻	R_1	510 Ω / 0.5 W	1只	
电阻	R_2	1 kΩ / 1 W	1只	
电阻	R_3	300 Ω / 0.5 W	1只	
直流电压表	Ⓥ	量程30 V	1个	万用表
直流稳压电源	U_{S1}、U_{S2}	0~30 V / 1 A	2个	
接线板			1块	
导线			多条	

2. 依据原理

(1)依据基尔霍夫电流定律,通过电路中任一节点的电流的代数和为0,即$\sum I=0$。

(2)依据基尔霍夫电压定律,沿任一闭合回路绕行一周,回路中各段电压的代数和为0,即$\sum U=0$。

(3)用电流表测定出各个支路的电流,用电压表测定出回路中的各段电压,计算验证基尔霍夫定律。

3. 步骤

(1)按照图2-18所示连接好电路,经检查无误后,将U_{S1}调至6 V、U_{S2}调至12 V。

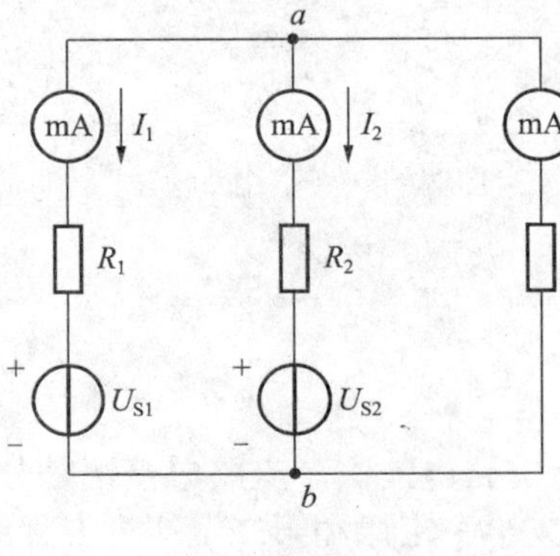

图2-18

(2)测量各个支路的电流。

(3)测量各个元件上的电压。

(4)将上述各个测量数据填写入表2-2。

(5)将U_{S1}调至10 V、U_{S2}调至20 V,重做上述测量,将各个测量数据填入表2-2。

(6)计算支路电流和回路电压,将数据填入表2-2。

表 2-2

项目	测量值(电流 / mA、电压 / V)						给定值	
	I_1	I_2	I_3	U_1	U_2	U_3	U_{S1}	U_{S2}
实际测量值 1							6 V	12 V
实际测量值 2							10 V	20 V
理论计算值 1								
理论计算值 2								
验证基尔霍夫定律	KCL	节点 a						
		节点 b						
	KVL	回路 1						
		回路 2						

4. 通过计算数值,验证基尔霍夫定律

【例 2-9】 如图 2-19 所示电路,已知 $E_1=130$ V,$E_2=117$ V,$R_1=1$ Ω,$R_2=0.6$ Ω,$R_3=24$ Ω。求各支路电流 I_1、I_2、I_3。

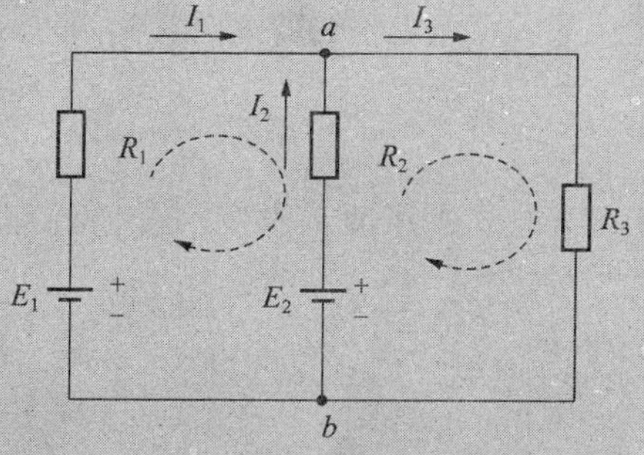

图 2-19

解 (1)设定各支路电流 I_1、I_2、I_3 的参考方向,电源上的电压方向和回路绕行方向如图所示。

(2)根据基尔霍夫电流定律和电压定律列出独立的方程组。

对 a 点列方程

$$I_1+I_2-I_3=0$$

对左边网孔列方程

$$I_1R_1-I_2R_2-E_1+E_2=0$$

对右边网孔列方程

$$I_2R_2+I_3R_3-E_2=0$$

(3)代入已知量化简,得

$$\begin{cases} I_1+I_2-I_3=0 \\ I_1-0.6I_2=13 \\ 0.6I_2+24I_3=117 \end{cases}$$

解方程组得

$$I_1 = 10\ \text{A}, I_2 = -5\ \text{A}, I_3 = 5\ \text{A}$$

第4节　电压源与电流源

电源是电路的主要组成部分，是电路中电能的来源，其种类很多，根据电源的伏安特性可分为电压源和电流源两大类。

2.4.1　电压源

以稳定的电压向负载供电的电源称为电压源。它可分为理想电压源和实际电压源。

1. 理想电压源

理想电压源以恒定的电压 U_S 向负载供电，又称为恒压源，如图 2－20 中虚线框内所示。理想电压源的内阻为零，输出电流的大小只随负载电阻的变化而变化，即

$$I = \frac{U_S}{R}$$

在理想电压源电路中，负载两端的电压恒定不变，其伏安特性如图 2－21 所示。

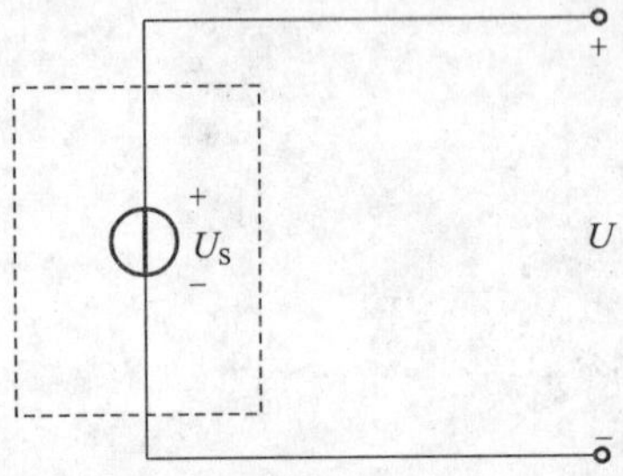

图 2－20

图 2－21

理想电压源是电压源的理想模型。实际中电压源的内阻不为零，但一般都较小。

2. 实际电压源

实际电压源的符号由理想电压源与内阻 r 相串联，如图 2－22 中虚线框内所示。在实际电压源电路中，其输出电压随内阻的增大而减小，即

$$U = U_S - Ir$$

这是由于实际电压源有内阻，内阻越大，流过的电流越小，内阻上的压降也越大，其伏安特性如图 2－23 所示。

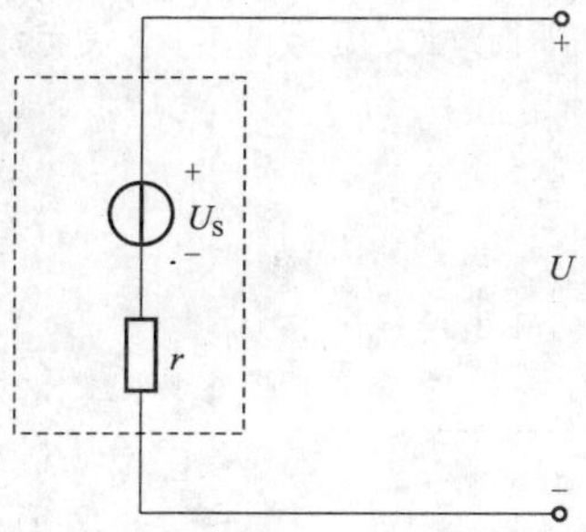

图 2－22

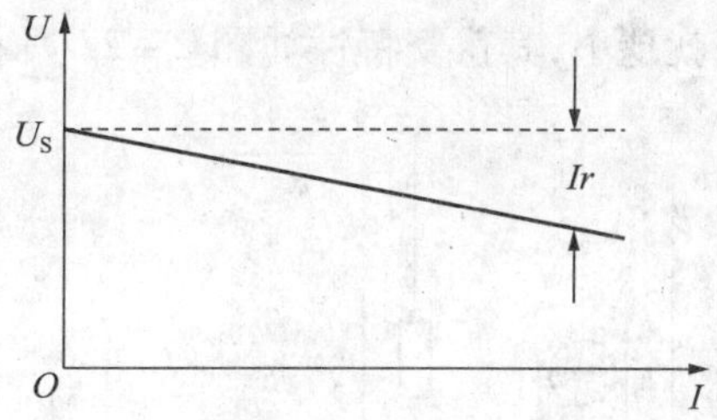

图 2－23

需要注意的是，理想电压源和实际电压源都不能短路，短路时电流$\left(I=\dfrac{U_S}{r}\right)$很大，会损坏电源甚至引发事故。

2.4.2 电流源

以稳定的电流向负载供电的电源称为电流源。

1. 理想电流源

理想电流源以恒定的电流 I_S 向负载供电，又称为恒流源，如图 2－24 中虚线框内所示。理想电流源的内阻为无穷大，输出电流不随负载的变化而变化，但输出电压的大小随负载电阻的变化而变化，即

$$U=I_SR$$

负载获得恒定的电流，其伏安特性如图 2－25 所示。

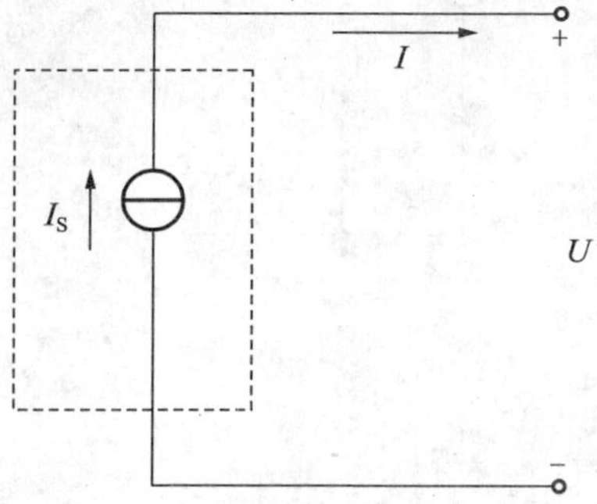

图 2－24

图 2－25

2. 实际电流源

理想电流源是电流源的理想模型，实际电路中电流源的内阻并不为无穷大，是存在内阻 r 的。如图 2－26 虚线框内所示是一个实际电流源，由理想电流源与内阻 r 并联而成，在实际电流源电路中，其输出电流随内阻的增大而增大，即

$$I=I_S-\frac{U}{r}$$

这是由于实际电流源内阻不为无穷大，有分流作用，内阻越大，负载上的电流越大，内阻上的分流也就越小，其伏安特性如图 2－27 所示。

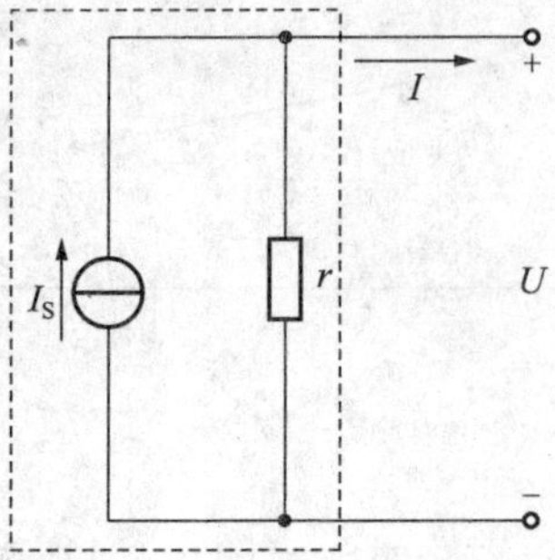

图 2－26

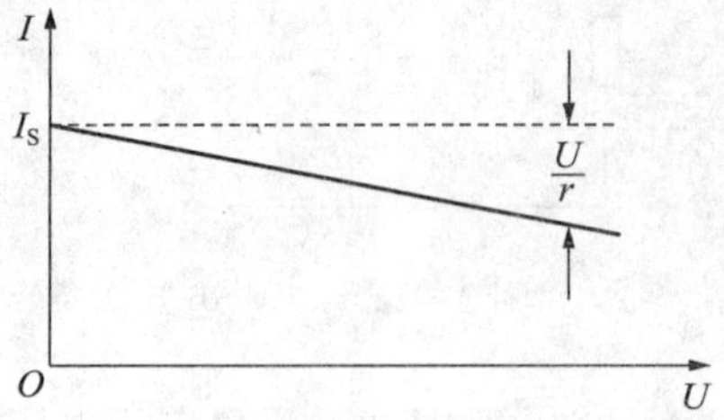

图 2－27

2.4.3 电压源与电流源的等效变换

在实际电路中，一个电源可以用一个电压源表示，也可以用一个电流源表示，即同一负载接在以电压源或电流源表示的同一电源上时，负载中的电流、负载两端的电压和功率都是对应相等的，说明实际电压源和实际电流源之间可以进行等效变换，且只对负载等效。如图 2－28 所示是电压源与电流源的等效变换示意图。

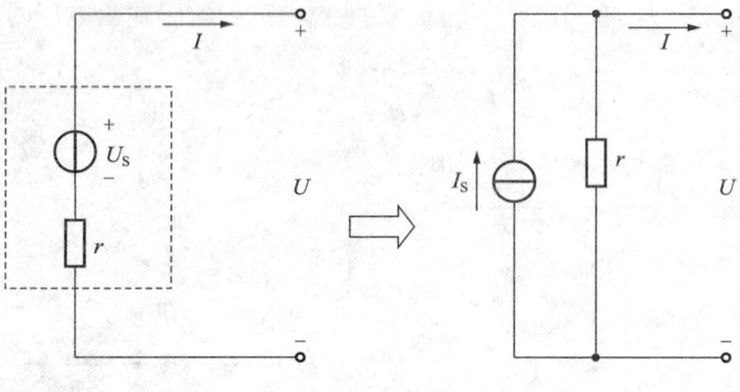

图 2－28

等效变换的关系由下式决定：

$$I_S = \frac{U_S}{r} \text{或} \ U_S = I_S r (r \text{保持不变})$$

在实际分析和计算时需要注意的是，电压源与电流源不能直接替换；理想电压源与理想电流源之间不能进行等效变换。

【例 2-10】 在如图 2-29 所示电路中，已知 $U_{S1}=18\ V$，$U_{S2}=28\ V$，$r_1=1\ \Omega$，$r_2=2\ \Omega$，$R=10\ \Omega$，求 R 中流过的电流。

解 (1)将 U_{S1} 和 U_{S2} 等效变换成电流源，变换后的电路如图 2-30 所示，即

$$I_{S1}=\frac{U_{S1}}{r_1}=\frac{18}{1}=18\ A$$

$$I_{S2}=\frac{U_{S2}}{r_2}=\frac{28}{2}=14\ A$$

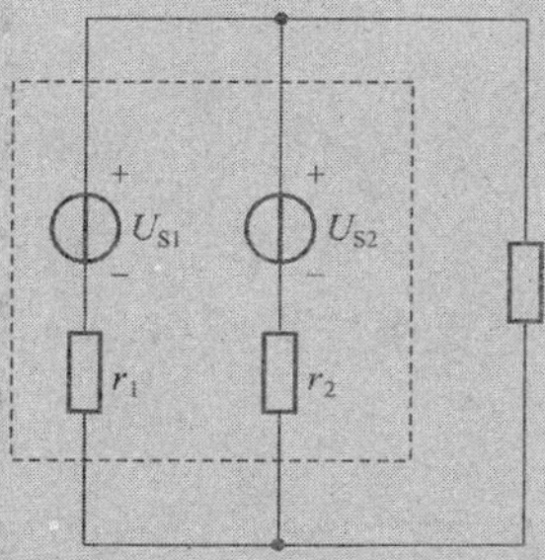

图 2-29

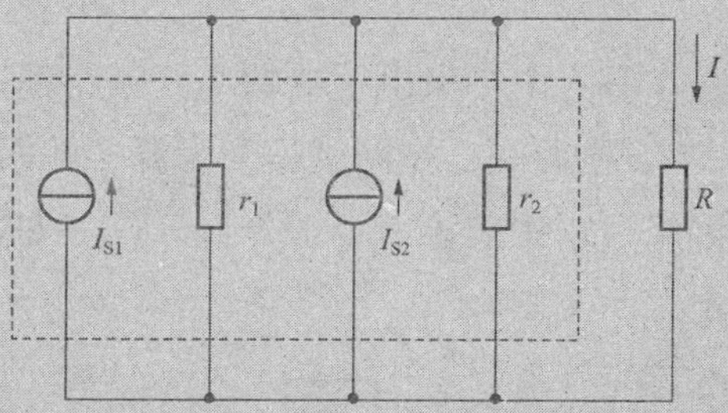

图 2-30

(2)将两个并联电流源合并成一个电流源，变换后的电路如图 2-31 所示，则

$$I_S=I_{S1}+I_{S2}=18+14=32\ A$$

$$r=r_1 /\!/ r_2=\frac{1\times 2}{1+2}\approx 0.67\ \Omega$$

(3)求出通过 R 的电流

$$I=\frac{r}{r+R}I_S=\frac{0.67}{0.67+10}\times 32\approx 2\ A$$

(4)将电流源等效变换成电压源，变换后的电路如图 2-32 所示。再求通过 R 的电流

$$U_S=I_S r=32\times 0.67=21.44\ V$$

$$I=\frac{U_S}{r+R}=\frac{21.44}{0.67+10}\approx 2\ A$$

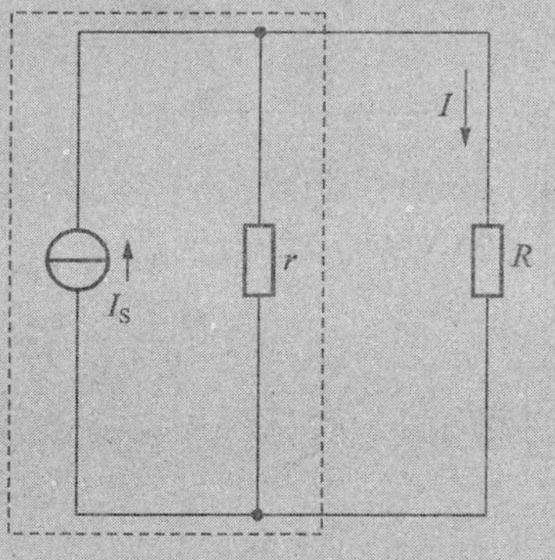

图 2-31

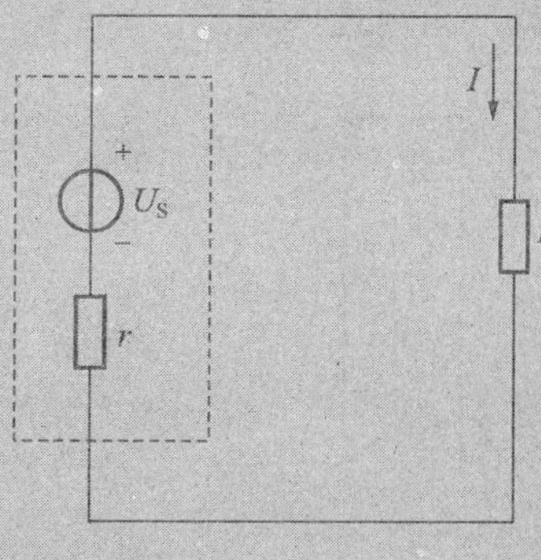

图 2-32

第 5 节　戴维南定理

戴维南定理是法国电信工程师戴维南于 1883 年提出的，是分析电路的另一个有力工具。在介绍戴维南定理之前先了解一个重要概念——二端网络。

2.5.1　二端网络

任何一个具有两个引出线端的部分电路都称为二端网络。含有电源的二端网络称为有源二端网络，不含电源的二端网络称为无源二端网络。无源二端网络可以用一个等效电阻代替。有源二端网络可以用戴维南定理分析计算。如图 2－33 所示是无源二端网络和有源二端网络及其等效电路示意图。

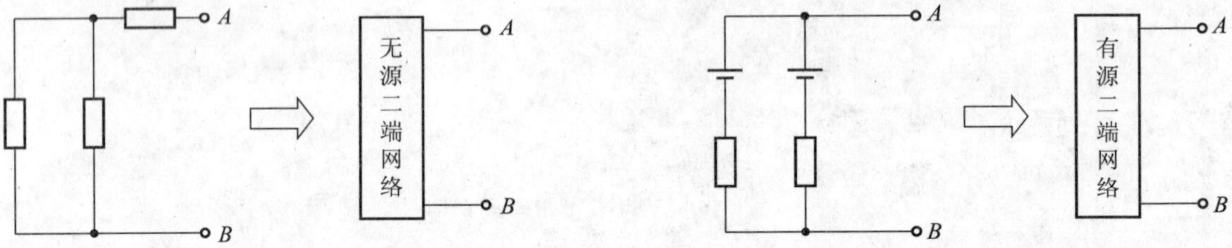

(a)无源二端网络及其等效电路　　(b)有源二端网络及其等效电路

图 2－33

2.5.2　戴维南定理

对外电路来说，任何一个线性有源二端网络可以用一个等效电压源 E_0 和内阻 r_0 来代替。等效电压源的电动势 E_0 等于二端网络的开路电压，等效电压源的内阻 r_0 等于将二端网络中所有电源置零（电压源短接，电流源开路，保留内阻）后的等效电阻，这称为戴维南定理。如图 2－34 所示是戴维南定理原理图。

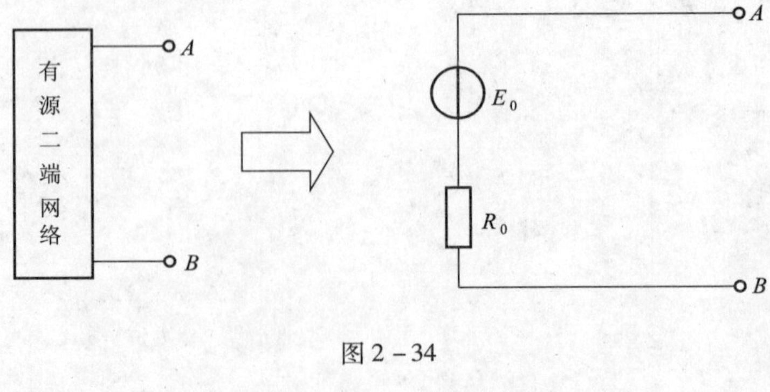

图 2－34

【例2－11】 在如图2－35所示电路中，已知$U_S=5\ V$，$I_S=2\ A$，$R=10\ \Omega$。画出此有源二端网络的戴维南等效电路。

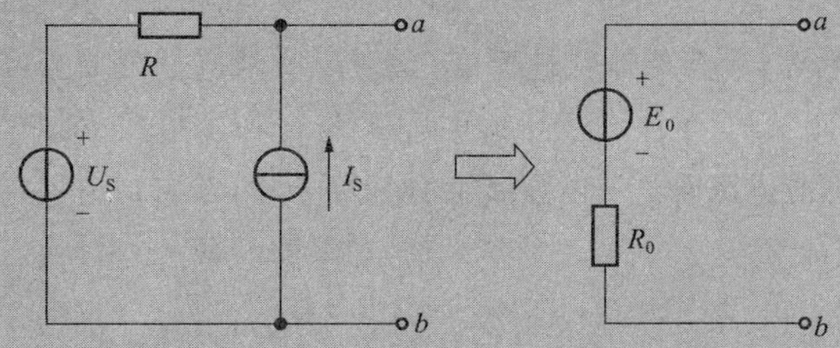

图2－35

解 (1)求等效电压源的电动势E_0，即开路电压U_{ab}

$$E_0=U_{ab}=I_SR+U_S=2\times10+5=25\ V$$

(2)求等效电源的内阻R_0

将U_S视为短路，I_S视为开路，则

$$R_0=R=10\ \Omega$$

综合实训2 电压源与电流源的等效变换

一、实训目的

(1)掌握电源外特性的测试方法。

(2)验证电压源与电流源等效变换的条件。

二、原理说明

(1)一个直流稳压电源在一定的电流范围内，具有很小的内阻，故在实际应用中，常将它视为一个理想的电压源，即其输出电压不随负载电流而改变。一个恒流源在实际应用中，在一定的电压范围内，可视为一个理想的电流源，即其输出电流不随负载的改变而改变。如图2－36所示是理想电压源和理想电流源电路。

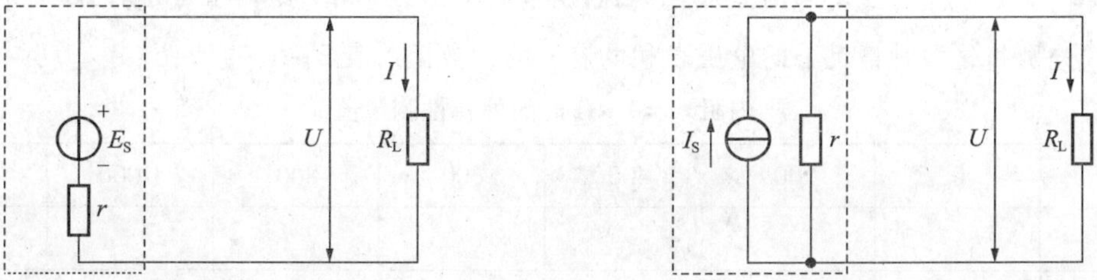

(a)理想电压源电路 (b)理想电流源电路

图2－36

(2)一个实际的电压源(或电流源),其端电压(或输出电流)不可能不随负载而变,因为它具有一定的内阻值,故在实验中,用一个小阻值的电阻(或大电阻)与理想电压源(或理想电流源)相串联(或并联)来模拟一个电压源(或电流源)的情况。

(3)一个实际的电源,就其外部特性而言,既可以看成是一个电压源,又可以看成是一个电流源。若视为电压源,则可用一个理想的电压源 E_0 与一个电阻 R_0 相串联来表示;若视为电流源,则可用一个理想电流源 I_S 与一电导 g_0 相并联来表示,若它们向同样大小的负载供应同样大小的电流和端电压,则称这两个电源是等效的,即具有相同的外特性。

三、实训设备

可调直流稳压电源一台,可调直流恒流源一台,直流数字电压表一个,直流数字电流表一个,电阻器(51 Ω、1 kΩ、200 Ω 各一只),可调电阻箱一个。

四、实训内容

1. 测定电压源的外特性

(1)按图 2-36(a)接线,E_S 为 +6 V 直流稳压电源(视为理想电压源,$r=0$),R_L 为可调电阻箱,调节 R_L 的阻值,将电压表和电流表的读数记入表 2-3。

表 2-3　　内阻 r_o =51 Ω 时的外特性测量值

R_L/Ω	0	200	400	600	800	1 000	2 000
U/V							
I/mA							

(2)按图 2-36(a)所示接线,虚线框可模拟为一个实际的电压源,调节 R_L 的阻值,将电压表和电流表的读数记入表 2-4。

表 2-4　　内阻 r_o =200 Ω 时的外特性测量值

R_L/Ω	0	200	400	600	800	1 000	2 000
U/V							
I/mA							

2. 测定电流源的外特性

按图 2-36(b)所示接线,I_S 为直流恒流源,调节其输出为 5 mA,令内阻 r_o 分别为1 kΩ和∞,调节 R_L 的阻值,分别将这两种情况下的电压表和电流表的读数记入表 2-5、表 2-6。

表 2-5　　内阻 r_o =1 kΩ 时的外特性测量值

R_L/Ω	0	200	400	600	800	1 000	2 000
U/V							
I/mA							

表 2-6　　内阻 $r_o=\infty$ 时的外特性测量值

R_L/Ω	0	200	400	600	800	1 000	2 000
U/V							
I/mA							

五、实训总结

(1)分析理想电压源和实际电压源(理想电流源和实际电流源)输出端短路(或开路)情况时,对电源的影响。

(2)电压源与电流源的外特性为什么呈下降变化趋势,理想电压源和理想电流源的输出在任何负载下是否保持恒值?

(3)根据实验数据绘出电源的4条外特性曲线,并总结、归纳各类电源的特性。

(4)从实验结果,验证电源等效变换的条件。

习　题

2-1　如果5 s内通过导线横截面的电量是10 C,那么通过导线横截面的电流是多少?如果通过导线横截面的电流是0.1 A,则1 min内将有多少库仑的电量通过导线横截面?

2-2　已知一根铜导线长1 000 m,截面积为10 mm^2,求导线的电阻。若同样尺寸的铝导线其电阻为多大?

2-3　求图2-37所示各电路中的U。

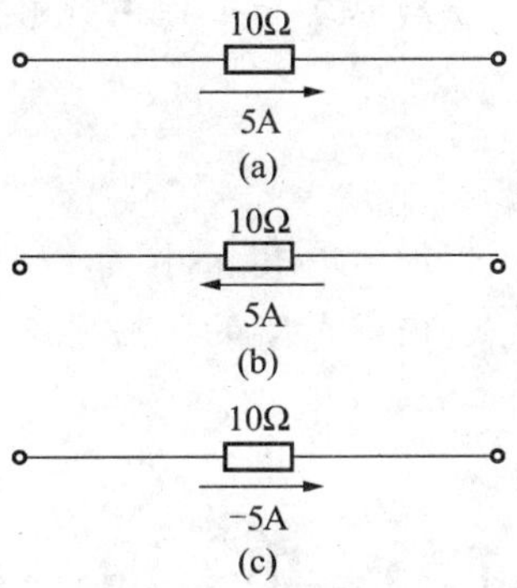

图2-37

2-4　有一个量程为300 V的电压表,内阻是4 kΩ。用它测量电压时,允许通过的最大电流是多少?

2-5　一只220 V/100 W的灯泡,如果误接在110 V的电源上,此时灯泡的功率是多少?若误接在380 V的电源上,此时灯泡的功率为多少?是否安全?

2-6　一个蓄电池的电动势是20 V,内阻是3 Ω,外接负载的电阻为7 Ω。试求蓄电池发出的功率和负载消耗的功率。

2-7　一只60 W/110 V的灯泡若接在220 V电源上,问需串联多大的电阻?

第 3 章

常用电工仪表

内容提要

在电气电路、用电设备的安装、使用和维修中,需要用电工仪表对电路中的电流、电压或电阻进行检测、监视和测量。对电流、电压的测量主要使用电流表和电压表。

本章主要内容包括电流表、电压表、万用表、钳形电流表及兆欧表的结构、特点和基本使用方法。

教学建议

在学习本章内容时,要从各种电工仪表的原理入手,加强对仪表基本操作的掌握。特别加强对万用表基本原理的理解,以便在今后的实际工作中能够更好地使用。

学习目标

1. 了解电流表、电压表、万用表、钳形电流表、兆欧表的基本组成、内部电路。

2. 掌握各类电工仪表的结构特点、内部电路的工作原理、使用方法、量程的选择和在使用过程中的注意事项。

第1节　电　流　表

3.1.1　电流表概述

电流表主要用于测量电路中的电流,根据被测量的对象不同分为直流电流表和交流电流表。根据表头的工作原理不同分为磁电式电流表和电磁式电流表。通常情况下,测量电流的方法有直接测量法和间接测量法。

1. 直接测量法

在测量电流时,使用直读式电流表,根据电流表的读数获得被测电流的方法,称为直接测量法。

从前面所学的知识可知，当用电流表测量电流时，必须将电流表与被测电路进行串联。为了使仪表的通电线圈与外壳不形成高电位，电流表应接在被测电路中的低电位端，如图3－1所示。

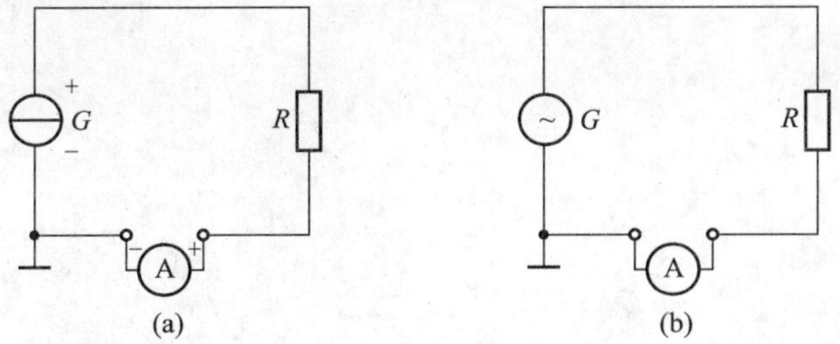

图3－1

使用电流表时的注意事项：

(1)电流表要串联在被测电路中。在串联电路中，电流表所在的位置不影响所测量的结果；在并联电路中，测支路中的电流时，电流表就要串联在这条支路上，测量总电流时，电流表串联在总电路中。

(2)使用指针式电流表对直流电流进行测量时，还应注意电流必须从电流表的正端流入，负端流出。使用数字式电流表对直流电流进行测量时，读数为正时表示电流从正端流入，负端流出；读数为负时表示电流从负端流入，正端流出。使用交流电流表测量交流电流时，电流表没有正、负极之分。

(3)被测电流不能超过电流表的最大测量量程。在不能预先估计待测电流大小的情况下，应先采用电流表的大量程试测法来确定电流表的量程，为了使测量更准确，能用小量程则应先选用小量程。

(4)绝对不允许不经过用电器而把电流表直接连到电源的两极上，否则电流表将被烧坏。

2. 间接测量法

用电流表测量电路中的电流时，一般需要将电路断开，然后将电流表串联在电路中进行测量。在不断开电路的情况下，测量电流时可采用间接测量法。

常用的间接测量电流的方法是先测量电路中的电压，然后利用欧姆定律 $I=\frac{U}{R}$ 得到电路中的电流。电压的测量方法参见下节内容。

【例3－1】 在一个由三极管组成的放大电路中，需要测量出集电极电流和发射极电流。可采用如图3－2所示的电路测量集电极电流和发射极电流。用电压表测量出 R_c 和 R_e 两端的电压，根据欧姆定律 $I=\frac{U}{R}$ 得

$$I_C=\frac{U_C}{R_c}$$

$$I_E=\frac{U_E}{R_e}$$

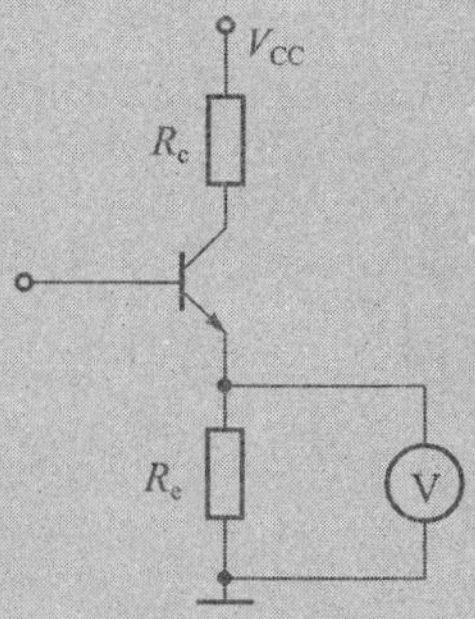

图 3－2

3.1.2 电流表量程的扩展

将电流表改为多量程电流表时，需要对电流表量程进行扩展。电流表量程扩展的方法很多，通常采用并联电阻分流的办法或将电流线圈串、并联的形式来实现。采用并联电阻来扩展电流表量程的方式如图 3－3 所示。

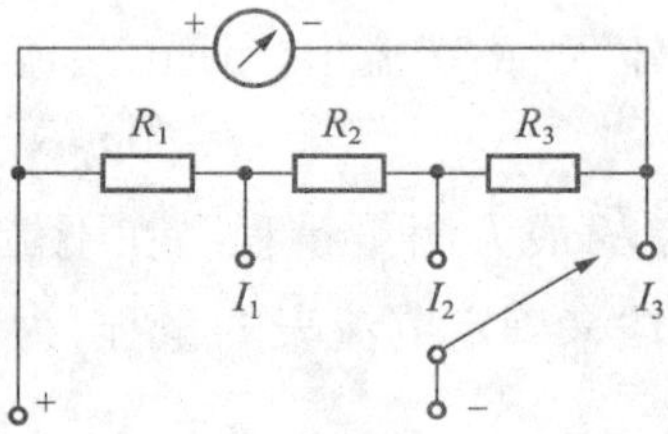

图 3－3

第2节 电 压 表

3.2.1 电压的测量方法

电压表用于测量电路中的电压，根据被测量的对象不同分为直流电压表和交流电压表。

电压表要并联在电路中，要测某个用电器或某部分电路两端的电压，必须把电压表跟这个用电器或这部分电路并联起来，如图 3－4 所示。

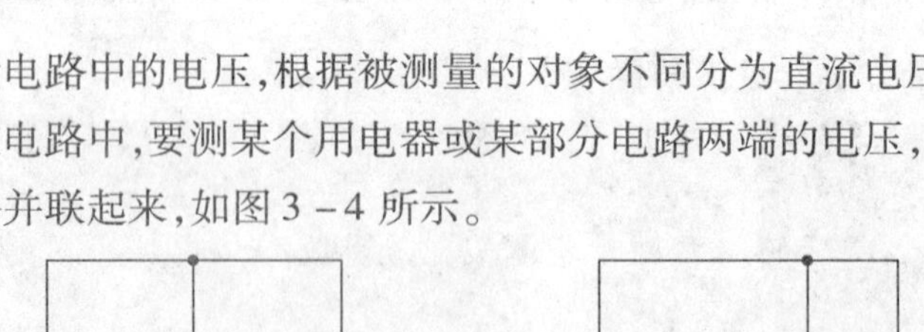

(a)直流电压的测量　　(b)交流电压的测量

图 3－4

用指针式电压表测量直流电压时，电压表的正端必须接被测电路的高电位点，负端接低电位点（交流电压表和数字式电压表不区别正、负极性）。被测电压不能超过电压表的量程。在不能事先估测被测电压是否超过量程时，必须要试测，即先把电压表一个接线柱接好，另一个接线柱不接，而用要接的线头迅速触碰一下此接线柱，如果发现指针超过量程，则此电压表不能用，需要更换更大量程的电压表。

3.2.2 电压表量程的扩展

将电压表改为多量程电压表时，需要对电压表量程进行扩展。电压表量程扩展的方法很多，通常采用串联电阻分压法来实现。交流电压表还可以通过使用电压互感器来实现。采用串联电阻来扩展电压表量程的方法如图 3－5 所示。

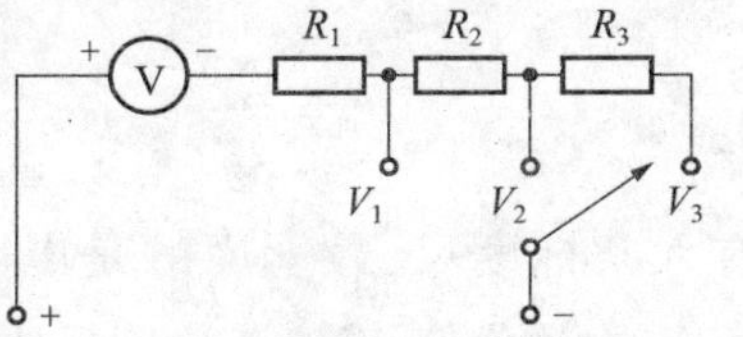

图 3－5

利用电压表和电流表测电阻 R 的电路有两种接法：当被测电阻比电流表内阻大很多时，通常采用电流表内接法来测量，连接方式如图 3－6(a) 所示；当被测电阻比电压表内阻小很多时，通常采用电流表外接法来测量，连接方式如图 3－6(b) 所示。

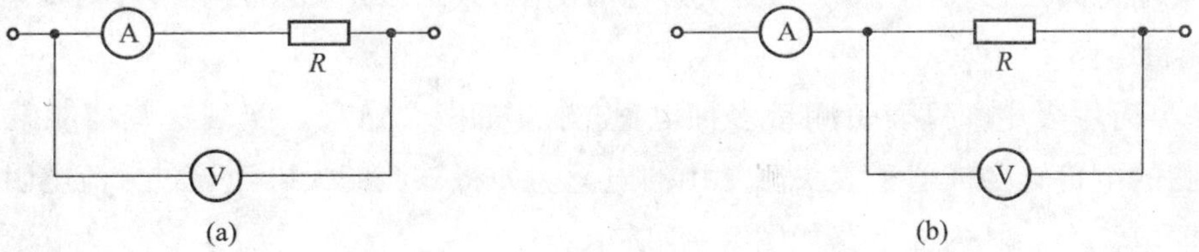

图 3－6

第3节 万 用 表

万用表是一种多功能、多量程的便携式电工仪表，一般的万用表可以测量交直流电流、交直流电压和电阻，有些万用表还可测量电容、功率、晶体管共射极直流放大系数等。万用表具有测量种类多、量程范围宽、价格低以及使用和携带方便等优点，因此广泛用于电气维修和测试中。万用表根据表头的显示方式分为指针式万用表和数字式万用表。

3.3.1 指针式万用表

1. 指针式万用表的结构及作用

指针式万用表由指示表头、测量电路和转换装置三部分组成。如图 3－7 所示是 MF47 型万用表。

(1)表头

MF47 型万用表的表头多采用灵敏度高、准确度高的磁电式直流微安表。表头灵敏度是指用万用表进行电压测量时,指针偏转至满刻度值时取用被测电路的电流值。灵敏度越高,则取用被测电路的电流就越小,对被测电路的影响也越小,性能也越好。MF47 型万用表测量电压时灵敏度为 2～10 kΩ/V。

图 3－7

(2)表盘

MF47 型万用表的表盘上有六条标度尺:最上面的是电阻标度尺,用"Ω"表示,注意此刻度左边为"∞",右边为 0;第二条标度尺为直流电压、交流电压和直流电流共用标度尺,用"$\underset{\approx}{\mathrm{V}}$"和"mA"表示;第三条标度尺为测量共发射极直流电流放大系数标度尺,用"h_{FE}"表示;第四条标度尺是测电容容量的标度尺,用"C(μF)50 Hz"表示;第五条标度尺为测电感量的标度尺,用"L(H)50 Hz"表示;最下一条标度尺是测声频电平的标度尺,用"dB"表示。特别要注意的是:只有第二条标度尺为均匀刻度,其余五条标尺为不均匀刻度。

(3)测量电路

MF47 型万用表用一只表头测量多种电量,并具有多个量程。实现这些功能就是用测量电路把被测的电量转变成适于表头测量用的电量。如将被测的大电流通过分流电阻变成表头所需的微弱电流等。其内部电路如图 3－8 所示。

(4)转换装置

从图 3－8 中可以看出,万用表不同量程的内电路是不同的。因此,必须由转换装置把仪表的电路转接成为所选定的测量种类与量程。转换装置通常由转换开关、接线柱、按钮、插孔等组成。

2. 欧姆档的使用

MF47 型万用表有 R×1、R×10、R×100、R×1 k、R×10 k 五个档位。在使用欧姆档时应注意:

(1)R×1～R×1 k 档采用 1.5 V 的内部电池供电,而 R×10 k 档采用 9 V 的叠层电池和 1.5 V 电池串联成 10.5 V 供电。

(2)测电解电容漏电电阻时,红表笔接电容负极,黑表笔接电容正极。

(3)测量电阻前应进行调零(每换档一次,都应重新进行调零),即将转换开关置于欧姆档的适当位置,两支表笔短接,旋动欧姆调零旋钮,使指针对准欧姆标度尺右边的"0"位线。如指针始终不能指向"0"位线,则应更换电池。

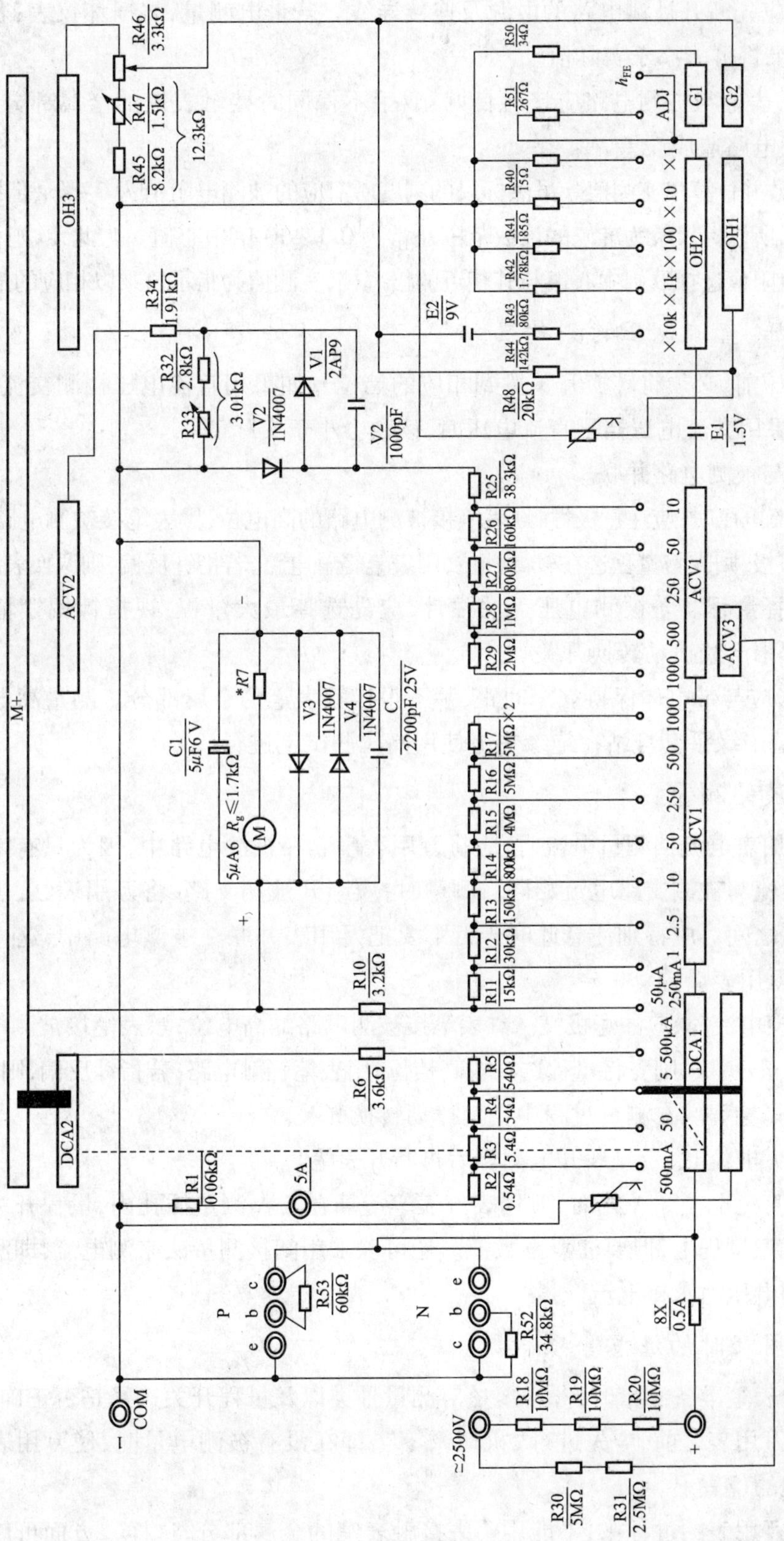

图3-8 MF47型万用表内部测量线路

(4)测量前应先断开被测电路的电源及连接导线。若带电测量,将损坏仪表;若在电路中测量,则测量结果将可能小于实际值。

(5)测量时,表笔与被测电路应接触良好;双手不得同时接触表笔的金属部分,以防将人体电阻并入被测电路造成误差。

(6)正确读数并计算出实测值。虽然标尺的刻度所对应的被测电阻值为0~∞,但因为标尺刻度为不均匀刻度,所以标尺较为准确的读数范围通常为0.1~10倍中心值。为此,欧姆档的正确使用,应根据被测电阻值选择欧姆中心值与其相近的倍率档,实测值为指示值乘以相应的倍率。

3. 交流电压、直流电压的测量

(1)测量电压前,必须将转换开关拨到相应的档位。如果用直流电压档测交流时,指针会不动或抖动;如果用交流电压档测直流电压时,读数会小于实际值。

(2)表笔应与被测电路并联。

(3)测量直流电压时,应注意极性,红表笔接被测电路的高电位,黑表笔接被测电路的低电位。若无法区分正、负极,则先将量程选在较高档位,用表笔轻触电路,若指针反偏,则调换表笔。

(4)合理选择量程。若被测电压无法估计,应先选择最大量程,视指针偏摆情况再做调整。在测量过程中严禁拨动转换开关。

(5)测量时,应与带电体保持安全间距,手不得接触表笔的金属部分。测量高电压(500~2 500 V)时,应戴绝缘手套且站在绝缘垫上使用高压测试笔进行。

4. 直流电流的测量

(1)使用万用表电流档测量电流时,应将万用表串联在被测电路中,因为只有串联才能使流过万用表的电流与被测支路电流相同。测量时,应断开被测支路,将万用表红、黑表笔串接在被断开的两点之间。应特别注意此时千万不要把万用表并联在被测电路中,这样做是很危险的,极易烧毁万用表。

(2)测量直流电流时,应注意极性。红表笔接被测电路的高电位,黑表笔接被测电路的低电位。若无法区分正、负极,则先将量程选在较高档位,用表笔轻触电路,若指针反偏,则调换表笔。

(3)合理选择量程。在测量过程中严禁拨动转换开关。

(4)测量较大电流时,应先断开电源然后再断开表笔。

(5)当选用直流电流5 A档时,万用表红表笔应插在5 A测量插孔内,量程开关可以置于直流电流档的任意量程上,但要注意读数值。还可以采用间接测量法来测电流,即测量被测电路中已知电阻的电压值求得电流。

5. 使用万用表时的注意事项

每一次拿起表笔准备测量时,务必要核对测量种类以及量程开关选择是否正确和合理。

(1)在使用万用表之前,应先进行“机械调零”,即在没有被测电量时,使万用表指针指在零电压或零电流的位置上。

(2)在使用万用表的过程中,不能用手去接触表笔的金属部分,这样一方面可以保证测量的准确，另一方面也可以保证人身安全。

（3）在测量某一电量，尤其是在测量高电压或大电流时，不能在测量的同时换档；否则会损坏万用表。如需进行换档，应先断开表笔，换档后再去测量。

（4）万用表在使用时，必须水平放置，以免造成误差。同时，还要注意避免外界磁场对万用表的影响。

（5）万用表使用完毕，应将转换开关置于交流电压的 250 V 档或关闭。如果长期不使用时，还应将万用表内部的电池取出来，以免电池腐蚀表内其他元件。

3.3.2 数字式万用表

数字式万用表具有测量精度高、显示直观、功能全、可靠性好、小巧轻便以及便于操作等优点，故在实际中应用广泛。

1. 面板结构与功能

如图 3－9 所示为 DT9205 型数字万用表的面板图，包括 LCD 液晶显示器、电源开关、量程选择开关、表笔插孔等。

图 3－9

（1）液晶显示器的最大显示值为 1 999，且具有自动显示极性功能。若被测电压或电流的极性为负，则显示值前将带“－”号。若被测电量超过测量量程时，显示屏左端会出现“1”或“－1”的提示字样。

（2）电源开关（POWER）可根据需要，分别置于“ON”（开）或“OFF”（关）状态。测量完毕，应将其置于“OFF”状态，以免空耗电池。数字万用表的电池盒位于后盖的下方，采用 9 V 叠层电池。电池盒内还装有熔丝管，起过载保护作用。旋转式量程开关位于面板中间，用以选择测试功能和量程。若用表内蜂鸣器进行通断检查时，量程开关应拨至“·)))”位置。

（3）h_{FE}插口用以测量三极管的 h_{FE} 值时，将其 B、C、E 极对应插入。

（4）输入插口是万用表通过表笔与被测量连接的部位，设有“COM”、“VΩ”、“mA”、“20 A”四个插口。使用时，黑表笔应置于“COM”插孔，红表笔依被测量的种类和大小置于“VΩ”、“mA”或“20 A”插孔。在“COM”插孔与其他三个插孔之间分别标有最大（MAX）测量值，如20 A、200 mA、交流750 V、直流1 000 V。

2. 使用方法

(1)测量交流电压(ACV)和直流电压(DCV)时，红、黑表笔分别接“VΩ”与“COM”插孔，旋动量程选择开关至合适位置(200 mV、2 V、20 V、200 V或1 000 V)，红、黑表笔并联接于被测电路(若是直流，注意红表笔要接高电位端，否则显示屏左端将显示“－”)。此时显示屏显示出被测电压数值。若显示屏只显示最高位“1”，表示溢出，此时应将量程调高。

(2)测量交流电流(ACA)和直流电流(DCA)时，红、黑表笔分别接“mA”(大于200 mA时应接“20 A”)与“COM”插孔，旋动量程选择开关至合适位置(2 mA、20 mA、200 mA或10 A)，将两表笔串联接于被测电路(若是直流，注意红表笔要接高电位端)，显示屏所显示的数值即为被测电流的大小。

(3)测量电阻时，无须调零。将红、黑表笔分别插入“VΩ”与“COM”插孔，红表笔接内电池的正极，黑表笔接内电池的负极。旋动量程选择开关至合适位置(200 Ω、2 kΩ、20 kΩ、200 kΩ、2 MΩ、20 MΩ、200 MΩ)，将两笔表跨接在被测电阻两端(不允许带电测量)，显示屏所显示的数值即为被测电阻的阻值。当使用200 MΩ量程进行测量时，先将两表笔短路，若显示的数值不为零，仍属正常，此读数是一个固定的偏移值，实际数值应为显示数值减去该偏移值。

(4)测试二极管和电路的通断时，红、黑表笔分别插入“VΩ”与“COM”插孔，旋动量程开关至二极管测试位置。正向状态下，显示屏即显示出二极管的正向导通电压，单位为mV(锗管导通电压为200～300 mV，硅管导通电压为500～800 mV)；反向状态下，显示屏应显示“1”，表明二极管不导通；否则，表明此二极管反向漏电流大。正向状态下，若显示“000”，则表明二极管短路；若显示“1”，则表明二极管断路。在测量电路或器件的通断状态时，若检测部分的阻值小于30 Ω，则表内发出蜂鸣声以表示电路或器件处于导通状态。

(5)测量晶体管时，旋动量程选择开关至“h_{FE}”位置(“NPN”或“PNP”)，将被测三极管(NPN型或PNP型)的B、C、E极插入相应的插孔中，显示屏所显示的数值即为被测三极管的“h_{FE}”参数。

(6)测量电容时，将被测电容插入电容插座，旋动量程选择开关至“CAP”位置。显示屏所显示的数值即为被测电容的电容量。

3. 注意事项

(1)当显示屏出现“LOBAT”或“←”时，表明电池电压不足，应予更换。

(2)若测量电流时，没有读数，应检查熔丝是否熔断。

(3)测量完毕，应关上电源；若长期不用，应将电池取出。

(4)数字式万用表不宜在日光及高温、高湿环境下使用和存放(工作温度为0～40 ℃)，且使用时应轻拿轻放。

下面，我们通过一个实例来对万用表的使用进行探讨。

【任务目的】

(1)使用指针式万用表和数字式万用表测量电阻。

(2)使用指针式万用表进行电阻档位选择和读数。

(3)使用数字式万用表的电阻档。

【任务器材】

指针式万用表(MF47 型)1 个,数字式万用表(DT9205 型)1 个,电阻($\frac{1}{4}$~$\frac{1}{8}$ W)6 只。

【任务实施步骤】

1. 用指针式万用表测电阻

(1)将6 只电阻插在硬纸板上。根据电阻上的色环,写出它们的标称值,并填入表3-1。

表3-1

操作项目	R_1	R_2	R_3	R_4	R_5	R_6
电阻标称值						
指针式万用表量程						
指针式万用表读数						
阻值						
数字式万用表量程						
数字式万用表读数						
阻值						

(2)将万用表功能旋钮调至欧姆档,选择合适档位并进行调零。

(3)分别测量6 只电阻,将测量值填入表3-1。(测量时注意读数应乘上倍率)

(4)若测量时指针偏角太大或太小,应换档后调零再测。

(5)记录数据。

2. 用数字式万用表测电阻

用数字式万用表对上面6 个电阻重新测量,将数据填入表3-1。

整理测量结果,你会发现一些问题。通过本实例的学习会使你找到答案和解决问题的方法。

【注意事项】

(1)根据被测对象和大小,将转换开关旋转到相应的位置。

(2)指针式万用表每次测量电阻前需调零,更换档位后须重新调零再测量。

(3)仪表测试完毕,应将转换开关置于空档或高电压档,不要置于电阻档,否则表笔短接会空耗内电池。

(4)长时间不使用欧姆档,应将表中电池取出。

(5)测量电阻时应注意:被测电阻应从电路中拆下后再测量;两只表笔不要长时间碰在一起;两只手不能同时接触两根表笔的金属部分或被测电阻两根引脚,最好用右手同时持两根表笔。

第4节 钳形电流表

钳形电流表是一种不需要断开电路就可以直接测量交流电流的便携式仪表,这种仪表测量精度不高,可对设备或电路的运行情况做粗略的了解,由于使用方便,其应用很广泛。

3.4.1 钳形电流表的结构和工作原理

钳形电流表由电流互感器和电流表组成。互感器的铁芯制成活动开口且呈钳形,活动部分与手柄相连。当紧握手柄时,电流互感器的铁芯张开,可将被测载流导线置于钳口中,该载流导线成为电流互感器的初级线圈。关闭钳口时,在互感器的铁芯中便会有交变磁通通过,在互感器的二次绕组中便产生感应电流。电流表接于次级线圈两端,它的指针所指示的电流与钳入的载流导线的工作电流成正比,可直接从刻度盘上读出被测电流值。

3.4.2 钳形电流表的使用步骤

(1)测量前的准备。首先要检查仪表的钳口上是否有杂物或油污,待清理干净后再测量,在测量前还要进行仪表的机械调零。

(2)根据被测电流大小来选择合适的钳形电流表量程。选择的量程应稍大于被测电流值。若不知道被测电流的大小,应先选用最大量程进行估测。

(3)正确测量。测量时,应扣动扳手,使钳口张开。将被测导线置于钳口中央,松开扳手并使钳口闭合紧密。在测量时,只能将被测回路中的一根导线放入钳口中,否则会使读数不正确。

(4)测量 5 A 以下的小电流时,为提高测量精度,在条件允许的情况下,可将被测导线多绕几圈。再放入钳口进行测量。此时实际电流应是仪表的示数除以放入钳口中的导线圈数。

(5)读数后,将钳口张开,将被测导线退出,将档位置于电流最高档或“OFF”档。

如图 3-10 所示是钳形电流表的结构以及测量方法示意图。

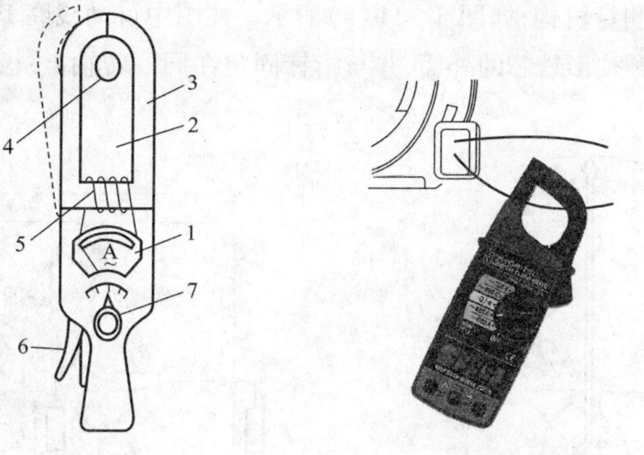

(a) 结构示意图　　(b) 测量方法

1-电流表头　2-电流互感器　3-铁芯　4-被测导线
5-二次绕组　6-手柄　7-量程转换开关

图 3-10

3.4.3 使用钳形电流表时的注意事项

(1)由于钳形电流表要接触被测电路,所以测量前一定要检查表的绝缘性能是否良好,即外壳无破损,手柄应清洁干燥。

(2)测量时,应戴绝缘手套。

(3)测量时,应注意身体各部分与带电体保持安全距离(低压系统的安全距离为 0.1 ~ 0.3 m)。

(4)钳形电流表不能测量裸导体的电流。

(5)严禁在测量过程中切换钳形电流表的档位;若需要换档时,应先将被测导线从钳口退出,再更换档位。

(6)严格按电压等级选用钳形电流表:低电压等级的钳形电流表只能测低压系统中的电流,不能测高压系统中的电流。

第5节 兆 欧 表

3.5.1 兆欧表的结构

常用的手摇式兆欧表主要由磁电式流比计和手摇直流发电机组成,输出电压有 500 V、

1 000 V、2 500 V、5 000 V 几种。随着电子技术的发展,现在也出现了用干电池及晶体管直流变换器把电池低压直流转换为高压直流来代替手摇直流发电机的兆欧表。

磁电式流比计是测量机构,如图 3－11(a)所示。在图中可动线圈 1 与 2 互成一定角度,放置在一个有缺口的圆柱形铁芯的外面,并与指针固定在同一转轴上;极掌为不对称形状,以使气隙不均匀。

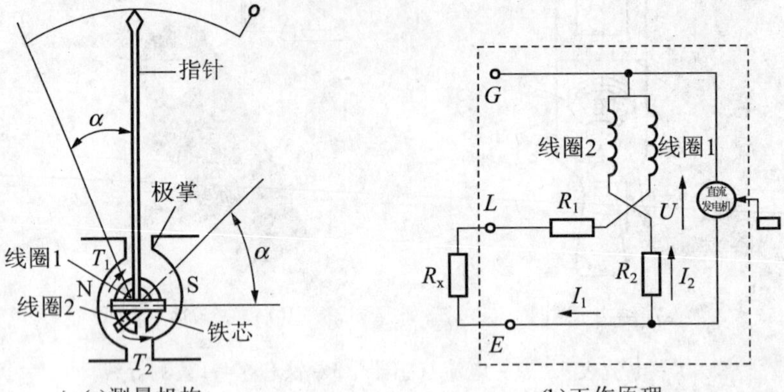

图 3－11

3.5.2 兆欧表的工作原理

兆欧表的工作原理如图 3－11(b)所示。被测电阻 R_x 接于兆欧表测量端子“线端”L 与“地端”E 之间。摇动手柄,直流发电机输出直流电流。线圈 1、电阻 R_1 和被测电阻 R_x 串联,线圈 2 和电阻 R_2 串联,然后两条电路并联接于发电机电源上。

设线圈 1 的电阻为 r_1,线圈 2 的电阻为 r_2,则两个线圈上的电流分别为

$$I_1=\frac{U}{r_1+R_1+R_x}$$

$$I_2=\frac{U}{R_2+r_2}$$

将以上两式相除,得

$$\frac{I_1}{I_2}=\frac{R_2+r_2}{R_1+r_1+R_x}$$

式中,R_1、R_2、r_1 和 r_2 为定值,R_x 为变量,所以改变 R_x 会引起比值 $\frac{I_1}{I_2}$ 的变化。

在兆欧表中,由于线圈 1 与线圈 2 绕向相反,流入电流 I_1 和 I_2 后在永久磁场作用下,在两个线圈上分别产生两个方向相反的转矩 T_1 和 T_2,由于气隙磁场不均匀,因此 T_1 和 T_2 既与对应的电流成正比又与其线圈所处的角度有关。当 $T_1 \neq T_2$ 时,指针发生偏转;直到 $T_1=T_2$ 时,指针停止。指针偏转的角度只决定于 I_1 和 I_2 的比值,此时指针所指的是刻度盘上显示的被测设备的绝缘电阻值。

当 E 端与 L 端短接时，I_1 为最大，指针顺时针方向偏转到最大位置，即“0”位置；当 E、L 端未接被测电阻时，R_x 趋于无限大，$I_1=0$，指针逆时针方向转到“∞”的位置。该仪表结构中没有产生反作用力矩的游丝，在使用之前，指针可以停留在刻度盘的任意位置。

3.5.3 兆欧表的选用

1. 正确选用兆欧表

兆欧表的额定电压应根据被测电气设备的额定电压来选择。测量额定电压在 500 V 以下的设备，应选用 500 V 或 1 000 V 的兆欧表；测量额定电压在 500 V 以上的设备，应选用 1 000 V或 2 500 V 的兆欧表；对于绝缘子、母线等要选用 2 500 V 或 3 000 V 的兆欧表。

2. 使用前的检查方法

将兆欧表水平且平稳放置，检查指针偏转情况：将 E、L 两端开路，以约 120 r/min 的转速摇动手柄，观测指针是否指到“∞”处；然后将 E、L 两端短接，缓慢摇动手柄，观测指针是否指到“0”处，经检查完好才能使用。

3. 正确使用兆欧表

(1)兆欧表放置平稳牢固，被测物表面擦干净，以保证测量正确。

(2)正确接线：兆欧表有三个接线柱，即电路(L)、接地(E)、屏蔽(G)。根据不同测量对象做相应接线，如图 3-12 所示。

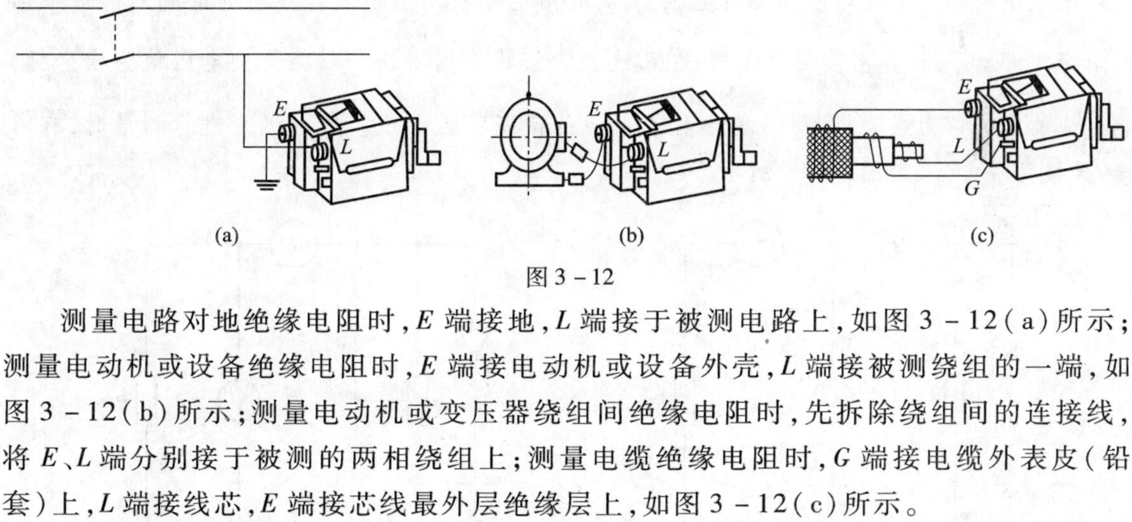

图 3-12

测量电路对地绝缘电阻时，E 端接地，L 端接于被测电路上，如图 3-12(a)所示；测量电动机或设备绝缘电阻时，E 端接电动机或设备外壳，L 端接被测绕组的一端，如图 3-12(b)所示；测量电动机或变压器绕组间绝缘电阻时，先拆除绕组间的连接线，将 E、L 端分别接于被测的两相绕组上；测量电缆绝缘电阻时，G 端接电缆外表皮(铅套)上，L 端接线芯，E 端接芯线最外层绝缘层上，如图 3-12(c)所示。

(3)由慢到快摇动手柄，直到转速达 120 r/min 左右，保持手柄的转速均匀、稳定，一般转动 1 min，待指针稳定后再读数。

(4)测量完毕，待兆欧表停止转动及被测物接地放电后方能拆除连接导线。

3.5.4 使用兆欧表时的注意事项

兆欧表工作时产生高压电，为避免发生事故必须注意以下几点：

(1)不能在设备带电的情况下测量其绝缘电阻。测量前被测设备必须切断电源和负载,并进行放电;已用兆欧表测量过的设备若要再次测量,也必须先接地放电。

(2)兆欧表测量时要远离大电流导体和外磁场。

(3)与被测设备的连接导线须用兆欧表专用测量线或选用绝缘强度高的两根单芯多股软线,两根导线切忌绞在一起,以免影响测量准确度。

(4)测量过程中,如果指针指向"0"位,表示被测设备短路,应立即停止转动手柄。

(5)被测设备中若有半导体器件,应先将其插件板拆去。

(6)测量过程中不得触及设备的测量部分,以防触电。

(7)测量电容性设备的绝缘电阻时,测量完毕后,应对设备充分放电。

综合实训3 伏安法测电阻

一、实训目的

(1)掌握直流电压表和直流电流表的使用方法。

(2)能够正确选用内接法和外接法测量电阻。

二、原理说明

用电压表测出待测电阻两端的电压 U,同时用电流表测出通过该电阻的电流 I,然后根据欧姆定律 $R=\frac{U}{I}$,计算出待测电阻阻值 R,这种方法称为伏安法。以测得的电压值为横坐标,相对应的电流值为纵坐标,所得曲线称为电阻的伏安特性曲线。用电流表进行测量时,有内接、外接两种方法,如图3-13所示。

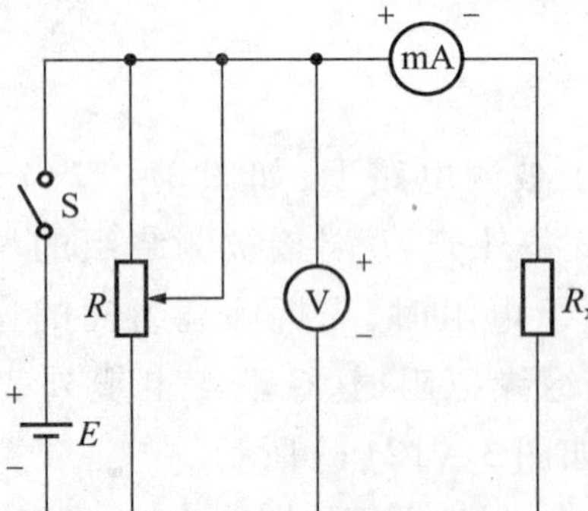

(a)电流表内接法

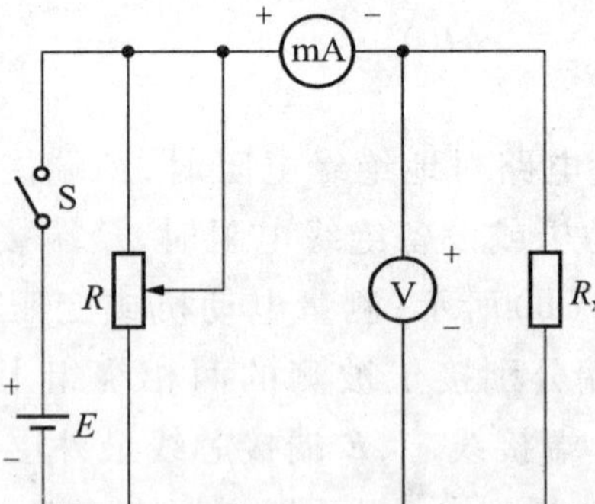

(b)电流表外接法

图3-13

三、实训设备

直流电压表(10 A)1个,直流电流表(1 A)1个,直流稳压电源(0~10 V)1个,单刀开关1个,电阻(10 kΩ、100 Ω各1只),变阻器1个,可调电阻箱1个,导线若干。

四、实训内容

(1)连接电路:按图3-13把所使用的仪器摆好,将电源以外的仪器连接起来,对照电路检查,连接正确,方可接通电源进行测量。

(2)测量阻值为100 Ω的电阻。因待测电阻较小,采用电流表外接法。

(3)测量阻值为10 kΩ的电阻。因待测电阻较大,采用电流表内接法。

(4)根据所测的数据计算电阻,填入表3-2,进行修正,计算出误差。

表3-2

大电阻(10 kΩ)			小电阻(100 Ω)		
I	量程		I	量程	
	总格数			总格数	
	测量格数			测量格数	
	电流			电流	
U	量程		U	量程	
	总格数			总格数	
	测量格数			测量格数	
	电流			电流	
$R_x=\dfrac{U}{I}$			$R_x=\dfrac{U}{I}$		

五、注意事项

(1)直流电流表、直流电压表的极性不能接错。

(2)连接好电路后,经检查无误后方可接通电源。

习　题

3-1　为什么电流表要与负载串联?电压表要与负载并联?如果错接会产生什么样的后果?

3-2　使用电流表和电压表要注意哪些事项?

3-3　伏安法测电阻时,如何选择使用内接法和外接法?

3-4　满偏电流为10 mA、内阻为1 kΩ的表头,要改成量程为1 A的电流表,试画出电路图,并计算相应电阻的阻值。

3-5　指针式万用表的欧姆档与数字式万用表的欧姆档在使用时有何不同?

3-6　数字式万用表欧姆档在测量时如果显示数字"0",这时档位是选小了还是选大了?应如何调节?

3-7　仪表在带电测量时,为什么不宜拨动转换开关?

3-8　钳形电流表是根据什么原理制成的?使用时应注意哪些问题?

3-9　兆欧表由哪几部分组成?使用时应注意哪些问题?

第 4 章

正弦交流电路

内容提要

本章主要内容包括正弦交流电的产生、物理量、表示方法以及单一参数的正弦交流电路和非单一参数的正弦交流电路。

教学建议

在学习本章内容时，要将重点放在正弦交流电的基本知识方面。加强对单一参数的正弦交流电路和非单一参数的正弦交流电路中概念的理解和把握。

学习目标

1. 了解正弦交流电的物理量。

2. 理解正弦交流电的基本概念，尤其是纯电阻电路、纯电感电路、纯电容电路、*RL* 串联电路、*RC* 串联电路以及 *RLC* 串联电路的基本概念和电路特点。

3. 掌握正弦交流电的表示方法。

4. 掌握单一特性的交流电路和串联交流电路的特点及计算，谐振条件，功率因数。

第 1 节　正弦交流电的基本知识

在我们的日常生活和工农业生产中应用最广泛的是交流电，因为它与直流电相比有很多优点：能用变压器改变电压，便于远距离输送和使用；交流电机比直流电机结构简单，造价低，性能稳定，工作可靠；交流电可以通过整流装置变换成直流电，使用方便。直流电有正、负极性，其大小和方向不随时间而改变。交流电的大小和方向都随时间做周期性变化，这样的电流、电压和电动势分别称为交流电流、交流电压和交流电动势，统称为交流电。随时间按正弦规律变化的交流电称为正弦交流电。

4.1.1 正弦交流电的产生

正弦交流电由交流发电机产生。交流发电机是根据电磁感应原理制成的,它主要由定子和转子两大部分组成。定子主要有定子铁芯和定子绕组,定子铁芯构成定子的磁路,定子绕组构成定子的电路。转子主要有转子铁芯和转子绕组,转子铁芯构成转子的磁路,转子绕组构成转子的电路,转子绕组中通以一定的电流时就产生了磁场。当转子绕组匀速转动时,使定子绕组相对切割磁力线产生按正弦规律变化的感应电动势。如图 4 - 1 所示是交流发电机示意图。

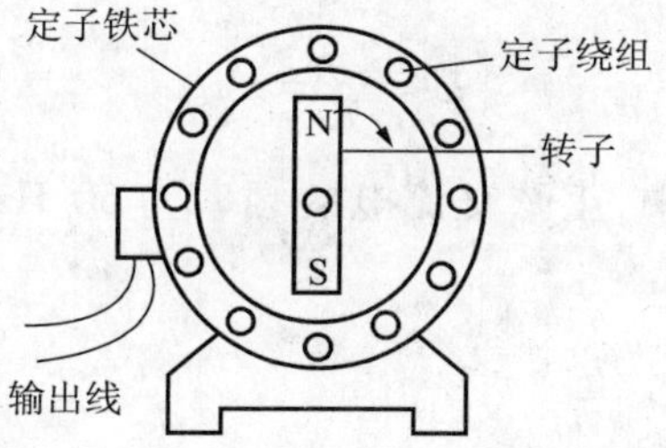

图 4 - 1

4.1.2 正弦交流电的要素

正弦交流电的大小和方向都随时间按正弦规律做周期性的变化,比直流电复杂得多,需要从交流电的大小、变化快慢和进程几个方面来完整地描述。

正弦交流电由交流发电机或正弦信号发生器产生。正弦交流电可以用正弦函数的解析式表示。其表达式为:

$$i = I_m \sin(\omega t + \varphi)$$

式中的三个常数 ω、φ、I_m 分别表示正弦交流电的角频率、初相位和最大值,称为正弦交流电的三要素。交流电除用函数的解析式表示外,通常还可用随时间变化的曲线或波形图表示,如图 4 - 2 所示。

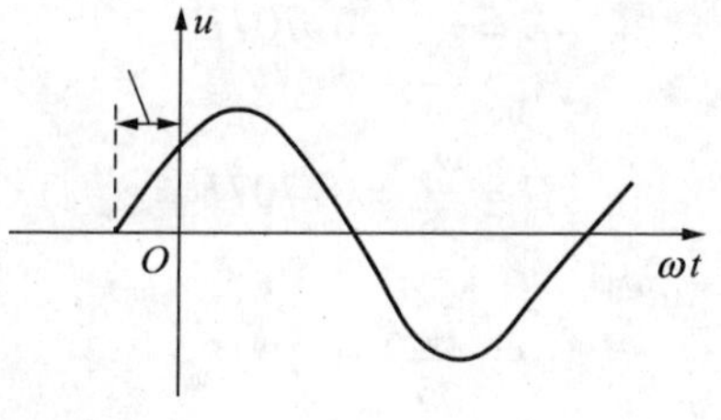

图 4 - 2

1. 周期和频率

在如图 4 - 2 所示的正弦交流电中,交流电完成一次周期性变化所需的时间称为交流电的周期,用符号 T 表示,单位是秒(s),交流电在 1 s 内完成周期性变化的次数叫做交流电的频率,用符号 f 表示,单位是赫兹(Hz)。周期和频率是反映交流电变化快慢的物理量。根据定

义,周期和频率互为倒数,即

$$f=\frac{1}{T}$$

交流电变化的快慢,除了用周期和频率表示外,还可以用角频率 ω 表示。角频率表示在单位时间内交流电所经历的电角度,即

$$\omega=\frac{\alpha}{t}$$

角频率的单位是弧度/秒,用符号 rad/s 表示。则周期、频率和角频率的有如下关系

$$\omega=\frac{2\pi}{T}=2\pi f$$

在我国的电力供配电系统中,正弦交流电的频率为 50 Hz,习惯上称为工频,它的周期是 0.02 s。

2. 最大值、有效值和瞬时值

交流电虽然时刻在变化,但它有一定的变化范围,可以用正弦交流电在一个周期内达到的最大数值表示它的变化范围,称为交流电的最大值,又称振幅、幅值或峰值。交流电在某一时刻的值称为交流电在这一时刻的瞬时值。在交流电中,电动势、电压和电流的最大值分别用符号 E_m、U_m 和 I_m 表示,瞬时值分别用小写字母 e、u 和 i 表示。

交流电的最大值可用来表示交流电的电流强弱或电压高低,在实际中意义重大。如电容器用于交流电路中时所承受的耐压值就是指最大值,如果交流电最大值超过电容器所能承受的耐压值,那么电容器就有可能被击穿。交流电的有效值是根据电流的热效应来规定的,让交流电流和直流电流分别通过阻值相同的电阻,如果在相同时间内产生的热量相等,我们就把这一直流电的数值叫做这一交流电的有效值。交流电动势、电压和电流的有效值分别用大写字母 E、U 和 I 表示。

计算表明,正弦交流电的有效值与最大值之间的关系为:

$$E=\frac{E_m}{\sqrt{2}}=0.707E_m$$

$$U=\frac{U_m}{\sqrt{2}}=0.707U_m$$

$$I=\frac{I_m}{\sqrt{2}}=0.707I_m$$

3. 相位、初相和相位差

如 $i=I_m\sin(\omega t+\varphi)$ 中的$(\omega t+\varphi)$,我们将其称为正弦量的相位角或相位。相位反映了正弦量随时间变化的进程,确定正弦量每一瞬时的状态。在 $t=0$ 时的相位称为初相,即 φ 为初相,其值规定为 $|\varphi|\leqslant\pi$。

两个同频率交流电的相位之差叫做相位差。在正弦交流电路中,电压与电流都是同频率

的正弦量,分析电路时常常要比较它们的相位差。设电压和电流分别为

$$u = U_m \sin(\omega t + \varphi_u)$$

$$i = I_m \sin(\omega t + \varphi_i)$$

则电压与电流之间的相位差为

$$\Delta\varphi = (\omega t + \varphi_u) - (\omega t + \varphi_i) = \varphi_u - \varphi_i$$

值得注意的是:初相的大小与时间起点的选择密切相关,而相位差为初相之差,与时间的起点选择无关。

根据两个同频率交流电的相位差,可以确定两个交流电的相位关系。

如果 $\Delta\varphi = \varphi_u - \varphi_i > 0$,那么 u 超前 i,或者说 i 滞后于 u。

如果 $\Delta\varphi = \varphi_u - \varphi_i = 0$,那么就称这两个正弦量同相。

如果 $\Delta\varphi = \varphi_u - \varphi_i = 180°$,那么就称这两个正弦量反相。

如果 $\Delta\varphi = \varphi_u - \varphi_i = 90°$,那么就称这两个正弦量正交。

交流电的相位差实际上反映了两个交流电在时间上谁先到达最大值的问题。

【例4-1】 已知某正弦电压在 $t=0$ 时,其值为 $u(0)=220\ \text{V}$,且已知电压的初相为 $45°$,$f=50\ \text{Hz}$。求电压的有效值和最大值,并写出电压的瞬时值表达式。

解 设电压可以表示为

$$u = U_m \sin(\omega t + 45°)$$

当 $t=0$ 时 $\quad u(0) = U_m \sin 45° = 220\ \text{V}$

故电压的最大值为 $\quad U_m = \dfrac{220}{\sin 45°} = 220\sqrt{2}\ \text{V}$

电压的有效值为 $\quad U = \dfrac{U_m}{\sqrt{2}} = 220\ \text{V}$

电压的角频率为 $\quad \omega = 2\pi f = 2\pi \times 50 = 314\ \text{rad/s}$

电压的瞬时值为 $\quad u = 220\sqrt{2}\sin(314t + 45°)\ \text{V}$

4.1.3 正弦交流电的表示方法

(1)解析法

正弦交流电的电动势、电压和电流的瞬时值表达式就是正弦交流电的解析式,即

$$e = E_m \sin(\omega t + \varphi_e)$$

$$u = U_m \sin(\omega t + \varphi_u)$$

$$i = I_m \sin(\omega t + \varphi_i)$$

三个解析式中都含有最大值、频率和初相位,依据解析式就可以计算正弦交流电在任意时刻的电动势、电压和电流。

(2)波形图表示法

正弦交流电也可以用与解析式相对应的正弦曲线来表示。如图 4-3 所示是一个正弦交流电的波形图。在图中,横坐标表示时间 t 或电角度 ωt。纵坐标表示交流电电动势的瞬时值。从图中可以看出交流电的周期、初相位和电动势的最大值。

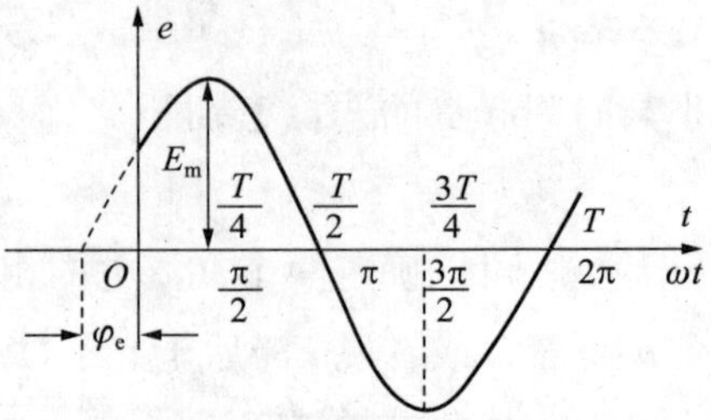

图 4-3

(3)矢量图表示法

正弦交流电也可以用旋转矢量图表示,如图 4-4 所示。

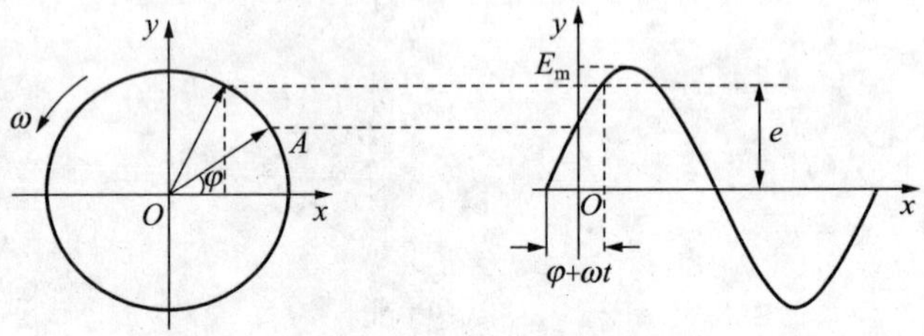

图 4-4

在直角坐标系内,作一矢量 OA,并使其长度与正弦交流电的最大值成比例,使 OA 与 Ox 轴的夹角等于正弦交流电的初相位 φ,令其按逆时针方向以角速度 ω 旋转。这样矢量在任意时刻与横轴 Ox 的夹角即为正弦交流电的相位($\omega t+\varphi$),旋转矢量任意时刻在纵轴 Oy 的投影(OA)即为正弦交流电的瞬时值,即

$$OA = e = E_m \sin(\omega t + \varphi)$$

把同频率的交流电画在同一矢量图上时,由于矢量的角频率相同,不管其旋转到什么位置,彼此之间的相位关系始终保持不变。因此,在研究同频率矢量之间的关系时,一般只按初相作出矢量,而不必标出角频率,如图 4-5 所示,这样作出的图称为矢量图。

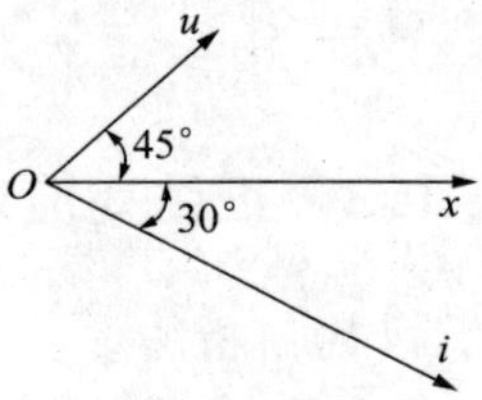

图 4-5

采用矢量图表示正弦交流电,在计算几个同频率交流电的和或差时,比解析式和波形图要简单得多,且比较直观,因此它是研究交流电的重要方法之一。在实际应用中,往往是采用有效值矢量图的方法来表示交流电。

第2节 单一参数的正弦交流电路

由负载和交流电源组成的电路称为交流电路。若电源中只有一个交变电动势，则称为单相交流电路。与直流电路不同，分析各种交流电路不但要确定电路中电压与电流之间的大小关系，而且要确定它们之间的相位关系，同时还要讨论电路中的功率问题。为分析复杂的交流电路，首先应掌握单一参数（电阻、电感、电容）元件电路中电压和电流的关系，因为其他电路均可看成是单一参数元件电路的组合。

4.2.1 纯电阻交流电路

1. 纯电阻电路中电流和电压的相位

交流电路中如果只有线性电阻，这种电路称为纯电阻电路。负载为白炽灯、电炉、电烙铁的交流电路都可近似看成纯电阻电路。在正弦交流电路中，虽然电压、电流是随时间变化的，但是在每一瞬间，电阻上的电压与电流的关系仍由欧姆定律确定。如图 4－6 所示为纯电阻交流电路。

设电压、电流在关联参考方向下，电阻两端的电压

$$u = U_m \sin\omega t$$

根据欧姆定律，可得电阻中的电流

$$i = \frac{u}{R} = \frac{U_m \sin\omega t}{R}$$

上式表明，电压与电流为同相位、同频率的正弦量，其有效值或最大值的关系仍满足欧姆定律，即

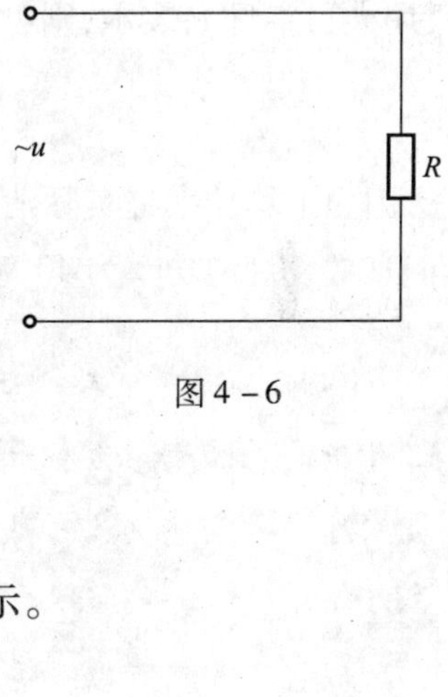

图 4－6

$$I = \frac{U}{R} \text{或} I_m = \frac{U_m}{R}$$

纯电阻交流电路电流与电压的波形图和向量图如图 4－7 所示。

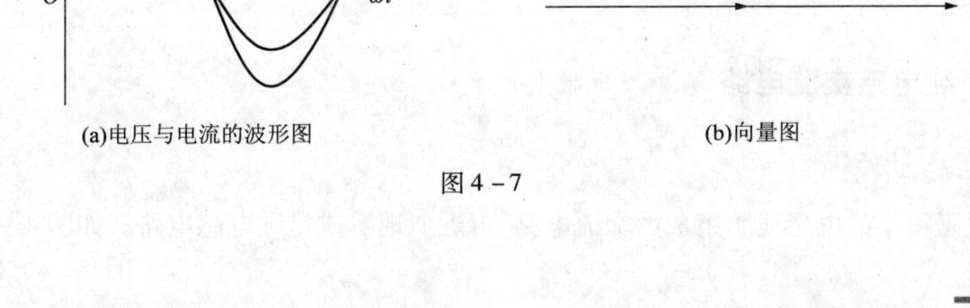

(a)电压与电流的波形图　　(b)向量图

图 4－7

2. 纯电阻电路中电阻的功率

电阻在任意瞬间消耗的电功率称为瞬时功率,它等于电压与电流瞬时值的乘积。用小写字母 p 表示,则

$$p = ui = \sqrt{2}U\sin\omega t \cdot \sqrt{2}I\sin\omega t = 2UI\sin^2\omega t = UI(1-\cos2\omega t)$$

瞬时功率随时间变化的规律如图 4－8 所示。

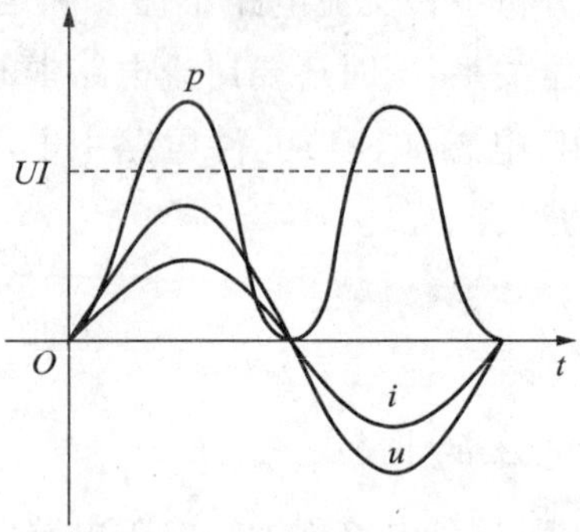

图 4－8

由于 $p \geqslant 0$,说明电阻在吸收功率,它是一种耗能元件。由于瞬时功率是随时间做周期性变化的,因此,在电工技术上取它在一个周期内的平均值表示交流电功率的大小,称为平均功率,用大写字母 P 表示,则:

$$P = UI = I^2R = \frac{U^2}{R}$$

因为平均功率是实际消耗功率,故又称为有功功率,简称功率,单位是瓦特(W)。例如,我们日常说灯泡功率为 40 W,热水器的功率为 800 W 等都是指它们的平均功率。

【例 4－2】 已知某电阻的电压 $u = 220\sqrt{2}\sin(314t+300)$ V,电阻 $R = 2.2$ kΩ。求电阻 R 中的电流 I 和功率 P。

解 设电压与电流为关联参考方向,则电压有效值

$$U = 220 \text{ V}$$

而电流有效值为 $$I = \frac{U}{R} = \frac{220}{2200} = 0.1 \text{ A}$$

则 $$i = 0.1 \times \sqrt{2}\sin(314t+300) \text{ A}$$

$$P = UI = 220 \times 0.1 = 22 \text{ W}$$

4.2.2 纯电感交流电路

1. 电感元件

由电阻很小的电感线圈组成的交流电路,可近似地看成是纯电感电路。如图 4－9 所示是

电感线圈示意图。

当电流流过线圈时，将产生自感磁链 Ψ。设线圈有 N 匝，如果磁通穿过线圈的各匝，则线圈中的自感磁链为

$$\Psi = N\Phi$$

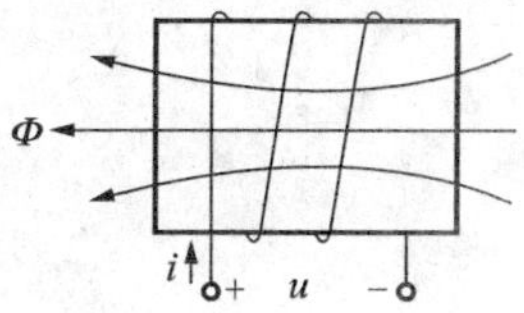

图 4－9

由于磁通是电流产生的，所以磁链与电流存在一定的关系，在磁通与电流的参考方向符合右手螺旋定则的情况下，我们将自感磁链与产生它的电流之比称为线圈的电感，用 L 表示，即

$$L = \frac{\Psi}{i}$$

电感的单位是亨利(H)，其大小与线圈的形状、匝数、几何尺寸及周围介质有关。当介质为非铁磁物质时，L 为常数，称为线性电感。

我们可以证明电感元件中磁场能量 $W_L = \frac{Li^2}{2}$。当电感元件中电流 i 增大时，W_L 增大，此时电能转化成磁场能量，即电感元件从电源吸收能量；反之，当电流 i 减小时，W_L 减小，此时磁场能量转化成电能，即电感元件向电源输送能量。因此，电感元件是一种储能元件。

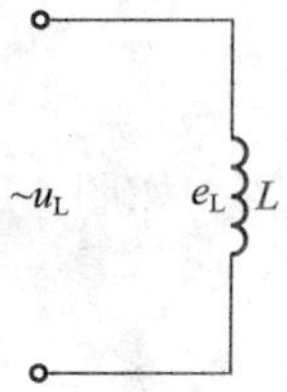

图 4－10

2. 电流与电压之间的相位关系

如图 4－10 所示是一个纯电感的交流电路。

当纯电感电路中有交变电流 i 通过时，根据电磁感应定律，线圈 L 上产生的自感电动势为

$$e_L = \frac{-\Delta\Psi}{\Delta t} = \frac{-L\Delta i}{\Delta t}$$

式中，$-\frac{\Delta\Psi}{\Delta t}$为线圈自感磁链对时间的变化率，负号表示自感电动势的方向符合楞次定律。对于内阻很小的电源，其自感电动势与端电压总是大小相等，即

$$u_L = -e_L = \frac{L\Delta i}{\Delta t}$$

该电感中流过的电流为

$$i = I_m \sin\omega t$$

由数学推导可以得到

$$u_L = \omega L I_m \sin(\omega t + 90°) = U_{Lm} \sin(\omega t + 90°)$$

由上式可知，在纯电感电路中，电压的频率与电流的频率相同，电压的相位超前电流 90°。如图 4－11 所示是纯电感电路中电压与电流之间的相位关系图。

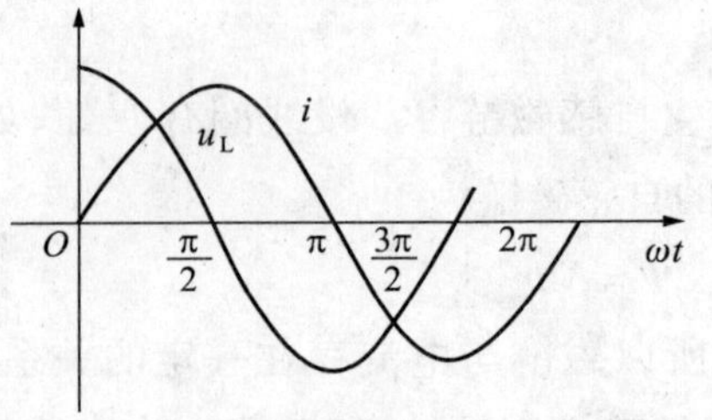

图 4－11

3. 纯电感电路的功率

在纯电感的交流电路中，其瞬时功率为

$$p_L = u_L i$$

将 u_L 和 i 代入后，得到

$$p_L = U_{Lm}\sin(\omega t + 90°) \cdot I_m \sin\omega t = \frac{1}{2}U_{Lm}I_m \sin 2\omega t = U_L I \sin 2\omega t$$

如图 4－12 所示是纯电感正弦交流电路的功率曲线图。

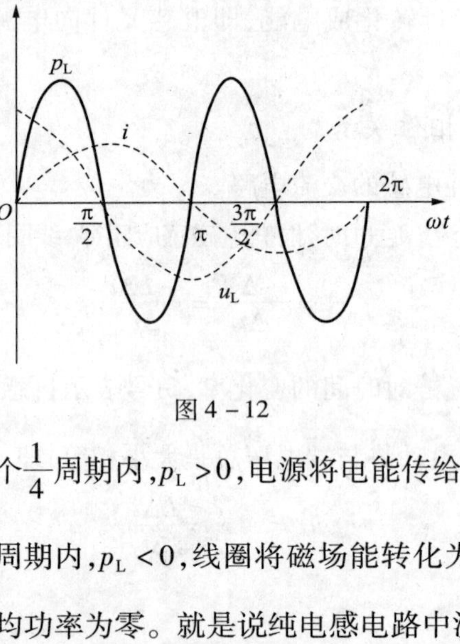

图 4－12

由图可知，在第一和第三个$\frac{1}{4}$周期内，$p_L > 0$，电源将电能传给线圈并以磁场能的形式储存于线圈中；在第二和第四个$\frac{1}{4}$周期内，$p_L < 0$，线圈将磁场能转化为电能向电源充电。这样，在一个周期内，纯电感电路的平均功率为零。就是说纯电感电路中没有能量损耗，只有电能和磁场能周期性的转化。因此，电感元件是一种储能元件。

我们把储能元件中瞬时功率的最大值称为无功功率，用字母 Q 表示。它只反映储能元件与电源之间的能量转化规律。电感元件的无功功率为

$$Q_L = U_L I = X_L I^2 = \frac{U_L^2}{X_L}$$

为了与有功功率相区别，规定无功功率的单位为乏（var）。

4.2.3 纯电容交流电路

1. 电容元件

电容器是存储电荷的容器,在电路中也是一种储能元件。凡是用绝缘介质隔开而又相互邻近的金属导体,就构成了一个电容器。当电容器的两极板间加上电压后,极板上将充有电荷,两极板之间就会形成电场,存储电场能量。绝大多数电容器都是线性的,极板上的电荷与极板间的电压成正比,即

$$Q = Cu \text{ 或 } C = \frac{Q}{u}$$

式中,C 是电容器的容量,一般简称为电容,表示一个电容器存储电荷的能力。电容越大,电容器所存储的电荷就越多。电容的单位是法拉,用字母 F 表示。法拉的单位太大,实际应用时采用的单位是微法 μF 或皮法 pF。它们之间的关系是

$$1\ \text{F} = 10^6\ \mu\text{F}$$

$$1\ \mu\text{F} = 10^6\ \text{pF}$$

2. 电压与电流之间的相位关系

在纯电容正弦交流电路中,当电容器两端的电压变化时,将有充电或放电电流流过。如图 4-13 所示为电容电路图。

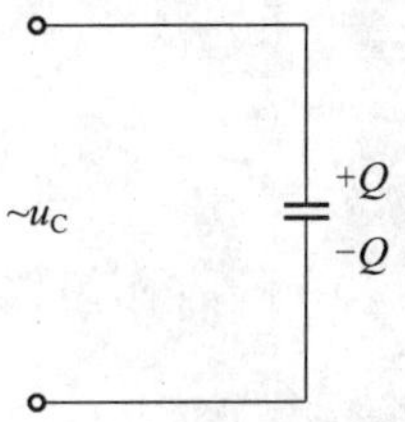

图 4-13

设加在电容器两端的电压为:

$$u_C = U_m \sin\omega t$$

则
$$i = C\frac{\Delta u_C}{\Delta t} = \omega C U_{Cm}\cos\omega t = I_m \sin(\omega t + 90°)$$

分析可知,在纯电容电路中,电流与电压频率相同,且电流超前电压 90°或电压滞后电流 90°。如图 4-14 所示是相位示意图。

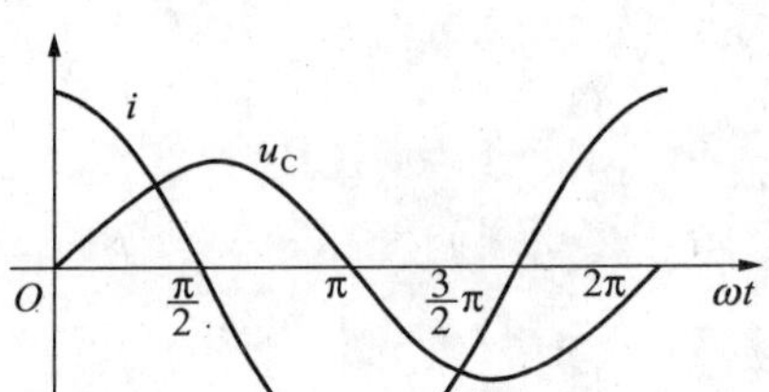

图 4-14

在数量上:

$$I_m = \omega C U_{Cm} = \frac{U_{Cm}}{X_C} \text{或} I = \frac{U}{X_C}$$

我们将 $X_C = \frac{1}{\omega C} = \frac{1}{2\pi f C}$称为容抗,容抗的单位是欧姆(Ω)。容抗是用来表示电容对电流

阻碍作用大小的一个物理量。容抗的大小与频率及电容成反比。当电容一定时，频率f愈高，则容抗X_C愈小；反之亦然。因此，电容器对交流电具有通高频阻低频的特性。在直流电路中，因$f=0$，容抗为无穷大。这表明，电容接入直流电路时，在稳定状态下，处于断路状态。

与纯电感电路相似，在纯电容电路中，交流电压和交流电流的最大值或有效值也满足欧姆定律。

3. 纯电容电路的功率

采用和纯电感电路相似的方法，可以求得纯电容电路的瞬时功率为：

$$p_C = u_C i = U_C I \sin 2\omega t$$

其变化曲线如图 4－15 所示。

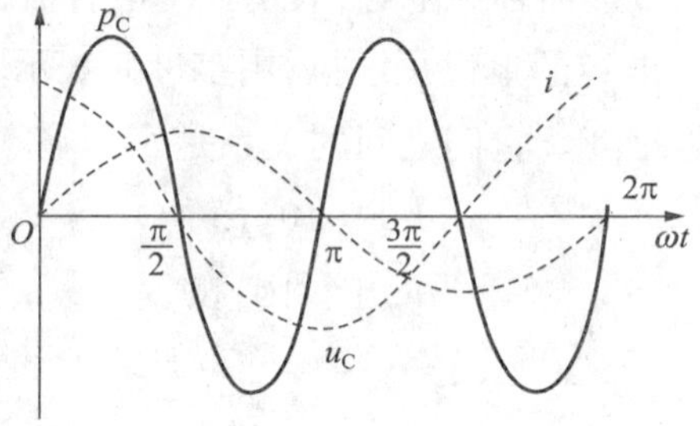

图 4－15

从瞬时功率p的曲线图中可以看出，在第一和第三个$\frac{1}{4}$周期内，$p_C>0$，电容器吸取电源能量并以电场能的形式储存起来；在第二和第四个$\frac{1}{4}$周期内，$p_C<0$，电容器向电源释放能量。和纯电感电路一样，瞬时功率的最大值定义为电路的无功功率，用以表示电容和电源交换能量的规模。电容的无功功率为：

$$Q_C = U_C I = I^2 X_C = \frac{U_C^2}{X_C}$$

Q_C的单位也是乏（var）。

【例 4－3】 已知某纯电容电路两端的电压为$u=220\sqrt{2}\sin(314t-30°)\,\text{V}$，电容$C=15.9\ \mu\text{F}$，试求：

（1）电流的瞬时值表达式；

（2）无功功率；

（3）电流与电压的矢量图。

解 （1）

$$X_C = \frac{1}{\omega C} = \frac{1}{314 \times 15.9 \times 10^{-6}} \approx 200\ \Omega$$

则

$$I = \frac{U}{X_C} = \frac{220}{200} = 1.1\ \text{A}$$

在电容电路中，电流超前电压90°，则

$$\varphi_i=\varphi_u+90°=-30°+90°=60°$$

所以 $$i=1.1\times\sqrt{2}\sin(314t+60°)\ \text{A}$$

(2) $$Q_C=U_CI=220\times1.1=242\ \text{var}$$

(3)电流与电压的矢量图如图4－16所示。

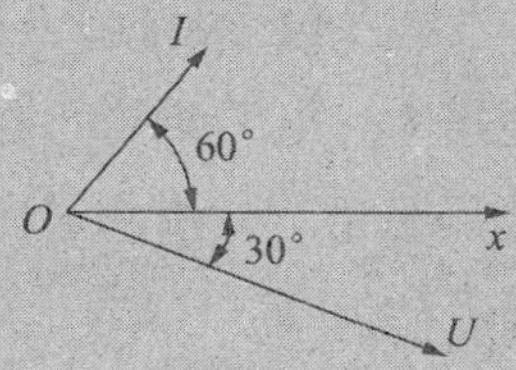

图4－16

第3节 非单一参数的正弦交流电路

由于纯电阻、纯电感、纯电容的交流电路各有不同的特性，把它们按一定的方式组合起来，将使电路具有广泛的应用。如日光灯电路中，灯管和镇流器的连接，就是一个*RL*串联电路。还有*RC*串联电路、*RLC*串联电路和*RLC*并联电路等，能用来做滤波电路、移相电路、谐振电路等。

4.3.1 *RL*串联电路

将电阻元件*R*、电感元件*L*串联起来与正弦交流电源组成的电路称为*RL*串联电路，如图4－17所示。

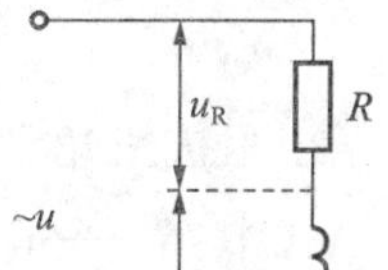

图4－17

1. 电压关系

根据单一参数交流电路的特性，*RL*串联电路中纯电阻电路部分电压与电流同相，纯电感电路部分电压超前电流90°，*R*和*L*串联后通过同一电流，则电阻上的电压滞后电感上的电压90°，总电压*U*与电流*I*的相位也不相同。

以电路中的电流为参考，即 $i=I_m\sin\omega t$

则电阻两端的电压为 $u_R=U_{Rm}\sin\omega t$

电感两端的电压为 $u_L=U_{Lm}\sin(\omega t+90°)$

电路的总电压为 $u=u_R+u_L$

串联电压有效值的相量关系为 $U=U_R+U_L$

如图 4－18 所示是 RL 串联电路电压关系的相量图。

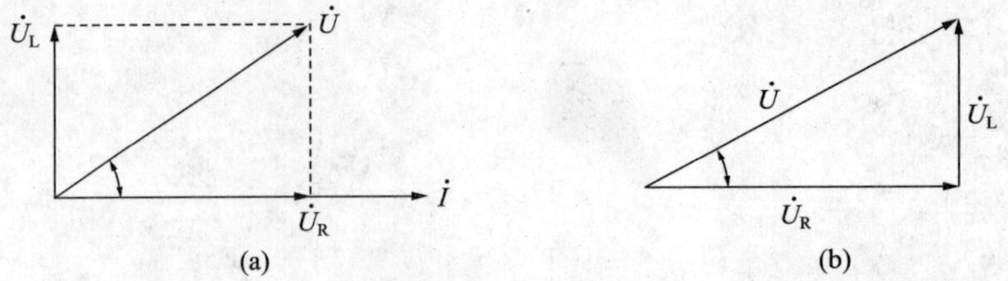

图 4－18

在 RL 串联电路中，电阻两端的电压 U_R、电感两端的电压 U_L、电路两端的总电压 U 构成一个直角三角形，称为 RL 串联电路的电压三角形。由相量图得出 RL 串联电路的电压关系为

$$U^2 = U_R^2 + U_L^2$$

总电压的相位超前于电流的角度为

$$\varphi = \arctan \frac{U_L}{U_R}$$

从电压三角形还可以得出

$$U_R = U\cos\varphi, U_L = U\sin\varphi$$

2. 阻抗关系

由于串联电路的电流处处相等，将 RL 串联电路的各电压有效值 U_R、U_L、U 同除以电流 I，便得到对应的阻抗 R、X_L和 Z。以 R、X_L和 Z 为三角形的三边可以得到一个与电压三角形相似的三角形，称为 RL 串联电路的阻抗三角形，如图 4－19 所示。

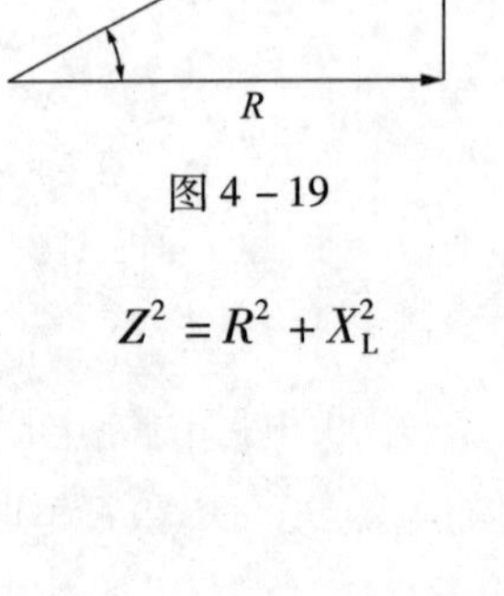

图 4－19

由阻抗三角形得 $$Z^2 = R^2 + X_L^2$$

式中：R——电路的电阻

X_L——电路的感抗

Z——电路的总阻抗

电路的阻抗角为 $$\varphi = \arctan \frac{X_L}{R}$$

电阻、感抗与总阻抗的关系为

$$R = Z\cos\varphi, X_L = Z\sin\varphi$$

3. 功率关系

将电压三角形三边同时乘以 I，就可得到由有功功率、无功功率和视在功率组成的三角

形，称为功率三角形，如图 4－20 所示。

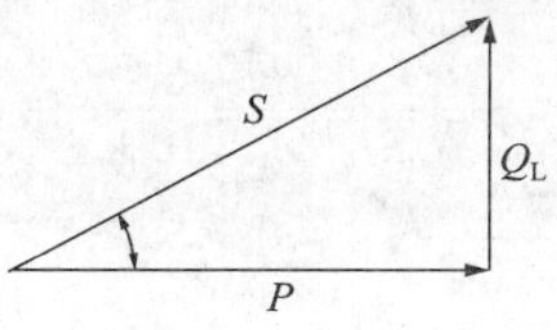

图 4－20

由功率三角形得 $S^2 = P^2 + Q_L^2 = (UI)^2$

式中，S——电源提供的视在功率（V·A）

Q_L——电感与电源交换能量的无功功率（var）

P——电阻上消耗的有功功率（W）

电路的功率因数角为

$$\varphi = \arctan\frac{Q_L}{P} \text{ 或 } \varphi = \arccos\frac{P}{S}$$

有功功率、无功功率与视在功率的关系为：

$$P = UI\cos\varphi = S\cos\varphi$$

$$Q_L = UI\sin\varphi = S\sin\varphi$$

【例 4－4】 将一个电感为 255 mH、电阻为 60 Ω 的线圈接到 $u = 311\sin 314t$ V 的电源上。求：

(1) 线圈的感抗 X_L；

(2) 电流有效值 I；

(3) 有功功率 P、无功功率 Q_L 和视在功率 S；

(4) 功率因数 $\cos\varphi$。

解 由题意可得：电压的有效值 $U = 220$ V，电源的角频率 $\omega = 314$ rad/s。

(1) 线圈的感抗为

$$X_L = \omega L = 314 \times 255 \times 10^{-3} \approx 80\ \Omega$$

电路的总阻抗为

$$Z^2 = R^2 + X_L^2,\ Z = 100\ \Omega$$

(2) 电流的有效值为

$$I = \frac{U}{Z} = \frac{220}{100} = 2.2\ \text{A}$$

(3) 电路的有功功率为

$$P = I^2R = 2.2^2 \times 60 = 290.4\ \text{W}$$

电路的无功功率为

$$Q = I^2X_L = 2.2^2 \times 80 = 387.2\ \text{var}$$

电源提供的视在功率为

$$S = UI = 220 \times 2.2 = 484\ \text{V} \cdot \text{A}$$

(4)电路的功率因数为

$$\cos\varphi=\frac{P}{S}=\frac{R}{Z}=\frac{60}{100}=0.6$$

4.3.2 *RC* 串联电路

将电阻元件 R、电容元件 C 串联起来与正弦交流电源组成的电路称为 RC 串联电路，如图 4－21 所示。

1. 电压关系

由单一参数交流电路的特性知，RC 串联电路中纯电阻部分电路的电压与电流同相，纯电容部分电路的电压滞后电流 90°，R 和 C 串联后通过同一电流，则电阻上的电压超前电容上的电压 90°，总电压 U 滞后于电流 I 一定的相角。

如果以电路中的电流为参考，即 $I=I_m\sin\omega t$

则电阻两端的电压为 $U_R=U_{Rm}\sin\omega t$

电容两端的电压为 $U_C=U_{Cm}\sin(\omega t-90°)$

电路两端的总电压为 $u=u_R+u_L$

如图 4－22 所示为 RC 串联电路电压关系的相量图。

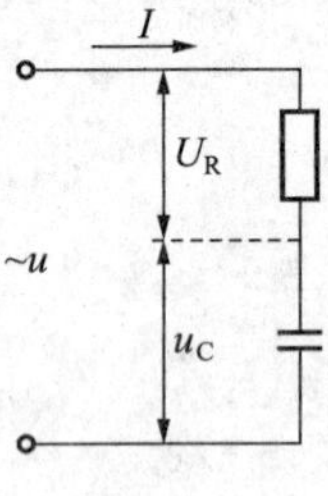

图 4－21

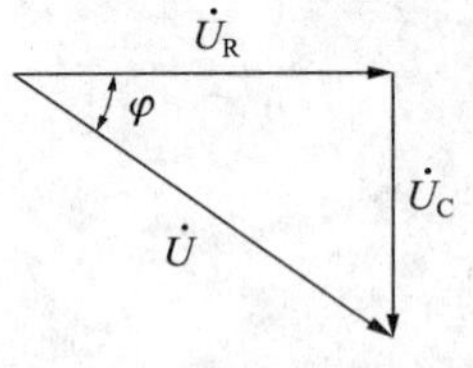

图 4－22

在 RC 串联电路中，电阻两端的电压 U_R、电容两端的电压 U_C、电路两端的总电压 U 构成一个直角三角形，称为 RC 串联电路的电压三角形。由图可得到电压的数值关系式为

$$U^2=U_R^2+U_C^2$$

总电压的相位滞后于电流的角度为

$$\varphi=\arctan\frac{U_C}{U_R}$$

从电压三角形还可以看出

$$U_R=U\cos\varphi,U_C=U\sin\varphi$$

2. 阻抗关系

将 RC 串联电路各电压的有效值 U_R、U_C、U 同时除以电流 I，得到对应的阻抗 R、X_C 和 Z。以 R、X_C 和 Z 为三角形的三边可以得到一个与电压三角形相似的阻抗三角形，如图 4－23

所示。

由阻抗三角形得

$$Z^2 = R^2 + X_C^2$$

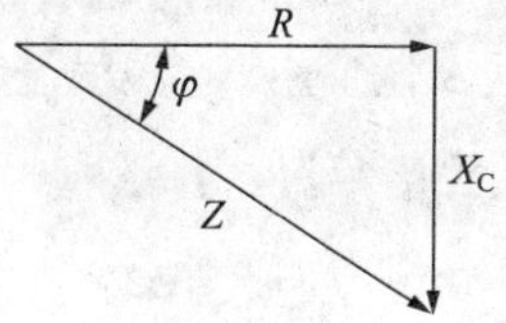

图 4－23

式中，R——电路的电阻

X_C——电路的容抗

Z——电路的总阻抗

由阻抗三角形知，电路的阻抗角为

$$\varphi = \arctan\frac{X_C}{R}$$

电阻、容抗与总阻抗的关系为

$$R = Z\cos\varphi, X_C = Z\sin\varphi$$

3. 功率关系

将电压三角形三边同时乘以 I，就可得到由有功功率、无功功率和视在功率组成的功率三角形，它与电压三角形是相似三角形，如图 4－24 所示。

由功率三角形得知

$$S^2 = P^2 + Q_C^2 = UI$$

式中，S——电源提供的视在功率(V·A)

Q_C——电容与电源交换能量的无功功率(var)

P——电阻上消耗的有功功率(W)

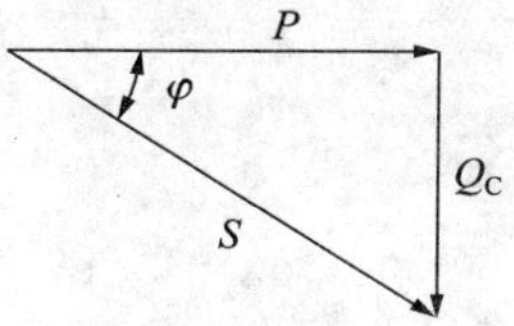

图 4－24

由功率三角形得知，电路的功率因数角为

$$\varphi = \arctan\frac{Q_C}{P} \text{ 或 } \varphi = \arccos\frac{P}{S}$$

有功功率、无功功率与视在功率的关系为

$$P = S\cos\varphi = UI\cos\varphi$$

$$Q_C = S\sin\varphi = UI\sin\varphi$$

【例 4-5】 如图 4-25 所示的移相电路中，电容 $C=0.12\ \mu F$，输入的正弦电压频率 $f=100\ Hz$，电压有效值为 1 V。要使输出电压滞后输入电压 60°，试求电阻的大小和输出电压的有效值。

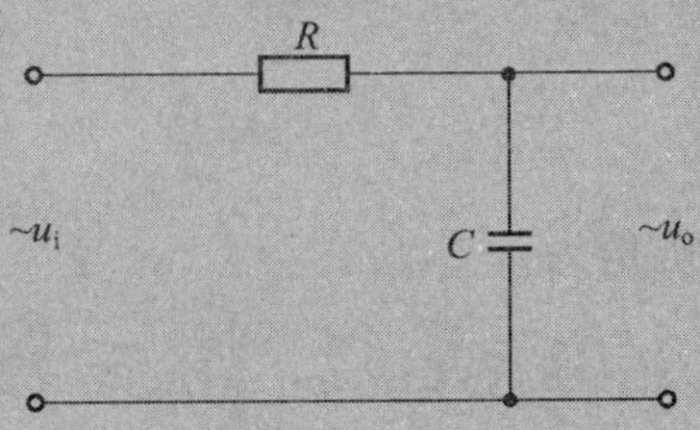

图 4-25

解 依题意以电流为参考作出电压三角形和阻抗三角形，如图 4-26 所示。

图 4-26

电压滞后于电流

$$\varphi=90°-60°=30°$$

由阻抗三角形求得电阻为

$$R=\frac{X_C}{\tan\varphi}=\frac{1}{2\pi fC\ \tan\varphi}=\frac{1}{2\times 3.14\times 100\times 0.12\times 10^{-6}\times\frac{\sqrt{3}}{3}}\approx 23\ k\Omega$$

输出电压的大小为

$$U_o=U_i\sin\varphi=1\times 0.5=0.5\ V$$

4.3.3 *RLC* 串联电路

将电阻、电感、电容元件串联与正弦交流电源组成的电路称为 *RLC* 串联电路，如图 4-27 所示。这种电路用途十分广泛，可用做供电系统的补偿电路，单相电动机的起动电路，电子电路的串联谐振电路等。

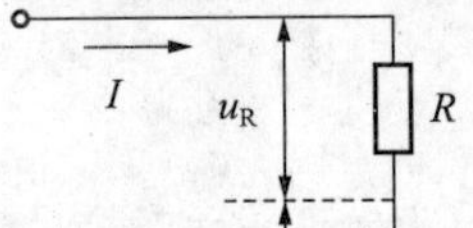

图 4-27

1. 电压关系

由于串联电路中的电流处处相等，故分析电路时以电流的正弦量为参考正弦量。设通过串联电路的电流为

$$i=I_m\sin\omega t$$

则电阻两端的电压为 $u_R = U_m \sin\omega t$

电感两端的电压为 $U_L = U_{Lm}\sin(\omega t + 90°)$

电容两端的电压为 $U_C = U_{Cm}\sin(\omega t + 90°)$

电路的总电压等于各元件上电压的代数和，即

$$u = u_R + u_L + u_C$$

电路总电压的有效值等于各元件上电压有效值的代数和，即

$$U = U_R + U_L + U_C$$

2. 电压与电流的相位关系

以电流为参考相量分别作出各电压的相量图，如图 4－28 所示。

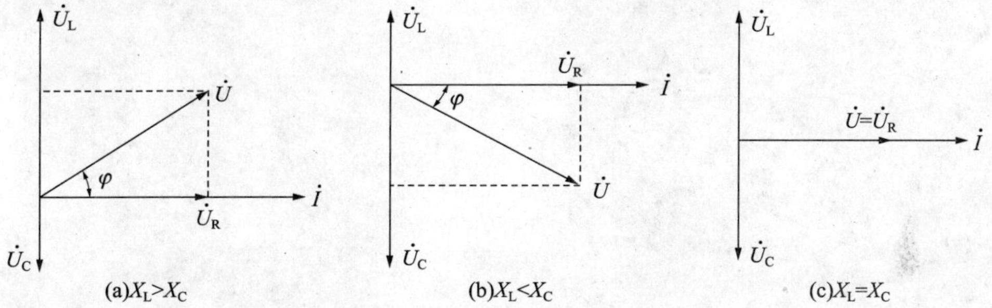

图 4－28

当 $X_L > X_C$ 时，$U_L > U_C$，电路总电压 U 超前电流 I 一锐角，电路呈感性，称为感性电路。其中，总电压 $U^2 = U_R^2 + (U_L - U_C)^2$，总电压与电流的相位差 $\varphi > 0$。

当 $X_L < X_C$ 时，$U_L < U_C$，电路总电压 U 滞后电流 I 一锐角，电路呈容性，称为容性电路。其中，电路的总电压 $U^2 = U_R^2 + (U_C - U_L)^2$，总电压与电流的相位差 $\varphi < 0$。

当 $X_L = X_C$ 时，$U_L = U_C$，相位相反。此时，电路总电压 U 等于电阻两端的电压 U_R，且总电压 U 与电流 I 同相，电路呈阻性，称为纯阻性电路。电路工作于这种状态称为谐振。

3. 阻抗关系

由 RLC 串联电路的电压三角形可得相似的阻抗三角形，如图 4－29 所示。由图中的阻抗三角形可得

$$Z^2 = R^2 + (X_L - X_C)^2$$

$$R = Z\cos\varphi, X = Z\sin\varphi$$

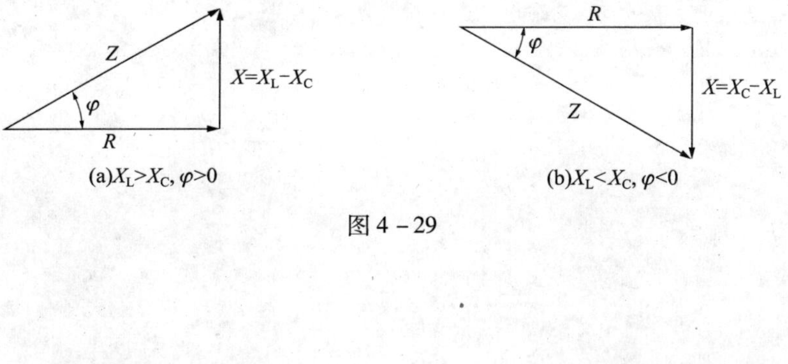

图 4－29

【例4-6】 在 RLC 串联电路中，已知电阻为 40 Ω，线圈的电感为 223 mH，电容器的电容为 80 μF，电路两端的电压 $u = 220\sqrt{2}\sin 314t$ V。试求：

(1)电路的阻抗；

(2)电流的有效值；

(3)各元件两端的电压；

(4)电路的有功功率、无功功率和视在功率；

(5)电路的性质。

解 (1)电路的感抗、容抗、阻抗分别为

$$X_L = \omega L = 314 \times 223 \times 10^{-3} \approx 70\ \Omega$$

$$X_C = \frac{1}{\omega C} = \frac{1}{314 \times 80 \times 10^{-6}} \approx 40\ \Omega$$

$$Z^2 = R^2 + (X_L - X_C)^2, Z = 50\ \Omega$$

(2)电流的有效值为

$$I = \frac{U}{Z} = \frac{220}{50} = 4.4\ \text{A}$$

(3)各个元件两端的电压分别为

$$U_R = IR = 4.4 \times 40 = 176\ \text{V}$$

$$U_L = IX_L = 4.4 \times 70 = 308\ \text{V}$$

$$U_C = IX_C = 4.4 \times 40 = 176\ \text{V}$$

(4)电路的有功功率为

$$P = I^2 R = 4.4^2 \times 40 = 774.4\ \text{W}$$

电路的无功功率为

$$Q = I^2 (X_L - X_C) = 4.4^2 \times (70 - 40) = 580.8\ \text{var}$$

电路的视在功率为

$$S = IU = 4.4 \times 220 = 968\ \text{V} \cdot \text{A}$$

(5)电路的性质

由于 $X_L > X_C$，$\varphi > 0$，电压超前电流，所以电路呈感性。

综合实训4 三相交流电路的连接及电压与电流的测量

在实际工作中，经常要对三相交流电路的参数进行测量。主要是要掌握三相负载的星形连接、三角形连接时的线电压和相电压以及线电流和相电流。

三相交流电路中的电压和电流值与其电路的连接方式有关，同时也与三相交流电路的负载特性有关。

一、实训目的

(1)掌握三相负载作星形连接、三角形连接的方法，验证这两种连接的线、相电压及线、相电流之间的关系。

(2)充分理解三相四线供电系统中中线的作用。

二、原理说明

(1)三相负载可接成星形(又称"Y"连接)或三角形(又称"△"连接)，当三相对称负载作星形连接时，线电压 U_{I} 是相电压 U_{P} 的$\sqrt{3}$倍，线电流 I_{I} 等于相电流 I_{P}，即

$$U_{\mathrm{I}}=\sqrt{3}U_{\mathrm{P}},\ I_{\mathrm{I}}=I_{\mathrm{P}}$$

当采用三相四线制连接时，流过中线的电流 $I_{\mathrm{o}}=0$，故可省去中线。当对称三相负载作三角形连接时，有

$$I_{\mathrm{I}}=\sqrt{3}I_{\mathrm{P}},U_{\mathrm{I}}=\sqrt{3}U_{\mathrm{P}}$$

(2)不对称三相负载作星形连接时，必须采用三相四线制连接，而且中线必须连接，以保证三相不对称负载的每相电压维持不变。若中线断开，则会导致三相负载电压的不对称，致使负载轻的一相相电压过高，负载遭受损坏；负载重的一相相电压过低，负载不能正常工作。尤其是对于三相照明负载，无条件地一律采用星形连接。

(3)对于不对称负载作三角形连接时，$I_{\mathrm{I}}\neq\sqrt{3}I_{\mathrm{P}}$，但只要电源的线电压 U_{I} 对称，则加在三相负载上的电压仍是对称的，对各相负载的工作没有影响。

三、实训设备

三相交流电源一个、三相自耦调压器一个、交流电压表一个、交流电流表一个、三相灯组负载(15 W/220 V 白炽灯)9只。

四、实训内容

(1)三相负载星形连接(三相四线制供电)

按图4－30所示的电路组接实验电路，即三相灯组负载经三相自耦调压器接通三相对称电源，并将三相调压器的旋柄置于三相电压输出为0 V的位置，经检查后，方可合上三相电源开关，然后调节调压器的输出，使输出的三相电压为220 V，按要求分别测量三相负载的线电压、相电压、线电流、相电流、中线电流、电源与负载间的电压并记录。观察各相灯组亮暗的变化程度，特别要注意观察中线的作用。

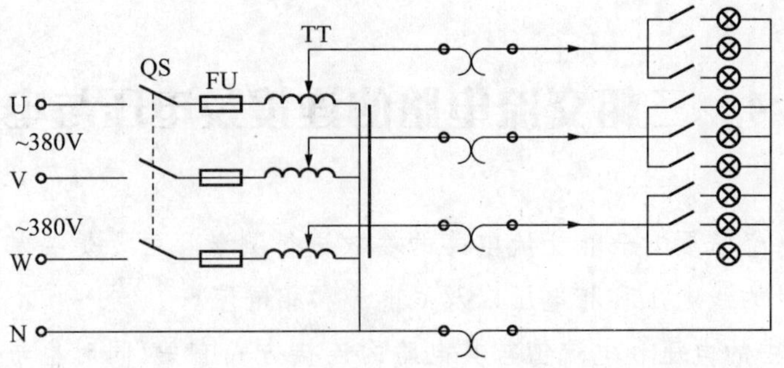

图 4－30

(2)负载三角形连接(三相三线制供电)

按图 4－31 所示改接电路,经检查后接通三相电源,调节调压器,使其输出线电压为 220 V,按上述步骤进行测试。

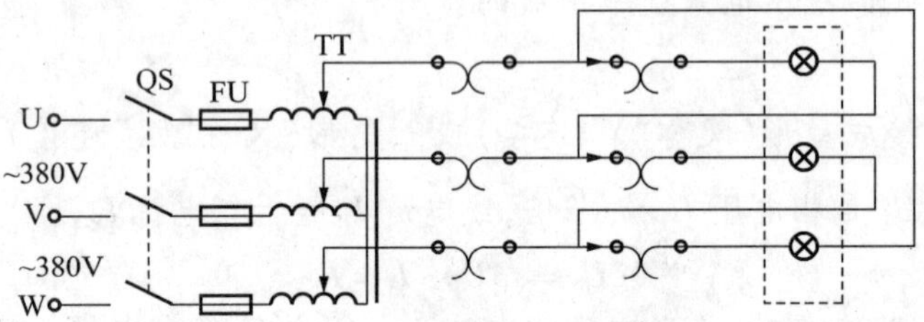

图 4－31

五、分析与思考

(1)三相负载根据什么条件作星形或三角形连接?

(2)复习三相交流电路有关内容,分析三相星形连接不对称负载在无中线的情况下,当某相负载开路或短路时会出现什么情况?如果接上中线,情况又如何?

习　题

4－1　已知交流电动势 $e=282\sin(314t+60°)$ V。试求 E_m、E、ω、f、T 和 φ。

4－2　已知某正弦电压的最大值 $U_m=311$ V,频率 $f=50$ Hz,初相位 $\varphi=30°$,试写出电压的瞬时值表达式,画出波形图。

4－3　已知 $e_1=E_{m1}\sin(\omega t+90°)$,$e_2=E_{m2}\sin(\omega t-45°)$,$f=50$ Hz,求 e_1 与 e_2 的相位差,并指出它们超前、滞后的关系。

4－4　已知正弦电压 $u_1=140\sin(314t+90°)$ V,$u_2=112\sin(314t-90°)$ V,画出其相量图,并求 u_1+u_2 和 u_1-u_2。

4－5　已知正弦电流 $i_L=3\sqrt{2}\sin(\omega t+60°)$ A,$i_2=4\sqrt{2}\sin(\omega t-30°)$ A,画出其相量图,求 i_1+i_2 和 i_1-i_2。

4-6　有一个220 V / 45 W的电烙铁接到220 V工频电源上，试求电烙铁的电流和电阻，并画出电压、电流的相量图。

4-7　一个0.5 H的线圈接在220 V / 50 Hz的交流电源上，求线圈中的电流和无功功率。

4-8　在日光灯照明工频电路中，测得镇流器（它的电阻忽略不计）的电压为190 V，电流为0.4 A，求镇流器的电感L和无功功率Q。

4-9　在RLC串联电路中，已知$R=10\ \Omega$，$L=0.1$ H，$C=200\ \mu$F，电源电压$U=100$ V，频率$f=50$ Hz。求：

(1)电路中的电流；

(2)功率因数$\cos\varphi$、视在功率S、有功功率P和无功功率Q；

(3)画电压电流的相量图。

4-10　在RLC串联电路中，已知电路的电流$I=1$ A，电阻电压$U_R=15$ V，电感电压$U_L=80$ V，电容电压$U_C=100$ V。求：

(1)电路的总电压U；

(2)电阻R、感抗X_L和容抗X_C；

(3)电路的有功功率P、无功功率Q及视在功率S。

第 5 章

变压器应用技术

内容提要

本章主要内容包括变压器的组成结构、外特性、损耗及效率、类型,单相变压器的变压原理、变流原理、变阻抗原理以及三相变压器的组成和接线方式。

教学建议

在学习本章内容时,要突出对变压器的组成结构、类型和工作原理的理解。尤其要掌握单相变压器及三相变压器的特点与性能。同时要注重变压器的损耗与效率的基本概念。

学习目标

1. 了解磁感应强度、磁场强度、磁滞现象等概念。
2. 了解单相变压器的变压原理、变流原理和变阻抗原理。
3. 理解变压器中功率损耗与电压、电流的关系。
4. 理解单相变压器与三相变压器以及自耦变压器的组成原理及在电路中的应用。
5. 掌握变压器绕组极性的测定、同极性端的测定以及变压器的一次与二次接线,特别是三相变压器的三种最主要接线方式。

第1节　变　压　器

变压器是电工技术中不可缺少的电气设备,在电子技术中也有着广泛的应用。变压器是利用电磁感应原理制成的一种变换电压、电流和阻抗的电气设备,主要用于升高或降低交流电压、改变电流和变换阻抗。在无线电技术中,可利用变压器进行信号传递和实现阻抗匹配。按用途不同,变压器可以分为电力变压器、整流变压器、自耦变压器、测量变压器、电焊变压器、输入变压器、输出变压器等。

变压器的用途很广,结构形状各有特点,制造工艺也有较大的差异,但它们的工作原理相同,基本结构也相似。

5.1.1　磁场

自然界中,某些物体具有吸引铁、镍、钴等物质的性质叫做磁性。具有磁性的物体叫做磁体。常见的磁体有天然磁体和人造磁体。磁体中磁性最强的地方叫做磁极。任何磁体都有一对磁极,一个叫做南极,用S表示;另一个叫做北极,用N表示。

磁极之间存在相互作用力,同名磁极互相排斥,异名磁极互相吸引。为了形象描绘磁场中各点磁场强弱与方向而假想出来的曲线,在磁场中画出一组有方向的假想曲线,叫做磁力线。在这些曲线上每一点的切线方向,都和该点的磁场方向相同。磁力线的疏密表示磁场的强弱,磁力线上每一点的切线方向就是该点的磁场方向,即在该点小磁针静止时N极的指向。磁力线是封闭曲线且互不相交。如图5-1所示是常见的几种磁场的磁力线示意图。

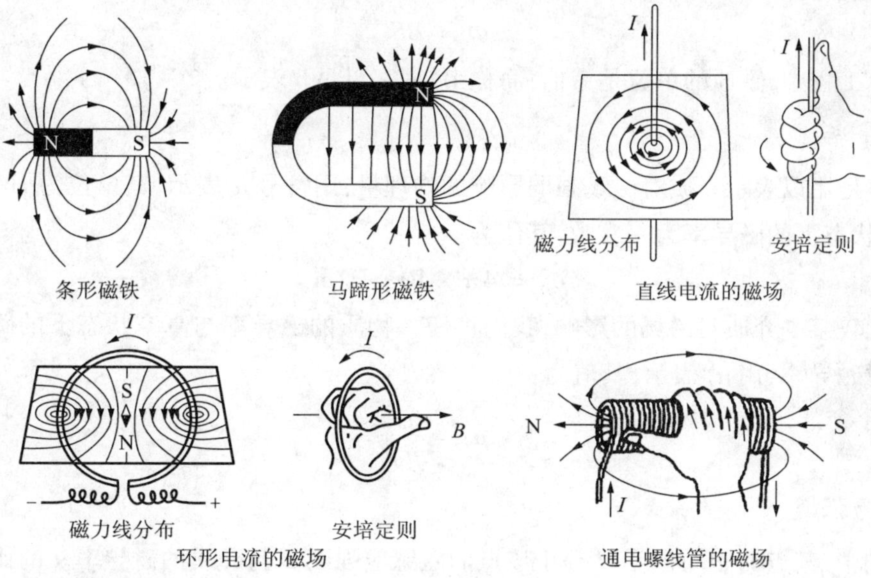

图5-1

对于通电导线的磁场方向,可以用右手螺旋定则(又叫做安培定则)来判定。通电直导线磁场方向的判别方法是:右手握住导线并把拇指伸开与四指垂直,让拇指指向电流方向,四指的环绕方向就是磁力线方向。通电螺线管磁场方向的判别方法是:右手握住螺线管并把拇指伸开与四指垂直,让四指指向电流方向,拇指所指的方向就是通电螺线管内的磁场方向。

1. 磁感应强度

为了定量描述磁场的大小和方向,引入磁感应强度的概念。在匀强磁场中,垂直于磁场方向的通电导体,受到的磁场力 F 与电流强度 I 和导线长度 L 的乘积的比值,称为通电导体所在处的磁感应强度,用字母 B 表示,即:

$$B=\frac{F}{IL}$$

式中，F ——与磁场垂直的通电导体所受的力(N)

I——导体中的电流(A)

L——通电导体在磁场中的有效长度(m)

B——通电导体所在处的磁感应强度(T)

磁感应强度的单位为特斯拉(T)，简称特，也写为 Wb/m^2。磁感应强度是矢量，其方向就是磁场的方向。磁场中某点的磁感应强度与产生磁场的磁极、电流以及该点在磁场中的位置有关，但是与该点是否存在通电导线无关。如果磁场中某区域内各点磁感应强度的大小相等，方向相同，那么，该区域内的磁场叫做匀强磁场。

2. *磁通*

磁通是磁场中垂直穿过某一面积的磁感应强度的总和，用符号 Φ 表示。当磁场为均匀磁场时，所取用的面积为平面并且与磁场方向垂直时，其关系式为：

$$\Phi = BS$$

在实际工程中，磁通的单位是韦伯，简称韦，用字母 Wb 表示。

3. *磁导率*

磁导率是用以表示介质对磁场强弱影响的物理量，用符号 μ 表示，其单位为 H/m，经试验测得，真空状态下的磁导率为一常数，其值为：

$$\mu_0 = 4\pi \times 10^{-7}\ \mathrm{H/m}$$

为了比较某一介质对磁场的影响，我们将任一物质的磁导率与真空状态下的磁导率的比值称为相对磁导率，用 μ_r 表示，其值为：

$$\mu_r = \frac{\mu}{\mu_0}$$

4. *磁场强度*

在磁场中，某点的磁场强度 H 等于该点的磁感应强度 B 与介质的磁导率 μ 的比值，即

$$H = \frac{B}{\mu}$$

式中，B——磁场中某点的磁感应强度(T)

μ——磁场中介质的磁导率(H/m)

H——磁场中该点的磁场强度(A/m)

磁场强度是矢量，方向与该点的磁感应强度方向相同。磁场强度与介质的磁导率无关，只与电流产生的磁场有关。

5. *磁滞现象*

在铁磁物质的内部，存在很多小的区域，在每个小的区域内，所有分子电流的磁场方向都相同。我们将这样的区域称为磁畴。不同磁畴的磁场方向是不同的。当铁磁线圈通入交流电后，铁芯中的磁畴会随交流电的变化而被反复地磁化。由于磁畴本身存在惯性，使得磁感应强

度的变化滞后于磁场强度的变化,这种现象叫做磁滞。

6. 磁性材料

磁性材料可以划分为软磁材料、硬磁材料和矩磁材料。

(1)软磁材料。软磁材料磁导率高,容易被磁化和去磁。其磁滞回线比较窄,磁滞损耗比较小。

(2)硬磁材料。硬磁材料的磁滞回线很宽,不易被磁化,也不易去磁,一旦被磁化后,能保持很强的剩磁,因此适用于制作永久磁铁。

(3)矩磁材料。矩磁材料的磁滞回线形状如同矩形,在很小的外磁场作用下就能够被磁化,一旦被磁化便达到饱和值,当去掉外部磁场后,磁性仍保持在饱和值,主要用于制作记忆性元件。

如图 5 - 2 所示是三种铁磁材料的磁滞回线,其中图(a)是软磁材料的磁滞回线,图(b)是硬磁材料的磁滞回线,图(c)是矩磁材料的磁滞回线。

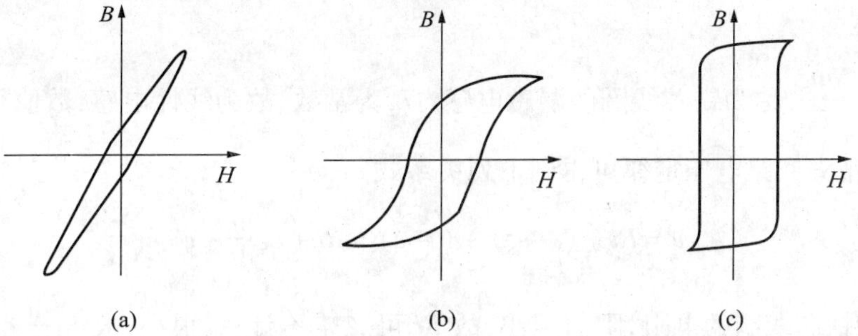

图 5 - 2

主要的磁性材料有硅钢、铸铁、铁镍合金、碳钢、铁氧体等。硅钢、铸铁、铁镍合金主要用于电动机、变压器、继电器的铁芯以及晶体管收音机中的磁棒天线等。碳钢主要用于磁电式仪表、扬声器中的磁钢以及永久磁铁等。铁氧体主要用于磁带以及计算机存储器的铁芯等。

5.1.2 电磁感应

如果在闭合的铁芯电感线圈接上交流电源时,交流铁芯线圈内部会呈现出一定的电磁关系,我们用电磁感应来解释此现象。

1. 电磁感应

如图 5 - 3 所示,在一个闭合的固定铁芯上,绕上 N 匝线圈,就组成了一个铁芯线圈。若在铁芯线圈两端加上正弦交流电压 u,产生的交变电流为 i,则在铁芯线圈中会产生交变磁场和磁通,它的磁场绝大部分是通过铁芯的,只有极少的一部分通过空气闭合,通过铁芯的磁场形成主磁通 Φ,通过空气隙的磁场产生漏磁通 Φ_S,根据法拉第电磁感应定律,交变磁通 Φ 和 Φ_S 会在铁芯线圈中产生感应电动势 e 和 e_S,其参考方向与 Φ 和 Φ_S 符合右手螺旋定则关系。

其中
$$e=-N\frac{\mathrm{d}\Phi}{\mathrm{d}t}$$

$$u=N\frac{\mathrm{d}\Phi}{\mathrm{d}t}$$

$$e_S=-N\frac{\mathrm{d}\Phi_S}{\mathrm{d}t}=-L\frac{\mathrm{d}i}{\mathrm{d}t}$$

$$ui=L_S\frac{\mathrm{d}i}{\mathrm{d}t}$$

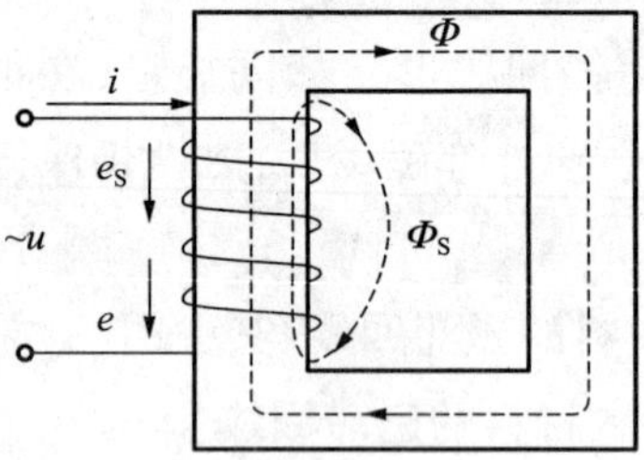

图 5 – 3

式中，$L_S=\frac{N\Phi_S}{i}$，称为铁芯线圈的漏磁电感。L_S为常数，故为线性电感，数值很小。

根据基尔霍夫回路电压定律可得到下列关系式

$$u=Ri+(-e_S)+(-e)=Ri+L_S\frac{\mathrm{d}i}{\mathrm{d}t}-e$$

式中，R 为铁芯线圈的电阻，阻值很小，故 Ri 可忽略不计；L_S很小，故 $L_S\frac{\mathrm{d}i}{\mathrm{d}t}$也可忽略不计，因此有近似关系式

$$u=-e=N\frac{\mathrm{d}\Phi}{\mathrm{d}t}$$

若 u 为正弦交流电压，则 u 和 Φ 均为正弦关系。

假设 $\Phi=\Phi_m\sin\omega t$，则

$$u=N\frac{\mathrm{d}\Phi}{\mathrm{d}t}=N\omega\Phi_m\cos\omega t=U_m\sin(\omega t+90°)$$

其中
$$U=\frac{U_m}{\sqrt{2}}=\frac{2\pi fN\Phi_m}{\sqrt{2}}=4.44fN\Phi_m$$

当f、N 一定时，在忽略铁芯线圈电阻和漏磁通的情况下，铁芯线圈中主磁通的最大值决定于电源电压，其数值为

$$U=4.44fN\Phi_m$$

【例5-1】 若线圈匝数 N 为300匝，$u=36\sqrt{2}\sin 314t$，求：铁芯中磁通的最大值 Φ_m 是多少？

解 因为 $\omega=2\pi f=314$，所以 $f=\dfrac{314}{2\pi}=50\ \text{Hz}$

根据 $U=4.44fN\Phi_m$ 可得

$$\Phi_m=\frac{36}{4.44\times 50\times 300}=5.4\times 10^{-4}\ \text{Wb}$$

2. 功率损耗与电压、电流的关系

电感线圈是储能元件，理想情况下是不消耗能量的，但实际上线圈是存在一定电阻的，当给没有铁芯的线圈接入交流电压时，线圈电阻要消耗一定功率，通常称为铜损，记作

$$P_{Cu}=I^2R$$

在给有铁芯的线圈接入交流电压时，交变磁场会在铁芯中产生磁滞和涡流现象，产生磁滞和涡流损耗，二者统称为铁损，记作 P_{Fe}，并且与外加电压近似成正比。因此，铁芯线圈中通入交流电会产生铜损和铁损。理论证明，铁损所占的比例较大，是主要的损耗。铁损的产生会使铁芯线圈的温度升高，导致变压器等设备不能正常运行。

5.1.3 变压器的组成结构

在实际使用中，变压器的类型很多，但是其基本结构都是由一个软磁材料构成的闭合铁芯和绕在铁芯上的绕组所组成。

1. 变压器的铁芯

铁芯的作用是构成变压器的磁路，为了减少铁芯的涡流损耗和磁滞损耗，铁芯一般都是用磁导率较高而且又相互绝缘的硅钢片叠成的，每片硅钢片的厚度为0.35～0.5 mm。有的是采用铁氧体、铝合金以及其他材料制成的铁芯。

变压器铁芯的结构一般划分为心式和壳式两种，如图5-4所示是两种铁芯的示意图。心式铁芯叠成口字型，绕组包着铁芯，多用于大容量的变压器，如电力变压器。壳式铁芯制成日字型，铁芯包着绕组，但是一般不需要单独的外壳，通常用于小容量的变压器，如各种电子设备和电子仪器中的变压器。

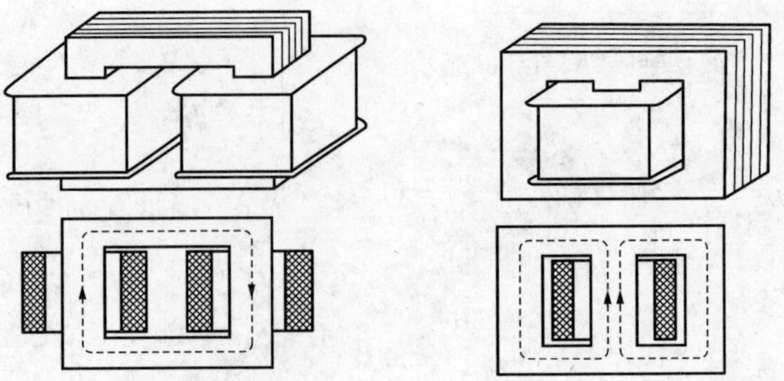

(a)心式　　(b)壳式

图 5-4　变压器铁芯示意图

2. 变压器的绕组

绕组又称为线圈，其作用是接受和输出电能。小容量变压器的绕组多用绝缘良好的漆包线、纱包线或丝包线绕成，大容量变压器的绕组多用扁形的铜条或铝条绕制。变压器一般有两个或两个以上的绕组，接电源的绕组称为一次绕组，与负载相连的绕组称为二次绕组。变压器的绕组与绕组之间、绕组与铁芯之间都必须绝缘良好。如图 5-5(a)所示是变压器的结构图，如图 5-5(b)所示是变压器的表示符号。

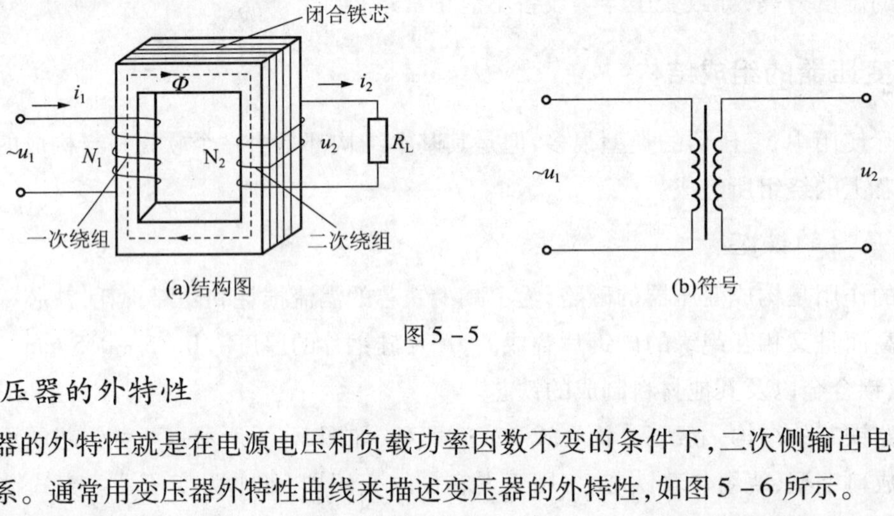

(a)结构图　　(b)符号

图 5-5

3. 变压器的外特性

变压器的外特性就是在电源电压和负载功率因数不变的条件下，二次侧输出电压和输出电流的关系。通常用变压器外特性曲线来描述变压器的外特性，如图 5-6 所示。

变压器外特性曲线的形状与变压器本身的参数有关，也与负载的性质有关。如果负载为电阻性或电感性，变压器输出电压随着输出电流的增加而下降，外特性曲线下垂；如果负载为电容性，变压器输出电压有可能随输出电流的增加而上升，外特性曲线上翘。图 5-6 反映的是当负载为电阻性负载时变压器的外特性。由于变压器内部存在阻抗压降，使得二次侧电压 U_2 随着二次侧电流 I_2 的增加而下降。

变压器外特性变化的程度用电压调整率表示为

$$\Delta U\% = \frac{U_{20} - U_{2N}}{U_{20}} \times 100\%$$

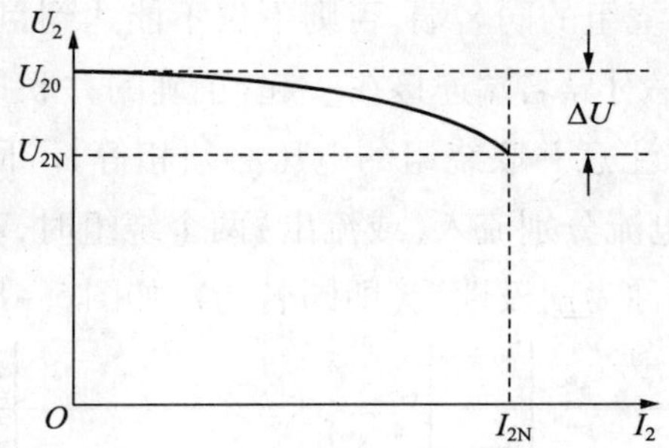

图 5－6

式中，U_{20}为一次侧加额定电压而二次侧开路时，二次侧的输出电压；U_{2N}为二次绕组电流为额定电流I_{2N}时对应的电压。电压调整率是变压器的一个重要指标。一般希望$\frac{dU}{dt}$越小越好。大容量的电力变压器的电压调整率为3%～5%，而小型号变压器的电压调整率为20%。

4. 变压器的损耗及效率

变压器运行时，其内部损耗有铁损和铜损两种。铁损P_{Fe}是指变压器铁芯在交变磁场中产生的涡流和磁滞损耗；铜损P_{Cu}是指变压器一次、二次绕组电阻的损耗。变压器绕组存在电阻，当变压器工作时，电流通过电阻会产生热效应而损耗电能。变压器的效率η是输出功率P_2与输入功率P_1的比值，通常用百分号表示，即

$$\eta = \frac{P_2}{P_1} \times 100\% = \frac{P_2}{P_2 + P_{Fe} + P_{Cu}} \times 100\%$$

小型电源变压器的效率在80%以上，而电力变压器的效率一般在95%以上。运行中需注意：变压器并非是运行在额定负载时效率最高，对于电力变压器，一般在50%～75%的额定负载时效率最高。

5. 变压器绕组极性的测定

1）变压器绕组的同名端

小功率电源变压器在使用中有时需要将绕组串联起来提高电压，或把绕组并联起来增大电流，如图5－7所示是将绕组串联的示意图。

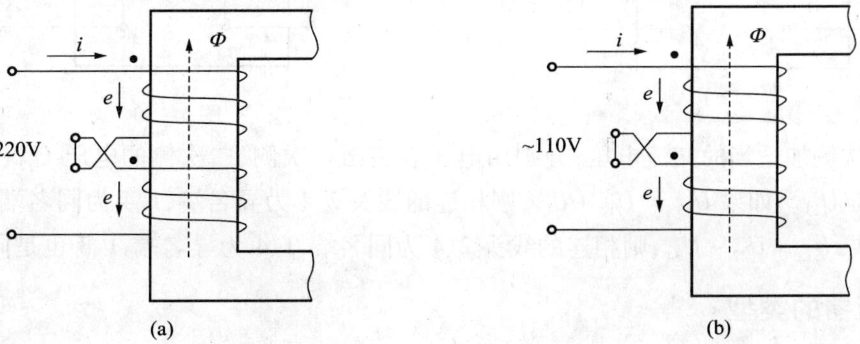

图 5－7

在串、并联时必须弄清楚绕组的同名端，否则不仅不能达到目，还会烧坏变压器。正确的串联接法是应把两个绕组的一对异名端连接在一起；正确的并联接法是应把两个绕组的两对同名端分别连接在一起（还需注意并联绕组的电压必须相等）。同名端是指变压器各绕组电位瞬时极性相同的端点。当电流分别流入（或流出）两个绕组时，若两个绕组产生的磁通方向相同，则这两个绕组的流入端称为同极性端（即同名端），如图 5－8 所示。

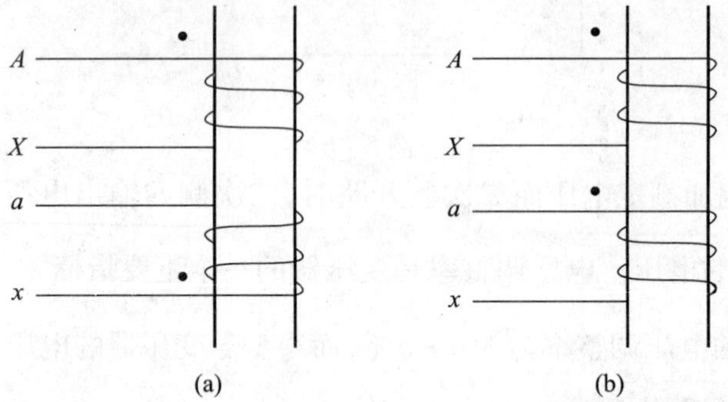

图 5－8

在电路中常用小圆点“ • ”或小星号“ * ”表示同名端。在图(a)中，A、x 为同名端；在图(b)中，A、a 为同名端。

2）同名端的测定

变压器同名端的测定方法主要有以下两种：

（1）直流电压法。直流电压法又叫做干电池法。用干电池一节、万用表一个接成如图 5－9 所示电路。测定时，将万用表档位置直流电压的低档位（如 5 V 以下）或者直流电流的低档位（如 5 mA），当闭合 S 的瞬间，表针正向偏转，则万用表的正极“3”，电池的正极“1”所接的端子为同名端；如果表针反向偏转，则万用表的正极“3”、电池的负极“2”所接的端子为同名端。在进行测定时要注意：断开 S 时，表针会摆向另一方向；S 不可长时间闭合。

（2）交流电压法。如图 5－10 所示是将单相变压器一次、二次绕组相连。

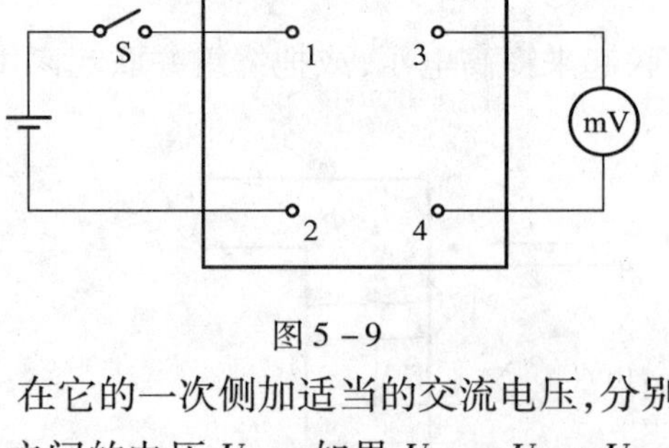

图 5－9

图 5－10

在它的一次侧加适当的交流电压，分别用电压表测出一次侧、二次侧的电压 U_{12}、U_{34} 以及 1、3 之间的电压 U_{13}。如果 $U_{13} = U_{12} + U_{34}$，则相连的线头 2、4 为异名端，1、4 为同名端，2、3 也是同名端。如果 $U_{13} = U_{12} - U_{34}$，则相连的线头 2、4 为同名端，1、4 为异名端，1、3 也是同名端。

5.1.4 变压器的类型

变压器的类型很多，根据变压器的用途，可以分为单相变压器、三相变压器、自耦变压器

(升压变压器和降压变压器)、互感器(电流互感器和电压互感器)、电子电路中使用的整流电源变压器以及信号回路中的耦合变压器等。

1. 单相变压器

单相变压器的特点是其一次侧所接的电源是单相交流电源(通常是接于220 V的交流电源上),二次侧的输出电压一般小于220 V。常用于各类家用电器的电源以及电子电路和仪表电路中。

2. 三相变压器

三相变压器的特点是其一次侧所接电源是380 V的三相交流电。主要用于大功率的负载电路中,一般用做供电变压器。

3. 自耦变压器

自耦变压器的特点是其二次绕组是一次绕组的一部分,一、二次绕组不但有磁的联系,也有电的联系。如图5－11所示是自耦变压器的原理图。

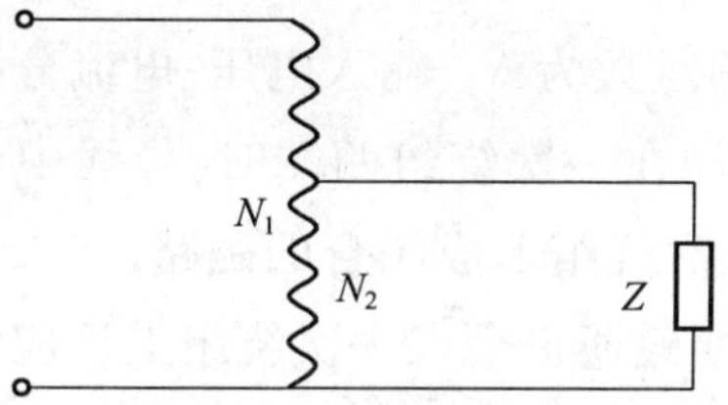

图5－11

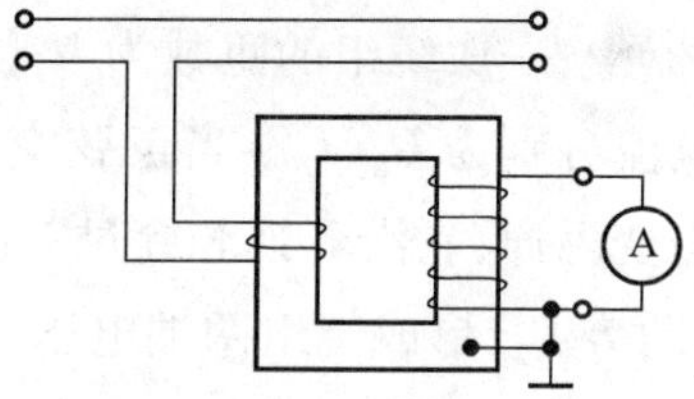

图5－12

4. 互感器

互感器常用于监控仪表电路中,其主要目的是将较高的电压转换成较低的电压;将较大的电流转换成较小的电流,以便于仪器仪表的使用。

(1)电流互感器

如图5－12所示是电流互感器的原理图。电流互感器一次绕组的线径比较粗,但是匝数比较少,与被测量的电路负载相串联。二次绕组的线径比较细,但是匝数很多,与电流表、电度表、继电器的电流绕组构成闭合回路。在使用时,二次绕组电路是不允许开路的。

(2)电压互感器

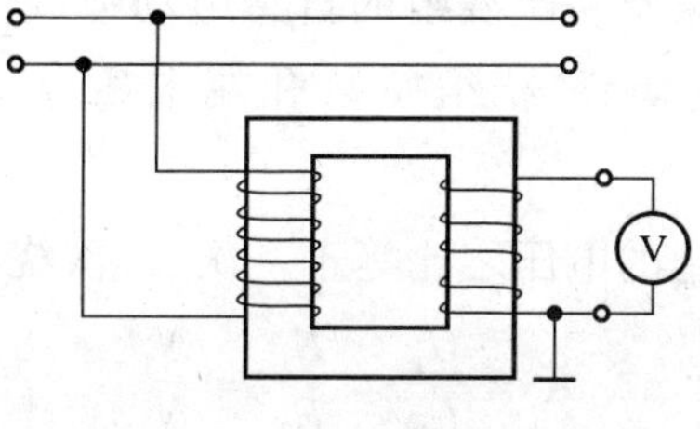

图5－13

如图5－13所示是电压互感器的原理图。电压互感器一次绕组的匝数比较多,与被测量的电路负载相并联。二次绕组的匝数很少，与电压表、电度表、继电器的电压绕组构成闭合回路。在使用时，二次绕组电路是不允许短路的。

除上述几类变压器之外，还有在电子电路中传递和处理信号用的变压器以及振荡电路中的变压器等多种。

第2节　单相变压器与三相变压器

5.2.1　单相变压器

1. 单相变压器的变压原理

如图5-14所示是单相变压器的工作原理图。其中图(a)是变压器的空载运行示意图，图(b)是变压器的有载运行示意图。

在变压器中，一次绕组的匝数为N_1，二次绕组的匝数为N_2，输入电压、电流分别为U_1、I_1，输出电压、电流分别为U_2、I_2。当正弦交流电压U_1加在一次绕组两端时，导线中就有交变电流，并产生交变磁通，它沿着铁芯穿过一次绕组和二次绕组形成闭合的磁路，在二次绕组中感应出互感电动势E_2，形成绕组两端电压U_2，同时交变磁通也会在一次绕组上感应出一个自感电动势E_1，并符合以下关系

$$E_1 = 4.44 f\Phi_m N_1 \approx U_1$$

$$E_2 = 4.44 f\Phi_m N_2 \approx U_2$$

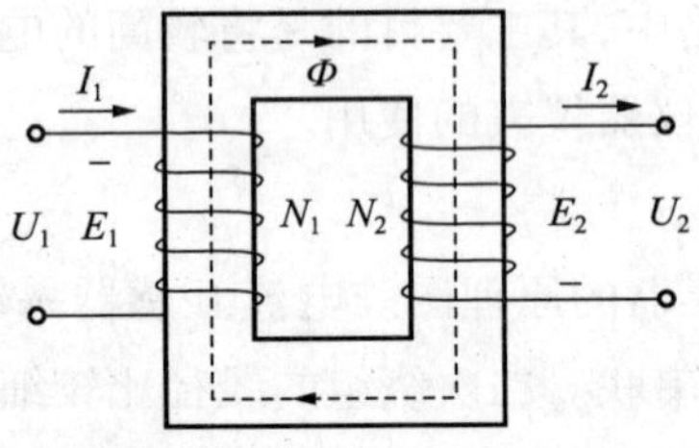

图5-14

式中，E_1、N_1、U_1分别为变压器一次绕组的自感电动势、绕组匝数和端电压；E_2、N_2、U_2分别为变压器二次绕组的互感电动势、绕组匝数和端电压；f为电源频率；Φ_m为铁芯内的主磁通。

在变压器中，一次、二次绕组的电压之比等于一次、二次绕组的匝数之比，即

$$K = \frac{U_1}{U_2} = \frac{E_1}{E_2} = \frac{N_1}{N_2}$$

式中，K为变化系数。当$K>1$时，$N_1>N_2$，$U_1>U_2$，此类变压器为降压变压器；反之，当$K<1$时，$N_1<N_2$，$U_1<U_2$，此类变压器为升压变压器。

2. 单相变压器的变流原理

当变压器在工作时,绕组电阻、铁芯的磁滞以及涡流总是会产生一定的能量损耗。但是比负载上消耗的功率小得多,一般情况下可以忽略不计。根据能量守恒定律,变压器输入和输出的视在功率相等,即

$$U_1I_1=U_2I_2$$

因此有

$$\frac{I_1}{I_2}=\frac{U_2}{U_1}=\frac{N_2}{N_1}=\frac{1}{K}$$

即变压器的电流比与变压器的电压比或匝数比成反比。

3. 单相变压器的变阻抗原理

变压器还有一个重要的功能是阻抗变换。在电子电路中,常常利用变压器进行阻抗的变换,以达到电路的阻抗匹配,从而提高电路的功率传输效率。在变压器电路中,次级回路是初级回路的负载,在一次绕组中的等效阻抗为

$$Z_1=\frac{U_1}{I_1}$$

次级绕组中的等效阻抗为

$$Z_2=\frac{U_2}{I_2}$$

将两式相比,得到

$$\frac{Z_1}{Z_2}=\frac{U_1}{U_2}\cdot\frac{I_2}{I_1}=\frac{N_1^2}{N_2^2}=K^2$$

由此可以看出,变压器的一次绕组、二次绕组的阻抗比等于一次绕组、二次绕组的匝数比的平方或变化系数的平方,即

$$\frac{Z_1}{Z_2}=K^2$$

由上式可得,如果在变压器的二次侧接上 Z_2之后,对于电源而言,相当于在一次侧接上 K^2Z_2的负载。如图 5－15 所示是变压器的阻抗变换电路的示意图。

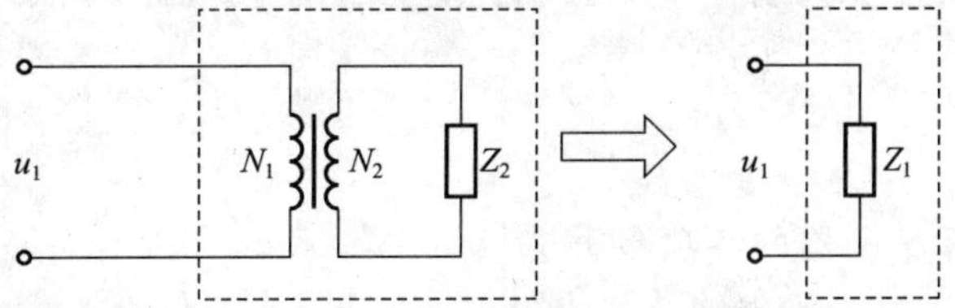

图 5－15

单相变压器的一次侧所接的电源是单相交流电源。二次侧根据需要可以获得不同的电压。单相变压器的应用非常广泛,常用于各类民用电器、电子电路以及仪器仪表电路中。

5.2.2 三相变压器

在电力系统中，三相变压器的应用非常广泛，主要用于三相交流电的传输。

1. 三相变压器的组成

三相变压器的容量一般都比较大，电压比较高，常用于电力传输系统中。其主要组成有铁芯、绕组、散热装置、引线端等，如图5-16所示。

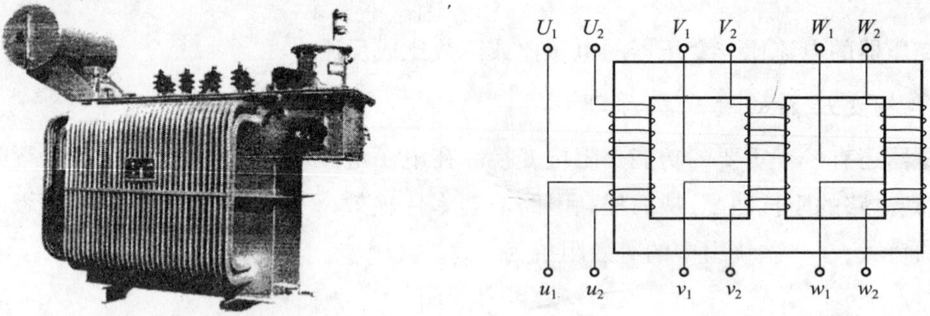

(a)外形图 (b)原理图

图5-16

三相变压器的工作原理与单相变压器基本相同，每相的高压、低压绕组绕在同一铁芯上，工作时，通过同一磁通，利用电磁感应实现电能的传输。

2. 三相变压器的接线方式

三相变压器的高压、低压绕组有星形和三角形两种接法。经过组合之后具有六种接线方式，其中最常见的有三种接线方式，即Y-yN、Y-d及YN-d三种接线方式。Y-yN接线方式是高压绕组接成星形，低压绕组也接成星形，并且带有中性线。Y-d接线方式是高压绕组接成星形，低压绕组接成三角形。YN-d接线方式是高压绕组接成星形，并且带有中性线，而低压绕组接成三角形。

综合实训5 单相变压器特性的测试

一、实训目的

(1)通过测量，计算变压器的各项参数。

(2)学会测绘变压器的空载特性与外特性。

二、原理说明

(1)按照图5-17所示变压器参数的测试电路接线，由各仪表读得变压器一次侧(A、X端设为低压侧)的U_1、I_1、P_1及二次侧(a、x端设为高压侧)的U_2、I_2，并用万用表R×L档测出一、二次绕组的电阻R_1和R_2，即可计算出变压器的各项参数值

电压比 $K_U = \frac{U_1}{U_2}$　　电流比 $K_I = \frac{I_2}{I_1}$

一次侧阻抗 $Z_1 = \frac{U_1}{I_1}$　　二次侧阻抗 $Z_2 = \frac{U_2}{I_2}$

阻抗比 $K_Z = \frac{Z_1}{Z_2}$　　功率因数 $\cos\varphi = \frac{P_1}{U_1 I_1}$

负载功率 $P_2 = U_2 I_2$　　损耗功率 $P_0 = P_1 - P_2$

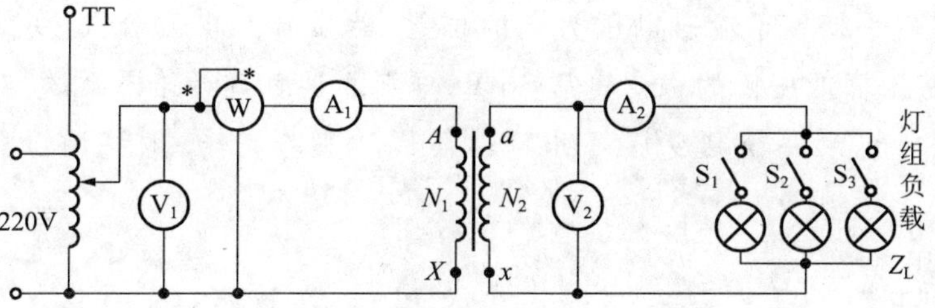

图 5－17

(2)变压器空载特性测试

变压器的铁芯是一个非线性元件，铁芯中的磁感应强度 B 决定于外加电压的有效值 U，当二次侧开路（即空载）时，一次侧励磁电流 I_{10} 与磁场强度 H 成正比。在变压器中，二次侧空载时，一次电压与电流的关系称为变压器的空载特性，这与铁芯的磁化曲线是一致的。

空载实验通常是将高压侧开路，由低压侧通电进行测量，又因空载时功率因数很低，故测量功率时应采用低功率因数瓦特表。此外，因变压器空载时阻抗很大，故电压表应接在电流表外侧。

(3)变压器外特性测试

为了使实验装置上三组灯泡的额定电压为 220 V，以变压器的低压（36 V）绕组作为一次侧，220 V 的高压绕组作为二次侧，当做升压变压器使用。

保持一次电压 U_1（36 V）不变，逐渐增加灯泡负载（每只灯为 15 W），测定 U_1、U_2、I_1、I_2 即可绘出变压器的负载特性曲线 $U_2 - I_2$。

三、实训设备

单相交流电源一台、三相自耦调压器一台、交流电压表一个、交流电流表一个、功率表一个、试验变压器一个、白炽灯（15 W/220 V）三只。

四、实训内容

(1)用交流法判别变压器绕组的极性

如图 5－18 所示，将两个绕组 N_1 和 N_2 的任意两端（如 X、x 端）连在一起，在其中的一个绕组（如 N_1）两端加一低压交流电压 36 V，另一绕组开路（如 N_2）。用交流电压表分别测出端电压。若 U_{Aa} 是两个绕组端电压之差，则 A、a 是同名端；若 U_{Aa} 是两个绕组端电压之和，则 A、x 是同名端。将测量结果进行记录。

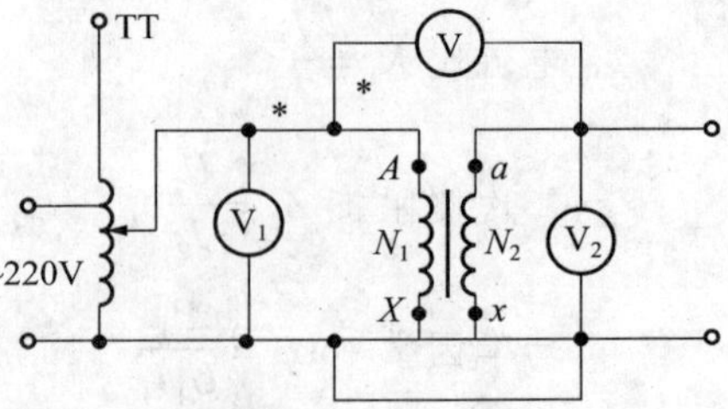

图 5-18

(2)将调压器手柄置于输出电压为零的位置，然后合上电源开关，并调节调压器，使其输出电压等于变压器低压侧的额定电压 36 V，分别测试负载开路及逐次增加负载，测量 U_1、U_2、I_1、I_2和 P 进行记录并绘制变压器外特性曲线。实验完毕，须将调压器调回零位，断开电源。

五、分析与思考

(1)为什么本实验将低压绕组作为一次侧进行通电实验？此时，在实验过程中应注意什么问题？

(2)在实验中为什么要用电压表监视调压器的输出电压？

六、实训总结

(1)根据实验数据，绘制出变压器的外特性和空载特性曲线。

(2)根据额定负载时测得的数据，计算变压器的各项参数。

(3)总结心得体会及其他。

习　题

5-1　某单相变压器的原边接交流电压 $U_1=6000$ V，空载时副边接上一只电压表，其读数为 400 V。如果原边匝数为 3000 匝，求：

(1)变压比 n；

(2)副边匝数 N_2。

5-2　一台降压变压器，原边接在电压为 220 V 的工频交流电源上，一次绕组匝数为 240 匝，变压比为 20，求：

(1)铁芯中的最大磁通 Φ_m；

(2)二次绕组的输出电压 U_2。

5-3　某机床使用 220 V 的交流电源，工作照明灯的额定电压为 36 V，功率为 40 W，采用一台单相变压器给灯泡提供工作电源，求变压器的一次、二次电流。

5-4　一台晶体管收音机扬声器的阻抗为 8 欧姆，接于变压器的副边，如果变压器的原边线圈匝数 N_1 为 400 匝，副边线圈匝数 N_2 为 40 匝。求：

(1)变压器的输入阻抗;

(2)如果变压器的原边接到电压为10 V,内阻为400 Ω的信号源上,求与信号源相匹配的扬声器的功率。

5-5 一台自耦变压器,一次绕组匝数为660匝,将它接到220 V的交流电源上,若负载所需电源为110 V,应当在多少匝处抽头?

5-6 有一台单相变压器,容量为10 kV·A,电压为3300 V/220 V,问变压器可接多少只220 V、25 W的白炽灯?

第6章

电动机应用技术

内容提要

本章主要内容包括电动机的工作原理，旋转磁场的产生、旋转方向和旋转速度，单相异步电动机的种类，三相异步电动机的主要特性，直流电动机的结构与类型及其运行与控制。

教学建议

在学习本章内容时，要注重电动机的工作原理，三相异步电动机的转差率，直流电动机的工作原理、构造及其运行与控制。

学习目标

1. 了解旋转磁场的产生、同步转速与异步转速。
2. 了解单相异步电动机的脉动磁场。
3. 掌握旋转磁场的旋转方向和旋转速度。
4. 掌握电动机的工作原理。
5. 掌握单相异步电动机的种类以及三相异步电动机的主要特性。
6. 掌握直流电动机的结构与类型及其运行与控制。

第1节　电动机的工作原理

6.1.1　旋转磁场

1. 旋转磁场的产生

在电动机的定子铁芯内安装三个形状、尺寸、匝数等完全相同的绕组 U_1U_2、V_1V_2 和 W_1W_2，其中 U_1、V_1 和 W_1 分别是三个绕组的首端，U_2、V_2 和 W_2 分别是三个绕组的末端，将这三相绕组对称放置在圆筒状铁芯的内表面，如图 6－1 所示。

对称放置就是三相绕组在空间的位置互差120°电角度，为了简化分析，图中每一相绕组只画一个，绕组的两边分别嵌入在各自的定子铁芯槽内。定子三相绕组有星形和三角形两种接法。规定三相绕组电流的参考方向都是从首端指向末端。现将三相绕组的三个首端U_1、V_1和W_1分别接到三相对称正弦交流电源上。在定子绕组中产生的对称三相正弦电流的波形如图6－2所示。

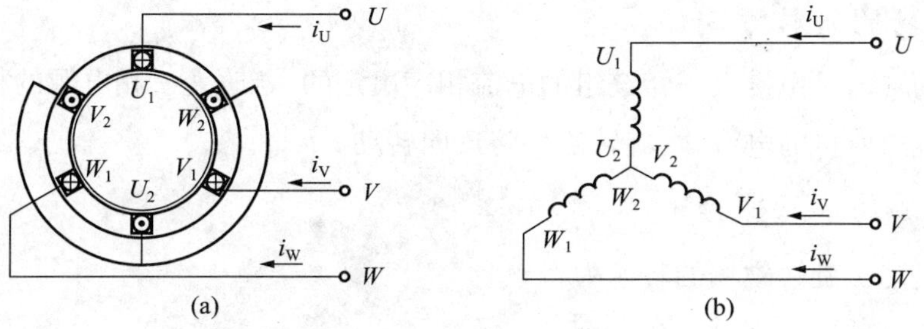

图6－1

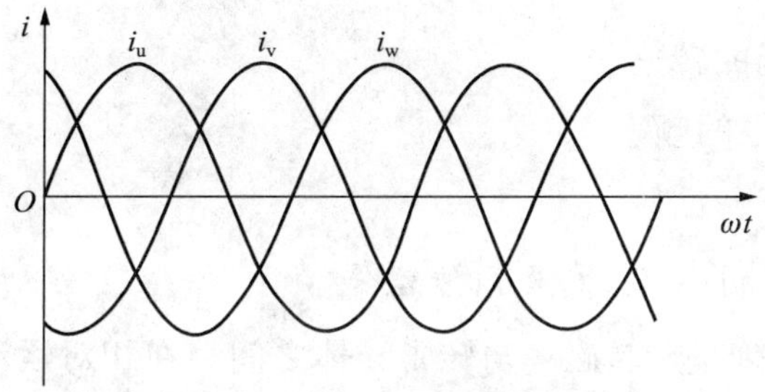

图6－2

下面以一个周期内的几个特定时刻来分析三相交流电流通入后，电动机气隙磁场的变化情况：

当$\omega t=0$时，i_u电流为0，i_w电流为正，从W_1流进为“⊕”，从W_2流出为“⊙”（规定：“⊕”表示流入，“⊙”表示流出）。i_V电流为负，即从V_2流进，从V_1流出。由右手螺旋法则判定磁场方向。磁场恰好合成一对磁极，下方是N极，上方是S极。

当$\omega t=\dfrac{\pi}{2}$时，i_u电流达到正最大值，i_v、i_w电流为负值，实际电流方向从U_1、W_2、V_2流入，U_2、W_1、V_1流出，电流合成磁场方向应如图6－3所示，可见磁场方向已较$\omega t=0$时顺时针转过$\dfrac{\pi}{2}$。

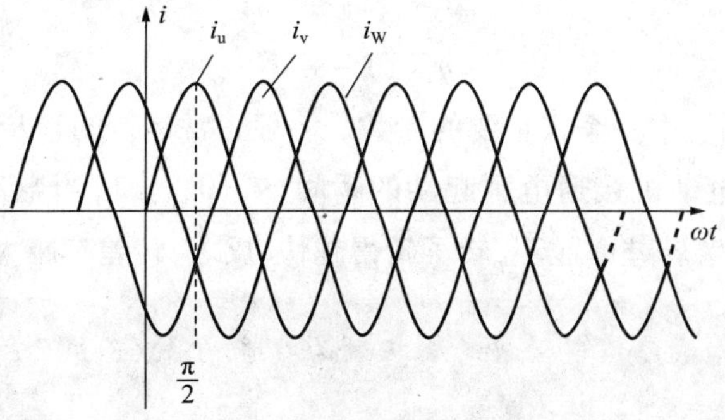

图6－3

用同样的方法,可以分别画出 $\omega t=\pi$、$\omega t=\frac{3\pi}{2}$、$\omega t=2\pi$ 时的合成磁场。由此可见,随着交流电一周的结束,三相合成磁场刚好顺时针旋转了一周。下一周期重复进行,周而复始,因此就在定子中产生了与交流电频率相同的旋转磁场。

2. 旋转磁场的旋转方向

旋转磁场的转向是由接入三相绕组的电流相序决定的,若改变三相电源的相序,即调换电动机任意两相绕组所接的电源线,旋转磁场将反向转动。

3. 旋转磁场的旋转速度

三相异步电动机旋转磁场的转速为

$$n_o=\frac{60f}{p}\ \mathrm{r/min}$$

式中:n_o——旋转磁场的转速

f——三相交流电的频率

p——磁极对数

4. 三相异步电动机的转动原理及转差率

异步电动机的转动原理是旋转磁场与转子导体之间存在相对运动,在转子导体中产生感应电流,感应电流又受到旋转磁场的作用而产生转动力矩,使转子沿旋转磁场的方向转动。但转子的转速必定低于旋转磁场的转速,若二者相等,则转子与旋转磁场没有相对运动,不能产生感应电流,因此也没有电磁力矩。

设旋转磁场相对于静止空间的转速为 n_o,与正弦交流电频率相同,故称为同步转速。转子相对于静止空间的转速为 n,两者的转速差 $\Delta n=n_o-n$,则转速差 Δn 与同步转速 n_o 的比值称为转差率,用 s 表示,即

$$s=\frac{n_o-n}{n_o}$$

因此转子转速

$$n=(1-s)n_o$$

转差率是异步电动机中一个很重要的参数。一般正常运行的异步电动机的转差率 s 约在 0.02 ~ 0.08 之间。当电动机接通电源起动的瞬间,$n=0$,$s=1$;当电动机转速接近同步转速时,$n=n_o$,$s=0$。很显然,转差率越小,转子转得越快;反之,转差率越大,转子转得越慢。

【例 6-1】 已知某异步电动机的磁极数为 6,转子的实际转速为 970 r/min,电源频率为 50 Hz,求该电动机的同步转速和转差率?

解 电动机的磁极数为 6,则其磁极对数为 3,则其同步转速为

$$n_0 = \frac{60f}{p} = \frac{60 \times 50}{3} = 1000 \text{ r/min}$$

由转差公式可知转差率为

$$s = \frac{n_o - n}{n_o} = \frac{1000 - 970}{1000} = 0.03$$

6.1.2　同步转速与异步转速

当对称三相交流电流流过定子线圈时，定子线圈会产生旋转磁场（设为顺时针旋转），转子与旋转磁场产生相对运动，相当于转子（旋转磁场相对为静止）以逆时针方向切割磁力线，产生感生电动势及感生电流。根据右手定则可判断转子上半部导体的感生电势（电流）方向是流出纸面的，下半部导体的电流则流入纸面，所以通电导体在磁场中将会受到电磁力 F 的作用，根据左手定则可判断，即转子绕组受到顺时针方向的电磁力作用，与旋转磁场的旋转方向相同。电磁力作用在转轴上产生力矩，称为电磁转矩，用 T 表示。转子在电磁力矩的作用下旋转，其旋转方向与旋转磁场的方向一致，如图 6－4 所示。

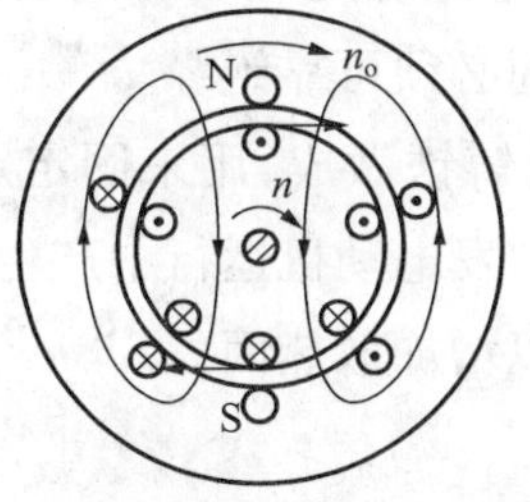

图 6－4

同时，我们可以发现，电动机在通电瞬间转子与旋转磁场的相对速度快，产生的感生电流很大，但产生的电磁转矩却不太大，电动机将迅速旋转起来；随着电动机的快速起动，转子与旋转磁场的相对运动变慢，转子导体切割磁力线的速度也减小，产生的感生电流和电磁转矩也将减小，电动机将步入平稳运行状态。

第 2 节　三相异步电动机

6.2.1　三相异步电动机的组成

三相异步电动机具有构造简单、工作可靠、坚固耐用、使用维护方便、价格便宜等优点，因而被广泛应用。据统计，在我国电动机总容量中大约有 85% 是三相异步电动机。三相异步电动机由定子和转子两大部分组成，如图 6－5 所示。

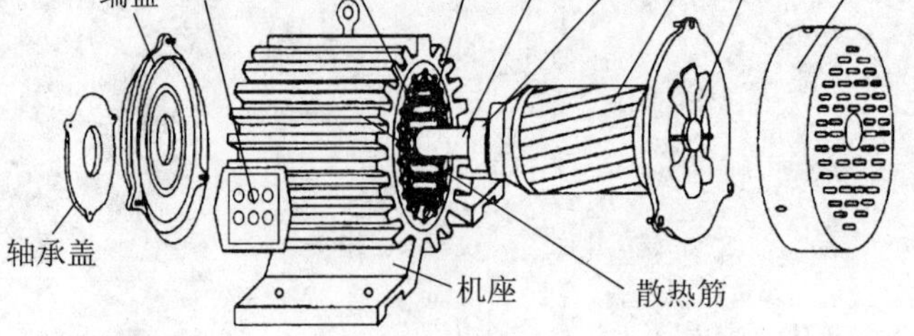

图 6 – 5

1. 定子

电动机的静止部分称为定子，主要由定子铁芯、定子绕组、机座和端盖等部分组成。

(1)定子铁芯。定子铁芯是电动机磁路的一部分，为了减小定子铁芯中的损耗，铁芯一般用厚 0.35 ~ 0.5 mm、表面有绝缘层的硅钢片叠压而成，并冲压有放置定子绕组的铁芯槽。

(2)定子绕组。定子绕组是电动机定子的电路部分。在定子绕组中通入三相对称交流电，就能产生旋转磁场。小型异步电动机定子绕组通常用高强度漆包线制成线圈后再嵌放在定子铁芯槽内，大中型电动机则用经过绝缘处理后的铜条嵌放在定子铁芯槽内。为了保证绕组正常工作，铁芯、绕组间和绕组匝间必须可靠绝缘。

(3)机座。电动机的机座一般由铸铁做成，用来固定定子铁芯，并以两个端盖支撑转子，同时保护整台电动机的电磁部分和散发电动机运行中产生的热量，并对内部结构有防护作用。封闭式电动机的机座外面有散热筋以增加散热面积。

2. 转子

转子是电动机的旋转部分，由转子铁芯和转子绕组等组成。

(1)转子铁芯。电动机的转子铁芯是转子中的磁路部分。一般用 0.5 mm 厚相互绝缘的硅钢片冲制叠压而成，硅钢片外圆冲有均匀分布的槽。转子铁芯固定在转轴或转子支架上。为改善电动机的起动及运行性能，笼型异步电动机转子铁芯一般采用斜槽结构，如图 6 – 6(a)所示。

(2)转子绕组。转子绕组的主要作用是产生感应电动势和形成电流，并在旋转磁场的作用下产生电磁力矩使转子转动。转子绕组根据结构不同分为笼型和绕线型两种：笼型转子有单笼型、双笼型和深槽式结构。在容量较大的异步电动机中，笼型转子可采用双笼型(上、下两笼)或深槽式转子，利用交流电的“趋肤效应”以提高电动机的起动转矩，如图 6 – 6(b)所示。绕线转子的定子结构与笼型异步电动机定子完全一样，两者的转子绕组却不同。绕线转子异步电动机的转子绕组是一个与定子具有相同极数的三相对称绕组。

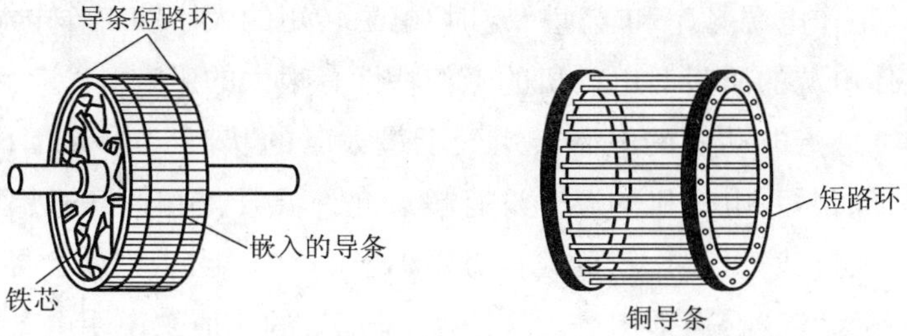

(a)转子　　(b)笼型线组

图 6 – 6

6.2.2 三相异步电动机的主要特性

异步电动机在运行过程中，转速会随着负载转矩的变化而改变，当负载转矩增大时，电动机的转速下降，转差率增大，导致转子中产生的感应电流及电磁转矩增大，达到电磁转矩与负载转矩相平衡，使电动机平稳运行。在电动机工作电压和电源频率一定的情况下，我们把电动机的转速 n 与电磁转矩 T 之间的关系称为电动机的机械特性。

如图 6 – 7 所示，电动机在通电瞬间，转子与旋转磁场的相对运动最大，转子导体切割磁力线速度最大，故产生的感生电流和电磁转矩很大，电动机将迅速旋转起来，处于不稳定区域 bc 段；随着电动机的快速起动，转子与旋转磁场的相对运动变慢，转子导体切割磁力线速度也减小，产生的感生电流和电磁转矩也将减小，电动机从不稳定区域快速地进入到稳定运行区域 ab 段，可以看出，电动机在工作时其运行区域在 ab 段，电动机的转速随负载转矩的变化波动很小，电动机运行平稳，我们把这种机械特性称为硬机械特性；电动机有三个特殊的工作状态（或工作点）b 点、c 点和 d 点。

电动机工作在额定电压、额定电流、额定负载时的状态称为额定状态（d 点）。在机械特性曲线上则工作在额定工作点 d 点。电动机额定工作状态时向负载输出的转矩是额定转矩，用 T_N 表示，其值为

$$T_N = 9550\frac{P_N}{n_N}$$

式中，T_N——额定转矩（N · m）

P_N——电动机的额定功率（kW）

n_N——电动机的额定转速（r/min）

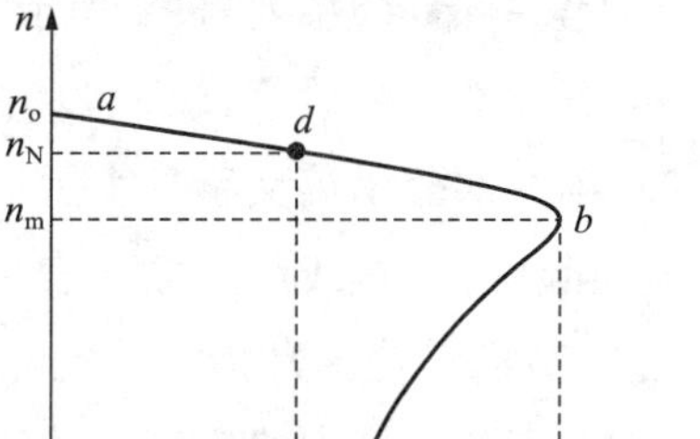

图 6 – 7 电动机机械特性曲线

额定转矩是电动机长期稳定运行时所输出的最大稳定功率，说明电动机的长期运行能力。若 $T > T_N$，则电流和功率都会超过额定值，电动机处于过载状态。电动机的温度会升高，超过允许温升，将会加速电动机绕组绝缘老化，降低电动机的使用寿命，严重时将烧毁电动机，因此，电动机不能长期工作在过载状态，其长期工作区域应在 ad 段。

电动机的电磁转矩除与转速有关外，异步电动机的转矩还和外加电压 u 有很大关系。事

实证明,电动机当其工作电源频率和转速一定时,电磁转矩的大小和工作电源电压的平方成正比,所以,电动机工作电源的质量对电动机的工作特性有很大的影响。

临界状态(b 点)是指电动机的电磁转矩处于最大时的状态。电动机不允许长期过载运行,但是只要过载时间很短,电动机的温升没有超过允许温升,短时间的过载是可以的。从图中可以看出,电动机在过载运行时,其负载转矩要小于最大转矩,否则就会导致电动机停转,出现堵转现象,造成事故。因此,通常用最大转矩 T_{max} 与 T_N 的比值来说明电动机的过载能力,称为过载系数。

6.2.3 三相异步电动机的铭牌

每台电动机都有自己的铭牌,铭牌上标明该电动机的主要性能和技术参数,是我们选择使用和维护电动机必不可少的内容。下面为 Y 系列三相异步电动机铭牌的示例。

三相异步电动机		
型号 Y132S－2	标准编号 DAGT 510019	
额定功率 55 千瓦	额定电压 380 伏	额定电流 111 安
额定转速 2900 转/分	频率 50 赫兹	接法 △ B 级绝缘
工作制 s	噪声限值 92 分贝(A)	外壳防护 1P44
重量 66 公斤	编号 ××年××月××日	
		××电机厂制造

(1)型号 Y132S－2

Y 系列电动机的型号由四部分组成:

第一部分为系列号,Y 表示三相异步电动机;

第二部分为数字,132 表示机座中心高度为 132 mm;

第三部分用英文字母表示机座长度代号,S 表示短机座,M 表示中机座,L 表示长机座;

第四部分短线后的数字表示电动机的磁极数,2 表示电机磁极数为 2。

(2)额定功率是指电动机在额定转速下转轴所输出的机械功率,它是电动机能力的重要标志。当负载功率略小于或等于电动机额定功率时,电动机能正常工作。

(3)额定电压是指电动机定子绕组规定使用的线电压。

(4)频率是指电动机所使用的交流电源的频率。我国使用的是工频交流电,频率为 50 赫兹。

(5)额定电流是指电动机在额定电压、额定频率和额定负载下定子绕组允许流过的线电流。

(6)额定转速是指电动机满载时的转子转速。

(7)接法是指电动机定子绕组的连接方法。常用的接法有△和 Y 两种。如果铭牌标示的额定电压是 380 V,则应作△连接;如果铭牌标示的额定电压是 380 V/220 V,接法为△/Y,即电源电压为380 V时,电动机作△连接,电源电压为220 V时,电动机作Y连接。

Y系列电动机按照技术条件的规定,3 kW及以下的电动机为Y接法;4 kW以上的电动机为△接法。定子绕组的某种接法总是和电动机的额定电压相适应的,不能随意改变。如果任意改变接法,就会造成不良后果。

(8)工作制s是对电动机各种负载,包括空载、停机和断电及其持续时间和先后次序情况的说明。电动机共有九类工作制,即连续工作制 s_1,短时工作制 s_2,断续周期工作制 s_3 等。常用电动机多是连续定额,连续工作制 s_1。

(9)外壳防护1P44。1P是防护等级的标志符号。

第3节　单相异步电动机

6.3.1　单相异步电动机的种类

在只有交流电源或驱动功率较小的负载设备时(如小型机床、空气压缩泵、冰箱、医疗器械、电子仪器、仪表、风扇及小型机具等),常采用单相电动机。单相电动机也分为直流和交流两种。常用的是单相交流异步电动机。单相异步电动机的构造与三相异步电动机相似,如图6－8所示。它也是由外壳、定子、转子等组成,转子同样采用的是笼型,不同的是定子绕组和工作电源是单相的。三相电动机定子绕组为 u、v、w 三个对称绕组;单相电动机定子绕组只有两个绕组,即主绕组(工作绕组、运行绕组)和副绕组(起动绕组、辅助绕组)。主绕组和副绕组不一定是对称的(洗衣机的电动机绕组除外)。三相电动机定子绕组 u、v、w 三相之间必须相隔120°电角度,单相电动机定子绕组的主绕组和副绕组应相隔90°。但有的单相电动机主绕组和副绕组之间不相隔90°电角度也无问题,不像三相绕组那么严格。

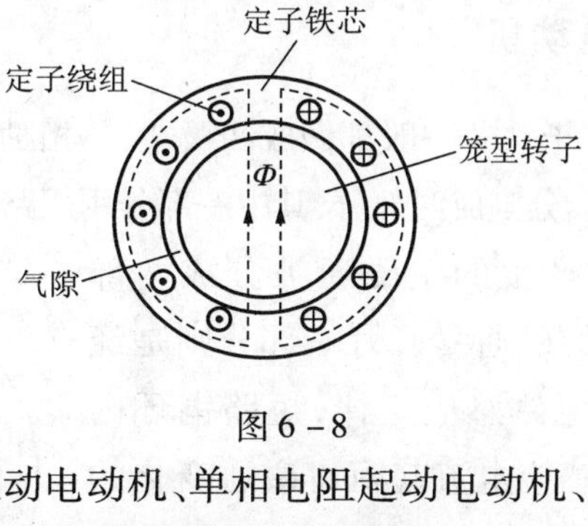

图6－8

单相电动机有单相电容起动电动机、单相电阻起动电动机、单相电容运转电动机、单相电容起动和运转电动机以及罩极式异步电动机五种类型。

6.3.2　脉动磁场

单相异步电动机的定子上只有一个绕组,分布在铁芯圆周内表面的槽内。它的转子为笼型结构。给单相异步电动机的定子绕组通入单相交流电流，产生一个脉动磁场，即磁场的轴线始终与绕组的轴线一致，但磁场强弱（磁通的大小）随时间按正弦规律变化。

脉动磁场对转子的作用表现为：电动机原来处于静止状态，给定子单相绕组通入单相交流电流，建立脉动磁场后，电动机仍然保持静止状态不变。这表明脉动磁场不能够对转子产生起动转矩。此时，如果对转子沿任意方向施加外力形成初始转矩，推动转子转动，则电动机将沿着外加转矩的方向加速转动，最后以某一稳定转速带负载运行。

6.3.3 电容分相式单相异步电动机

在电容分相式单相异步电动机的定子铁芯上，除了放置上述单相绕组，称为主绕组，并用字母 A 表示；另外，再放置一个辅助绕组 B，称为起动绕组。两者的结构基本相同，但安装位置相隔 90°角度，起动绕组 B 中接电容器 C 和离心开关 S，与主绕组 A 并接在同一个单相交流电源上，如图 6－9 所示。

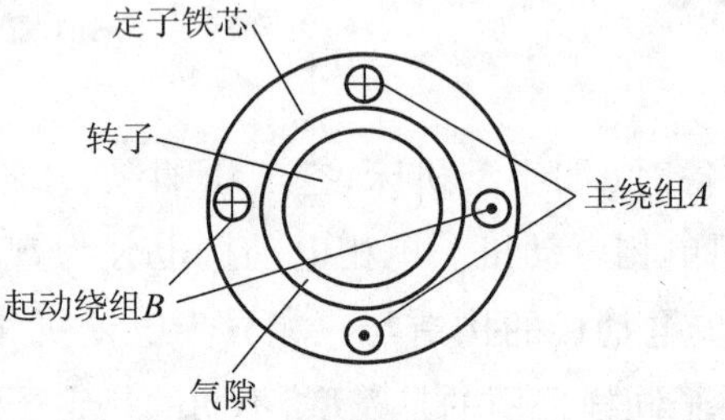

(a)结构图

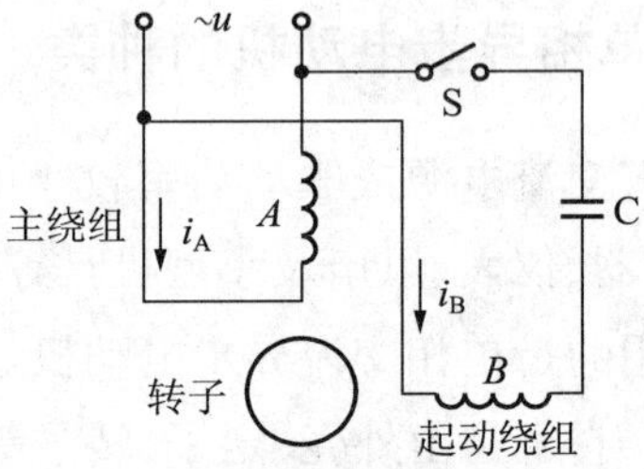

(b)接线原理图

图 6－9

主绕组 A 是电感性电路，电流滞后于电压，由于起动绕组 B 中串联有电容 C，使之成为电容性电路，电流超前于电压。合理地选择电容器的容量，可以使电流 i_B 超前 i_A 约 90°，形成两个在空间相隔 90°的绕组，其中通过的电流又有 90°相位差，也能产生在空间转动的旋转磁场。

6.3.4 罩极式单相异步电动机

罩极式单相异步电动机的定子铁芯一般都做成凸极式，单相励磁绕组集中放置在凸极上。在磁极的端部开有一个凹槽，把磁极分割成两部分，其中一部分用短路铜环套住，如图6－10所示。

励磁绕组外接单相电源，产生的主磁通被分成两部分，一部分是不经过短路铜环的磁通 Φ_1，另一部分则是经过短路铜环的磁通 Φ_2。根据电磁感应定律，短路铜环内要产生感应电动势和电流，该感应电流起阻碍磁通变化的作用，使磁通 Φ_1 与磁通 Φ_2 之间产生了相位差。同时，这两部分磁通在空间也有一定的位置差。所以能在磁极的端面上生成一个移动的磁场，产生起动转矩，从而使电动机转动起来。

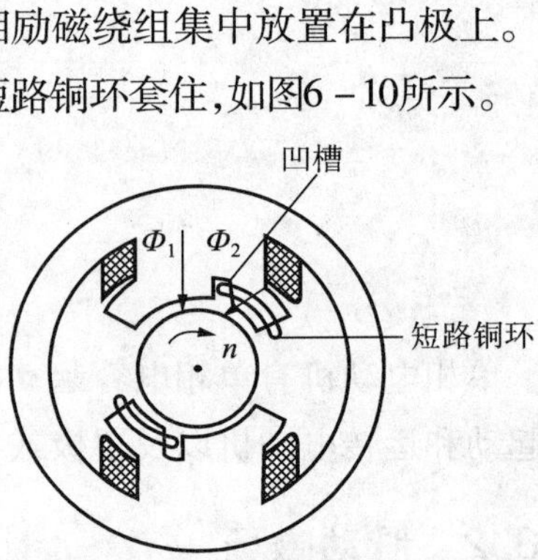

图 6－10

罩极式单相异步电动机的特点是:构造简单,工作可靠,但起动转矩小,效率也偏低。它应用在对于起动转矩要求不高的场合,如电吹风、电风扇及电子仪器等电路中。

第4节 直流电动机

6.4.1 直流电动机的工作原理

1. 直流电动机的构造

直流电动机主要由磁极、电枢和换向器(整流子)三部分组成,如图6-11所示。

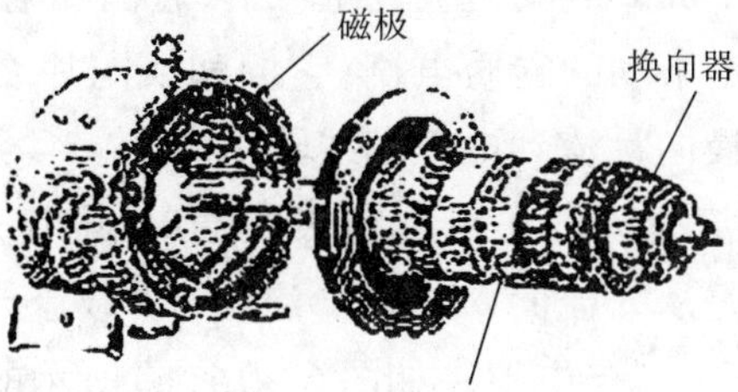

图6-11

(1)磁极。磁极的结构如图6-12(a)所示,用硅钢片叠加而成,固定在机座上。极心上放置励磁绕组产生磁场,极掌的作用是使电动机的空气隙中的磁感应强度均匀分布,并且挡住励磁绕组不至于掉下来。磁极和机座都是磁路的一部分。

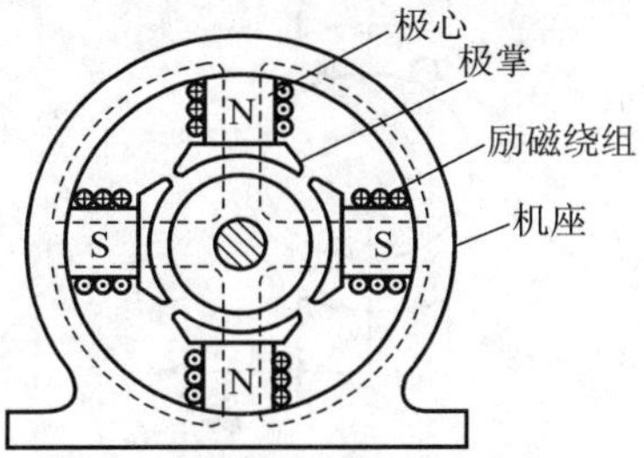

(a)磁极及磁路

(b)电枢

图6-12

(2)电枢。如图6-12(b)所示是直流电动机的电枢结构。电枢铁芯是由硅钢片叠成的圆柱体,表面沿轴线冲有槽口,槽中放置电枢绕组,用来产生感应电动势。直流电动机的电枢是旋转的。

(3)换向器(整流子)。换向器是直流电动机特有的装置,它装在转轴上。电枢绕组的导线按一定规则焊接在换向器的凸出部分上。在换向器的表面用弹簧压成固定的电刷,连接转动的电枢绕组。

2. 直流电动机的基本工作原理

如图6-13所示是一个最简单的直流电动机模型。

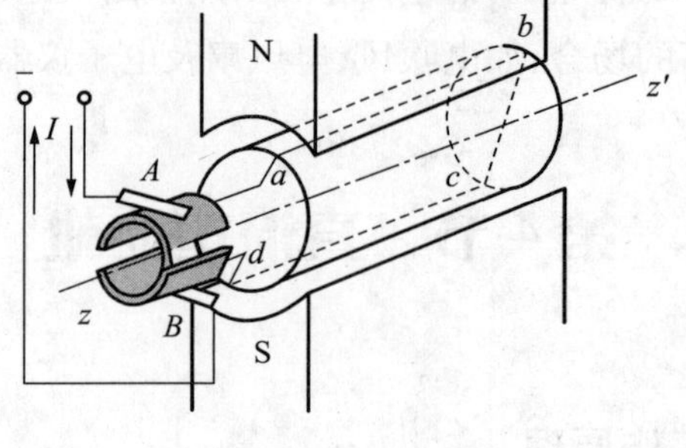

图 6 - 13

在一对静止的磁极 N 和 S 之间,装设一个可以绕 zz' 轴转动的圆柱形铁芯,在它上面装有矩形线圈 $abcd$,这个转动的部分通常叫做电枢。线圈的两端 a 和 d 分别接到换向片的两个半圆形铜环 1 和 2 上。换向片 1 和 2 之间是彼此绝缘的,它们和电枢装在同一根轴上,可随电枢一起转动。A 和 B 是两个固定不动的碳质电刷,它们和换向片之间是滑动接触的。来自直流电源的电流就是通过电刷和换向片流到电枢的线圈里的。

当电刷 A 和 B 分别与直流电源的正极和负极接通时,电流从电刷 A 流入而从电刷 B 流出。这时线圈中的电流方向是从 a 流向 b,再从 c 流向 d。载流导体在磁场中要受到电磁力的作用,其方向由左手定则来决定。当电枢在如图 6 - 14(a)所示的位置时,线圈 ab 边的电流从 a 流向 b,用"⊕"表示;cd 边的电流从 c 流向 d,用"⊙"表示。根据左手定则可以判断出,ab 边受力的方向是从右向左,而 cd 边受力的方向是从左向右。这样,在电枢上就产生了逆时针方向的转矩,因此电枢就将沿着逆时针方向转动起来。

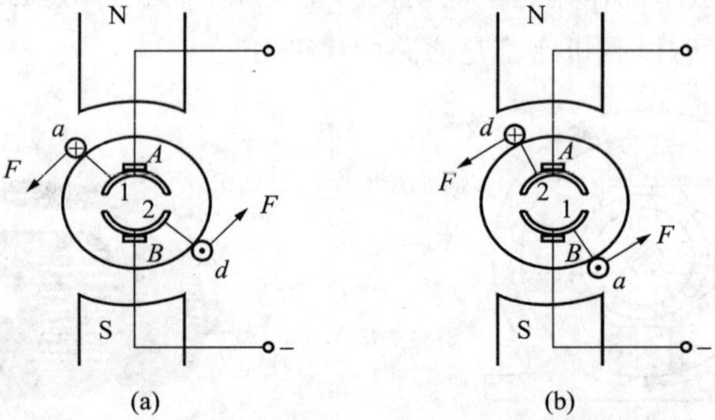

图 6 - 14

当电枢转到使线圈的 ab 边从 N 极侧进入 S 极侧,而 cd 边从 S 极侧进入 N 极侧时,与线圈 a 端连接的换向片 1 跟电刷 B 接触,而与线圈 d 端连接的换向片 2 跟电刷 A 接触。如图 6 - 14(b)所示。这样,线圈内的电流方向变为从 d 流向 c,再从 b 流向 a,从而保持在各磁极下面的导体中的电流方向不变。因此转矩的方向也不改变,电枢仍然按照原来的逆时针方向继续旋转。由此可以看出,换向片和电刷在直流电动机中起着改变电枢线圈中电流方向的作用。

6.4.2 直流电动机的结构与类型

直流电动机工作时,首先需要建立一个磁场,它可以由永久磁铁或由直流励磁的励磁绕组来产生。由永久磁铁构成磁场的电动机叫做永磁直流电动机。对由励磁绕组来产生磁场的直流电动机,根据励磁绕组和电枢绕组的连接方式的不同,分为他励式电动机、并励式电动机、串励式电动机、复励式电动机。他励式电动机是电枢与励磁绕组分别用不同的电源供电,如图6－15(a)所示,永磁直流电动机也属于这一类;并励式电动机是指由同一电源供电给并联的电枢和励磁绕组,如图6－15(b)所示;串励式电动机的励磁绕组和电枢绕组相串联,串励绕组中通过的电流和电枢绕组的电流大小相等,如图6－15(c)所示;复励式电动机是既有并励绕组又有串励绕组,并励绕组和串励绕组的磁势可以相加,也可以相减,前者称为积复励,后者称为差复励,如图6－15(d)所示。

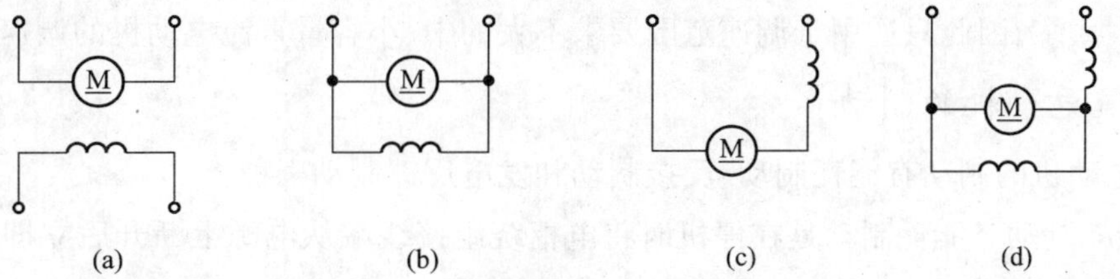

图6－15

他励式电动机的构造比较复杂,一般用于对调速范围要求很宽的重型机床等设备中。并励式电动机在外加电压一定的情况下,励磁电流产生的磁通将保持恒定不变。其特点是起动转矩大,负载变动时转速比较稳定,转速调节方便,调速范围大。串励式电动机的转速随转矩的增加,呈显著下降的软特性,特别适用于起重设备。复励式电动机的电磁转矩变化速度较快,负载变化时能够有效克服电枢电流的冲击,主要用于负载力矩有突变的场合。复励式电动机具有负载变化时转速几乎不变的特性,常用于要求转速稳定的机械中。

6.4.3　直流电动机的运行与控制

1. 直流电动机的起动

直流电动机直接起动时的起动电流很大,达到额定电流的10～20倍,因此必须限制起动电流。限制起动电流的方法就是起动时在电枢电路中串接起动电阻R_{st},如图6－16所示。一般规定起动电流不应超过额定电流的1.5～2.5倍。起动时将起动电阻调至最大,待起动后,随着电动机转速的上升将起动电阻逐渐减小。

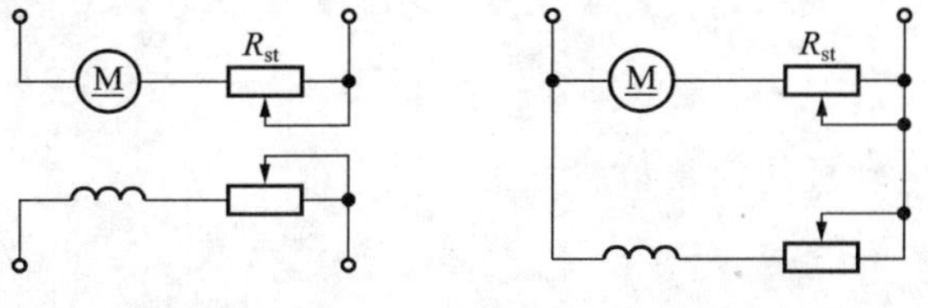

图6－16

2. 直流电动机的调速

直流电动机的调速方法有改变磁通(Φ)调速、改变电枢电压(U)调速和电枢串联电阻调速三种。

(1)改变磁通调速的优点是调速平滑,可做到无级调速;调速经济,控制方便;机械特性较硬,稳定性较好。但由于电动机在额定状态运行时磁路已接近饱和,所以通常只是减小磁通将转速往上调,调速范围较小。

(2)改变电枢电压调速的优点是不改变电动机机械特性的硬度,稳定性好;控制灵活、方便,可实现无级调速,调速范围较宽,可达到6~10级。但电枢绕组需要一个单独的可调直流电源,设备较复杂。

(3)电枢串联电阻调速的优点是简单、方便。但调速范围有限,机械特性变软,且电动机的损耗增大太多,因此只适用于调速范围要求不大的中、小容量直流电动机的调速场合。

3. 直流电动机的制动

直流电动机的制动有能耗制动、反接制动和发电反馈制动三种。

(1)能耗制动。能耗制动是在停机时将电枢绕组接线端从电源上断开后立即与一个制动电阻短接,由于惯性,短接后电动机仍保持原方向旋转,电枢绕组中的感应电动势仍存在并保持原方向,但因为没有外加电压,电枢绕组中的电流和电磁转矩的方向改变了,即电磁转矩的方向与转子的旋转方向相反,起到了制动作用。

(2)反接制动。反接制动是在停机时将电枢绕组接线端从电源上断开后立即与一个相反极性的电源相接,电动机的电磁转矩立即变为制动转矩,使电动机迅速减速至停转。

(3)发电反馈制动。发电反馈制动是在电动机转速超过理想空载转速时,电枢绕组内的感应电动势将高于外加电压,使电机变为发电状态运行,电枢电流改变方向,电磁转矩成为制动转矩,限制电机转速过分升高。

综合实训6　三相异步电动机的绕组测定

三相异步电动机是现代工业生产和其他生产过程中必不可少的主要设备之一,在进行电动机与供电线路之间的连接之前,要首先对电动机的绕组进行判别,以确保连接后的电动机能够正常的工作。

一、实训目的

(1)了解三相异步电动机的简单检验方法。

(2)学习使用兆欧表。

二、实训设备

三相异步电动机一台(Y-802-40.75 kW)、500型万用表一个、兆欧表一个、直流电桥一个。

三、实训内容

使用前的简单测试,是用万用表欧姆档(R×1)检查电机的绕组有无断路,将结果进行记录。用万用表欧姆档(R×1)检查电动机相绕组有无短路;各绕组与外壳之间有无短路,将结果进行记录。用兆欧表检查三相绕组之间以及各绕组与外壳之间的绝缘电阻,将结果进行记录。

若电动机三相绕组的首、尾端无标记,不能分辨,可用下述方法确定:三相绕组中各任选一端为首端,即 U_1、V_1、W_1;另外三端为末端 U_2、V_2、W_2。将三个首端连在一起,并接以电压表(可用万用表交流2.5 V档)。用手转动电动机转子,利用转子铁芯剩磁使三相绕组感应电动势,若万用表读数不为零,则应把首尾端对调再试,直到电压表读数为零时即为正确结果。如图6-17所示是三相异步电动机绕组首、尾端的测试电路。

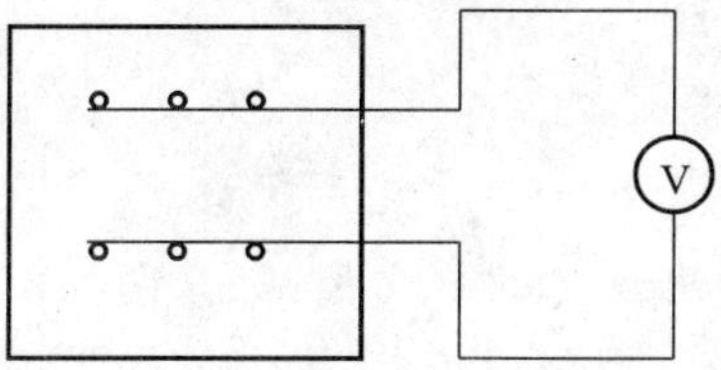

图6-17

习　题

6-1　三相异步电动机的电源频率为50 Hz,磁极对数为3,试问三相异步电动机的同步转速 n_o 等于多少。当转差率 $s=0.03$、$s=0$ 和 $s=1$ 时,转子的转速 n 各等于多少?

6-2　三相异步电动机的同步转速为1500 r/min时,它的磁极对数是多少?电动机的转速为1445 r/min时,转差率 s 等于多少?

6-3　三相异步电动机 Y160L-2 的额定功率 $P_N=185$ kW,额定转速 $n_N=2930$ r/min, $\frac{T_{St}}{T_N}=2.0$, $\frac{T_{max}}{T_N}=2.2$。计算额定转矩 T_N、起动转矩 T_{St} 和最大转矩 T_{max}。

6-4　三相异步电动机的起动电流大,起动转矩却不大,为什么?

6-5　绕线转子三相异步电动机转子电路串联电阻起动的方法有什么优点?并说明原因。

6-6　怎样实现三相异步电动机的正、反转?

6-7　三相异步电动机的三相电源线断开了一根,若这种情况出现在起动时,会产生什么问题?若出现在电动机运行过程中,会发生什么问题?

6-8　单相异步电动机如果没有起动绕组,也没有采取其他措施产生起动转矩,能够自行起动吗?为什么?

6-9　直流电动机可分为哪些类型?各有何特点?

第 7 章 电动机控制技术

内容提要

本章主要内容包括三相异步电动机的单向控制、双向控制以及三相电动机的起动电路。

教学建议

在学习本章内容时，重点是从以下几个方面进行教学：三相异步电动机的控制方式、三相异步电动机的控制电路和三相电动机的起动电路。

学习目标

1. 了解刀开关控制方式、点动控制方式、自锁控制方式、点动与长动结合的控制方式、按钮互锁的双向控制方式。

2. 掌握三相异步电动机的双向控制、电动机的自锁与互锁联动控制方式、接触器自动控制的 Y－△降压起动电路和时间继电器控制的 Y－△降压起动电路。

第 1 节　三相异步电动机的单向控制

三相异步电动机具有结构简单、成本低廉、维护方便等优点，所以在生产机械中得到广泛应用。而生产机械要实现各种功能，需要对电动机进行控制，其控制电路是多种多样的。然而任何复杂的控制电路都是按照一定的控制原则，由基本的控制线路组成的。基本控制线路是学习电气控制的基础。

电动机控制线路根据电路通过的电流大小可分为主电路和控制电路。主电路包括从电源到电动机的电路，是强电流通过的部分，画在原理图的左边。控制电路是通过弱电流的电路，一般由按钮、电器元件的线圈、接触器的辅助触点、继电器的触点等组成，画在原理图的右边。

在电源容量足够大时，小容量笼型电动机可直接起动。直接起动的优点是电气设备少，电路简单；缺点是起动电流大，引起供电系统电压波动，干扰其他用电设备的正常工作。

7.1.1　刀开关控制方式

刀开关控制线路也就是手动控制电路，是最简单的正转控制电路，主要用于控制条件要求不高、小容量的三相异步电动机的正转控制。如图7－1所示为刀开关控制电路。电路中的开关QS可选用胶盖闸刀开关、铁壳开关、转换开关、自动空气开关等简单控制装置直接起动。FU为熔断器，电动机电源的接通和断开是通过人工操作刀开关来实现的。

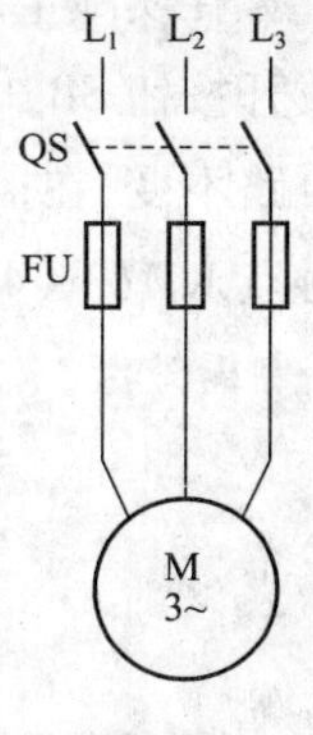

图7－1

由于刀开关在接通与断开电路时会产生严重的电弧，所以刀开关控制电路仅用于容量在10 kW以下的电动机。其工作原理很简单：开关QS闭合，电动机M接通电源，则电动机起动运转。它的电流流向为：三相电源——开关QS——熔断器FU——电动机M。当开关QS断开后，电动机断电停转。

刀开关控制虽然结构简单，但在电动机起动与停转较为频繁的场合，使用很不方便，且不安全，操作劳动强度也较大，还无法实现自动控制。所以，在应用中使用较少，需要对电路进行改进，用主回路和辅助电路来实现。

7.1.2　点动控制方式

在机床电路或电动控制中，常需要电动机短时断续工作，即需要按下按钮，电动机开始运转；松开按钮，电动机停止转动。实现这种功能的电路称为点动控制。常用于机床的对刀进行微调、电动葫芦控制等。

点动控制线路是用最简单的二次电路控制主电路，完成电动机的全压起动，其电路结构如图7－2所示。三相电源经过隔离电路开关QS、主电路熔断器FU，交流接触器（简称接触器）KM的主触点到电动机M构成主电路。

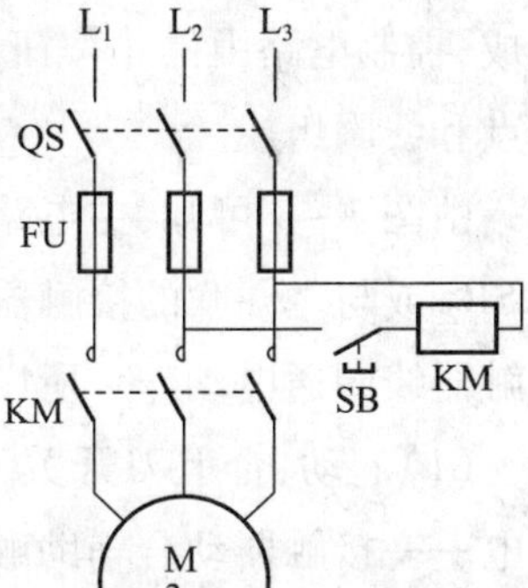

图7－2

由常开（动合）按钮SB和接触器线圈组成二次电路。二次电路除具有控制功能外，有的还具有保护和信号指示功能。本章所述的二次电路由于结构比较简单，多数只具有控制功能，所以把二次电路直接称为控制电路。

该控制电路的动作原理如下：

（1）起动过程：先合上刀开关QS——按下起动按钮SB——控制电路通电——接触器线圈KM通电——接触器KM的动合主触点闭合——主电路通电——电动机M通电起动。

（2）停止过程：松开动合按钮SB——控制电路分断——接触器线圈KM断电——电动机M断电停转。

7.1.3 自锁控制方式

在实际生产中往往要求电动机实现长时间连续转动,用点动控制是不方便的。因为一旦放开按钮 SB,电动机立即停转。因此对于连续运行的电动机,可在点动控制的基础上,保持主电路不变,在控制电路中串联常闭(动断)按钮 SB_1,并在起动控钮 SB_2 上并联接触器动合辅助触点 KM(3-4)即可成为有自锁功能的电动机单向运转控制电路,如图 7-3 所示。

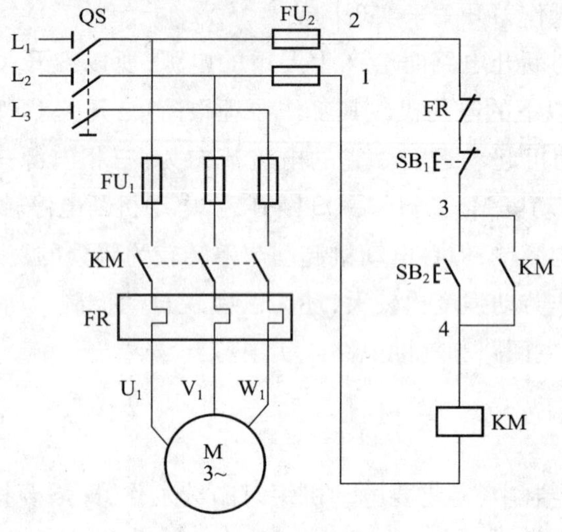

图 7-3

主电路由刀开关 QS、熔断器 FU、接触器 KM 的主触点、热继电器 FR 的主触点和电动机 M 组成,控制电路由停止按钮 SB_1、起动按钮 SB_2、热继电器 FR 的辅助触、接触器 KM 的动合辅助触点和线圈组成。

由图 7-3 可知,主电路与点动控制电路相同。在控制电路中,起动按钮 SB_2 是分断的,只要 SB_2 或与之并联的接触器 KM 的动合辅助触点(3-4)任意一处接通,控制电路即可通电,使接触器线圈通电动作。所以该电路的工作原理可归纳为:

(1)起动:合上刀开关 QS——按下起动按钮 SB_2——控制电路通电——接触器线圈 KM 通电——接触器动合辅助触点 KM(3-4)闭合自锁,SB_2 释放后 KM 线圈仍然通电——接触器动合主触点闭合——电动机 M 接通电源运转;松开 SB_2,利用接通的 KM 动合辅助触点自锁、电动机 M 连续运转。

(2)停机:按下停止按钮 SB_1——KM 线圈断电——KM 主触点、辅助动合触点断开——电动机 M 断电停转。

主电路中电流的流向是:三相电源经隔离开关 QS——主电路熔断器 FU——接触器主触点 KM——热继电器 FR 主触点至电动机 M。

控制电路中电流的流向是:电源——热继电器 FR 的动断触点——停止按钮 SB_1——起动按钮 SB_2 或接触器 KM 的动合辅助触点——接触器 KM 线圈——电源。

在连续控制中，当起动按钮 SB_2 松开后，接触器 KM 的线圈通过其辅助动合触点的闭合仍继续保持通电，从而保证电动机的连续运行。这种依靠接触器自身辅助动合触点的闭合而使线圈保持通电的控制方式称为自锁或自保。起到自锁作用的辅助动合触点称为自锁触点。

在控制电路中控制按钮有一个起动按钮 SB_2 和一个停止按钮 SB_1，在应用中，用常开开关做起动开关，用常闭开关做停止开关。

如图 7－3 所示电路中还设有以下保护环节：

(1)短路保护：短路时熔断器 FU 的熔体熔断而切断电路，起保护作用。

(2)电动机长期过载保护：采用热继电器 FR。由于热继电器的热惯性较大，即使发热元件流过几倍于额定值的电流，热继电器也不会立即动作。因此在电动机起动时间不太长的情况下，热继电器不会动作。只有在电动机长期过载时，热继电器才会动作，用它的动断触点断开使控制电路断电。

(3)欠电压、失电压保护：通过接触器 KM 的自锁环节来实现。当电源电压由于某种原因而严重欠电压或失电压(如停电)时，接触器 KM 断电释放，电动机停止转动。当电源电压恢复正常时，接触器线圈不会自行通电，电动机也不会自行起动，只有在操作人员重新按下起动按钮后，电动机才能起动。

7.1.4 点动与长动结合的控制方式

在生产实践中，机床进行切削加工时，则要求电动机既能实现长期连续运转，往往又需要对工件和刀具之间进行调整，即控制电路不仅能连续控制电动机，又能实现点动控制。连续运转和点动控制电路如图 7－4 所示。

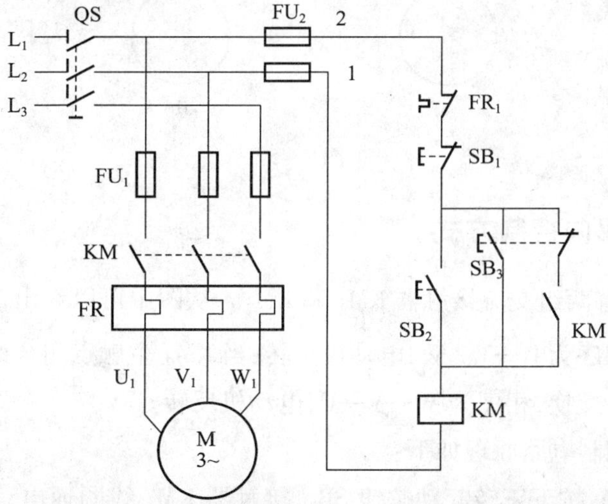

图 7－4

图中的电路采用复合按钮 SB_3 实现点动控制时，按动复合按钮 SB_3，断开自锁回路——KM 线圈通电——电动机 M 点动；采用按钮 SB_2 实现长动控制时，按动起动按钮 SB_2——KM

线圈通电——自锁触点起作用——电动机 M 长动运行。此电路在点动控制时,若接触 KM 的释放时间大于复合按钮的复位时间,则点动结束,KM 松开时,动断触点已闭合但接触器 KM 的自锁触点尚未打开,会使自锁电路继续通电,此时电路不能实现正常的点动控制。

第 2 节　三相异步电动机的双向控制

在前面介绍的控制电路中,电动机只能实现单向运转,而实际应用中,往往要求生产机械改变运动方向,如工作台的前进、后退,电梯的上升、下降等,这就要求电动机能实现正、反转。要想实现三相异步电动机的正、反转,只需要改变电动机旋转磁场的旋转方向。而实现这一点,只要将电动机的绕组换接三根电源相线之间的任意两根(改变电源相序),旋转磁场的方向将与原方向相反,这就可实现电动机反转,如图 7-5 所示。

在实际应用中,可用倒顺开关来改变三相电源的相序,还可以用交流接触器来实现。在本节中,主要介绍交流接触器的正、反转控制电路。

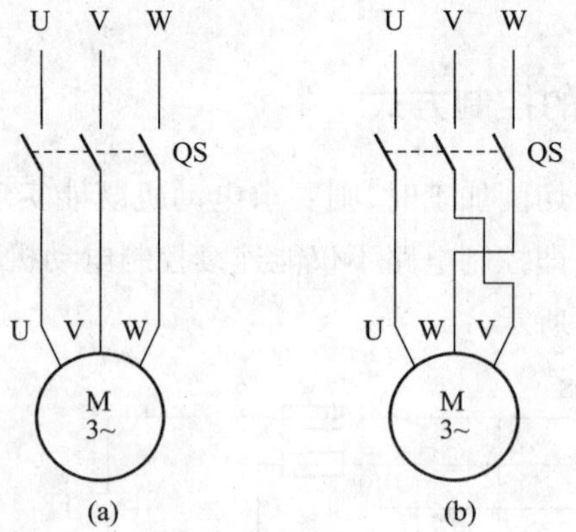

图 7-5

7.2.1　无互锁的双向控制方式

如图 7-6 所示,有两组交流接触器 KM_1 和 KM_2。从图中可以看出,当 KM_1 主触点闭合而 KM_2 主触点断开时,相序为 U—V—W,电动机正转;当 KM_2 主触点闭合而 KM_1 主触点断开时,电源的 U、W 两相相序交换,相序为 W—V—U,电动机反转。

接触器正、反转控制电路原理如下:

(1)正向起动过程:按下正转起动按钮 SB_2,接触器 KM_1 线圈通电,与 SB_2 并联的 KM_1 的辅助动合触点闭合,以保证 KM_1 线圈持续通电,串联在电动机回路中的 KM_1 的主触点持续闭合,电动机连续正向运转。

(2)反向起动过程:按下反转起动按钮 SB_3,接触器 KM_2 线圈通电,与 SB_3 并联的 KM_2 的辅助动合触点闭合，以保证 KM_2 线圈持续通电，串联在电动机回路中的 KM_1 的主触点持续闭合，电动机连续反向运转。

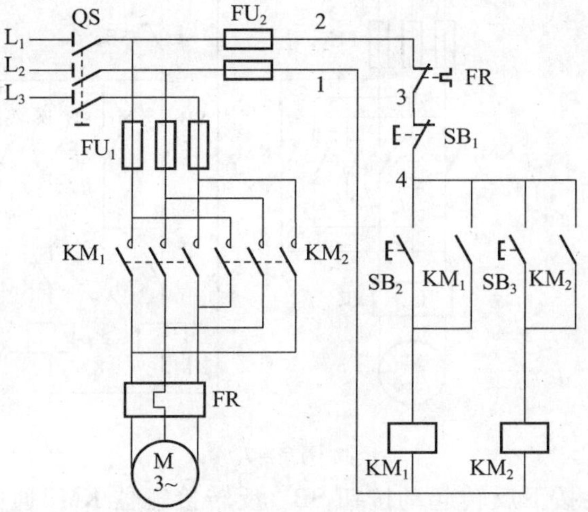

图 7-6

(3)停止过程：正转时按下停止按钮 SB_1，接触器 KM_1 线圈断电，与 SB_2 并联的 KM_1 的辅助触点断开，以保证 KM_1 线圈持续失电，串联在电动机回路中的 KM_1 的主触点持续断开，切断电动机定子电源，电动机停转。反转时停止过程与正转停止过程相同。KM_1 和 KM_2 线圈不能同时通电，因此不能同时按下 SB_2 和 SB_3，也不能在电动机正转时按下反转起动按钮，或在电动机反转时按下正转起动按钮。如果操作错误，将引起主回路电源短路，所以，在应用中必须设置互锁开关。

7.2.2 接触互锁的双向控制方式

带有机械互锁的正、反转控制电路如图 7-7 所示。在图中，它的正、反转由两个同型号、同规格、同容量的接触器 KM_1 和 KM_2 组成。在控制电路中控制按钮由两个起动按钮 SB_2、SB_3 和一个停止按钮 SB_1 组成。由图可见，起动按钮 SB_2 控制接触器 KM_1 使电动机正向运转，起动按钮 SB_3 控制接触器 KM_2 使电动机反向运转。为了避免正转和反转两个接触器同时动作造成相间短路，在两个接触器线圈所在的控制电路上加了电气互锁，即把正转接触器的动断辅助触点 KM_1(7-8)与反转接触器线圈串联；又将反转接触器的动断辅助触点 KM_2(5-6)与正转接触器线圈串联。使正、反转两个动作的控制电路互相配合，互相制约，这样接触器的辅助动断触点 KM_1 和 KM_2 保证了两个接触器线圈不能同时通电，这种控制方式称为互锁。

接触器互锁的正、反控制电路原理如下：

(1)正向起动过程：按下正转起动按钮 SB_2，正转接触器 KM_1 线圈通电，它的动合主触点 KM_1 闭合，电动机通电正转。同时动合辅助触点 KM_1(4-5)自锁保持连续转动。动断辅助触点 KM_1(7-8)分断，切断反转控制电路，这就防止了在电动机正转时，误按反转起动按钮 SB_3 而造成短路。

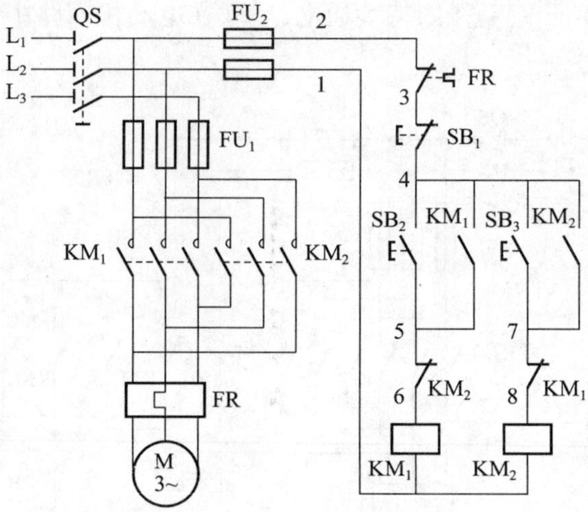

图 7－7

（2）反向起动过程：按下反转起动按钮 SB_3，反转接触器 KM_2 通电，它的动合主触点 KM_2 闭合，电动机通电反转。同时动合辅助触点 KM_2（4－7）自锁保持连续转动。动断辅助触点 KM_2（5－6）分断，切断正转控制电路，这就防止了在电动机反转时，误按正转起动按钮 SB_2 而造成短路。

（3）停止过程：不管在正转情况下还是在反转情况下，按下停止按钮 SB_1，接触器 KM_1 或 KM_2 线圈断电，同时自锁辅助触点断开，以保证 KM_1、KM_2 线圈持续失电，串联在主电路中的 KM_1、KM_2 的主触点持续断开，切断电动机定子电源，电动机停转。

由以上分析可知，正转时，串联在反转控制电路中的动断辅助触点 KM_1（7－8）处于断开状态；反转时，动断辅助触点 KM_2（5－6）断开，分断了正转控制电路，起电气互锁作用。这种接法保证了只有在一个接触器释放后，另一个接触器才能通电动作。

7.2.3　按钮作互锁的可逆控制电路

在电动机正、反转控制电路中，除了接触器辅助触点作电气互锁外，用复合按钮也可实现电气互锁，其电路结构如图 7－8 所示。

该电路的工作原理与接触器互锁的基本相同，只是在操作上这种电路与用辅助触点作互锁控制电路的区别是：从正转切换到反转过程中，不需要经过停止位置，可以直接切换。因按反转按钮时，它的动断触点首先断开，自动分断正转电路，使 KM_1 线圈断开，释放 SB_2（7－8）复合闭合，为反转做好准备，电动机正转停止，SB_3 经过一定行程，动合触点才接触 KM_2 的控制电路，KM_2 动作，电动机反转。放开 SB_3 后，由于 KM_2（4－7）的自锁作用，电动机维持反转。这里复合按钮的电气互锁作用能自动保证一个接触器断电释放后，另一个接触器才能通电动作。可以避免因操作失误造成短路。

这种电路无论是正转、反转或停止操作都很方便。如果要使电动机停转，只需按下停止按钮 SB_1，分断控制电路即可。

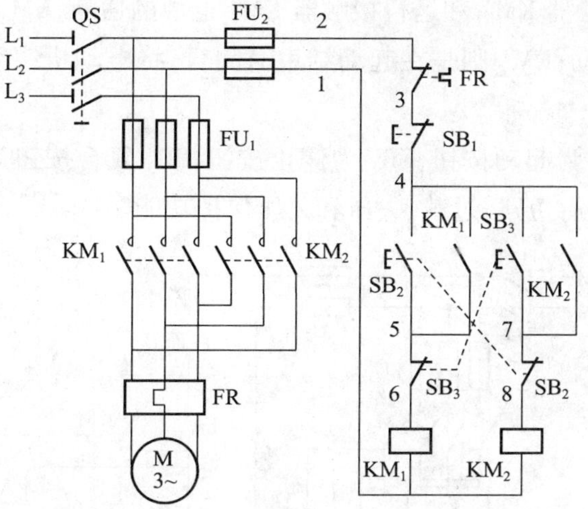

图 7-8

第3节　三相异步电动机的起动电路

直接起动是一种简单、可靠、经济的起动方法，但电动机起动电流为额定电流的 3 ~7 倍。过大的起动电流造成电网电压显著下降，直接影响在同一电网工作的其他电动机及用电设备正常运行。对容量较大的电动机的起动，为了不造成电网电压的大幅度降落，也不影响电网内其他用电设备的正常供电，在生产技术上，多采用降压起动措施。降压起动的目的是减小电动机起动电流，从而减小电网供电的负载。起动电流的减小，必然导致电动机起动转矩下降，因此凡采用降压起动的电动机，只适合空载起动。在实际中，广泛应用的降压起动措施是星形 - 三角形降压起动。

星形 - 三角形（Y - △）降压起动是指电动机起动时，把定子绕组接成星形（Y），使每相绕组电压降至原电压的$\frac{1}{\sqrt{3}}$，限制起动电流；起动结束后再把定子绕组改接成三角形（△），使电动机在额定电压下运行。这样它的起动转矩只有额定转矩的$\frac{1}{\sqrt{3}}$，所以这种降压起动方法只适用于轻载或空载下起动。星形 - 三角形降压起动的最大优点是设备简单、价格低，因而获得了较广泛的应用；缺点是只用于正常运行时为△接法的电动机，降压比固定，有时不能满足起动要求。所以只有正常运行时定子绕组作△连接的异步电动机才可采用这种降压起动方法。

7.3.1　接触器自动控制的 Y - △降压起动电路

接触器自动控制的 Y - △降压起动电路的结构如图 7 -9 所示，它的主电路除熔断器和热继电器外，另由三个接触器的动合主触点构成，其中 KM 位于主电路的前段，用于接通和分断主电路，并控制起动接触器 KM_Y 和运行接触器 $KM_\triangle$ 电源的通断，KM_Y 闭合时使电动机绕组连接成 Y 形，实现降压起动；$KM_\triangle$ 则是在起动结束时闭合，将电动机绕组切换成△形，实现全压运行。

控制电路中的 SB_2 为起动按钮，SB_1 为停止按钮，SB_3 复合按钮为升压按钮（或全压运行按钮）。此外，电路还设有短路、过载、失压和欠压保护功能。

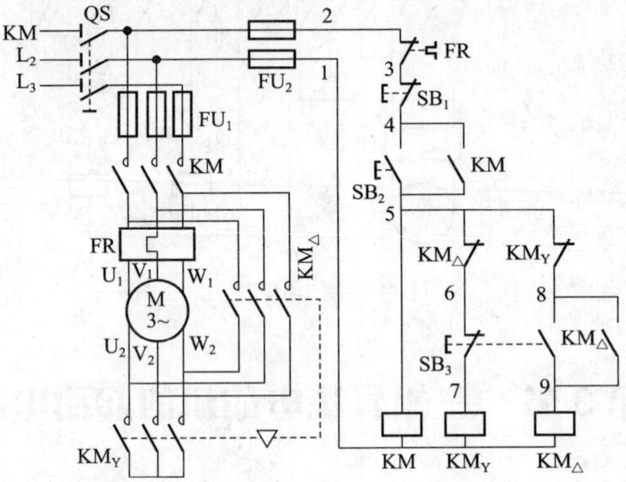

图 7－9

从图中可以看出，该控制电路的动作原理如下：

（1）Y 形降压起动过程：按下起动按钮 SB_2 时，KM 主线圈通电，辅助触点 KM（4－5）闭合，实现自锁；同时 KM_Y 线圈通电，KM 主触点和 KM_Y 主触点闭合，电动机实现 Y 形降压起动。KM_Y 线圈通电使辅助触点 KM_Y（5－8）分断，$KM_\triangle$ 控制回路分断，实现互锁，保证 $KM_\triangle$ 线圈不会通电。

（2）△形全压起动过程：当转速上升到一定值时，按下升压复合按钮 SB_3，使 KM_Y 线圈断电，辅助动断触点 KM_Y（5－8）闭合，接通 $KM_\triangle$ 的部分控制电路，同时 KM_Y 主触点断开，电路结束降压工作方式。复合按钮 SB 继续向下按，SB_3 动合触点（8－9）闭合，使 $KM_\triangle$ 线圈通电，辅助动合触点 $KM_\triangle$（8－9）闭合，实现自锁；$KM_\triangle$ 主触点闭合，电动机绕组连接成△形运转；$KM_\triangle$（5－6）断开，分断 KM_Y 的控制电路，实现互锁。

（3）停止过程：不管在 Y 形降压起动运行时还是在△形全压起动运行时，只要按下按钮 SB_1，就可以使 KM_Y 或 $KM_\triangle$ 线圈断电停转。

由上述分析可知，电路中用了接触器 KM_Y 和 $KM_\triangle$ 的动断辅助触点作电气互锁，能保证起动和运行两种状态的准确性和可靠性，也避免了误起动按钮造成相间短路。这种互锁装置的保护原理是：与起动按钮 SB_3 串联的运行接触器 $KM_\triangle$ 的辅助动断触点 $KM_\triangle$（5－6）在电动机运行过程中，由于线圈 $KM_\triangle$（9－1）通电吸合，处于分断状态，即使误按起动按钮 SB_2 也不能使起动接触器 KM_Y 控制电路接通，一方面防止了运行中接通 Y 形电路造成误动作，另一方面也避免了故障的发生。该电路还有一个作用是需要停转时万一运行接触器主触点 KM 粘连或有其他原因分不开，但因 $KM_\triangle$ 的连锁触点 $KM_\triangle$（5－6）串在起动控制电路中处于断开状态，按下 SB_2 也不能进行起动，同样避免了误动作和短路。

7.3.2 时间继电器控制的Y－△降压起动电路

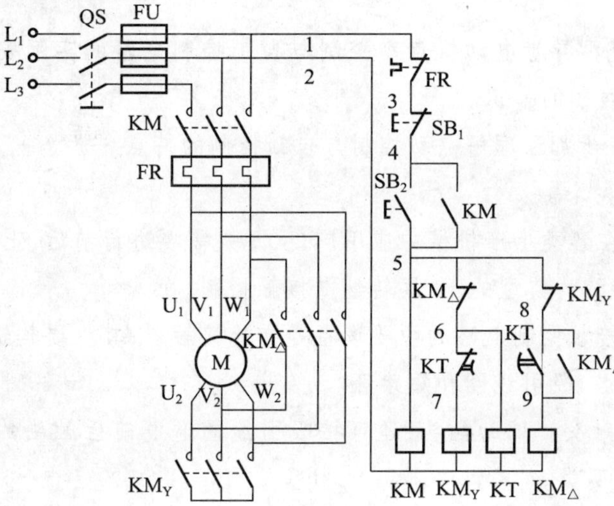

图7－10

如图7－10所示，主电路结构与接触器自动控制的Y－△起动电路相同。在控制电路中，接入时间继电器，并用时间继电器KT对起动时间进行准确控制。

时间继电器的自动控制Y－△降压起动电路中，电气互锁装置保护功能与接触器自动控制Y－△降压起动电路中电气互锁装置的保护功能相似，其动作原理如下：

（1）Y形降压起动过程：按下起动按钮 SB_2 时，KM主线圈通电，KM辅助触点（4－5）闭合，实现自锁；同时 KM_Y 线圈通电，KM主触点和 KM_Y 主触点闭合，电动机实现Y形降压起动。KM_Y 线圈通电使 KM_Y 辅助触点（5－8）分断，$KM_\triangle$ 控制回路分断，实现连锁，保证 $KM_\triangle$ 线圈不会通电。在 SB_2 闭合的同时时间继电器KT线圈通电进行延时。

（2）自动△形全压起动控制过程：当时间继电器KT延时达到设定的时间，KT通电延时动断触点（6－7）断开，KM_Y 线圈失电，KM_Y 的主触点分断，其辅助触点（5－8）复位。通电延时动合触点（8－9）闭合，$KM_\triangle$ 线圈通电，$KM_\triangle$ 辅助动合触点（8－9）闭合实现自锁；$KM_\triangle$ 的主触点闭合，电动机绕组连接成△形运行方式；同时 $KM_\triangle$ 的辅助动断触点（5－6）断开进行连锁，时间继电器KT线圈断电，KT的动合触点和动断触点全部复位。

（3）停止过程：不管在Y形降压起动运行还是在△形全压起动运行时，只要按下按钮 SB_1 就可以使得 KM_Y 或 $KM_\triangle$ 线圈断电而停止运转。

综合实训7-1　三相笼型异步电动机的点动与自锁控制

一、实训目的

(1)通过对三相笼型异步电动机点动控制与自锁控制电路的实际安装接线,掌握由电气原理图变换成安装接线图的知识。

(2)通过实训进一步加深理解点动控制与自锁控制的特点。

二、原理说明

1. 继电接触控制在各类生产机械中应用广泛,凡是需要进行前后、上下、左右、进退等运动的生产机械,均采用传统的典型的正、反转继电接触控制。

交流电动机继电接触控制电路的主要设备是交流接触器,其主要构造包括:

(1)电磁系统:铁芯、吸引线圈和短路环。

(2)触头系统:主触头和辅助触头,还可按吸引线圈通电前后触头的动作状态,分为动合(常开)和动断(常闭)两类。

(3)消弧系统是在切断大电流的触头上装有灭弧罩,以迅速切断电弧。

(4)接线端子、反作用弹簧等。

2. 在控制回路中常采用接触器的辅助触头来实现自锁和互锁控制。接触器线圈通电后能自动保持动作后的状态,这就是自锁,通常用接触器自身的动合触头与起动按钮相并联来实现,以达到电动机的长期运行,这一动合触头称为"自锁触头"。使两个电器不能同时通电动作的控制,称为互锁控制,如为了避免正、反转两个接触器同时通电而造成三相电源短路事故,必须增设互锁控制环节。为操作方便,也为防止因接触器主触头长期大电流的烧蚀而偶发触头粘连后造成的三相电源短路事故,通常在具有正、反转控制的电路中采用既有接触器的动断辅助触头的电气互锁,又有复合按钮机械双重互锁的控制环节。

3. 控制按钮通常用以短时通、断小电流的控制回路,以实现近、远距离控制电动机等执行部件的起、停或正、反转控制。按钮是专供人工操作使用的。对于复合按钮,其触头的动作规律是:当按下时,其动断触头先断,动合触头后合;当松手时,其动合触头先断,动断触头后合。

4. 在电动机运行过程中,应对可能出现的故障进行保护。

(1)采用熔断器作短路保护。当电动机或电器发生短路时,及时熔断熔体,达到保护电路、保护电源的目的。熔体熔断时间与流过的电流关系称为熔断器的保护特性,这是选择熔体的主要依据。

(2)采用热继电器实现过载保护。其主要的技术指标是整定电流值,即电流超过此值的20%时,其动断触头应能在一定时间内断开,切断控制回路,且动作后只能由人工进行复位。

5. 在电气控制电路中,最常见的故障是接触器。接触器线圈的电压等级通常有220 V和

380 V 等,使用时必须认真,切勿疏忽。否则,电压过高,易烧坏线圈;电压过低,吸力小,不易吸合或吸合频繁,这不但会产生很大的噪声,也会因磁路气隙增大,致使电流过大,烧坏线圈。此外,在接触器铁芯的部分端面嵌装有短路铜环,其作用是为了使铁芯吸合牢靠,消除颤动与噪声,若发现短路环脱落或断裂现象,接触器将会产生很大的震动与噪声。

三、实训设备

三相交流电源一台、三相笼型异步电动机一台、交流接触器一个、按钮两个、热继电器一个、交流电压表一个、万用电表一个。

四、实训内容

认识各电器的结构、图形符号和接线方法;抄录电动机及各电器的铭牌数据,并用万用表欧姆档检查各电器的线圈、触头是否完好。

笼型异步电动机接成△连接:实验电路电源端接三相自耦调压器输出端 U、V、W,供电线电压为 220 V。

1. 如图 7-11(a)所示为点动控制电路图。首先,按照要求对点动控制电路进行安装接线。接线时,先接主电路,即从 220 V 三相交流电源的输出端 U、V、W 开始,经接触器 KM 的主触头,热继电器 FR 的热元件到电动机 M 的三个接线端 A、B、C 的电路,用导线按顺序串联起来。主电路连接完整无误后,再连接控制电路,即从 220 V 三相交流电源某输出端开始,经过常开按钮 SB_1、接触器 KM 的线圈、热继电器 FR 的常闭触头到三相交流电源另一输出端,显然它是对接触器 KM 线圈供电的电路。

接好电路,经检查后,方可进行通电操作。

(1) 打开控制屏电源总开关,按下起动按钮,调节调压器输出,使输出线电压为 220 V。

(2) 按下起动按钮 SB_1,对电动机 M 进行点动操作,比较按下 SB_1 与松开 SB_1 时电动机和接触器的运行情况。

(3) 实验完毕,按下控制屏停止按钮,切断实验电路三相交流电源。

2. 如图 7-11(b)所示是自锁控制电路图。按照图所示自锁电路进行接线。它与图 a 的不同点在于控制电路中多串联一个常闭按钮 SB_2,同时在 SB_1 上并联一个接触器 KM 的常开触头起自锁作用。

接好电路,经检查后,方可进行通电操作。

(1) 按下控制屏起动按钮,接通 220 V 三相交流电源。

(2) 按下起动按钮 SB_1,松手后,观察电动机 M 是否继续运转。

(3) 按下停止按钮 SB_2,松手后,观察电动机 M 是否停止运转。

(4) 关闭控制屏电源总开关,切断实验电路三相电源,拆除控制回路中自锁触头 KM 再接通三相电源。起动电动机,观察电动机及接触器的运转情况,从而验证自锁触头的作用。

实验完毕,将自耦调压器调回零位,关闭控制屏电源总开关,切断实验电路的三相交流电源。

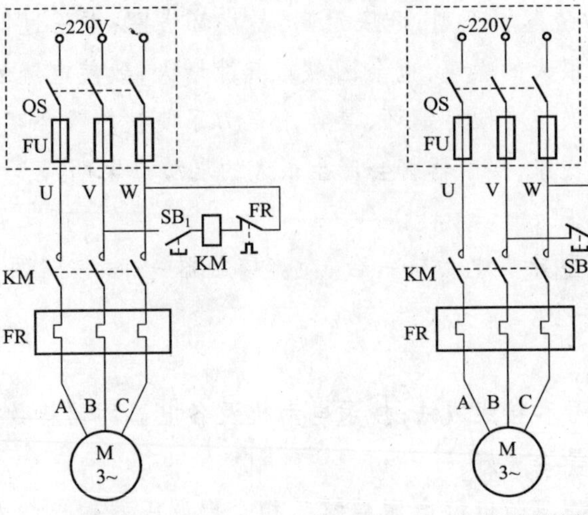

(a)点动控制电路　　(b)自锁控制电路

图7－11

五、分析与思考

(1)试比较点动控制电路与自锁控制电路在结构上的区别。

(2)自锁控制电路在长期工作后可能失去自锁作用,试分析产生的原因。

(3)交流接触器线圈的额定电压为220 V,若误接到380 V电源上会产生什么后果?反之,若接触器线圈电压为380 V,而电源线电压为220 V,其结果又如何?

(4)在主回路中,只用熔断器或热继电器能否起到短路和过载保护作用?为什么?

综合实训7－2　三相笼型异步电动机的正、反转控制

一、实训目的

通过对三相笼型异步电动机正、反转控制电路的安装接线,掌握由电气原理图接成实际操作电路的方法,从而加深对电气控制系统的各种保护以及自锁、互锁等环节的理解,同时学会分析、排除继电接触控制电路故障的方法。

二、原理说明

在三相笼型异步电动机正、反转控制电路中,通过相序的更换来改变电动机的旋转方向。本实训给出两种不同的正、反转控制电路,如图7－12(a)所示是接触器连锁的正、反转控制电路,如图7－12(b)所示是双重连锁的正、反转控制电路图。

通过分析可知,两个电路的特点如下:

(1)电气互锁:为了避免接触器KM_1(正转)、KM_2(反转)同时通电吸合造成三相电源短路,在KM_1(或KM_2)线圈支路中串接有KM_2(或KM_1)动断触头,这样保证了电路工作时KM_1、KM_2不会同时通电,以达到电气互锁的目的,如图7－12(a)所示。

(2)电气和机械双重互锁:除电气互锁外,可采用复合按钮SB_1与SB_2组成的机械互锁环

节，以确保电路工作更加可靠，如图 7－12(b)所示。

(3)电路具有短路、过载、失压、欠压保护等功能。

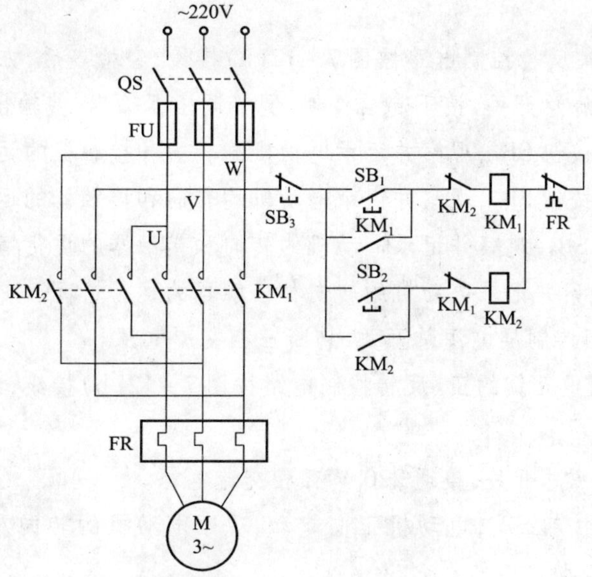

(a)接触器连锁的正、反转控制电路

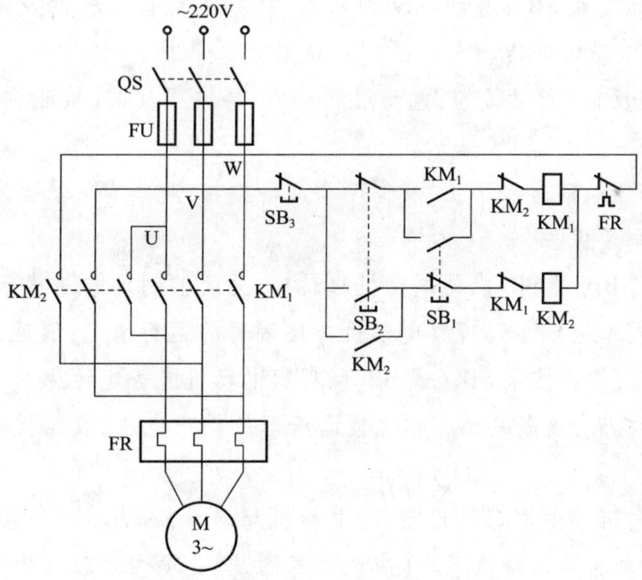

(b)电气和机械双重互锁的正、反控制电路

图 7－12

三、实训设备

三相交流电源一台、三相笼型异步电动机一台、交流接触器两个、按钮三个、热继电器一个、交流电压表一个、万用电表一个。

四、实训内容

认识各电器的结构、图形符号、接线方法；抄录电动机及各电器铭牌数据；并用万用表欧姆档检查各电器的线圈、触头是否完好。

笼型异步电动机接成△形:实验电路电源端接三相自耦调压器输出端 U、V、W,供电线电压为220 V。

1. 接触器连锁的正、反转控制电路按图7-12(a)接线,经检查后,方可进行通电操作。

(1)打开控制屏电源总开关,按下起动按钮,调节调压器输出,使输出线电压为220 V。

(2)按下正向起动按钮 SB_1,观察并记录电动机的转向和接触器的运行情况。

(3)按下反向起动按钮 SB_2,观察并记录电动机的转向和接触器的运行情况。

(4)按下停止按钮 SB_3,观察并记录电动机的转向和接触器的运行情况。

(5)再按下 SB_2,观察并记录电动机的转向和接触器的运行情况。

(6)实验完毕,关闭控制屏电源总开关,切断三相交流电源。

2. 接触器和按钮双重互锁的正、反转控制电路按图7-12(b)接线,经检查后,方可进行通电操作。

(1)打开控制屏电源总开关,接通220 V三相交流电源。

(2)按下正向起动按钮 SB_1,电动机正向起动,观察电动机的转向及接触器的运行情况。按下停止按钮 SB_3,使电动机停转。

(3)按下反向起动按钮 SB_2,电动机反向起动,观察电动机的转向及接触器的运行情况。按下停止按钮 SB_3 使电动机停转。

(4)按下正向(或反向)起动按钮,电动机起动后,再按下反向(或正向)起动按钮,观察有何情况发生?

(5)待电动机停稳后,同时按下正、反向两个起动按钮,观察有何情况发生?

(6)失电压与欠电压保护。

①按下起动按钮 SB_1(或 SB_2),待电动机起动后,关闭控制屏电源总开关,断开三相电源,模拟电动机失电压(或零压)状态,观察电动机与接触器的运行情况;随后,再打开控制屏电源总开关,接通三相电源,但不按下 SB_1(或 SB_2),观察电动机能否起动?

②重新起动电动机后,逐渐减小三相自耦调压器的输出电压,直至接触器释放,观察电动机是否自行停转?

(7)过载保护。打开热继电器的后盖,当电动机起动后,人为拨动双金属片模拟电动机过载情况,观察电动机、电器的运行情况。(应该注意的是:此项内容较难操作且危险,有条件时可由指导教师做示范操作。)

实验完毕,将自耦调压器调回零位,关闭控制屏电源总开关,切断三相电源。

综合实训7-3 三相笼型异步电动机的Y-△降压起动控制

一、实训目的

(1)进一步提高按图接线的能力。

(2)了解时间继电器的结构、使用方法、延时时间的调整及在控制系统中的应用。

(3)熟悉异步电动机Y-△降压起动控制的运行情况和操作方法。

二、原理说明

(1)按时间原则控制电路的特点是各个动作之间有一定的时间间隔,使用的元件主要是时间继电器。时间继电器是一种延时动作的继电器,它从接受信号(如线圈带电)到执行动作(如触头动作)具有一定的时间间隔,此时间间隔可按需要预先整定,以执行和控制生产机械的各种动作。时间继电器的种类通常有电磁式、电动式、空气式和电子式等。其基本功能可分为两类,即通电延时式和断电延时式,有的还带有瞬时动作式的触头。时间继电器的延时时间通常可在0.4~0.8 s之间调节。

(2)按时间原则控制笼型电动机Y-△降压自动换接起动的控制电路如图7-13所示。

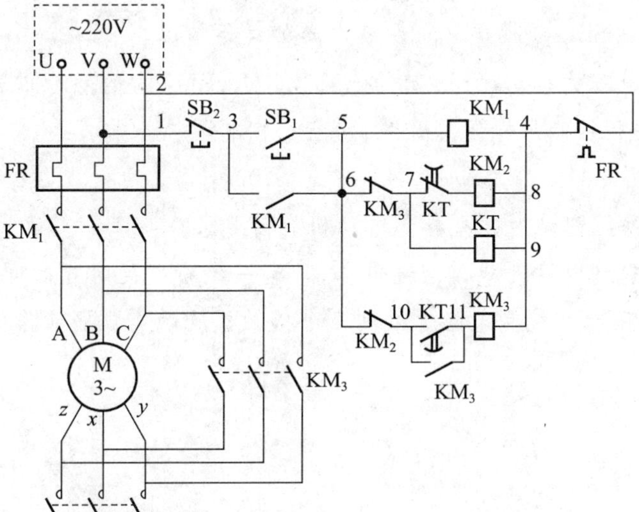

图7-13

从主回路看,当接触器KM_1、KM_2主触头闭合、KM_3主触头断开时,电动机三相定子绕组作Y形连接;而当接触器KM_1和KM_3主触头闭合,KM_2主触头断开时,电动机三相定子绕组作△形连接。因此,若所设计的控制电路能先使KM_1和KM_2通电闭合,后经一定时间的延时,使KM_2断电断开,而后使KM_3通电闭合,则电动机就能实现降压起动后自动转换到正常工作运转。

三、实训设备

三相交流电源1台、三相笼型异步电动机1台、交流接触器3个、时间继电器1个、按钮2个、热继电器1个、万用电表1个。

四、实训内容

时间继电器控制Y－△自动降压起动电路。观察空气阻尼式时间继电器的结构，认清电磁线圈和延时动合、动断触头的接线端子。用手推动时间继电器衔铁，模拟继电器通电吸合动作，用万用电表欧姆档测量触头的通与断，来判定触头延时动作的时间。通过调节进气孔螺钉，即可整定所需的延时时间。

实验电路电源端接自耦调压器输出端(U、V、W)，供电线电压为220 V。

(1)按图7－13所示电路进行接线，先接主回路，后接控制回路，要求按图示的节点编号从左到右、从上到下，逐行连接。

(2)在不通电的情况下，用万用电表欧姆档检查电路连接是否正确，应特别注意KM_2与KM_3两个互锁触头是否正确接入。经指导教师检查后，方可进行通电操作。

(3)打开控制屏电源总开关，接通220 V三相交流电源。

(4)按下起动按钮SB_1，观察电动机的全起动过程及各电器的运行情况，记录Y－△换接所需时间。

(5)按下停止按钮SB_2，观察电动机及各电器的运行情况。

(6)调整时间继电器的整定时间，观察接触器KM_2、KM_3的运行时间是否相应地改变。

(7)实验完毕，关闭控制屏电源总开关，切断三相电源。

五、分析与思考

(1)采用Y－△降压起动对笼型异步电动机有何要求？

(2)如果手上没有通电延时式时间继电器，只有一个断电延时式时间继电器，请设计一个异步电动机Y－△降压起动控制电路。试问三个接触器的动作顺序应作如何改动？控制回路又应如何设计？

习　题

7－1　什么叫“自锁”？自锁电路由什么部件组成？如果用接触器的常闭触点做“自锁”触点，将出现什么现象？

7－2　电动机控制电路中采用什么措施实现短路保护？熔断器为什么不能有过载保护能力？过载保护采用什么措施？

7－3　电动机点动控制与连续运转控制的关键控制环节是什么？其主电路又有何区别？

7－4　什么叫互锁控制？实现电动机正、反转互锁控制的方法有哪两种？它们有何不同？

7－5　什么叫电动机的欠电压与失电压保护？接触器和按钮控制电路如何实现欠电压与

失电压保护的？

7－6 什么叫降压起动？常用的降压起动方法有哪几种？

7－7 电动机在什么情况下应采用降压起动？定子绕组为 Y 形接法的三相异步电动机能否用 Y－△降压起动？为什么？

7－8 找出如图 7－14 所示 Y－△降压起动控制电路中的错误，并画出正确的电路。

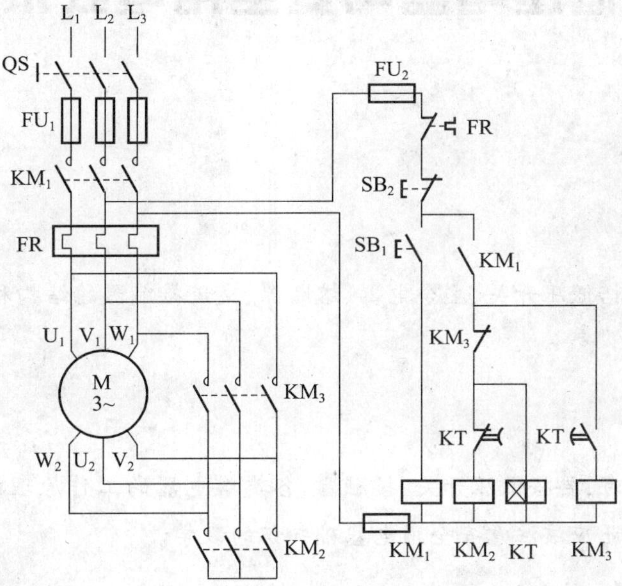

图 7－14

7－9 试分析如图 7－14 所示电路，当 KT 延时动合与延时动断的触点接反后，电路将出现什么现象？

第 8 章

低压电器与安全用电技术

内容提要

本章主要内容包括低压开关、主令电器、熔断器、交流接触器的结构和工作原理,以及安全用电的基础知识。

教学建议

在学习本章内容时,要将低压开关、接触器、各类继电器的工作原理以及参数作为重点进行教学和学习。同时还应该注意安全用电基础知识的教学。

学习目标

1. 了解瓷底胶盖刀开关、铁壳开关、自动空气开关、按钮开关、行程开关、接触器、热继电器、中间继电器、时间继电器的工作原理和主要参数。

2. 掌握交流接触器的结构和工作原理、安全用电的基础知识以及设备安全运行的措施。

第 1 节　低压电器

低压电器是指额定电压等级在交流 1 000 V、直流 1 200 V 及以下的电器。在我国工业控制电路中最常用的三相交流电压等级为 380 V,只有在特定行业环境下才用其他电压等级,如煤矿井下的电钻用的电压等级为 127 V、运输机用的电压等级为 660 V、采煤机用的电压等级为 1 140 V 等。

按照电器动作性质的不同,低压电器可分为手控电器和自控电器两大类。手控电器是指依靠人力直接操作的电器,如闸刀开关、铁壳开关、按钮等。自控电器是指按照指令信号或物理参数(如电流、电压、时间、速度等)的变化而自动动作的电器,如各种型号的接触器、继电器等。

8.1.1 低压开关

常见的低压开关有刀开关、转换开关、自动空气开关等。它们的作用主要是实现对电路进行接通或断开的控制。低压开关多数用做机床电路的电源开关,有时也用来直接控制小容量电动机的通断工作。

1. 刀开关

刀开关又称闸刀开关,它是非自动切换开关中结构最简单、应用最广泛的一种低压电器,其代表产品有 HK 系列瓷底胶盖刀开关及 HH 系列铁壳开关等。常用刀开关如图 8-1 所示。

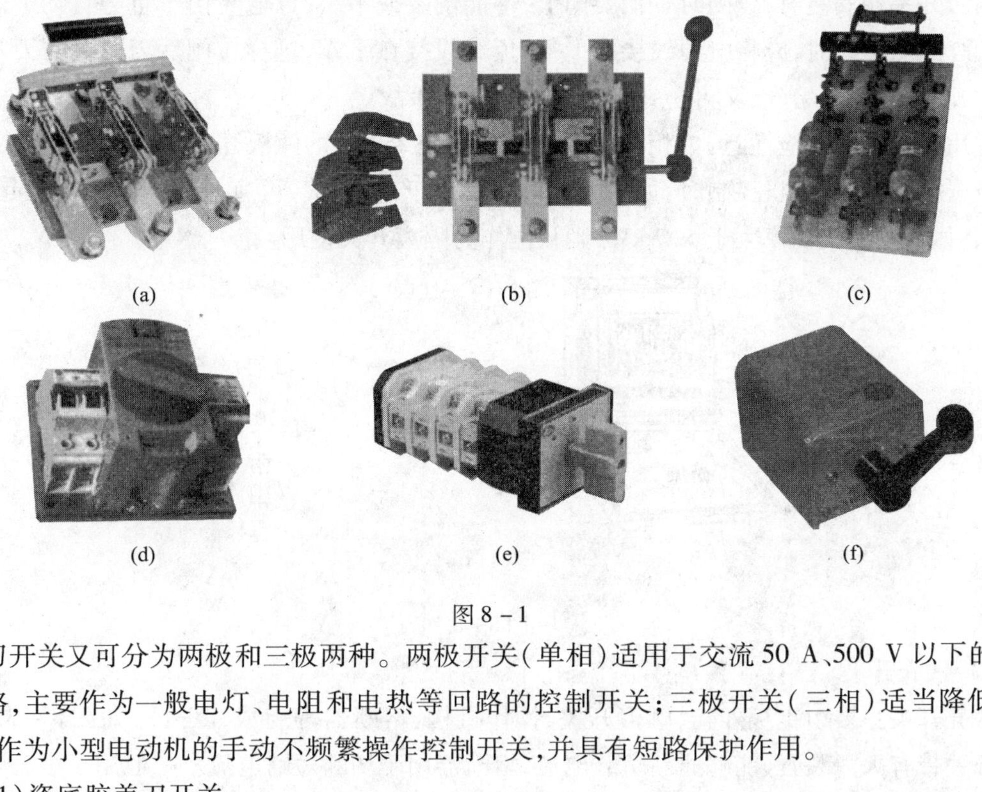

(a) (b) (c)

(d) (e) (f)

图 8-1

刀开关又可分为两极和三极两种。两极开关(单相)适用于交流 50 A、500 V 以下的小电流电路,主要作为一般电灯、电阻和电热等回路的控制开关;三极开关(三相)适当降低容量后,可作为小型电动机的手动不频繁操作控制开关,并具有短路保护作用。

(1)瓷底胶盖刀开关

瓷底胶盖刀开关又称开启式负载开关,由熔丝、触刀、触点座和底座组成,其结构及符号如图 8-2 所示。由于瓷底胶盖刀开关结构简单、价格便宜、使用维修方便,故得到广泛应用。该类型的开关主要用做电气照明电路、电热电路、小容量电动机电路的不频繁操作控制开关,也可以用做分支电路的配电开关。该类型开关不设专门的灭弧设备,用胶木盖防止电弧灼伤人手。操作者在拉闸和合闸时,要动作迅速,使电弧较快熄灭,以减轻电弧对刀片和触座的灼伤。闸刀开关内部装设了熔丝,当它所控制的电路发生短路故障时,可通过熔丝的熔断迅速切断故障电路,从而保护电路中的其他电气设备。

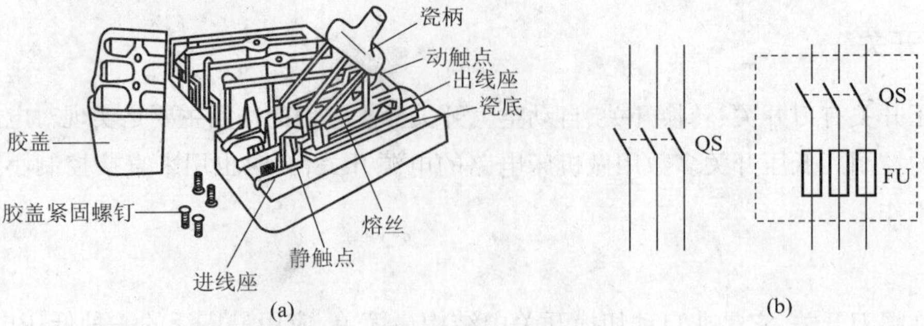

图 8 – 2

闸刀开关在安装时,合闸时瓷柄要向上,不能倒装或平装,以避免由于重力自动下落而引起误动合闸。接线时,应将电源线接在上端,负载线接在下端,这样拉闸后刀开关的刀片与电源隔离,既便于更换熔丝,又可防止可能发生的意外事故。

选用闸刀开关时应注意:单相负载选用 220 V 或 250 V 的两极开关,三相负载选用 380 V 的三极开关;用于电动机控制时,如果电动机功率小于 5.5 kW,可直接用于电动机的起动、停止控制;如果电动机功率大于 5.5 kW,则只能作为隔离开关使用。

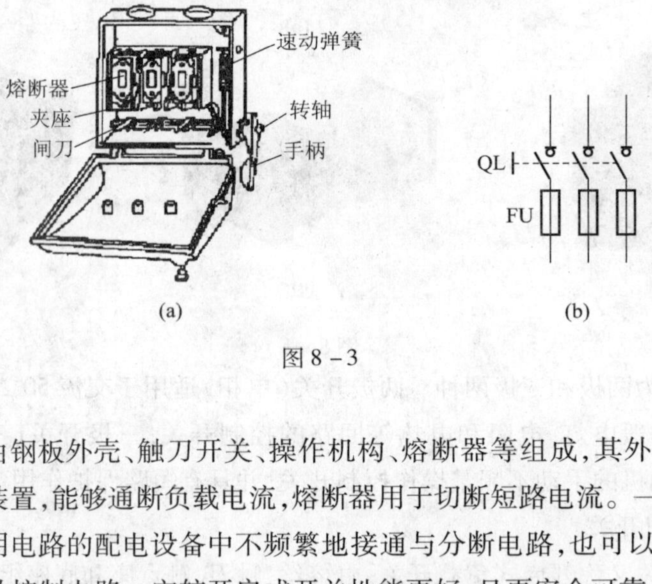

图 8 – 3

(2)铁壳开关

铁壳开关主要由钢板外壳、触刀开关、操作机构、熔断器等组成,其外形如图 8 – 3 所示。铁壳开关带有灭弧装置,能够通断负载电流,熔断器用于切断短路电流。一般用于小型电力排灌、电热器、电气照明电路的配电设备中不频繁地接通与分断电路,也可以直接用于异步电动机的非频繁全压起动控制电路。它较开启式开关性能更好,且更安全可靠。

铁壳开关的操作结构有两个特点:一是采用储能合闸方式,即利用一根弹簧以执行合闸和分闸的功能,使开关的闭合和分断时的速度与操作速度无关,它既有助于改善开关的动作性能和灭弧性能,又能防止触点停滞在中间位置;二是设有互锁装置,以保证开关合闸后便不能打开箱盖,而在箱盖打开后,不能再合开关,起到安全保护作用。

2. 自动空气开关

自动空气开关又称自动开关或自动空气断路器,用于低压配电电路中不频繁地分断和接通负载电路。在电路发生短路、过载或欠压等故障时能自动分断故障电路,保护电路和用电设备。

它的保护动作参数可以根据用电设备的要求人为调整，使用方便可靠。其外形如图 8 -4 所示。

(a) (b) (c)

图 8 -4

塑壳式自动开关又称装置式自动开关。其结构主要由触点系统、灭弧装置、电磁脱扣器、失压(欠压)脱扣器、热脱扣器、分励脱扣器、自由脱扣机构、手动操作机构及外壳等部分组成，主要原理如图 8 -5(a)所示。

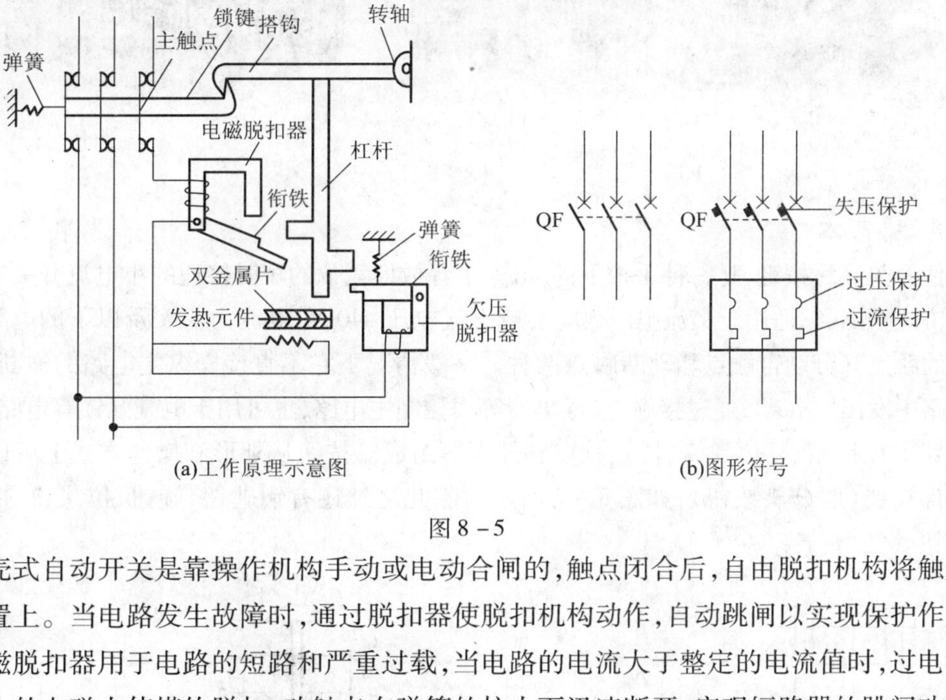

(a)工作原理示意图 (b)图形符号

图 8 -5

塑壳式自动开关是靠操作机构手动或电动合闸的，触点闭合后，自由脱扣机构将触点锁在合闸位置上。当电路发生故障时，通过脱扣器使脱扣机构动作，自动跳闸以实现保护作用。

电磁脱扣器用于电路的短路和严重过载，当电路的电流大于整定的电流值时，过电流脱扣器所产生的电磁力使搭钩脱扣，动触点在弹簧的拉力下迅速断开，实现短路器的跳闸功能。

热脱扣器是一个双金属片热继电器，当电路过载时，发热元件温度升高，双金属片受热弯曲，顶动自动操作机构动作，断开主触点，切断主电路而起过载保护作用。热脱扣器也有调节螺钉，可以根据需要调整脱扣电流设定值的大小。手动操作机构采用连杆机构，它由绝缘支架与触点系统连接，若需手动脱扣，只要按下红色“分”钮，即可使操作机构动作，切断主电路。

失压(欠压)脱扣器用于失压保护，失压脱扣器的线圈直接接在电源上，处于吸合状态，断路器可以正常合闸；当停电或电压很低时，失压脱扣器的吸力小于弹簧的反力，弹簧拉动铁芯向上使搭钩脱扣，实现断路器的跳闸功能。不同断路器的保护是不同的，使用时应根据需要选用。如图 8－5(b)所示断路器图形符号中标注了失压、过流和过压三种保护方式。

8.1.2 主令电器

主令电器是指在电气自动控制系统中发送动作命令的电器，主要用于切换控制电路。它在控制电路中的作用是发布命令控制接触器、继电器或其他电器执行元件的电磁线圈，使电路接通或分断，以及改变系统的工作状态，实现生产机械的自动控制。由于它专门发送命令或信号，故称为主令电器，也称主令开关。

主令电器应用广泛，种类繁多，常见的有按钮开关、行程开关、接近开关、万能转换开关、主令控制器、选择开关等，如图 8－6 所示。

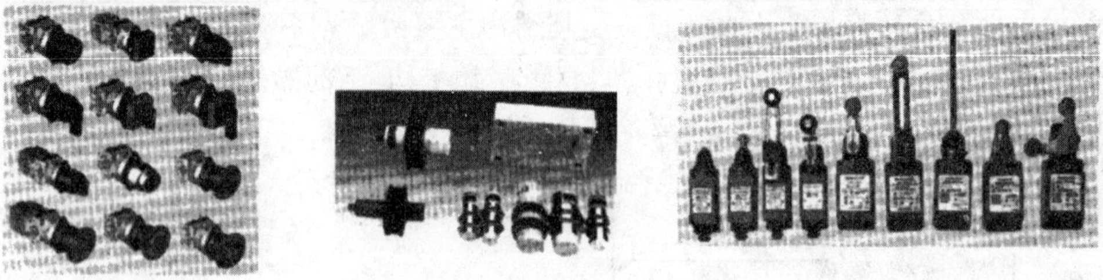

(a) (b) (c)

图 8－6

1. 按钮开关

按钮开关又称按键，是一种手按下即动作、手释放即复位的短时接通的小电流开关电器。触点采用桥式触点，它适用于交流电压 500 V 或直流电压 440 V、电流为 5 A 及以下的电路中。按钮开关的触点又分动合触点和动断触点两种。一般情况下它不直接操纵主电路的通断，而是在控制电路中发出“指令”，通过接触器、继电器等去控制主电路，也可用于电气互锁等电路中。

按钮由按钮帽、复位弹簧、桥式触点和外壳等组成。按钮从外形和操作方式上可以分为平钮和急停按钮(蘑菇头按钮)，如图 8－7 所示。除此之外还有钥匙钮、旋钮、拉式钮、带有指示灯的按钮等类型。

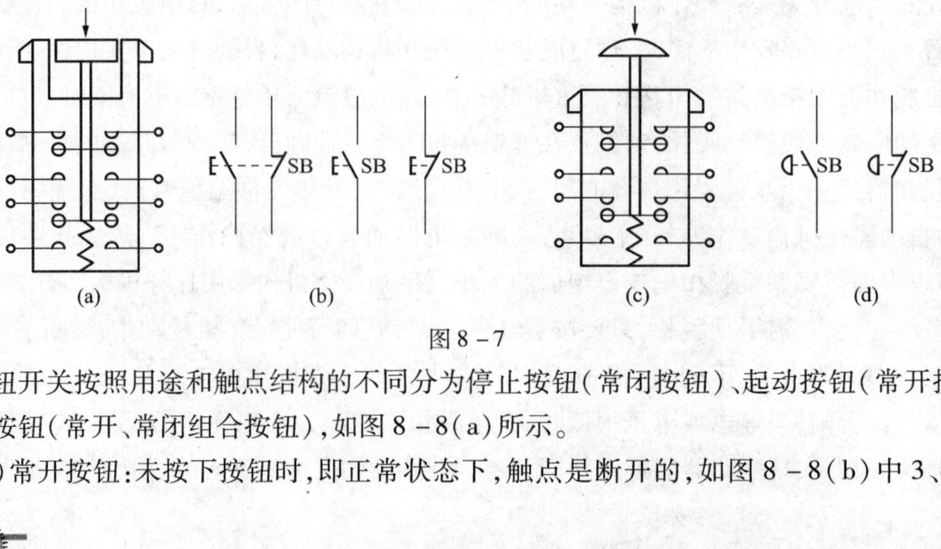

(a) (b) (c) (d)

图 8－7

按钮开关按照用途和触点结构的不同分为停止按钮(常闭按钮)、起动按钮(常开按钮)以及复合按钮(常开、常闭组合按钮)，如图 8－8(a)所示。

(1)常开按钮：未按下按钮时，即正常状态下，触点是断开的，如图 8－8(b)中 3、4 所示。

当按下按钮时,触点 3、4 被接通;而松开按钮后,按钮在复位弹簧的作用下自动复位。常开按钮可作为电动机的起动按钮。

(2)常闭按钮:未按下按钮时,即正常状态下,触点是闭合的,如图 8－8(b)中 1、2 所示。当按下按钮时,触点 1、2 断开;松开按钮后,在复位弹簧作用下,按钮复位闭合。常闭按钮可作为电动机的停止按钮。

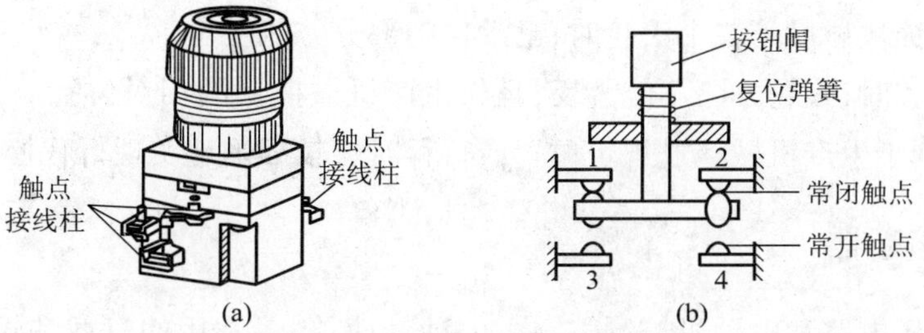

图 8－8

(3)复合按钮:未按下按钮时,即正常状态下,触点 1、2 是闭合的,而 3、4 是断开的;当按下按钮时,触点 1、2 首先断开,而后 3、4 再闭合,有一个很小的时差;当松开按钮后,触点全部恢复原状态。

2. 行程开关

行程开关又称限位开关或位置开关,属于主令电器的另一种类型。行程开关不是靠手动操作的按钮,而是利用生产机械运动部件的碰压使触点动作来发出控制指令,从而限制生产机械的行程、位置或改变其运动状态,使生产机械停车、反转或变速等。如图 8－9 所示为几种操作类型行程开关的动作原理示意图及图形符号。

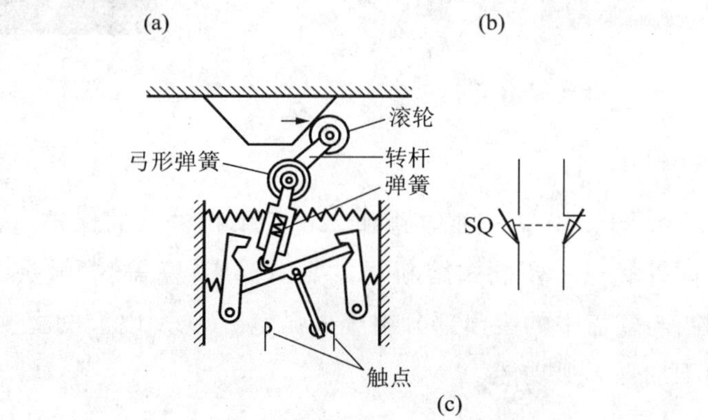

图 8－9

由图可以看出，当生产机械撞块碰触行程开关滚轮时，使传动杠杆和转轴一起转动，转轴上的凸轮推动推杆使微动开关动作，接触动合触点，分断动断触点，使生产机械停车、反转或变速。对于单滚轮自动复位的行程开关，只要生产机械撞块离开滚轮后，复位弹簧就能将已动作的部分恢复到动作前的位置。为下一次动作做好准备。有双滚轮的行程开关在生产机械碰撞第一个滚轮时，内部微动开关动作，发出信号指令，但生产机械撞块离开滚轮后不能自动复位，必须到生产机械撞块碰撞第二个滚轮时，已动作的部分方能复位。

安装行程开关时，滚轮方向不能装反，且与生产机械撞块的相对位置应符合电路要求，滚轮固定恰当，有利于生产机械经过预定位置或行程时能较准确地实现行程控制。

8.1.3 低压熔断器

熔断器是低压电路和电动机控制电路中一种最简单、最常用的过载和短路保护电器。熔断器内装有一个低熔点的熔体，串联在被保护电器或电路的前面，电路正常时，熔体相当于导线，当电路或设备过载或短路时，大电流将熔体迅速升温而熔化，从而自动切断电路，实现短路保护及过载保护。熔断器具有结构简单、体积小、重量轻、使用维护方便、价格低廉、分断能力较强、限流能力良好等优点，因此在电路中得到广泛应用。

熔断器由熔体和安装熔体的绝缘底座（或称熔管）组成。熔体由易熔金属材料（铅、锌、锡及其合金）制成，形状常为丝状或网状。由铅锡合金和锌等低熔点金属制成的熔体，因不易于灭弧，多用于小电流电路；由铜、银等高熔点金属制成的熔体，因易于灭弧，多用于大电流电路。

熔断器种类很多，常用的低压熔断器有瓷插式熔断器、螺旋式熔断器、无填料封闭管式熔断器、有填料封闭管式熔断器、快速熔断器等，如图 8－10 所示。

(a) (b) (c) (d)

图 8－10

1. 瓷插式熔断器

瓷插式熔断器主要用于 380 V 三相电路和 220 V 单相电路的保护。它具有结构简单、价格低廉、更换熔丝方便等优点。瓷插式熔断器主要由瓷座、瓷盖、静触头、动触头和熔丝等组成。瓷座中有一空腔，与瓷盖中的突出部分组成灭弧室。60 A 以上的瓷插式熔断器空腔中还垫有编织石棉层，用于加强灭弧功能。

2. 螺旋式熔断器

螺旋式熔断器用于交流电压380 V及以下、电流在200 A以内的电路和用电设备的过载及短路保护。它具有熔断快、分断能力强、体积小、结构紧凑、更换熔丝方便、安全可靠、熔丝断后标志明显等优点。螺旋式熔断器主要由瓷帽、熔断管(熔芯)、瓷套、上下接线端及底座等组成,如图8-11所示。

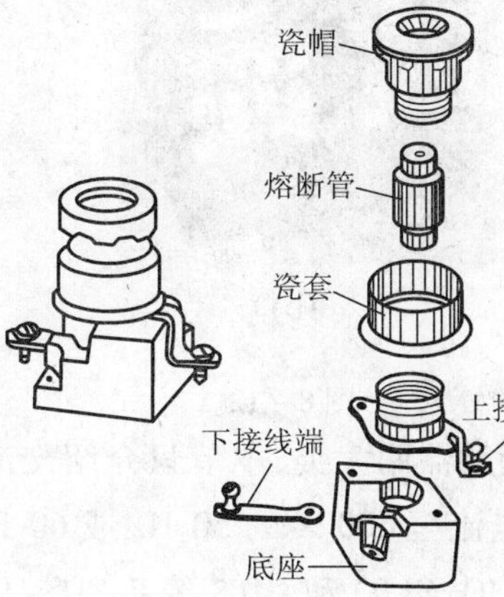

图8-11

在熔断管内除装有熔丝外,还填满了起灭弧作用的石英砂。熔断管的上盖中心有红色熔断指示器,一旦熔丝熔断,指示器即从熔断管上盖中脱出,并可从瓷盖上的玻璃窗口上直接发现,以便拆换熔断管。

螺旋式熔断器在接线时,电源进线必须与熔断器中心触片接线相连,与负载的连线应接在与螺口相连的上接线端上,这样在旋出瓷帽更换熔断管时,金属螺口不带电,有利于操作人员的安全。

3. 熔断器的选择与更换

熔体和熔断器只有选择正确,才能起到保护作用。在选用熔体时,电阻性负载熔体的额定电流应该稍大于或等于负载的额定电流;电动机负载选用熔体时,熔体电流根据电动机数量和起动方式不同而不同,熔体的额定电流为电动机额定电流的1.5~2.5倍。

熔体烧断后,应首先查明原因,排除故障。若在过载电流下熔断时,响声不大,熔体仅在一两处熔断,管子内壁没有烧焦的现象,也没有大量的熔体蒸发物附在管壁上;若在分断极限电流时熔断,情况与上述相反。更换熔体或熔管时必须断电,尤其不允许在负载未断开时带电更换,以免发生电弧烧伤。

8.1.4 接触器及继电器

1. 接触器

接触器是通过电磁机构动作来接通或切断交、直流主电路和大容量控制电路。其优点是操作方便,能够实现远距离控制,控制容量大,欠压释放保护,可频繁操作、工作可靠等。而刀开关虽然也能接通和切断电路，但不具有欠压释放保护，也不能远距离操作，因此接触器在电气控制系统中应用广泛。但其缺点是噪声大、寿命短、不具备短路保护作用，故必须与熔断器、热继电器等保护电器配合使用。常用的接触器如图 8－12 所示，其中，图(a)是 CFC36 系列交流接触器，图(b)是机械互锁正反转接触器，图(c)是强磁吹直流接触器。

(a)

(b)

(c)

图 8－12

接触器有交流接触器和直流接触器两大类，本节只介绍交流接触器。交流接触器是用于远距离接通和分断电压至 380 V、电流至 600 A 的 50 Hz 或 60 Hz 交流电路，以起动和控制交流电动机。常用的交流接触器有 CJO、CLIO 和 CJL3 等系列产品。

交流接触器的结构主要由触点系统、电磁系统和灭弧装置三大部分组成，另外还有反作用弹簧、缓冲弹簧、触点压力弹簧和传动机构等部分，如图 8－13 所示。

(1)电磁机构：电磁机构由线圈、动铁芯(衔铁)和静铁芯组成。

(2)触点系统：交流接触器的触点系统包括主触点和辅助触点。主触点用于通断主电路，有三对或五对常开触点；辅助触点用于接通、分断控制电路，起电气互锁或控制作用，通常有两对动合触点和两对动断触点。

(3)灭弧装置：容量在 10 A 以上的接触器都有灭弧装置。对于小容量的接触器，常采用双断口桥形触点以利于灭弧；对于大容量的接触器，常采用纵缝灭弧罩及栅片灭弧结构。

(4)其他部件：包括反作用弹簧、缓冲弹簧、触点压力弹簧、传动机构及外壳等。

如图 8－13 所示的交流接触器中，接触器上标有端子标号，线圈为 A_1、A_2，主触点 1、3、5 接电源侧，2、4、6 接负载侧。辅助触点用两位数表示，前一位为辅助触点顺序号，后一位的 3、4 表示动合触点，1、2 表示动断触点。当接触器电磁系统中的线圈 A_1、A_2 间通电后，铁芯被磁化，产生足够的电磁吸力，克服反作用弹簧的弹力，将衔铁吸合，使动断辅助触点(21 和 31)首先断开，动合主触点 1、3、5 闭合，接通主电路，接着动合辅助触点(13 和 43)闭合。当线圈断电或外加电压太低时，在反作用弹簧的作用下，衔铁释放，动合主触点断开，切断主电路；动合辅助触头首先断开，接着动断辅助触点恢复闭合。

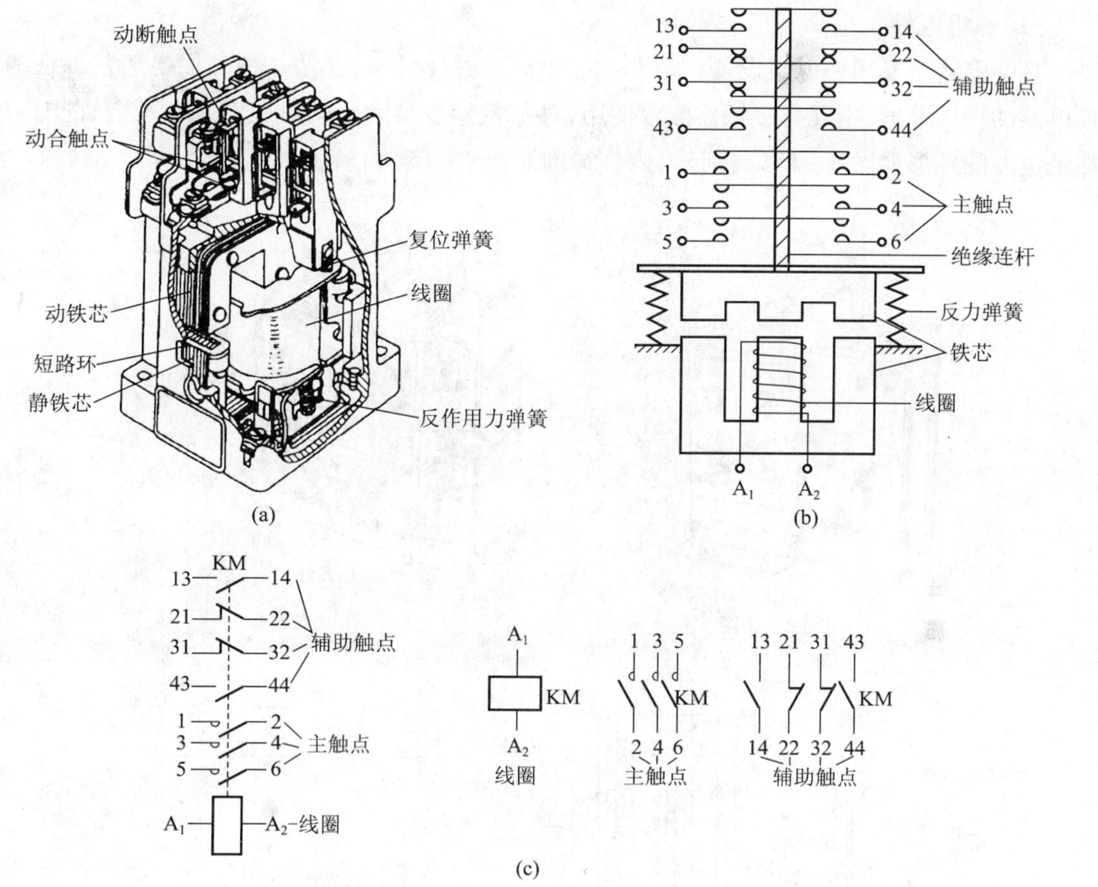

图 8－13

2. 常用继电器

继电器是一种小信号控制器件，它根据电路的电流、电压、时间、速度、温度等信号来控制电动机或电路，以实现自动控制和保护电力拖动装置。由于继电器一般都不用来控制主电路，而是通过控制接触器和其他开关设备对主电路进行控制，因此继电器载流容量小，无须灭弧装置。继电器有体积小、重量轻、结构简单等优点，但对其动作的灵敏度和准确性要求较高。常用的继电器有热继电器、中间继电器、时间继电器、速度继电器、过电流继电器等，如图 8－14 所示。

图 8－14

(1)热继电器

热继电器主要用作电气设备(如电动机)的过负载保护。它是一种利用电流热效应来切换电路的保护电器,主要与接触器配合使用,对三相异步电动机的过负载和断相起保护作用。热继电器的外形如图 8-15(a)所示,内部结构如图 8-15(b)所示。

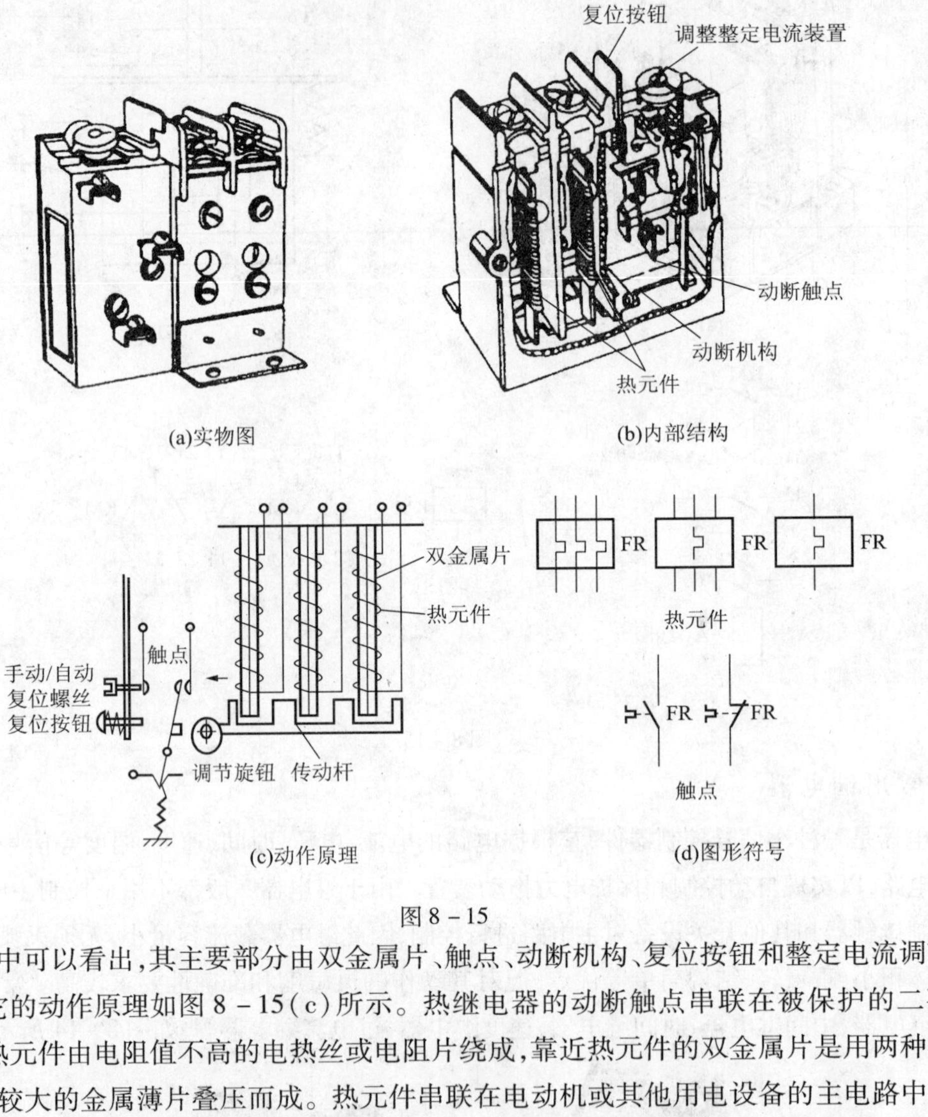

(a)实物图　(b)内部结构　(c)动作原理　(d)图形符号

图 8-15

从图中可以看出,其主要部分由双金属片、触点、动断机构、复位按钮和整定电流调节装置等组成,它的动作原理如图 8-15(c)所示。热继电器的动断触点串联在被保护的二次电路中,它的热元件由电阻值不高的电热丝或电阻片绕成,靠近热元件的双金属片是用两种热膨胀系数差异较大的金属薄片叠压而成。热元件串联在电动机或其他用电设备的主电路中。如果电路或设备工作正常,通过热元件的电流未超过允许值,则热元件温度不高,不会使双金属片产生过大的弯曲,热继电器处于正常工作状态使电路导通。一旦电路过载,有较大电流通过热元件,热元件烤热双金属片,双金属片因一层膨胀系数小、另一层膨胀系数大而弯曲,使扣板在弹簧拉力作用下带动绝缘牵引板,分断接入控制电路中的动断触点,切断主电路,从而起过载保护作用。热继电器作用后,一般不能立即按下复位按钮,待电流恢复正常,双金属片复原后,再按下复位按钮,才能使动断触点回到原状态。

热继电器的整定电流是指热继电器长期不动作的最大电流。在选用热继电器时,其额定电流或热元件整定电流均应大于电动机或被保护电路的额定电流。对星形连接的电动机,可选用普通二相保护式或三相保护式热继电器。对三角形连接的电动机,普通热继电器不能起断相保护作用,必须选用带断相保护装置的热继电器,这时热元件整定电流可以与电动机额定电流相等。若电动机频繁起动、正反转、运转时间长或带有冲击性负载等情况下,热元件的整定电流值应为电动机额定电流的1.1~1.15倍。对于点动、重载起动、频繁正反转及带制动等运行的电动机,一般不宜用热继电器作过载保护。

(2)中间继电器

中间继电器通常是用来转换控制信号的中间元件,控制各种电磁线圈,也可将信号扩展,同时传送给几个器件,使它们互相配合起自动控制作用。实质上,中间继电器是一种电压继电器,其结构和工作原理与CJ0-20等型号的交流接触器基本相同,由电磁线圈、铁芯、触点系统、反作用弹簧、复位弹簧等组成,其符号如图8-16所示。

中间继电器根据输入电压的有或无而动作,一般触点对数多,触点容量额定电流为5~10 A,它的触点系统无主、辅之分,各对触点载流量基本相等,多为5 A。如果被控制电流在5 A以下时,中间继电器可作接触器使用,相当于一个小型的交流接触器。

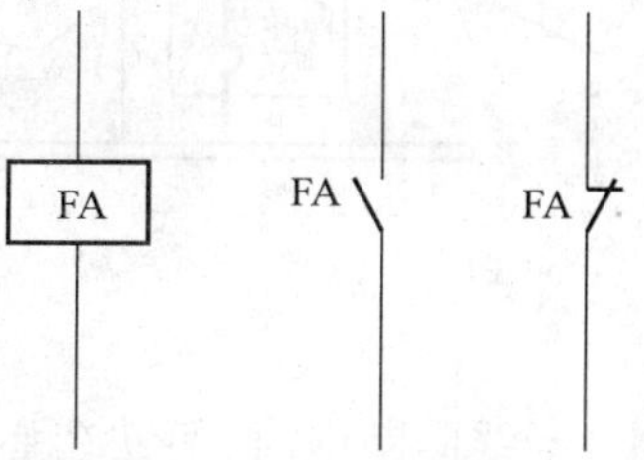

图8-16

(3)时间继电器

时间继电器是一种利用电磁原理或机械动作原理实现触点延时闭合或延时断开的自动控制电器。它的种类较多,有空气阻尼式时间继电器、电磁式时间继电器、电动式时间继电器、晶体管式时间继电器等。本节只介绍空气阻尼式时间继电器。

空气阻尼式时间继电器又称气囊式时间继电器,它主要由电磁系统、工作触点、气室和传动机构四部分组成,其外形和结构如图8-17所示。

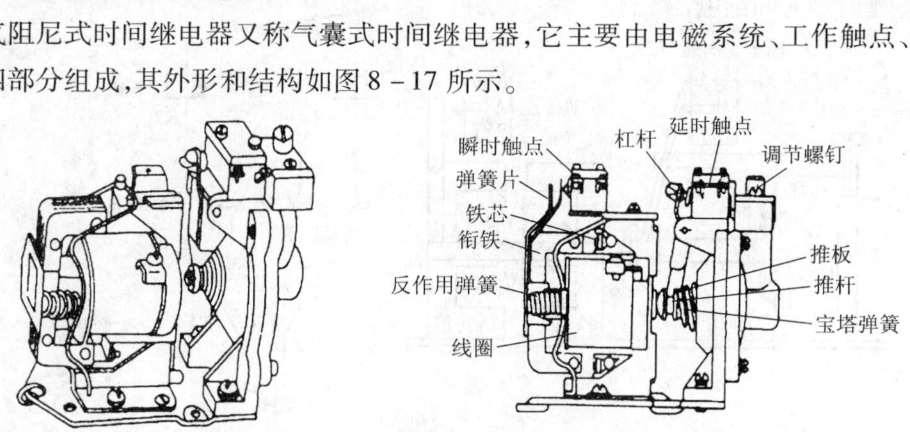

(a)外形图　(b)内部结构图

图8-17

①通电延时型时间继电器

如图8-18(a)所示,通电延时型时间继电器的主要功能是线圈通电后,延时触点不立即

动作,而要延长一段时间才动作;当线圈断电后,延时触点立即复位。其动作过程是:

当线圈通电时,衔铁克服反作用弹簧的阻力,与固定的铁芯吸合,活塞杆在宝塔弹簧的作用下向右移动,空气由进气孔进入气囊。由于气孔的空气节流作用,经过一段时间后,活塞才能完成全部行程,到达最右端,通过杠杆压动微动开关,使动断触点延时断开,动合触点延时闭合。延时时间的长短取决节流孔的节流程度。进气越快,延时越短。延时时间的调节是通过旋动节流孔螺钉,改变进气孔的大小实现的。瞬时触点的微动开关在衔铁吸合后,通过压板立即动作,使动断触点瞬时断开,动合触点瞬时闭合。

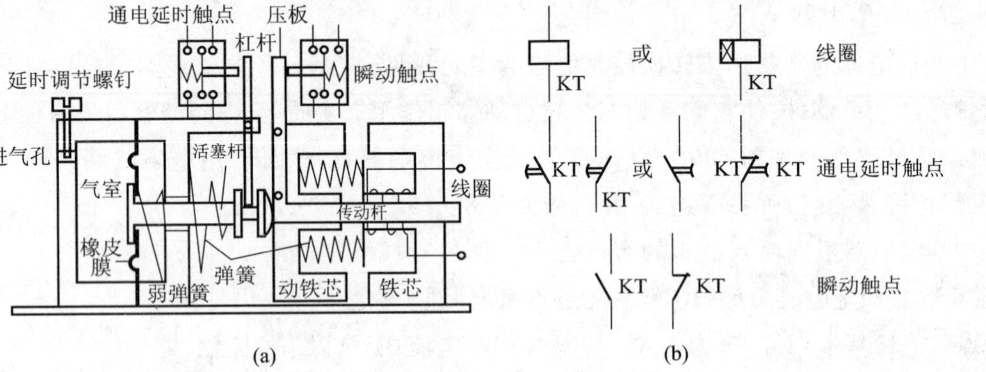

图 8－18

当线圈断电时,衔铁在弹簧的作用下,通过活塞杆将活塞推向最左端,这时橡皮膜左方气室内的空气通过橡皮膜、弹簧和活塞的局部所形成的单向阀,很迅速地从橡皮膜左方气室缝隙中排除,使动断触点瞬时闭合,动合触点瞬时断开,延时及瞬时触点均动作,立即复位,如图 8－18 所示。

②断电延时型时间继电器

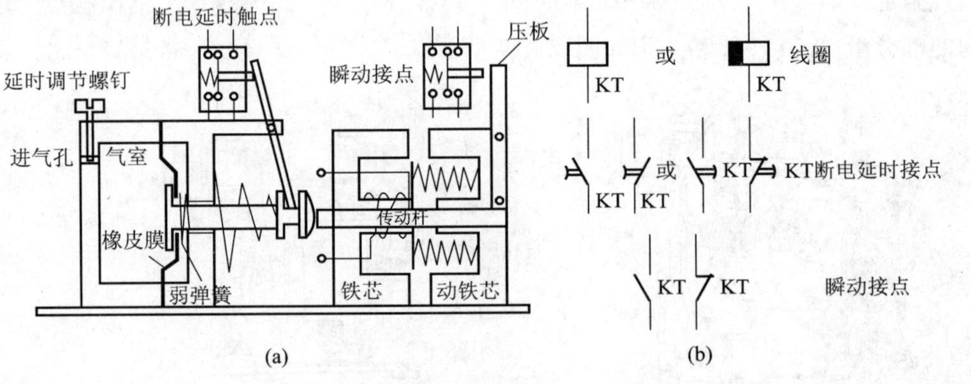

图 8－19

如图 8－19 所示,断电延时型时间继电器和通电延时型时间继电器的组成元件是通用的,只是电磁铁翻转 180°。当线圈通电时,衔铁被吸合,带动压板压合微动开关,使动断触点瞬时断开,动合触点瞬时闭合,同时衔铁压动传动杆,使活塞杆克服弹簧的阻力向左移动,通过杠杆使微动开关也瞬时动作,动断触点断开,动合触点闭合,没有延时作用。当线圈断电时,衔铁在反作用弹簧的作用下瞬时断开，此时压板复位，使瞬时触点立即复位，同时活塞杆在塔式弹簧及气室各元件的作用下延时复位，使延时触点延时动作。

空气阻尼式时间继电器的优点是结构简单、延时范围大、寿命长、价格低廉，且不受电源电压频率波动的影响，其缺点是延时误差大、无调节刻度指示，一般适用于延时精度要求不高的场合。

第2节 安全用电

随着科技的发展和社会的进步，电已经普遍进入人们的生产和生活，它在给人类社会带来巨大财富的同时，也带来了危险。毁坏设备，引发火灾，还会造成人身伤亡事故。人体是导电体，当人体接触带电体时便成为通电导体，电流通过人体时将会造成不同程度的伤害。由于触电的种类、方式及条件的不同，受伤害的后果也不一样。

8.2.1 安全电压

1. 电击和电伤

人体的触电方式有电击和电伤两种。电击是指电流通过人体时所造成的内伤，它可以使人体肌肉抽搐，内部组织损伤，造成发热发麻、神经麻痹等，严重时将引起昏迷、窒息，甚至心脏停止跳动而死亡。通常说的触电就是电击。触电死亡大部分是由电击造成的。电伤是指电流的热效应、化学效应、机械效应以及电流本身作用下造成的人体外伤。常见的有灼伤、烙伤、皮肤金属化等现象。

2. 触电方式

(1)单相触电

单相触电是常见的触电方式。人体的某一部分接触带电体的同时，另一部分又与大地或中性线相接，电流从带电体流经人体到大地(或中性线)形成回路，如图8－20所示。

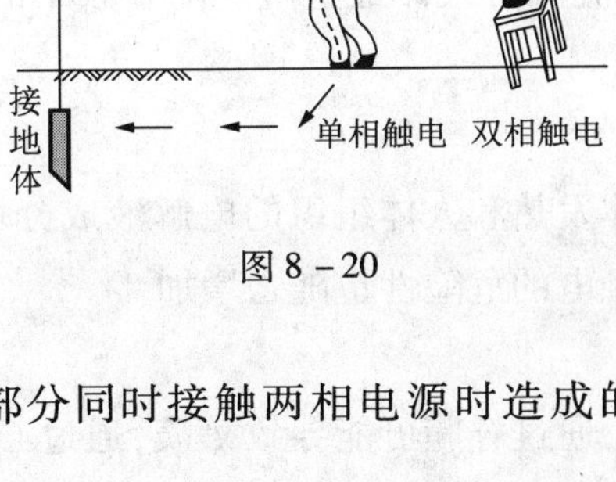

图8－20

(2)双相触电

双相触电是人体的不同部分同时接触两相电源时造成的触电，如图8－20所示。对于双相触电，无论电网中性点是否接地，人体所承受的线电压将比单相触电时高，危险更大。

(3)跨步电压触电

跨步电压触电是指雷电流入地或电力线(特别是高压线)断落到地面时，会在导线接地点及周围形成强电场。当人跨进这个区域，两脚之间出现电位差，称为跨步电压。在这种电压作用下，电流从接触高电位的脚流进，从接触低电位的脚流出，从而造成触电。跨步电压的大小取决于人体站立点与电流或电力线接地点的距离，距离越小，其跨步电压越大。当距离超过20 m(理论上为无穷远处)，可认为跨步电压为零，不会发生触电危险。

(4)感应电压触电

感应电压触电是指当人触及带有感应电压的设备和电路时所造成的触电事故。一些不带电的电路由于大气变化(如雷电活动)会产生感应电荷，停电后一些可能感应电压的设备和电路如果未及时接地，这些设备和电路对地均存在感应电压。

3. 影响电流对人体危害程度的主要因素

电流对人体伤害的严重程度与通过人体电流的大小、频率、持续时间、通过人体的路径、人体电阻的大小等多种因素有关。

(1)电流大小

通过人体的电流越大，人体的生理反应就越明显，感应越强烈，引起心室颤动所需的时间越短，致命的危险就越大。对于工频交流电，按照通过人体电流的大小和人体所呈现的不同状态，触电电流大致分为下列三种：

①感觉电流：人体感觉的最小电流。实验表明，成年男性的平均感觉电流约为1.1 mA，成年女性约为0.7 mA。感觉电流不会对人体造成伤害，但电流增大时，人体反应更为强烈，可能造成坠落等间接事故。

②摆脱电流：人体触电后能自主摆脱电源的最大电流。实验表明，成年男性的平均摆脱电流约为16 mA，成年女性约为10 mA。

③致命电流：在较短的时间内危及生命的最小电流，达到50 mA以上时，心脏会停止跳动，可能导致死亡。

(2)电流频率

一般认为40 ~60 Hz的交流电对人体最危险。随着频率的增高，危险性将降低。高频电流不仅不伤害人体，还能治病。

(3)通电时间

通电时间越长，电流使人体发热和人体组织的电解液成分增加，导致人体电阻降低，反过来又使通过人体的电流增加，触电的危险性也随之增加。

(4)电流路径

电流通过头部可使人昏迷，通过脊髓可能导致瘫痪，通过心脏会造成心跳停止，血液循环中断,通过呼吸系统会造成窒息。因此,从左手到胸部是最危险的电流路径;从手到手,从手到脚也是很危险的电流路径;从脚到脚是危险性相对较小的电流路径。

4. 触电急救

触电急救的要点是要动作迅速,救护得法,切不可惊慌失措、束手无策。

(1)尽快使触电者脱离电源

人触电以后,可能由于痉挛或失去知觉等原因而紧抓带电体,不能自行摆脱电源。这时,使触电者尽快脱离电源是救活触电者的首要因素。

对于低压触电事故,可采用下列方法使触电者脱离电源:

①触电地点附近有电源开关或插头,可立即断开开关或拔掉电源插头,切断电源。

②电源开关远离触电地点,可用有绝缘柄的电工钳或有干燥木柄的斧头分相切断电线,断开电源;或用干木板等绝缘物插入触电者身下,以隔断电流。

③电线搭落在触电者身上或被压在身下时,可用干燥的衣服、手套、绳索、木板、木棒等绝缘物作为工具,拉开触电者或挑开电线,使触电者脱离电源。

对于高压触电事故,可以采用下列方法使触电者脱离电源:

①立即通知有关部门停电。

②戴上绝缘手套,穿上绝缘靴,用相应电压等级的绝缘工具断开开关。

③抛掷裸金属线使电路短路接地,迫使保护装置动作,断开电源。注意在抛掷金属线前,应将金属线的一端可靠地接地,然后抛掷另一端。

(2)脱离电源的注意事项

①救护人员不可以直接用手或其他金属及潮湿的物件作为救护工具,而必须采用适当的绝缘工具且单手操作,以防止自身触电。

②防止触电者脱离电源后,可能造成的摔伤等二次伤害。

③如果触电事故发生在夜间,应当迅速解决临时照明问题,以利于抢救,并避免扩大事故。

(3)现场急救

当触电者脱离电源后,应当根据触电者的具体情况,迅速地对症进行救护。现场应用的主要救护方法是人工呼吸法和胸外心脏按压法。

对症救护触电者时,大体上按照以下三种情况分别处理:

①如果触电者伤势不重,头脑清醒,但是有些心慌、四肢发麻、全身无力;或者触电者在触电的过程中曾经一度昏迷,但已经恢复清醒。在这种情况下,应当使触电者安静休息,不要走动,严密观察,并请医生前来诊治或送往医院。

②如果触电者伤势比较严重,已经失去知觉,但仍有心跳和呼吸,这时应当使触电者舒适、安静地平卧,保持空气流通。同时摔开他的衣服,以利于呼吸。如果天气寒冷,还要注意保温,且应立即请医生诊治或送医院。

③如果触电者伤势严重,呼吸停止或心脏停止跳动或两者都已停止时,则应立即实行人工

呼吸和胸外挤压,并迅速请医生诊治或送往医院。

应当注意,急救要尽快地进行,不能只等候医生的到来。在送往医院的途中,也不能中止急救。

(4)口对口人工呼吸法

口对口人工呼吸法是在触电者呼吸停止后应用的急救方法。具体步骤如下:

①触电者仰卧,迅速解开其衣领和腰带。

②触电者头偏向一侧,清除口腔中的异物,使其呼吸畅通,必要时可用金属匙柄由口角伸入,使口张开。

③救护者站在触电者的一边,一只手捏紧触电者的鼻子,一只手托在触电者颈后,使触电者颈部上抬,头部后仰,然后深吸一口气,用嘴紧贴触电者的嘴,大口吹气,接着放松触电者的鼻子,让气体从触电者肺部排出。每5秒吹气一次,不断重复地进行,直到触电者苏醒为止,如图8-21所示。

图8-21

对儿童施行此法时,不必捏鼻。开口困难时,可使其嘴唇紧闭,对准鼻孔吹气(即口对鼻人工呼吸),效果相似。

(5)胸外心脏按压法

胸外心脏按压法是触电者心脏跳动停止后采用的急救方法,如图8-22所示。具体操作步骤如下:

①触电者仰卧在结实的平地或木板上,松开衣领和腰带,使其头部稍后仰(颈部可枕垫软物),抢救者跪跨在触电者腰部两侧,如图8-22(a)所示。

②抢救者将右手掌放在触电者胸骨处,中指指尖对准其颈部凹陷的下端,左手掌覆压在右手背上(对儿童可用一只手),如图8-22(b)所示。

③抢救者借身体重量向下用力挤压,压下3~4 cm。挤压和放松动作要有节奏,每秒进行一次,每分钟宜挤压60次左右,不可中断,直至触电者苏醒为止。要求挤压定位要准确,用力要适当,防止用力过猛给触电者造成内伤和用力过小挤压无效(对儿童用力要适当小些)。

④触电者呼吸和心跳都停止时,允许同时采用口对口人工呼吸法和胸外心脏按压法。人救护时,可先吹气2~3次,再挤压10~15次,交替进行。双人救护时,每5秒吹气一次,每秒挤压一次,两人同时进行操作。

抢救既要迅速又要有耐心，即使在送往医院途中也不能停止急救。此外，不能给触电者打强心针、泼冷水或压木板等。

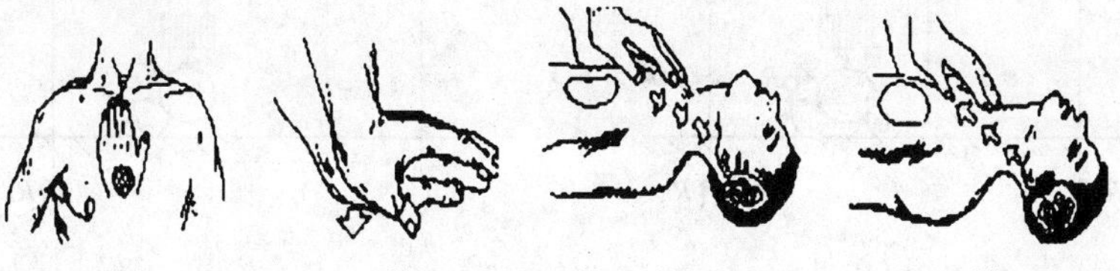

图 8－22

8.2.2 安全接地

1. 保护接地

保护接地是将设备正常情况下不带电的金属外壳通过接地装置与大地可靠连接，其原理如图 8－23 所示。

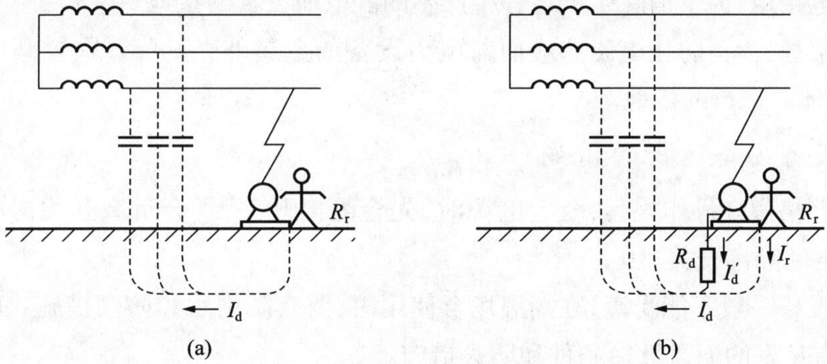

图 8－23

如图 8－23(a)所示，当电气设备无保护接地时，若绝缘损坏，一相电源碰壳，漏电流经人体电阻 R_r、大地和人对地绝缘电阻 R 构成的回路。若绝缘不良，电阻 R 变小，流过人体的电流增大，便会触电；如图 8－23(b)所示，当电气设备接地时，有一相电源碰壳，但由于人体电阻 R_r，远大于接地电阻 R_d（一般为几欧），所以通过人体的电流 I_r 极小，流过接地装置的电流 I_d则很大，从而保证了人体的安全。

保护接地适用于中性点不接地或不直接接地的电网系统。

2. 保护接零

在中性点直接接地系统中，把电气设备金属外壳等与电网中的零线做可靠的电气连接，称为保护接零。保护接零可以起到保护人身和设备安全的作用，其原理如图 8－24 所示。

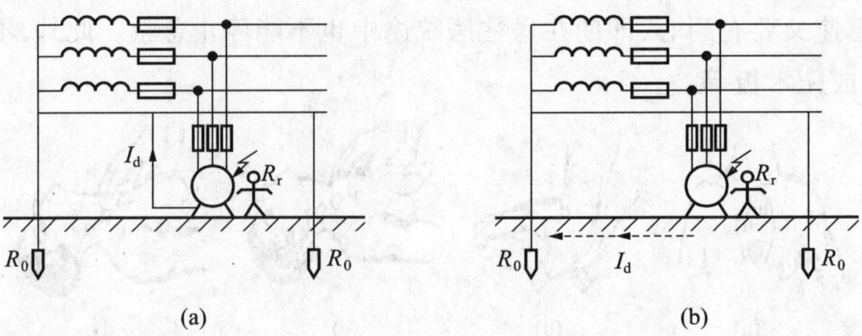

图 8－24

由图可知，绝缘损坏碰壳时，由于外壳与零线连通，形成该相对零线的单相短路，短路电流使电路上的保护装置（如熔断器、低压断路器等）迅速动作，切断电源，消除触电危险。对未接零设备，对地短路电流不一定能使电路保护装置迅速可靠动作。

3. 保护接地

（1）过电压保护接地：为了消除雷击或过电压的危险影响而设置的接地。

（2）防静电接地：为了消除生产过程中产生的静电而设置的接地。

（3）屏蔽接地：为了防止电磁感应而对电力设备的金属外壳、屏蔽罩、屏蔽线的外皮或建筑物金属屏蔽体等进行的接地。

4. 电气设备安全运行的措施

（1）必须严格遵守操作规程，合上电源时，先合隔离开关，再合负载开关；分断电流时，先断负载开关，再断隔离开关。

（2）电气设备一般不能受潮，在潮湿场合使用时，要有防雨水和防潮措施。电气设备工作时会发热，应有良好的通风散热条件和防火措施。

（3）所有电气设备的金属外壳应有可靠的保护接地。电气设备运行时可能会出现故障，应有短路保护、过载保护、欠压保护、失压保护等保护措施。

（4）凡有可能被雷击的电气设备，都要安装防雷措施。

（5）对电气设备要做好安全运行检查工作，对出现故障的电气设备和电路应及时检修。

综合实训 8－1　室内照明电路及单相电能表的安装

1. 室内照明电路的概况

照明电路一般由电源、导线、开关和负载组成。电源由低压照明配电箱构成，其作用是向照明灯提供电能。每一根相线和中线之间都构成一个单相电源，在负载分配时要尽量做到三相负载平衡。电源与照明灯之间用导线连接。选择导线时，要注意它的允许载流量，一般以允许电流密度作为选择的依据：明敷线路铝导线可取 4.5 A/mm^2，铜导线可取 6 A/mm^2，软电线可取5 A/mm^2。

负载即照明灯,它能将电能变为光能。开关用来控制电路的通断,按种类的不同,开关可分为下列三种基本形式:

(1)一只单联开关控制一盏灯接线时,开关应接在相线(俗称火线)上,这样在开关切断后,灯头不会带电,从而保证了使用和维修的安全。

(2)两只双联开关在两个地方控制一盏灯这种形式通常用于楼梯或走廊上,楼上、楼下或走廊的两端均可控制电路的接通和断开。

(3)两只双联开关和一只三联开关在三个地方控制一盏灯这种形式通常用于楼梯或走廊上。此外,36 V以下的局部照明,一般采用降压变压器供电。安装时,变压器的一、二次绕组均应串接适当的熔丝,以确保变压器发生故障及二次绕组过载时,能立即切断电源,使变压器不致烧毁。变压器的铁芯和二次绕组也需要妥善接地或接零。

2. 常用照明灯的工作原理

(1)白炽灯的工作原理。白炽灯亦称钨丝灯泡,当电流通过钨丝时,将灯丝加热到白炽状态而发光。钨丝灯泡主要由耐热的球形玻璃壳和钨丝组成,分真空泡和充气泡(充有氩气和氮气)两种,功率25 W以下的,一般为真空泡;功率40 W以上的,一般为充气泡。灯泡充气后,除了使钨丝的蒸发和氧化作用减缓外,还能提高灯泡的发光效率及使用寿命。

白炽灯的结构简单、使用可靠、价格低廉,且便于安装和维修,故应用较广。

(2)荧光灯的工作原理。荧光灯俗称日光灯,它由灯管、辉光起动器(起动器)、镇流器、灯架和灯座等组成。灯管由玻璃管、灯丝和灯脚等构成,在玻璃管内壁涂有荧光材料。抽真空后充入少量汞和适量氩,在灯丝上涂有荧光粉;辉光起动器由氖泡、小电容、出脚线和外壳等构成,氖泡内装有动、静触片;镇流器由铁芯和电感线圈等组成,分开启式、半封闭式和封闭式三种;灯架通常有铝合金和铁制两种;灯座分弹簧式和开启式两种。

当荧光灯刚接通电源时,辉光起动器就辉光放电而导通,使电路接通,灯丝与镇流器、辉光起动器串接在电路中,灯丝发热,发射出大量的电子;辉光起动器停止辉光放电,就在辉光起动器断开的一瞬间,镇流器的两端产生了感应电动势,它与电源电压同时加在灯管的两端,使管内的氩气电离放电;氩气放电后,管内温度升高,使管内水银蒸气压力上升,从而使氩气电离放电很快过渡到水银蒸气电离放电;放电时辐射的紫外线激励管壁上的荧光粉,使它发出像白光一样的光线。同时,由于灯管开始电离放电,辉光起动器两端的电压下降而不再辉光放电;随着灯管水银蒸气电离放电的进行,灯管电流逐渐增大,这时镇流器便起到了限制电流的作用。

荧光灯发光效率高、光色较好,且节电、经济,故被广泛应用。

3. 安装要求

各种灯具、开关、插座及所有附件,都必须安装得牢固可靠,符合下列规定:

(1)灯具的安装要求

壁灯及吸顶灯要牢固地敷设在建筑物的平面上。吊灯必须装上吊线盒,每只吊线盒一般只允许接通一盏电灯，吊灯的电源引线绝缘必须良好，较重或较大的吊灯必须采用金属链条或其他方法支持。灯具与附件的连接必须正确、牢靠。

(2)灯头的离地要求

通常情况下离地应不低于2 m；潮湿、危险场所不低于2.5 m。灯座离地不足1 m时，必须采用36 V以下的低压安全灯。

(3)开关和插座的离地要求

普通电灯开关和普通插座的离地距离应不低于1.3 m；特殊需要时，插座允许低装，但离地不应低于0.15 m，且应采用安全插座。

(4)开关、插座的安装要求

开关主要有拉线开关和跷板开关两种。开关应串接在通往灯座的相线上，也就是相线通过开关才能进入灯座。一般拉线开关的安装高度距地为2.5 m；跷板开关距地面的高度为1.4 m。

插座一般不用开关控制而直接接入电极。它始终是带电的。插座分两孔、三孔、四孔三种。照明线路常用的为双孔和三孔插座：双孔插座在双孔水平排列时，应面对插座相线接右孔，零线接左孔（左零右相）；双孔垂直排列时，相线接上孔，零线接下孔（上相下零）。三孔插座下方两个孔是接电源线的，右孔接相线，左孔接零线，上面大孔接保护接地线。

4. 单相电能表及照明电路的安装

(1)实训目的

了解电能表的工作原理及连接方法，进行室内照明安装练习。了解单相电能表的结构与工作原理，进行单向电能表及室内照明电路安装。

(2)实训设备

电能表[220 V,5(20)A,50 Hz]1个、单相闸刀开关(220 V/10 A)1个、跷板开关(250 V/4 A)3个、白炽灯(220 V/25 W)2个、荧光灯灯具(220 V/20 W)1套、灯座、导线等。

(3)实训内容

电能表有4个接线柱。自左向右编号1、2、3、4，有两种接线方式：一种是国家标准产品用的跳入式接线方式，1、3接进线（电源电路），2、4接出线（负载电路）；另一种是顺入式接线方式，1、2接进线，3、4接出线。

电能表的连接分为总线连接和出线连接两部分。电能表总线是指从进入住户总熔断器盒至电能表这段导线，它应满足以下技术要求：总线应采用截面不小于2.5 mm^2的铜芯硬导线，必须明敷在表的左侧。进户总熔断器盒接线时，相线接熔断器，它的主要作用是电能表后各级保护装置失效时，能有效地切断电源，防止故障扩大。电能表的出线敷设在表的右侧（要求与总线相同），与照明电路的总开关和总熔丝相连。其主要作用是在电路发生故障或维修时能有效地切断电源，安装电路如图8－25所示。

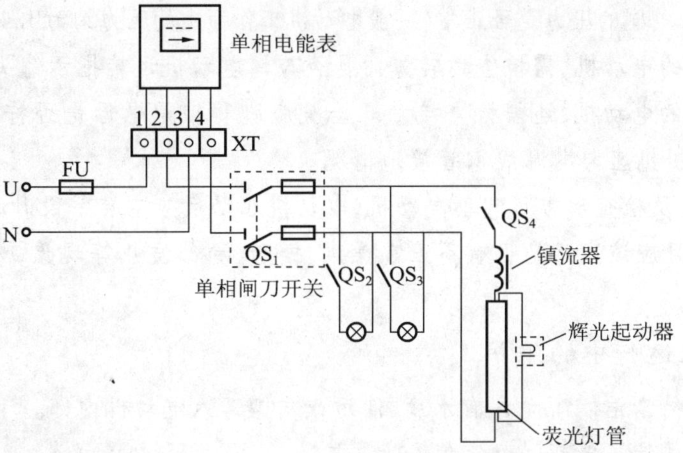

图 8-25

图中荧光灯、白炽灯以及开关的安装,应严格按有关安装要求进行安装。接线完成后,经检查确认接线正确后,合上单相闸刀开关 QS,接通电源,观察实训结果。

综合实训 8-2 三相异步电动机的维护及故障处理

1. 三相异步电动机的维护

电动机起动前应做如下准备工作:

(1)新的或长期不用的电动机,使用前都应该检查一下电动机绕组间和绕组对地的绝缘电阻。对绕线转子电动机,除了检查定子绝缘电阻外,同时还应检查转子绕组及集电环对地和集电环之间的绝缘电阻。绝缘电阻每千伏工作电压不得小于 1 MΩ。通常对 500 V 以下的电动机用 500 V 兆欧表测量,对 500 ~3 000 V 的电动机用 1 000 V 兆欧表测量,对 3 000 V 以上的电动机用 2 500 V 兆欧表测量。一般三相 380 V 电动机的绝缘电阻应大于 0.5 MΩ 时方可使用。

(2)检查铭牌所示电压、频率、接法等与电源电压是否相符,接法是否正确。

(3)检查电动机内部有无杂物。用干燥的压缩空气(不大于 2 个大气压)吹净内部,也可使用吹风机或皮老虎等来吹,但不能碰坏绕组。

(4)检查转动电动机的转轴是否能自由旋转。对于滑动轴承,转子的轴向游动量每边约 2 ~3 mm。

(5)检查轴承是否有油。一般高速电动机应采用高速机油,低速电动机应采用机械油注入轴承内,并达到规定的油位。滚动轴承的润滑脂采用 HSY103 硫化钼复合钙基脂(中小型电动机用)或钙钠基 1 号润滑脂(一般电动机用)。

(6)检查电动机接地装置是否可靠。

(7)绕线转子电动机还应检查集电环上电刷的表面是否全部贴紧集电环,导线是否相碰,电刷提升机构是否灵活,电刷的压力是否正常(一般电动机工作面上的压力约为1.4~2.5 N/cm^2)。

(8)对不可逆的电动机,需检查运转方向是否与该电动机运转指示箭头方向相同。

(9)对新安装的电动机,还需检查接触螺栓及底脚和轴承螺母是否拧紧以及机械方面是否牢固,检查电动机机座与电源线钢管接地情况。

经过上述准备及检查后方可起动电动机,电动机起动后应空转一段时间,在这段时间内应注意轴承温升,并且应该注意是否有不正常噪声、振动、局部发热等现象,如不正常,须消除后才能运行。

2. 电动机在运行中的维护

(1)应经常保持清洁。不允许有水滴、油污或灰尘落入电动机内部。

(2)注意负载电流不能超过额定值。

(3)经常检查轴承发热、漏油等情况。一般在更换润滑脂时,将轴承及轴承盖先用煤油清洗,然后用汽油洗干净。润滑脂的容量不宜超过轴承内容积的70%。

(4)电动机各部分最高允许温度和允许温升,根据电动机绝缘等级和类型而定。

(5)电动机在运转中不应有摩擦声、尖叫声或其他杂声,如发现有不正常声音应及时停止检查,消除故障后才可继续运行。

(6)对绕线转子电动机应检查电刷与集电环间的接触和电刷磨损情况。如发现有火花,应清理集电环表面,可用00号细砂布磨平滑环,并校正电刷弹簧压力。

(7)各种形式电动机都必须通风良好。电动机的进风与出风口必须保证畅通无阻。

3. 三相异步电动机的故障处理方法

当电动机发生故障时,应仔细观察所发生的现象。如转速快慢程度,温度变化,是否有不正常响声和剧烈振动,开关和电动机绕组内是否有串火冒烟及焦臭味等。下面就三相异步电动机可能出现的故障分析原因,并提出对故障的处理方法。

(1)电动机不能起动的原因可能有:电源未接通;定子或转子绕组断路;定子绕组相间短路;定子绕组通地;定子绕组接线错误;熔丝烧断;绕线转子电动机起动误操作;过电流继电器调得太小;老式起动开关油杯缺油;负载过大或传动机被轧住;控制设备接线错误。

处理方法有:检查开关、熔丝、各对触点及电动机引出线头,查出故障并修理;用兆欧表检查定子或转子绕组有无断线,再检查电源电压;用电流表测量三相电流或用手检查过热线圈;用兆欧表检查定子绕组对地电阻;按正确的接法改正;查出烧断原因,排除故障,然后按电动机规格配上新熔丝;检查集电环短路装置及起动变阻器的位置,起动时应分开短路装置、串接电阻器;适当调高整定值;加新油至油面线处;选择较大容量电动机或减轻负载,如传动机器被轧住,应检查机器,消除故障;重新校正接线。

(2)电动机带负载运行时转速低于额定值的可能原因有:电源电压过低;笼型转子断条;绕线转子一相断路;绕线转子电动机的起动变阻器接触不良;电刷与集电环接触不良;负载过大。

处理方法有:用电压表、万用表检查电动机输入端电源电压;将电动机接到电压较低的三相交流电源上(约为额定电压的15% ~30%),同时测量定子电流,如果转子绕组有断裂或脱焊,随着转子位置不同,定子电流也会变化;用校验灯、万用表等检查断路处,排除故障;修理变阻器接触点;调整电刷压力并改善电刷与集电环接触面;选择较大容量电动机或减轻负载。

(3)电动机空载或负载时电流表指针来回摆动的可能原因有:绕线转子电动机一相电刷接触不良;绕线转子电动机的集电环短路装置接触不良;笼型转子断条;绕线转子一相断路。

处理方法有:调整电刷压力及改善电刷与集电环接触面;修理或更换短路装置;用断条侦察器检查后处理;用校验灯、万用表等检查断路处,排除故障。

(4)电动机外壳带电的可能原因有:电源线与接地线弄错;电动机绕组受潮,绝缘老化或引出线与接线盒碰壳。

处理方法有:纠正接线;电动机绕组干燥处理;绝缘严重老化者要更换绕组,整理接地线。

(5)电动机运转时声音不正常的可能原因有:定子与转子相摩擦;电动机二相运转有嗡嗡声;转子风叶碰壳;轴承严重缺油,轴承损坏。

处理方法有:锉去定转子硅钢片突出部分,轴承走外圆或走内圆,可采取镶套办法,或更换端盖,或更换转轴和轴承;检查熔丝及开关接触点,排除故障;校正风叶,旋紧螺钉;修剪绝缘纸;清洗轴承加新油,润滑脂的容量不宜超过轴承内容积的70%。

(6)电动机振动的可能原因有:转子不平衡;传动带轮不平衡;传动带轮轴孔偏心;轴头弯曲。

处理方法有:校动平衡;校静平衡;车正或镶套;校直或更换转轴。弯曲不严重时,可车去1 ~2 mm,然后配上套筒(热套)。

(7)轴承过热的可能原因有:轴承损坏;轴承与轴配合过松(走内圆)或过紧;轴承与端盖配合过松(走外圆)或过紧;滑动轴承油环轧煞或转动缓慢;润滑油过多、过少或油质不好;传动带过紧或联轴器装得不好;电动机两侧端盖或轴承盖未装平。

处理方法有:更换轴承;过松时转轴镶套,过紧时重新加工到标准尺寸;过松时端盖镶套,过紧时重新加工到标准尺寸;查明轧煞处,修好或更换油环,油质太粘稠时应更换较稀的润滑油;加油或减油,润滑脂的容量不宜超过轴承内容积的70%;调整传动带张力,校正联轴器传动装置;将端盖或轴承盖装平,旋紧螺钉。

(8)电动机温升过高或冒烟的可能原因有:负荷过大;两相运转;电动机风道阻塞;环境温度增高;定子绕组匝间或相间短路;定子绕组触地;电源电压过低或过高。

处理方法有:选择较大容量电动机或减轻负载;检查熔丝、开关接触点、排除故障;清除风道油垢及灰尘;采取降温措施;利用兆欧表或万用表检查绝缘;用万用表、校验灯检查电阻;用电压表、万用表检查电动机输入端电源电压。

(9)绕线转子滑环火花过大的可能原因有:电刷牌号及尺寸不合适;滑环表面有污垢杂物;电刷压力太小;电刷在刷握内轧住。

处理方法有:更换合适电刷;用 00 号砂布磨光集电环并擦净污垢,痕深时应车一刀;调整电刷压力;磨小电刷。

习 题

8-1 填空题:

(1)在低压开关电器中常用的有__________、__________、__________、漏电保护开关等。

(2)铁壳开关是由__________、__________、__________所组成的。

(3)低压熔断器按用途分为__________、__________、__________等几种。

(4)常用低压熔断器主要有__________和__________两种。

(5)交流接触器的结构主要包括__________、__________和__________。

(6)时间继电器是__________的继电器,主要有__________和__________两种类型。

(7)主令电器主要用来__________。

8-2 判断题:

(1)闸刀开关只用于手动控制容量较小、起动不频繁的电动机的直接起动。 ( )

(2)漏电保护断路器不具备过载保护。 ( )

(3)低压熔断器按形状可分为半封闭插入式和无填料封闭管式。 ( )

(4)接触器是一种适用于远距离频繁接通和分断交直流主电路的自动控制电器。( )

(5)主令电器一般用来直接控制有较大电流的主电路。 ( )

(6)热继电器利用电流的热效应原理来切断电路以保护电动机。 ( )

(7)按钮开关是一种结构简单、应用广泛的主令电器。 ( )

(8)位置开关又称限位开关或行程开关,作用与按钮开关不同。 ( )

8-3 闸刀开关在安装时,为什么不能倒装?如果将电源线接在闸刀下端,会出现什么问题?

8-4 哪些低压电器可以保护电路的短路?

8-5 空气阻尼式时间继电器的通电延时型的电磁机构和断电延时型的电磁结构相同吗?通电延时型时间继电器可以改为断电延时型时间继电器吗?

8-6 热继电器在电路中起什么作用?其工作原理是什么?热继电器触点动作后,能否自动复位?

8-7 按钮和行程开关有什么不同?各起什么作用?

第 9 章

PLC 及其应用技术

内容提要

本章主要内容包括 PLC 的组成与分类、PLC 的工作原理、PLC 的性能与编程器件。

教学建议

在学习本章内容时,重点是 PLC 的工作原理以及 PLC 的应用以及 PLC 的性能指标和编程语言。

学习目标

1. 了解 PLC 的组成与分类、PLC 的工作原理、PLC 的性能与编程以及 PLC 的性能指标。
2. 掌握 PLC 的编程语言和实际应用。

第 1 节　PLC 概述

9.1.1　PLC 简介

可编程控制器全称为可编程序逻辑控制器(Programmable Logic Controller,PLC),为与个人计算机(PC)相区别,简称 PLC。PLC 是在传统的顺序控制器的基础上引入了微电子技术、计算机技术、自动控制技术和通信技术而形成的一代新型工业控制装置,目的是用来取代继电器、执行逻辑、计时、计数等顺序控制功能,建立柔性的程控系统。PLC 产生于 20 世纪 60 年代末,提出 PLC 概念的是美国通用汽车公司。当时汽车生产流水线的自动控制系统基本上都是由继电器控制装置构成的,汽车的每一次改型都直接导致继电器控制装置的重新设计和安装。为改变这一现状,美国通用汽车公司在 1969 年公开招标,提出用新的控制装置替代继电器控制系统的 10 项指标:

(1)编程简单,现场可修改程序;

(2)维护方便,采用插件式结构;

(3)可靠性高于继电器控制系统;

(4)体积小于继电器控制系统;

(5)数据可以直接送入计算机;

(6)成本可与继电器系统竞争;

(7)输入可为市电;

(8)输出可为市电,能直接驱动电磁阀、交流接触器等;

(9)通用性强,易于扩展;

(10)用户存储器大于4 KB。

1969年末,美国数字设备公司(DEC)研制出了世界上第一台PLC,在美国通用汽车公司自动装配线上试用,并获得了成功。这种新型的智能化工业控制装置很快在美国其他工业控制领域推广应用。1971年,已成功地将PLC用于食品、饮料、冶金、造纸等行业。自1969年第一台PLC面世以来,已成为一种最重要、最普及、应用场合最多的工业控制器。与机器人、CAD/CAM并称为工业生产自动化的三大支柱。1987年,国际电工委员会(IEC)对PLC作了如下定义:"可编程控制器是一种数字运算操作的电子系统,专为在工业环境下应用而设计。它采用可编程序的存储器,用来在其内部存储执行逻辑运算、顺序控制、定时、计数和算术运算等操作的指令,并通过数字的、模拟的输入和输出,控制各种类型的机械或生产过程。可编程序控制器及其有关设备,都应按易于与工业控制系统形成一个整体,易于扩充其功能的原则而设计"。

PLC具有使用方便、通用性强;可靠性高,抗干扰能力强;编程直观、简单;环境要求低,适应性好;功能完善,接口功能强等特点。PLC的应用范围大致包括开关量的逻辑控制、模拟量控制、运动控制、过程控制、数据处理、通信和联网。可以预见,在工业控制领域中,PLC控制技术的应用必将形成世界潮流。

目前,世界上生产PLC的厂商有数百家,比较著名的如美国罗克韦尔自动化公司生产的PLC-5系列PLC;德国西门子公司生产的S5、S7系列PLC;日本三菱公司生产的FX、AQ系列PLC,欧姆龙公司生产的CS200、CPM系列PLC,松下公司生产的FP、FPL、FP2、FPX等系列PLC。

9.1.2 PLC的组成与分类

PLC实质上是一种专门用于工业控制的通用计算机,其硬件结构基本上与微型计算机相同,主要由中央处理器(CPU)、存储器(RAM、ROM)、输入/输出(I/O)接口电路、电源及编程设备几大部分组成。

1. 中央处理器

CPU是PLC运算和控制的核心,它将各种输入信号输入存储器;编译、执行指令;把结果送到输出端;响应各种外部设备的请求。PLC结构简化图如图9-1所示。

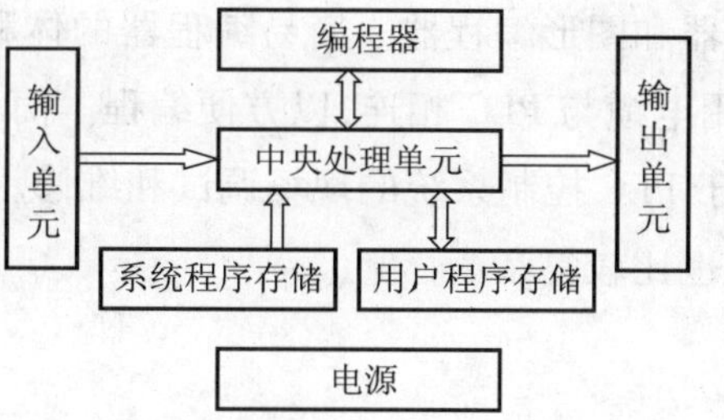

图 9-1

2. 存储器

PLC 除了硬件外还需要存放系统软件和应用程序。PLC 中的系统程序软件存放在系统程序存储器中,用户程序和程序运行过程中产生的临时数据都存放在用户程序存储器中。

存储器根据其读写方式可分为只读存储器(ROM)和随机读写存储器(RAM),常用的存储器类型有 EPROM、EEPROM 和 FLASH 存储器等。

3. 输入/输出接口电路

I/O 接口没有运算能力,只用于接收和输出开关量信号,并对这些信号进行寄存、隔离和放大。

输入接口电路:用于接收操作指令和现场的状态信息,如控制按钮、操作开关和限位开关、光敏管、继电器触点、行程开关、接近开关等。

输出接口电路:用于将 CPU 送出的弱电控制信号通过输出电路的光电隔离和功率放大等转换成开关量信号输出,以驱动接触器、电磁阀、电磁铁等执行机构工作。

PLC 的输出有三种形式:继电器输出,适用于低频大电流输出;晶体管输出,适用于高频小电流输出;晶闸管输出,适用于高频大电流输出。

4. 电源

PLC 电源用于为 PLC 各模块的集成电路提供工作电源。同时,有的还为输入电路提供 24 V 的工作电源。电源输入类型有交流电源(AC220V 或 AC110V)、直流电源(常用的为 DC24V)。

模块化的 PLC 是独立的电源模块;整体式 PLC 电源集成在箱体内。PLC 的电源多为高精度的开关电源;断电保护电路供电的后备电源多为锂电池。

5. 专用单元

专用单元又称特殊功能单元。它与基本 I/O 单元的最大区别是它具有 CPU,可通过自己的输入和输出电路自行采集数据,并独立完成运算和控制。

6. 编程器

编程器是 PLC 的重要外围设备。编程器的主要任务是输入程序、编辑程序、调试程序、监控程序,还可以在线测试 PLC 上工作状态和参数与 PLC 进行人机对话。因此,编程器是开发、应用、监控运行和检查维护 PLC 不可缺少的设备。

编程器一般分简易编程器和图形编程器。简易编程器的体积很小,可以直接插在 PLC 的编程器插座上,也可以用专用电缆与 PLC 相连,以方便编程。简易编程器的价格便宜,一般用来给小型 PLC 编程,或者用于 PLC 控制系统的现场调试和维修。图形编程器可以直接编辑梯形图程序,但价格偏高,操作也比较复杂。

7. PLC 的分类

PLC 按照输入和输出即 I/O 点数多少可分为五种类型,即超小型、小型、中型、大型、超大型。PLC 按结构形式分类可分为箱体式和模块式两种。箱体式又称为单元式或整体式。箱体式 PLC 将电源、CPU、I/O 等部件集中装在一个机箱内,结构紧凑,体积小,价格低。一般超小型 PLC 都采用这种结构,小型 PLC 多数也属箱体式,它由不同 I/O 点数的基本单元和扩展单元组成。模块式结构的 PLC 将各部分分成若干单独的模块,如电源模块、CPU 模块、I/O 模块和各种功能模块。一般大中型 PLC 都采用模块式结构。模块式结构的 PLC 配置灵活,安装方便,便于扩展和维修。

9.1.3 PLC 的工作原理

PLC 的工作采用循环扫描技术,其工作过程是:当 PLC 投入运行后,其工作过程一般分为三个阶段,即输入采样、用户程序执行和输出刷新三个阶段。完成上述三个阶段称为一个扫描周期。在整个运行期间,PLC 的 CPU 以一定的扫描速度重复执行上述三个阶段。

1. 输入采样阶段

在该阶段 PLC 以扫描方式依次地读入所有输入状态和数据,并将它们存入 I/O 映像区中相应的单元内。输入采样结束后,转入用户程序执行和输出刷新阶段。在这两个阶段中,即使输入状态和数据发生变化,I/O 映像区中相应单元的状态和数据也不会改变。因此,如果输入是脉冲信号,则该脉冲信号的宽度必须大于一个扫描周期,才能保证在任何情况下,该输入均能被读入。

2. 用户程序执行阶段

在该阶段 PLC 总是按由上而下的顺序依次地扫描用户程序(梯形图)。在扫描每一条梯形图时,又总是先扫描梯形图左边由各触点构成的控制电路,并按先左后右、先上后下的顺序对由触点构成的控制电路进行逻辑运算,然后根据逻辑运算的结果,刷新该逻辑线圈在系统 RAM 存储区中对应位的状态;或者刷新该输出线圈在 I/O 映像区中对应位的状态;或者确定是否要执行该梯形图所规定的特殊功能指令。即在用户程序执行过程中,只有输入点在 I/O 映像区内的状态和数据不会发生变化,而其他输出点和软设备在 I/O 映像区或系统 RAM 存储区内的状态和数据都有可能发生变化,而且排在上面的梯形图,其程序执行结果会对排在下面的凡是用到这些线圈或数据的梯形图起作用;相反,排在下面的梯形图,其被刷新的逻辑线圈的状态或数据只能到下一个扫描周期才能对排在其上面的程序起作用。

3. 输出刷新阶段

当扫描用户程序结束后，PLC 就进入输出刷新阶段。在此期间，CPU 按照 I/O 映像区内对应的状态和数据刷新所有的输出锁存电路，再经输出电路驱动相应的外设。这时才是 PLC 的真正输出。

第 2 节 PLC 的性能与编程

9.2.1 PLC 的性能指标

1. 输入/输出点数

输入输出(I/O)点数是 PLC 可以接收的输入信号和输出信号的总和，是衡量 PLC 性能的重要指标。I/O 点数越多，外部可接的输入设备和输出设备就越多，控制规模就越大。

2. 扫描速度

扫描速度是指 PLC 每执行一千步，用户程序所需的时间，用 ms/kstep 为单位表示。扫描速度是指 PLC 的 CPU 执行指令的速度及对急需处理的输入信号的响应速度，是衡量 PLC 性能的重要指标。速度高了，才可能通过运行程序实现控制，不断扩大控制规模，才可能发挥 PLC 的多种多样的作用。

3. 存储器配置和容量

PLC 分用户存储器及系统存储器两大部分。用户存储器主要用以存储用户程序，系统存储器是与 CPU 配置在一起的，用于存放系统程序。用户存储器的容量决定着 PLC 可以容纳用户程序的长短，一般以字节为单位来计算。一般来说，小型 PLC 的用户存储器容量为几千字，大型 PLC 的内存容量可达几十千字，以至于 100 多千字。

4. 指令功能及数量

指令功能的强弱、数量的多少也是衡量 PLC 性能的重要指标。编程指令的功能越强数量越多，PLC 的处理能力和控制能力也越强，用户编程也越简单和方便，越容易完成复杂的控制任务。

5. 支持软件

PLC 所能识别的只是机器语言。它之所以能使用一些助记符语言、梯形图语言、流程图语言，以至高级语言，全靠为使用这些语言而开发的各种软件。为了便于编制 PLC 程序，多数 PLC 厂家都开发有关计算机支持软件。

6. 特殊功能单元的种类

特殊功能单元种类的多少与功能的强弱是衡量 PLC 产品的一个重要指标。近年来，各

PLC 厂商非常重视特殊功能单元的开发，特殊功能单元种类日益增多，功能越来越强。

7. 可扩展性

PLC 的可扩展能力包括 I/O 点数的扩展、存储容量的扩展、联网功能的扩展、各种功能模块的扩展等。在选择 PLC 时，经常需要考虑 PLC 的可扩展能力。

9.2.2 PLC 的编程语言

PLC 可采用的编程语言有指令表(助记符)语言、梯形图语言、流程图语言、布尔代数语言、高级语言。最常用的编程语言有梯形图、指令表语言两种。采用梯形图编程，因为它直观易懂，但需要一台个人计算机及相应的编程软件；采用指令表语言便于实验，因为它只需要一台简易编程器，而不必用昂贵的图形编程器或计算机来编程。

梯形图编程语言是一种以图形符号表示控制关系的编程语言，是从传统的继电器控制图演变过来的。也可以说，梯形图编程语言是在电气控制系统中常用的继电器、接触器逻辑控制基础上简化了符号演变而来的，它直观、形象，电气技术人员容易接受，是目前国内用得最多的一种 PLC 编程语言。

PLC 梯形图使用的内部继电器、定时器、计数器等，都是由软件实现的软器件，使用方便、修改灵活，是继电器、接触器控制电路硬接线无法比拟的。继电器、接触器控制电路和三菱 PLC 中梯形图符号有一定的对应关系。

梯形图是通过连线把 PLC 指令的梯形图符号连接在一起的连通图，用以表达所使用的 PLC 指令及其前后顺序，它与电气原理图很相似。

图 9－2 所示是三菱公司的 FX2N 系列产品的最简单的梯形图。

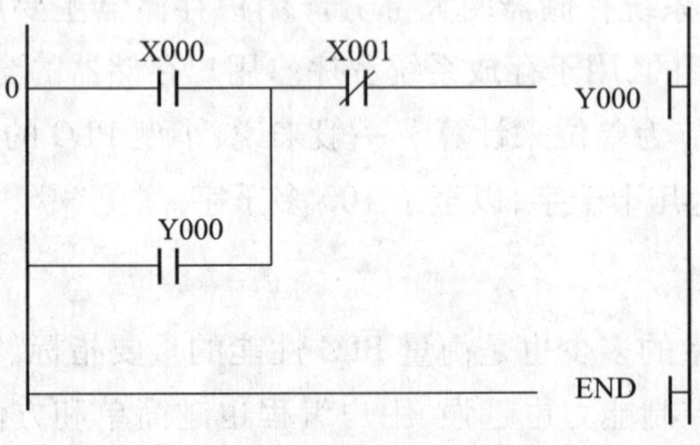

图 9－2

从图中可以看到，它的连线有两种：图中竖线类似继电器控制电路的电源线，称为母线；另一种为内部横竖线，内部横竖线把一个个梯形图符号指令连成一个指令组。这个指令组一般总是从装载(LD)指令开始，必要时再继以若干个输入指令，以建立逻辑条件；最后为输出类指令，实现输出控制，或为数据控制、流程控制、通信处理、监控工作等指令，以进行相应的工作。母线是用来连接指令组的。

梯形图与指令表的对应关系：助记符指令与梯形图指令有严格的对应关系，而梯形图的连线又可把指令的顺序予以体现。一般讲,其顺序为:先输入、后输出(含其他处理);先上、后下;先左、后右。有了梯形图就可将其翻译成助记符程序。

图9-2的助记符程序为:

地址	指令	变量
0000	LD	X000
0001	OR	Y000
0002	AND	X001
0003	OUT	Y000
0004	END	

反之根据助记符也可画出与其对应的梯形图。

如果仅考虑逻辑控制,梯形图与电气原理图也可建立起一定的对应关系。如梯形图的输出(OUT)指令对应于继电器的线圈,而输入指令(如LD、AND、OR)对应于接点,互锁指令(IL、ILC)可看成总开关。这样,原有的继电控制逻辑经转换即可变成梯形图,再进一步转换即可变成语句表程序。

第3节 三菱FX系列PLC介绍

9.3.1 编程器件

FX系列产品内部的编程元件,也就是支持随机型编程语言的软元件,按通俗叫法分别称为继电器、定时器、计数器等,它们与真实元件有很大的差别,一般称它们为"软继电器"。这些编程用的继电器,它的工作线圈没有工作电压等级、功耗大小和电磁惯性等问题;触点没有数量限制、没有机械磨损和电蚀等问题。它在不同的指令操作下,其工作状态可以无记忆,也可以有记忆,还可以作脉冲数字元件使用。一般情况下,X代表输入继电器、Y代表输出继电器、M代表辅助继电器、SPM代表专用辅助继电器、T代表定时器、C代表计数器、S代表状态继电器、D代表数据寄存器、MOV代表传输等。

1. 输入继电器

PLC的输入端子是从外部开关接收信号的窗口,PLC内部与输入端子连接的输入继电器(X)是用光电隔离的电子继电器,它们的编号与接线端子编号一致(按八进制编号)。线圈的吸合或释放只取决于PLC外部触点的状态。内部有动合/动断两种触点供编程时随时使用,且使用次数不限。输入电路的时间常数一般小于10 ms。各基本单元都是八进制编号的地址,输入为X000~X007、X010~X017、X020~X027。

2. 输出继电器

PLC 的输出端子是向外部负载输出信号的窗口。输出继电器的线圈由程序控制，输出继电器(Y)的外部输出主触点接到 PLC 的输出端子上供外部负载使用，其余动合/动断触点供内部程序使用。输出继电器的电子动合/动断触点使用次数不限。输出电路的时间常数是固定的。各基本单元都为八进制编号，输出为 Y000 ~ Y007、Y010 ~ Y017、X020 ~ Y027。

3. 辅助继电器

PLC 内有很多的辅助继电器(M)，其线圈与输出继电器一样，由 PLC 内各软元件的触点驱动。辅助继电器也称中间继电器，它没有向外的任何联系，只供内部编程使用。它的电子动合/动断触点使用次数不受限制，但这些触点不能直接驱动外部负载，外部负载的驱动必须通过输出继电器来实现。在 FX2N 中普遍采用 M0 ~ M499，共 500 点辅助继电器，其地址号按十进制编号。辅助继电器中还有一些特殊的辅助继电器，如断电继电器、保持继电器等。

4. 定时器

在 PLC 内的定时器(T)是根据时钟脉冲的累积形式，当所计时间达到设定值时，其输出触点动作，时钟脉冲有 1 ms、10 ms、100 ms。定时器可将用户程序存储器内的常数 K 作为设定值，也可以用数据寄存器(D)的内容作为设定值。定时器通道范围如下：

(1)100 ms 定时器 T0 ~ T199，共 200 点，设定值:0.1 s ~ 3276.7 s；

(2)10 ms 定时器 T200 ~ T245，共 46 点，设定值:0.01 s ~ 327.67 s；

(3)1 ms 积算定时器 T245 ~ T249，共 5 点，设定值:0.001 s ~ 32.767 s；

(4)100 ms 积算定时器 T250 ~ T255，共 6 点，设定值:0.1 s ~ 3276.7 s。

当定时器线圈 T200 的驱动输入 X000 接通时，T200 的当前值计数器对 10 ms 的时钟脉冲进行累积计数，当前值与设定值 K123 相等时，定时器的输出接点动作，即输出触点是在驱动线圈后的 1.23 s(10 × 123 ms = 1.23 s)时才动作，当 T200 触点吸合后，Y000 就有输出。当驱动输入 X000 断开或发生停电时，定时器就复位，输出触点也复位。

每个定时器只有一个输入，它与常规定时器一样，线圈通电时，开始计时；断电时，自动复位，不保存中间数值。定时器有两个数据寄存器：一个为设定值寄存器；另一个是现时值寄存器。编程时，由用户设定累积值。

定时器线圈 T250 的驱动输入 X000 接通时，T250 的当前值计数器对 100 ms 的时钟脉冲进行累积计数，当该值与设定值 K345 相等时，定时器的输出触点动作。在计数过程中，即使输入 X000 在接通或断电时，计数继续进行，其累积时间为 34.5 s(100 ms × 345 = 34.5 s)时触点动作。当复位输入 X002 接通，定时器就复位，输出触点也复位。

5. 计数器

FX2N 中的 16 位计数器(C)是 16 位二进制加法计数器，它是在计数信号的上升沿进行计数。它有两个输入：一个用于复位；另一个用于计数。每一个计数脉冲上升沿使原来的数值减

1,当现时值减到零时停止计数,同时触点闭合。直到复位控制信号的上升沿输入时,触点才断开。其设定值在 K1 ~ K32767 范围内有效。设定值 K0 与 K1 含义相同,即在第一次计数时,其输出触点就动作。

(1)通用计数器的通道号:C0 ~ C99,共 100 点。

(2)保持用计数器的通道号:C100 ~ C199,共 100 点。

(3)通用与断电保持用的计数器点数分配,可由参数设置而随意更改。

当计数输入 X011 每次驱动 C0 线圈时,计数器的当前值加 1。当第 10 次执行线圈指令时,计数器 C0 的输出触点即动作。之后即使计数器输入 X011 再动作,计数器的当前值保持不变。当复位输入 X010 接通(ON)时,执行 RSQ 指令,计数器的当前值为 0,输出接点也复位。

应注意的是,计数器 C100 ~ C199,即使发生断电,当前值与输出触点的动作状态或复位状态也能保持。

6. 数据寄存器

数据寄存器(D)是计算机必不可少的元件,用于存放各种数据。FX2N 中每一个数据寄存器都是 16 位(最高位为正、负符号位),也可用两个数据寄存器合并起来存储 32 位数据(最高位为正、负符号位)。

(1)通用数据寄存器通道号:D0 ~ D199,共 200 点。只要不写入其他数据,已写入的数据不会变化。但是,由 RUN—SWMP 时,全部数据均清零(若特殊辅助继电器 M833 已被驱动,则数据不被清零)。

(2)停电保持用寄存器通道号:D200 ~ D511,共 312 点;或 D200 ~ D999,共 800 点(由机器的具体型号决定)。

(3)文件寄存器通道号:D1000 ~ D2999,共 2000 点。

(4)文件寄存器是在用户程序存储器(RAM、EEPROM、EPROM)内的一个存储区,以 500 点为一个单位,最多可在参数设置时达到 2000 点。在 PLC 运行时,可用 13MCV 指令读到通用数据寄存器中,但是不能用指令将数据写入文件寄存器。

(5)RAM 文件寄存器通道号:D6000 ~ D7999,共 2000 点。

(6)特殊用寄存器通道号:D8000 ~ D8255,共 256 点。

9.3.2 基本逻辑指令

基本逻辑指令是 PLC 中最基本的编程语言,掌握了它也就初步掌握了 PLC 的使用方法,各种型号 PLC 的基本逻辑指令都大同小异,现在针对 FX2N 系列,逐条学习其指令的功能和使用方法。

1. 输入/输出指令

LD、LDI、OUT 三条指令的功能、梯形图表示、操作元件如表 9 - 1 所示。

表 9-1　　输入/输出指令

符号	功能	梯形图表示	操作元件
LD(取)	动合触点与母线相连		XYMTCS
LDI(取反)	动断触点与母线相连		XYMTCS
OUT(输出)	线圈驱动		YMTCSF

LD 与 LDI 指令用于与母线相连的接点,此外还可用于分支电路的起点。OUT 指令是线圈的驱动指令,可用于输出继电器、辅助继电器、定时器、计数器、状态寄存器等,但不能用于输入继电器。输出指令用于并行输出,能连续使用多次。

2. 触点串联指令(AND、ANI)、并联指令(OR、ORI)

AND、ANI、OR、ORI 指令功能,梯形图表示,操作元件如表 9-2 所示。

表 9-2　　串并联指令

符号	功能	梯形图表示	操作元件
AND(与)	动合触电串联连接		XYMTCS
ANI(与非)	动断触点串联连接		XYMTCS
OR(或)	动合触电并联连接		XYMTCS
ORI(或非)	动断触点并联连接		XYMTCS

AND、ANI 指令用于一个触点的串联,串联触点的数量不限,这两个指令可连续使用。OR、ORI 是用于一个触点的并联连接指令,并联触点的数量不限,这两个指令也可连续使用。触点串、并联指令应用如图 9-3 所示。

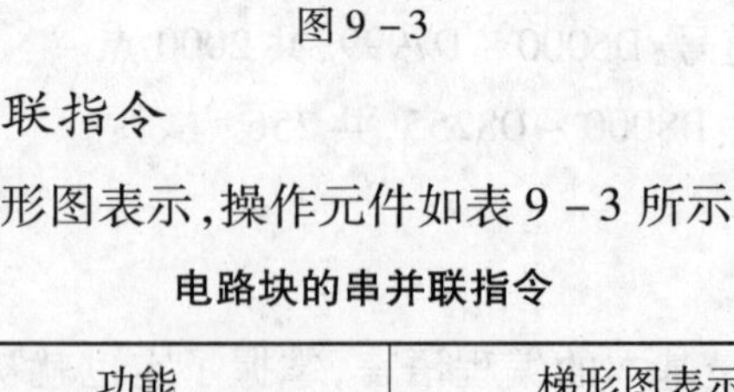

图 9-3

3. 电路块的并联和串联指令

ORB、ANB 指令,功能,梯形图表示,操作元件如表 9-3 所示。

表 9-3　　电路块的串并联指令

符号名称	功能	梯形图表示	操作元件
ORB(块或)	电路块并联连接		无
ANB(块与)	电路块串联连接		无

含有两个以上触点串联连接的电路称为串联连接块,串联电路块并联连接时,支路的起点以 LD 或 DI 指令开始,而支路的终点要用 ORB 指令。如需要将多个电路块并联连接,应在每个并联电

路块之后使用一个 ORB 指令,ORB 指令最多使用 7 次。ORB 指令的应用如图 9 - 4 所示。

分支电路(并联电路块)与前面的电路串联连接时使用 ANB 指令,各并联电路块的指令相同。ANB 指令的应用如图 9 - 5 所示。

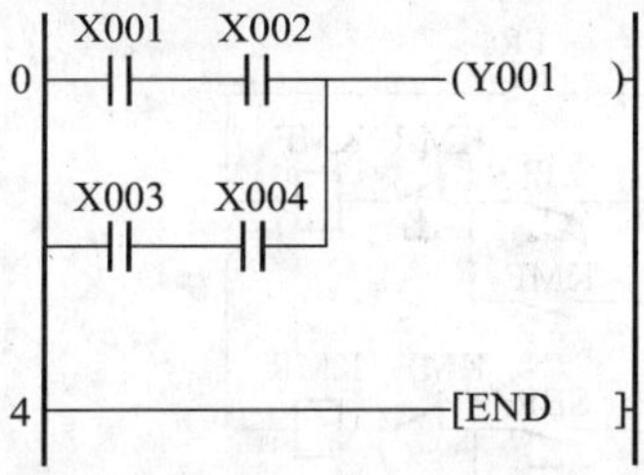

图 9 - 4

地址	指令	数据
0000	LD	X001
0001	AND	X002
0002	LD	X003
0003	AND	X004
0004	ORB	
0005	OUT	Y001
0006	END	

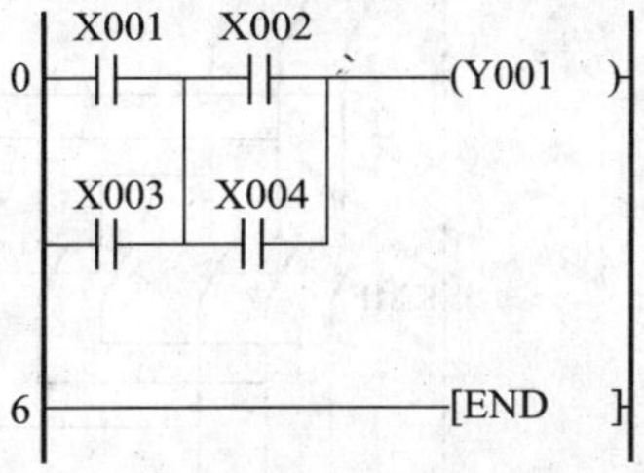

图 9 - 5

地址	指令	数据
0000	LD	X001
0001	OR	X002
0002	LD	X003
0003	OR	X004
0004	ANB	
0005	OUT	Y001
0006	END	

4. 程序结束指令(END)

END 指令表示程序结束,其梯形图如图 9 - 5 所示。在程序结束处写上 END 指令,PLC 只执行第一步至 END 之间的程序,并立即输出处理。若不写 END 指令,PLC 将 M 用户存储器的第一步执行到最后一步,因此,使用 END 指令可缩短扫描周期。

其他的一些指令,如置位复位、脉冲输出、清除、移位、主控触点、空操作、跳转指令等。

9.3.3 编程实例

吊车或某些生产机械的提升机构需要做左右或上下方向的运动,拖动它们的电动机必须能做正、反两个方向的旋转。由异步电动机的工作原理可知,要使电动机反向旋转,需对调三根电源线中的两根以改变定子电流的相序。因此实现电动机的正、反转需要两个接触器。电动机正、反转的继电器控制电路如图 9 - 6 所示。

图中线框部分,称为主电路,其余部分称为控制电路。从主电路中可知,若正转接触器 KMF 主触点闭合,电动机正转;若 KMF 主触点断开而反转接触器 KMR 主触点闭合,连接电动机电源的三根线中有两根对调,因而反转。不难看出,若正、反转接触器主触点同时闭合,将造成电源二相短路,因此采用连锁控制电路。

用可编程控制器控制电动机的正、反转时控制电路中的接触器触点逻辑关系可用编程实现,从而使电路接线大为简化。用可编程控制器实现电动机正、反转的接线图,主电路不变,控制电路如图 9－7 所示。

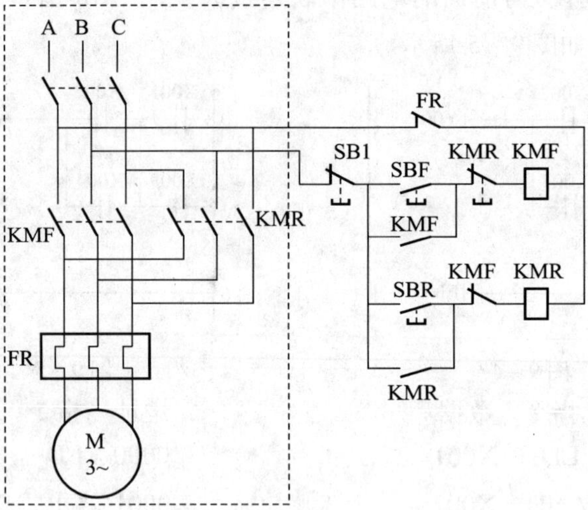

图 9－6

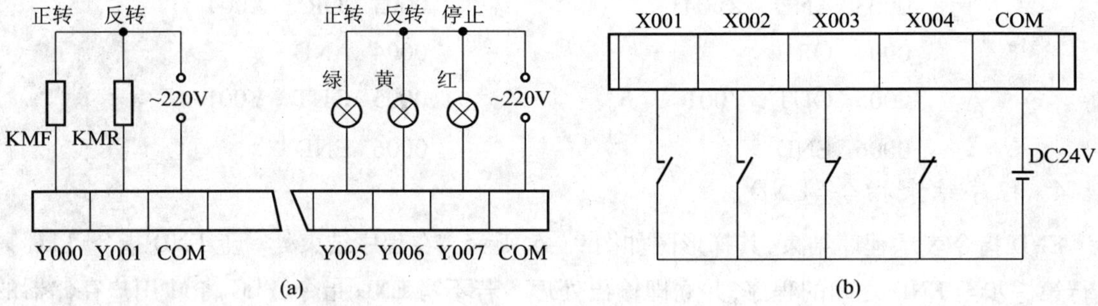

图 9－7

实现以上功能的梯形图如图 9－8 所示。

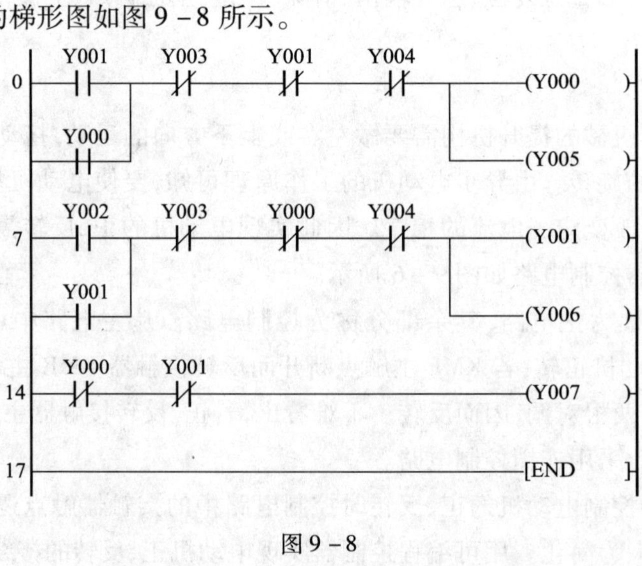

图 9－8

其中助记符指令表如下：

地址	指令	数据
0000	LD	X001
0001	OR	Y000
0002	ANI	X003
0003	ANI	Y001
0004	ANI	X004
0005	OUT	Y000
0006	OUT	Y005
0007	LD	X002
0008	OR	Y001
0009	ANI	X003

综合实训9 PLC在自动供水系统中的应用

在我们的生产和生活中都离不开水。但如果水源离用水的场所较远,就需要管路的输送。而将水送到较远或较高的地方,管路中是需要有一定的水压的,水压高了,才能将水送到远处或较高的楼层。

产生水压的设备是水泵,水泵转动得越快,产生的水压越高。传统的维持管路水压的方法是建造水塔,水泵开着时将水打到水塔中,水泵休息时,借助水塔的水位继续供水。

水塔中的水位变化相对水塔的高度来说很小,也就是说水塔能维持供水管路中水压的基本恒定。但是,建造水塔需花费财力,水塔还会造成水的二次污染。那么,可不可以不借助水塔来实现恒压供水呢,当然可以,但是要解决水压随用水量的大小变化的问题。通常的办法是:用水量大时,增加水泵数量或提高水泵的转动速度以保持管网中的水压不变,用水量小时又需做出相反的调节,这就是恒压供水的基本思路。这在电动机速度调节技术不发达的年代是不可设想的,但今天办到这一点已变得很容易了,交流变频器的诞生为水泵转速的平滑连续调节提供了方便。交流变频器是改变交流电源频率的电力电子设备,输入三相工频交流电后,可以输出频率平滑变化的三相交流电。

1. 恒压供水系统的组成

恒压供水泵站一般需设多台水泵及电动机,这比设单台水泵及电动机节能而可靠,配单台电动机及水泵时,它们的功率必须足够的大,在用水量少时开一台大电动机肯定是浪费的,电动机选小了用水量大时供水会不足。而且水泵与电动机都有维修的时候,备用泵是必要的。恒压供水的主要目标是保持管网水压恒定,水泵电动机的转速要跟随用水量而变化,这就要用变频器为水泵电动机供电,这也有两种配置方案。一是为每台水泵电动机配一台变频器,这当然方便,电动机与变频器间无须切换,但购买变频器的费用较高。另一种方案是数台电动机配一台变频器,变频器与电动机间可以切换,供水运行时,一台水泵变频运行,其余水泵工频运行,以满足不同用水量的需求。如图9-9所示为恒压供水泵站的构成示意图。

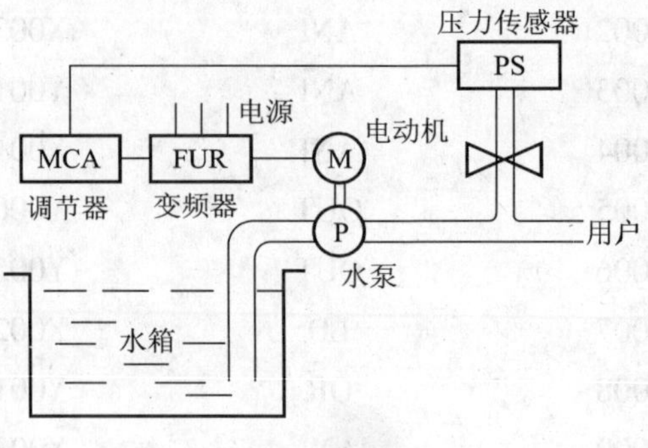

图9-9

图中压力传感器用于检测管网中的水压,常装设在泵站的出水口。当用水量大时,水压降低,用水量小时,水压升高。水压传感器将水压的变化转变为电流或电压的变化传送给调节器。调节器是一种电子装置,可以完成以下功能:

(1)设定水管压力的给定值。恒压供水压力的高低根据需要进行设定。供水距离越远,或者用水地点越高,系统所需要的供水压力也就越大。给定值就是系统正常工作时的恒压值。有些供水设备具有多种供水的目的,比如,将生活用水和消防用水共同使用一个供水系统,这时,水压的设定值就不可能是一个,一般来说,消防用水的供水压力要高一些。调节器具有给定值设定功能,可以以数字量进行设定,也有的调节器以模拟量方式设定。

(2)接收传感器传送来的管网水压的实测值。管网实测水压回进到泵站控制装置称为反馈,调节器是反馈的接收点。

(3)根据给定值与实测值的综合,依一定的调节规律发出系统调节信号。调节器接收了水压的实测反馈信号后,将它与给定值比较,得到给定值与实测值之差。如给定值大于实测值,说明系统水压低于理想水压,要加大水泵电动机的转速,如水压高于理想水压,要降低水泵电动机的转速。这些都由调节器的输出信号控制。为了实现调节的快速性与系统的稳定性,调节器工作中还有个调节规律问题,传统调节器的调节规律多是比例积分——微分调节,俗称PID调节器。调节器的调节参数,如P、I、D参数均是可以由使用者设定的,PID调节过程视调节器的内部构成有数字式调节及模拟量调节两类,以微计算机为核心的调节器多为数字式调节。

调节器的输出信号一般是模拟信号,4~20 mA变化的电流信号或0~1 V间变化的电压信号。信号的量值与前边提到的差值成比例,用于驱动执行设备工作。在变频恒压供水系统中,执行设备就是变频器。

2. 对变频器的控制

交流变频器是微计算机及现代电力电子技术高度发展的结果。微计算机是变频器的核心,电力电子器件构成了变频器的主电路。从发电厂送出的交流电的频率是恒定不变的,在我国是50 Hz,而交流电动机的同步转速为 $n_o=\frac{60f}{p}$,则异步电动机转速 $n=n_o(1-s)=\frac{60f}{p(1-s)}$。异步电动机转差率 $s=\frac{n_o-n}{n_o}$,一般小于3%。改变频率可以方便地改变电动机的运行速度。

(1)变频器的基本结构

从频率变换的形式来说,变频器分为交—交和交—直—交两种形式。交—交变频器可将工频交流电直接变换成频率、电压均可控制的交流电,称为直接式变频器。而交—直—交变频器则是先把工频交流电通过整流变成直流电,然后再把直流电变换成频率、电压均可控制的交流电,又称间接式变频器。通用变频器多是交—直、交变频器,其基本结构如图9-10所示。

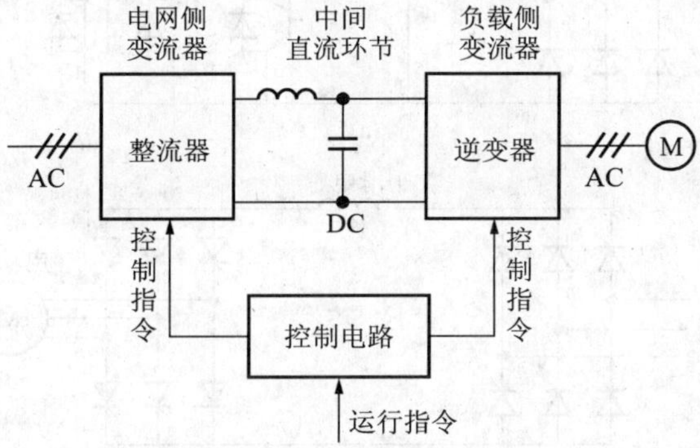

图9-10

由图可以看到,变频器主要由主回路、整流器、中间直流环节、逆变器和控制回路组成,现将各部分的功能分述如下:

①整流器

电网侧的变流器是整流器,它的作用是把三相(也可以是单相)交流经过整流后变成直流。

直流中间电路的作用是对整流电路的输出进行平滑处理,以保证逆变电路及控制电源得到质量较高的直流电源。由于逆变器的负载多为异步电动机,属于感性负载。无论是电动机处于电动或制动状态其功率因数总不会为1。因此,在中间直流环节和电动机之间总会有无功功率的交换。这种无功能量要靠中间直流环节的储能元件(电容器或电抗器)来缓冲。所以又常称直流中间环节为中间直流储能环节。

②逆变器

负载侧的变流器为逆变器。逆变器的主要作用是在控制电路的控制下将直流平滑输出电路的直流电源转换为频率及电压都可以任意调节的交流电源。逆变电路的输出就是变频器的输出。

③控制电路

变频器的控制电路包括主控制电路、信号检测电路、门极驱动电路、外部接口电路和保护电路等几个部分,其主要任务是完成对逆变器的开关控制,对整流器的电压控制及完成各种保护功能。控制电路是变频器的核心部分,性能的优劣决定了变频器的性能。

一般三相变频器的整流电路由三相全整流桥组成,直流中间电路的储能元件在整流电路是电压源时是大容量的电解电容,在整流电路是电流源时是大容量的电感。为了电动机制动的需要,中间电路中有时还包括制动电阻及一些辅助电路。逆变电路最常见的结构形式是利用六个半导体主开关器件组成的三桥式逆变电路。有规律的控制逆变器中主开关的通与断,可以得到任意频率的三相交流输出。现代变频器控制电路的核心器件是微型计算机,全数字化控制为变频器的优良性能提供了硬件保障。如图9-11所示为电压型变频器和电流型变频器主电路基本结构示意图。其中图(a)为电压型变频器,图(b)为电流型变频器。

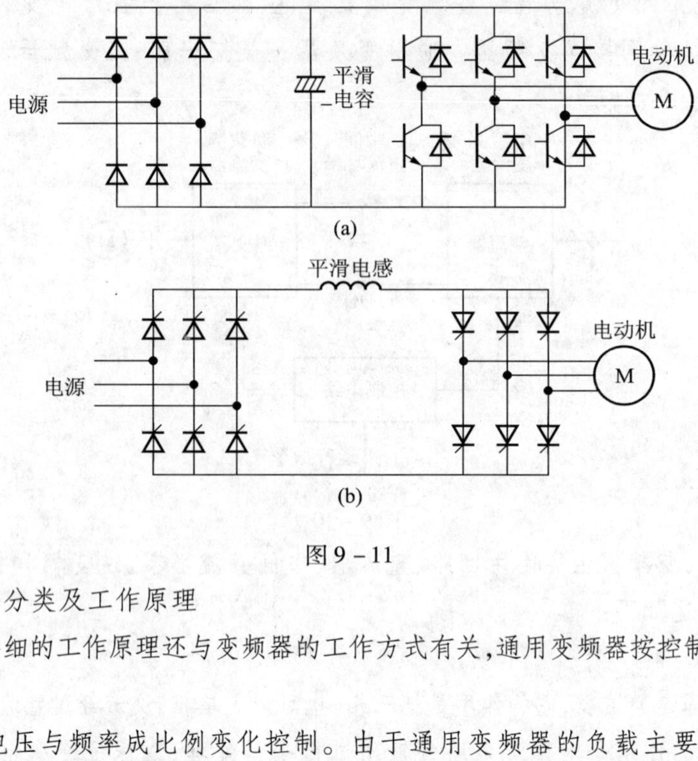

图9-11

(2)变频器的分类及工作原理

变频器的较详细的工作原理还与变频器的工作方式有关,通用变频器按控制方式分类如下:

①U/F控制

U/F控制即电压与频率成比例变化控制。由于通用变频器的负载主要是电动机,出于电动机磁场恒定的考虑,在变频的同时都要伴随着电压的调节。U/F控制由于忽略了电动机漏阻抗的作用,在低频段工作特性不理想。因而实际变频器中常采用转差频率控制。采用U/F控制方式的变频器通常被称为普通功能变频器。

②转差频率控制

转差频率控制是在U/F控制基础上增加转差控制的一种控制方式。从电动机的转速角度看,这是一种以电动机的实际运行速度加上该速度下电动机的转差频率确定变频器的输出频率的控制方式。更为重要的是,在U/F为常数的条件下,通过对转差频率的控制,来实现对电动机转矩的控制。采用转差频率控制的变频器通常属于多功能型变频器。

(3)变频器的操作方式

与PLC一样,变频器是一种可编程的电气设备。在变频器接入电路工作前,要根据通用变频器的实际应用修订变频器的功能码。功能码一般有数十甚至上百条,涉及调速操作端口指定、频率变化范围、力矩控制、系统保护等各个方面。功能码在出厂时已按默认值存储。修订是为了使变频器的性能与实际工作任务更加匹配。变频器与外界交换信息的接口很多,除了主电路的输入与输出接线端外,控制电路还设有许多输入输出端子,另有通信接口及一个操作面板,功能码的修订一般就通过操作面板完成。如图9-12所示为操作面板图示意图。

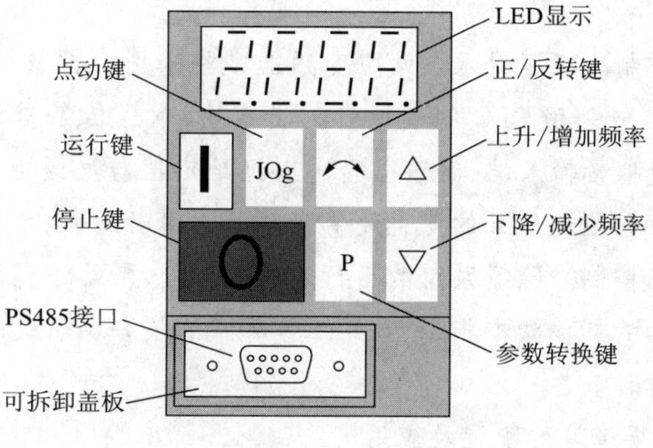

图9-12

变频器的输出频率控制有以下几种方式:

①操作面板控制方式

这是通过操作面板上的按钮手动设置输出频率的一种操作方式。具体操作又有两种方法:一个接面板上频率上升或频率下降的按钮调节输出频率;另一个方法是通过直接设定频率数值调节输出频率。

②外输入端子数字量频率选择操作方式

变频器常设有多段频率选择功能。各段频率值通过功能码设定,频率段的选择通过外部端子选择。变频器通常在控制端子中设置一些控制端,这些端子的接通组合可通过机外设备,如PLC控制实现。

③外输入端子模拟量频率选择操作方式

为了方便与输出量为模拟电流或电压的调节器、控制器的连接,变频器还设有模拟量输入端,当接在这些端口上的电流或电压量在一定范围内平滑变化时,变频器的输出频率在一定范围内平滑变化。

④通信数字量操作方式

为了方便与网络连接,变频器一般都设有网络接口,都可以通过通信方式接收频率控制指令,不少变频器生产厂家还为自己的变频器与PLC通信设计了专用的协议,如西门子公司的USS协议即是西门子MM400系列变频器的专用通信协议。

3. 恒压供水泵站中的PLC应用

(1)PLC在恒压供水泵站中的主要任务

①代替调节器实现水压给定值与反馈值的综合与调节工作，实现数字式 PID 调节。一只传统调节器往往只能实现一路 PID 设置，用 PLC 作调节器可同时实现多路 PID 设置。在多功能供水泵站的各类工况中 PID 参数可能不一样。使用 PLC 作数字式调节器就十分方便。

②控制水泵的运行与切换。在多泵组恒压供水泵站中，为了使设备均匀地磨损，水泵及电动机是轮换工作的。在设单一变频器的多泵组泵站中，如称由变频器供电的泵为变频泵，变频泵也是轮流担任的。变频泵在运行且达到最高频率时，增加一台工频泵投入运行。PLC 则是泵组管理的执行设备。

③变频器的驱动控制。恒压供水泵站中变频器常常采用模拟量控制方式，这需采用具有模拟量输入输出的 PLC 或采用 PLC 的模拟量扩展模块，水压传感器送来的模拟信号输入到 PLC 或模拟量模块的模拟量输入端，而输出端送出经给定值与反馈值比较并经 PID 处理后得出的模拟量控制信号。并依此信号的变化改变变频器的输出频率。

④泵站的其他逻辑控制。除了泵组的运行管理工作外，泵站还有许多逻辑控制工作，如手动、自动操作转换、泵站的工作状态指示、泵站工作异常的报警及系统的自检等，这些都可以在 PLC 的控制程序中安排。

(2) PLC 模拟量扩展模块的配置及应用

PLC 的普通输入输出端口为开关量处理端口，为了使 PLC 能完成模拟量的处理，常见的方法是为整体式 PLC 基本单元加配模拟量扩展模块。模拟量扩展模块可将外部模拟量转换为 PLC 可处理的数字量及将 PLC 内部运算结果转换为外设所需的模拟量。模拟量扩展模块有单独用于模/数转换的，也有兼具模/数及数/模两种功能的。以下介绍三菱 FX_{2N} 系列 PLC 的模拟量模块 FX_{2N}—4AD 及 FX_{2N}—2DA，它们分别具有四路模拟量输入及二路模拟量输出，可以用于恒压供水控制中。

①FX_{2N}—4AD 四模拟量输入模块的功能及与 PLC 系统的连接

FX_{2N}—4AD 四模拟量输入模块具有四个通道，可同时接收并处理四路模拟量输入信号，最大分辨率为 12 位。输入信号可以是 −10 V ~ +10 V 的电压信号（分辨率为 5 mV），也可以是 4 ~ 20 mA（分辨率为 16 μA）或 −20 ~ +20 mA（分辨率为 20 μA）的电流信号。模拟量信号可通过双绞屏蔽电缆接入，连接方法如图 9 − 13 所示。

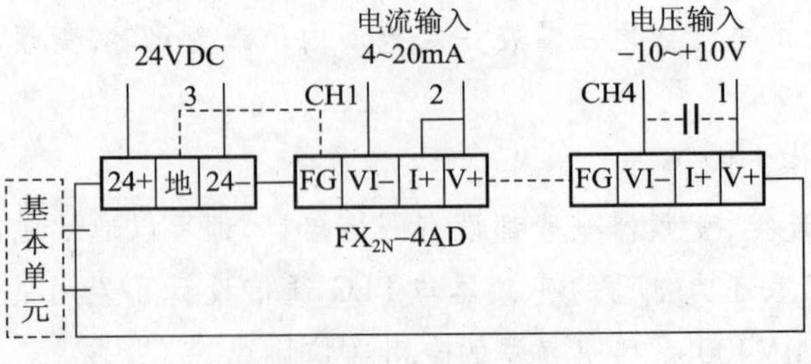

图 9 − 13

当使用电流输入时,需将 V+及 I+端短接。

FX_{2N}—4AD 的宽及高与 FX_{2N} 相同,在安装时装在 FX_{2N} 基本单元的右边,将总线连接器接入左侧单元的总线插孔中。FX 系列可编程控制器中,与 PLC 连接的特殊功能扩展模块位置从左至右依次编号(扩展单元不占编号),如图 9-14 所示。

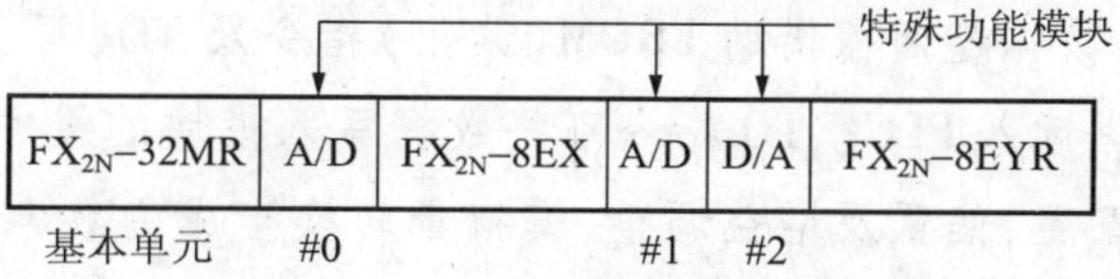

图 9-14

FX_{2N}—4AD 将消耗基本单元或电源扩展单元的+5 VDC 电源(内部电源)30 mA 电流,+24 VDC 电源(外部电源)55 mA 电流。其通常转换速度为 15 ms/通道,高速转换速度为 6 ms/通道。

②FX_{2N}—4AD 模拟量输入模块缓冲存储器(BFM)的分配

为了能适用于多种规格的输入、输出量,模拟量处理模块都设计成可编程的。FX_{2N}—4AD 模块利用缓冲存储器(简称"BFM")的设置完成编程工作。FX_{2N}—4AD 模拟量输入模块共有 32 个缓冲存储器,但目前只使用了 21 个 BFM。

(3)FX_{2N}—2DA 模拟量输出模块的功能及系统的连接

FX_{2N}—2DA 模块用来将 12 位数字信号转换成模拟量电压或电流输出,如图 9-15 所示。它具有 2 个模拟量输出通道。这两个通道都可以输出 0~10 VDC(分辨率 2.5 mV)、0~5 VDC(分辨率 1.25 mV)的电压信号或 4~20 mA(分辨率 4 μA)的电流信号。模拟量输出可通过双绞屏蔽电缆与驱动负载相连。

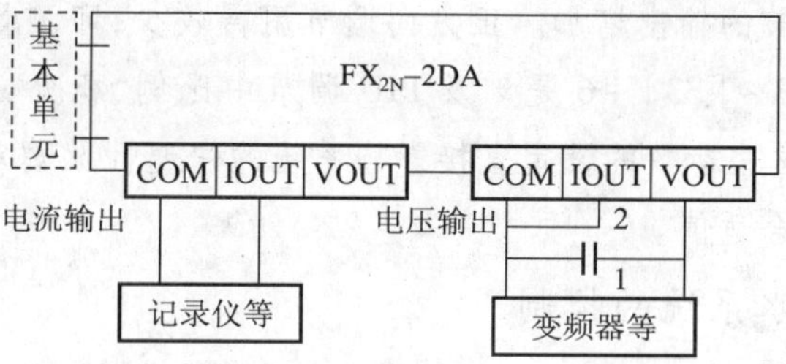

图 9-15

当使用电压输出时,需将 IOUT 端和 COM 端短接。

FX_{2N}—2DA 安装时装在 FX_{2N} 基本单元的右边。FX_{2N}—2DA 将消耗基本单元或电源扩展单元的+5 VDC 电源(内部电源)20 mA 电流,+5 AVDC 电源 5 mA 电流。D/A 转换时间为 4 ms/通道。

(4)FX_{2N}—2DA 模拟量输出模块的偏置、增益及 BFM 分配

FX_{2N}——2DA 模块在出厂时,其偏置和增益是经过调整的,数字值为 0~4000,电压输出为 0~10 V。若用于电流输出机时可利用模块上自带的调节装置重调偏置与增益值。

FX_{2N}—2DA 模块共有 32 个缓冲存储器,但只用了以下两个:

BFM#16 的 B7~B0 用于输出数据的当前值(低 8 位数据)。

BFM#17 的 B0 位从"1"变成"0"时，通道 2 的 D/A 转换开始；当 B1 位从"1"变成"0"时，通道 1 的 D/A 转换开始；当 B2 位从"1"变成"0"时，D/A 转换的低 8 位数据被保持。其余各位没有意义。

(5)模块的读写操作及程序实例

扩展模块与主机的数据连通需借助 FROM(读出)指令及 TO(写入)指令。FROM 指令用于将模块 BFM 中的数据读入 PLC。TO 指令可将数据写入模块的缓冲存储器。FROM 指令及 TO 指令可用于模块的配置，偏置及增益调整、模拟量转换生成的数字量或待转换为模拟量的数字量的传递等。

4. PID 的调节指令

比例、积分、微分调节(即 PID 调节)是闭环模拟量控制中的传统调节方式，它在改善控制系统品质，保证系统偏差给定值(SF)和过程变量(PV)的差达到预定指标，使系统实现稳定状态方面具有良好的效果。PID 调节控制的原理基于下面的方程式，它描述了输出 M(F)作为比例项、积分项和微分项的函数关系。当然，在可编程控制器中进行上式相关的运算还需对上式进行许多处理，这些我们就不再讨论了。近年来许多 PLC 厂商在自己的产品中增加了 PID 指令，以完成一些工业控制中的 PID 调节。

[S1]为设定调节目标值，[S2]为当前测定值，参数[S3]占用从 S3 开始的 25 个数据寄存器，其中[S3]~[S3]+6 为设定控制参数，执行 PID 运算的输出结果存于[D]中。对于[D]最好选用非电池保持的数据寄存器。否则应在 PLC 开始运行时使用程序清空旧存的数据。

其中，[S3]+1 参数为 PID 调节方向设定，一般说来大多情况下 PID 调节为反方向，即测量值减少时应使 PID 调节的输出增加。正方向调节用得较少，即测量值减少时就使 PID 调节的输出值减少。[S3]+3~[S3]+6 是涉及 PID 调节中比例、积分、微分调节强弱的参数，是 PID 调节的关键参数。这些参数的设定直接影响系统的快速性及稳定性。一般在系统调试中经对系统测定后调节至合适值。

5. PLC 对恒压供水系统的控制

下面是一个以三台泵组构成的生活消防双恒压无塔供水泵站的实例，如图 9-16 所示。

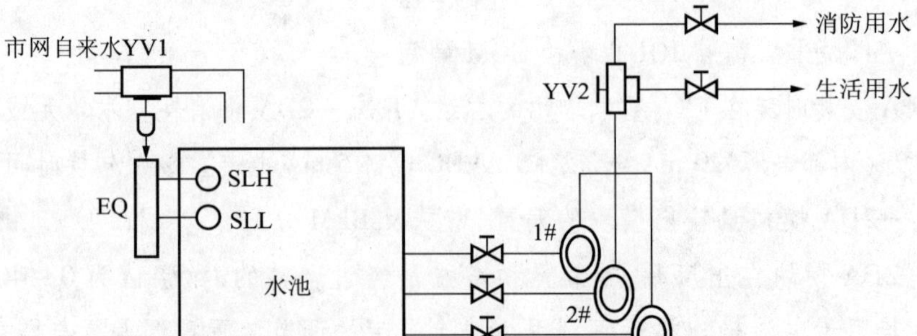

图 9-16

图中,市网自来水用高低水位控制器EQ来控制注水阀YV1,自动把储水水池注满,只要水位低于高水位,则自动往水池注水。水池的高低水位信号也直接送给PLC,作为高低水位报警。为了保证供水的连续性,水位上下限传感器高低距离较小。生活用水和消防用水共用三台泵,平时电磁阀YV2处于失电状态,关闭消防管网,三台泵根据生活用水的多少,按一定的控制逻辑运行,维持生活用水低恒压。当有火灾发生时,电磁阀YV2通电,关闭生活用水管网,三台泵供消防用水使用,并维持消防用水的高恒压值。火灾结束后,三台泵再改为生活供水使用。

(1)系统控制要求

对三泵生活消防双恒压供水系统的基本要求是:

①生活供水时,系统低恒压值运行,消防供水时高恒压值运行。

②三台泵根据恒压的需要,采取"先开先停"的原则接入和退出。

③在用水量小的情况下,如果一台泵连续运行时间超过3 h,则要切换下一台泵,即系统具有"倒泵功能",避免某一台泵工作时间过长。

④三台泵在起动时都要有软起动功能。

⑤要有完善的报警功能。

⑥对泵的操作要有手动控制功能,手动只在应急或检修时临时使用。

(2)控制系统的I/O点地址分配

根据上图及以上控制要求统计控制系统的输入输出信号的名称、代码及地址编号,水位上下限信号分别为X001、X002,它们在水淹没时为0,露出时为1。

(3)PLC系统选型

从上面分析可以知道,系统共有开关量输入点6个、开关量输出点12个;模拟量输入点1个、模拟量输出点1个。选用三菱FX_{2N}—32MR一台、加上一台模拟量扩展模块FX_{2N}—4AD、一台模拟量扩展模块FX_{2N}—2DA构成系统。整个系统的配置如图9-17所示。

图9-17

(4)电器控制系统原理图

电器控制系统原理图包括主电路图和控制电路图以及PLC的外围接线图。

①主电路图

如图9-18所示为电控系统主电路。图中,三台电动机分别为M_1、M_2、M_3。接触器KM_1、KM_3、KM_5分别控制M_1、M_2、M_3的工频运行;接触器KM_2、KM_4、KM_6分别控制M_1、M_2、M_3的变频运行;FR_1、FR_2、FR_3分别为三台水泵电动机过载保护用的热继电器;QS_1、QS_2、QS_3、QS_4分别为变频器和三台泵电动机主电路的隔离开关;FU_1为主电路的熔断器,VVVF为通用变频器。

②控制电路图

如图9-19所示为电控系统控制电路图及PLC外围接线图。图中,SA为手动/自动转换开关,SA打在1的位置为手动控制状态;打在2的状态为自动控制状态。手动运行时,可用按

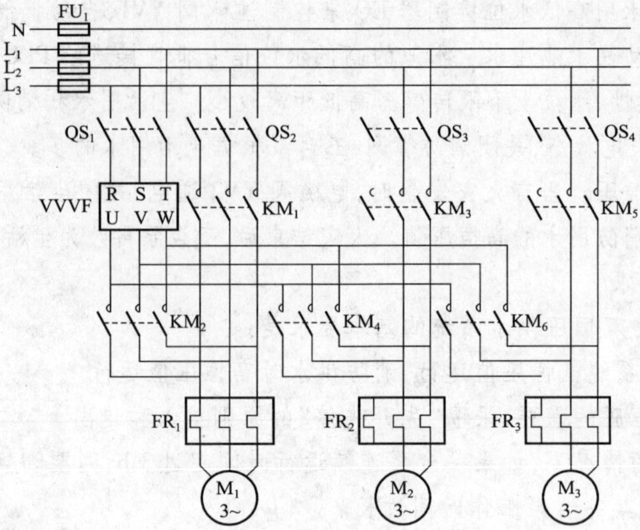
N
FU1
L1
L2
L3
QS1
QS2
QS3
QS4
VVVF
R S T
U V W
KM1
KM3
KM5
KM2
KM4
KM6
FR1
FR2
FR3
M1 3~
M2 3~
M3 3~

图 9－18

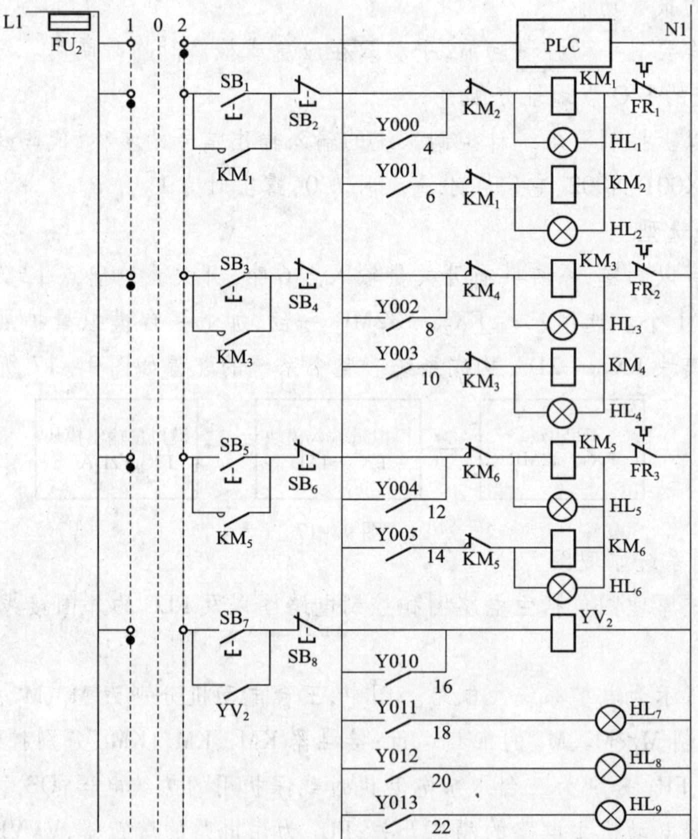
L1
FU2
1 0 2
PLC
N1
SB1
SB2
KM1
Y000
4
Y001
6
KM2
KM1
KM1
FR1
HL1
KM2
HL2
SB3
SB4
KM3
Y002
8
Y003
10
KM4
KM3
KM3
FR2
HL3
KM4
HL4
SB5
SB6
KM5
Y004
12
Y005
14
KM6
KM5
KM5
FR3
HL5
KM6
HL6
SB7
SB8
YV2
YV2
Y010
16
Y011
18
Y012
20
Y013
22
Y014
24
Y015
26
HL7
HL8
HL9
HA
KA
HL10

图 9－19

钮 $SB_1 \sim SB_8$ 控制三台泵的启/停和电磁阀 YV_2 的通/断；自动运行时，系统在 PLC 程序控制下运行。

图中的 HL_{10} 为自动运行状态电源指示灯。对变频器频率进行复位时只提供一个触点信号，由于 PLC 为 4 个输出点为一组共用一个 COM 端，而本系统又没有剩下单独的 COM 端输出组，所以通过一个中间继电器 KA 的触点对变频器进行复位控制。图中的 Y000 ~ Y005 及 Y010 ~ Y015 为 PLC 的输出继电器触点，它们旁边的 4、6、8 等数字为接线编号。

③PLC 外围接线图

如图 9 - 20 所示为 PLC 及扩展模块外围接线图。

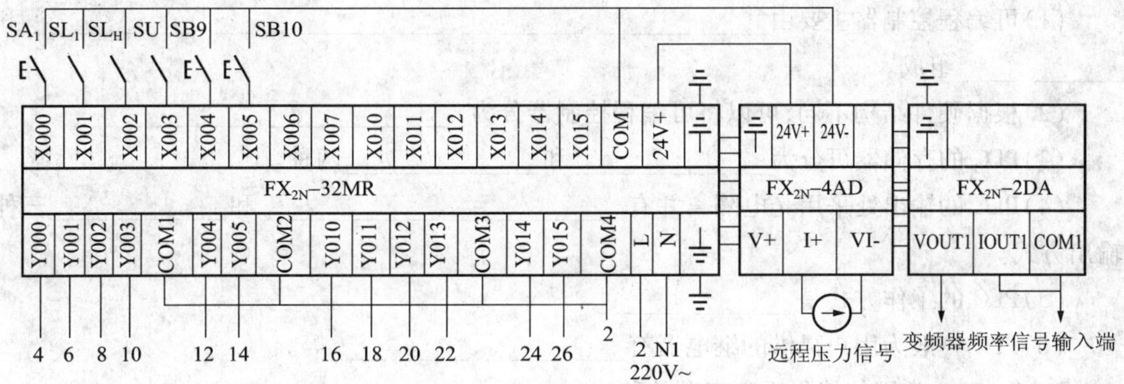

图 9 - 20

当发生火灾时，火灾信号 SA_1 被触动，X000 为 1。

(5)系统程序设计

硬件连接确定之后，系统的控制功能主要通过软件实现，结合前述泵站的控制要求对泵站软件设计分析如下：

由于变频器泵站希望每一次起动电动机均为软起动，又规定各台水泵必须交替使用，多泵组泵站泵组的投运要有个管理规范。在本例中，控制要求中规定任一台泵连续变频运行不得超过 3 h，因此每次点起动新泵或切换变频泵时，以新运行泵为变频泵是合理的。具体操作时，将现行运行的变频泵从变频器上切除，并接上工频电源运行，将变频器复位并用于新运行泵的起动。除此之外，泵组管理还有一个问题就是泵的工作循环控制了系统中使用泵号加 1 的方法实现变频泵的循环控制(3 再加 1 等于零)，用工频泵的总数结合泵号实现工频泵的轮换工作。

PLC 在恒压供水系统中的功能很多，由于模拟量单元 PID 调节都需要编制初始化及中断程序，本程序可分为三部分：主程序、子程序和中断程序。系统初始化的一些工作放在初始化子程序中完成，定时中断程序则用来实现 PID 控制的定时采样及输出控制。主程序的功能最多，如泵切换信号的生成、泵组接触器逻辑控制信号的综合及报警处理等都在主程序。生活及消防器恒压的两个恒压值是采用数字方式直接在程序中设定的。生活供水时系统设定值为满量程的 70%，消防供水时系统设定值为满量程的 90%。这里满量程可以理解为 12 位二进制数字对应的十进制数4000。在实际工程中，如传感器选择适当，4000也应对应传感器输出的满度值。在本系统PID中，只是用了比例和积分控制，其回路增益和时间常数可通过工程计算初步确定，但还需要进一步调整以达到最优控制效果。初步确定的增益和时间常数已写入程序中。

习　题

9－1　填空题：

(1)可编程控制器主要由______、______、______、______和______组成。

(2)根据硬件结构不同，可以将可编程控制器分为______、______。

(3)PLC的存储器可分为______和______两种。

(4)PLC的输出处采用光电隔离并有______、______和______三种输出方式。

(5)PLC的工作方式是______。

(6)PLC一般为用户提供的继电器有______、______等。

9－2　PLC常用的编程语言有哪几种？

9－3　PLC的主要技术参数有哪些？

9－4　PLC内部的"软继电器"与通常的实体继电器相比有什么特点？

9－5　写出图9－21的指令表。

9－6　用进栈指令(MPS)、读栈指令(MRD)、出栈指令(MPP)写出图9－22的指令表。

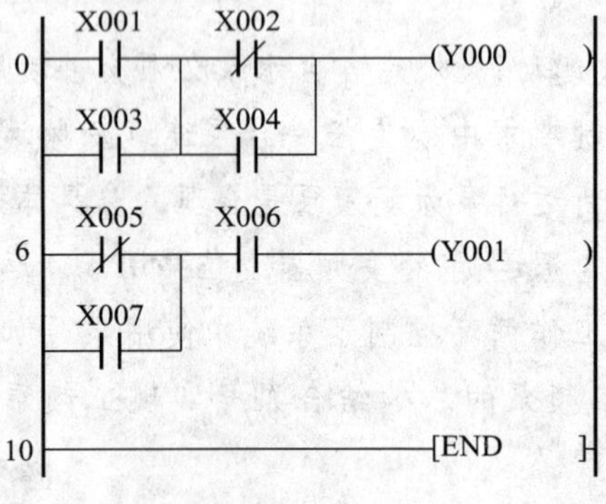

图9－21

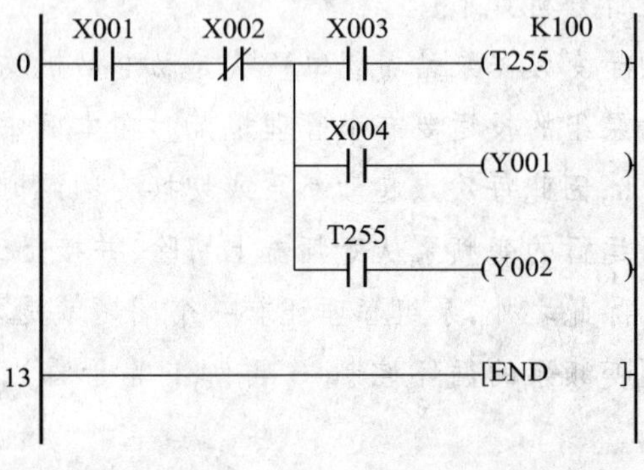

图9－22

9－7　试设计一个三相电动机Y－△起动控制梯形图，并写出指令表。

第10章

电子电路中的元器件

内容提要

本章主要内容包括电阻、电感、电容器、晶体二极管、晶体三极管、场效应管电路以及集成电路的概念和分类。

教学建议

在学习本章内容时，要把各种元器件的特性、特点、参数作为重点，以加深对相应元器件的认识和把握。

学习目标

1. 了解电阻元件、电感元件、电容元件、晶体二极管、晶体三极管、场效应管的特性曲线以及主要参数。

2. 掌握电阻、电感、电容、晶体二极管、晶体三极管偏置电路、场效应管的结构及表示、输入特性、三极管的参数及放大作用、场效应管的类型与特性、集成电路的引脚以及集成电路的分类。

第1节　电阻、电感与电容器

10.1.1　电阻元件

导电体对电流的阻碍作用称为电阻，用符号 R 表示，单位为欧姆（Ω）、千欧（kΩ）、兆欧（MΩ）。

1. 电阻的型号命名方法

国产电阻器的型号由四部分组成（不适用敏感电阻）。

第一部分为主称，用字母表示，表示产品的名字。如 R 表示电阻，W 表示电位器。

第二部分为材料，用字母表示，表示电阻体用什么材料组成，如 T－碳膜、H－合成碳膜、S－有机实心、N－无机实心、J－金属膜、Y－氧化膜、C－沉积膜、I－玻璃釉膜、X－线绕。

第三部分为分类，一般用数字表示，个别类型用字母表示，表示产品属于什么类型。如 1－普通、2－普通、3－超高频 、4－高阻、5－高温、6－精密、7－精密、8－高压、9－特殊、G－高功率、T－可调。

第四部分为序号，用数字表示，表示同类产品中的不同品种，以区分产品的外型尺寸和性能指标等，如 RT11 型表示普通碳膜电阻。

2. 电阻器的分类

(1)线绕电阻器：通用线绕电阻器、精密线绕电阻器、大功率线绕电阻器、高频线绕电阻器。

(2)薄膜电阻器：碳膜电阻器、合成碳膜电阻器、金属膜电阻器、金属氧化膜电阻器、化学沉积膜电阻器、玻璃釉膜电阻器、金属氮化膜电阻器。

(3)实心电阻器：无机合成实心碳质电阻器、有机合成实心碳质电阻器。

(4)敏感电阻器：压敏电阻器、热敏电阻器、光敏电阻器、力敏电阻器、气敏电阻器、湿敏电阻器。

3. 主要特性参数

(1)标称阻值：电阻器上面所标示的阻值。

(2)允许误差：标称阻值与实际阻值的差值跟标称阻值之比的百分数称阻值偏差，它表示电阻器的精度。允许误差与精度等级对应关系如下：±0.5%－0.05、±1%－0.1(或 00)、±2%－0.2(或 0)、±5%－Ⅰ级、±10%－Ⅱ级、±20%－Ⅲ级。

(3)额定功率：在正常的大气压力 90～106.6 kPa 及环境温度为－55 ℃～＋70 ℃的条件下，电阻器长期工作所允许耗散的最大功率。线绕电阻器额定功率系列为：1/20、1/8、1/4、1/2、1、2、4、8、10、16、25、40、50、75、100、150、250、500(单位为 W)；非线绕电阻器额定功率系列为：1/20、1/8、1/4、1/2、1、2、5、10、25、50、100(单位为 W)。

(4)额定电压：由阻值和额定功率换算出的电压。

(5)最高工作电压：允许的最大连续工作电压。在低气压工作时，最高工作电压较低。

(6)温度系数：温度每变化 1 ℃所引起的电阻值的相对变化。温度系数越小，电阻的稳定性越好。阻值随温度升高而增大的为正温度系数；反之为负温度系数。

(7)老化系数：电阻器在额定功率长期负荷下阻值相对变化的百分数，它是表示电阻器寿命长短的参数。

(8)电压系数：在规定的电压范围内，电压每变化 1 V，电阻器的相对变化量。

(9)噪声：产生于电阻器中的一种不规则的电压起伏，包括热噪声和电流噪声两部分，热噪声是由于导体内部不规则的电子自由运动，使导体任意两点的电压不规则变化。

4. 电阻器阻值标示方法

(1)直标法：用数字和单位符号在电阻器表面标出阻值，其允许误差直接用百分数表示，若电阻上未注偏差，则均为 ±20%。

(2)文字符号法：用阿拉伯数字和文字符号两者有规律的组合来表示标称阻值，其允许偏差也用文字符号表示。符号前面的数字表示整数阻值，后面的数字依次表示第一位小数阻值和第二位小数阻值。表示允许误差的文字符号有 D、F、G、J、K、M，允许偏差范围为：±0.5%、±1%、±2%、±5%、±10%、±20%。

(3)数码法：在电阻器上用三位数码表示标称值的标示方法。数码从左到右，第一、二位为有效值，第三位为指数，即零的个数，单位为欧。偏差通常采用文字符号表示。

(4)色标法：用不同颜色的带或点在电阻器表面标出标称阻值和允许偏差。国外电阻大部分采用色标法。如黑 -0、棕 -1、红 -2、橙 -3、黄 -4、绿 -5、蓝 -6、紫 -7、灰 -8、白 -9、金 - ±5%、银 - ±10%、无色 - ±20%。当电阻为四环时，最后一环必为金色或银色，前两位为有效数字，第三位为乘方数，第四位为偏差。当电阻为五环时，最后一环与前面四环距离较大。前三位为有效数字，第四位为乘方数，第五位为偏差。

5. 常用电阻器

(1)电位器

电位器是一种机电元件，靠电刷在电阻体上的滑动，取得与电刷位移成一定关系的输出电压。

①合成碳膜电位器：电阻体是用经过研磨的炭黑、石墨、石英等材料涂敷于基体表面而成，该工艺简单，是目前应用最广泛的电位器。其优点是分辨力高、耐磨性好、寿命较长。缺点是电流噪声大，非线性大，耐潮性以及阻值稳定性差。

②有机实心电位器：有机实心电位器是一种新型电位器，它是用加热塑压的方法，将有机电阻粉压在绝缘体的凹槽内。有机实心电位器与碳膜电位器相比具有耐热性好、功率大、可靠性高、耐磨性好的优点。但温度系数大、动噪声大、耐潮性能差、制造工艺复杂、阻值精度较差。在小型化、高可靠、高耐磨性的电子设备以及交、直流电路中用作调节电压、电流。

③金属玻璃釉电位器：用丝网印刷法按照一定图形，将金属玻璃釉电阻浆料涂覆在陶瓷基体上，经高温烧结而成。特点是：阻值范围宽、耐热性好、过载能力强、耐潮、耐磨等都很好，是很有前途的电位器品种，缺点是接触电阻和电流噪声大。

④绕线电位器：绕线电位器是将康铜丝或镍铬合金丝作为电阻体，并把它绕在绝缘骨架上制成。绕线电位器特点是接触电阻小、精度高、温度系数小。其缺点是分辨力差、阻值偏低、高频特性差。主要用作分压器、变阻器、仪器中调零和工作点等。

⑤金属膜电位器：金属膜电位器的电阻体可由合金膜、金属氧化膜、金属箔等分别组成。特点是分辨力高、耐高温、温度系数小、动噪声小、平滑性好。

⑥导电塑料电位器：用特殊工艺将 DAP(邻苯二甲酸二烯丙酯)电阻浆料覆在绝缘机体

上,加热聚合成电阻膜,或将DAP电阻粉热塑压在绝缘基体的凹槽内形成的实心体作为电阻体。特点是:平滑性好、分辨力优异、耐磨性好、寿命长、动噪声小、可靠性极高、耐化学腐蚀。用于宇宙装置、导弹、飞机雷达天线的伺服系统等。

⑦带开关的电位器:有旋转式开关电位器、推拉式开关电位器、推开关式电位器。

⑧预调式电位器:预调式电位器在电路中,一旦调试好,用蜡封住调节位置,在一般情况下不再调节。

⑨直滑式电位器:采用直滑方式改变电阻值。

⑩双连电位器:有异轴双连电位器和同轴双连电位器。

⑪无触点电位器:无触点电位器消除了机械接触,寿命长、可靠性高,分光电式电位器、磁敏式电位器等。

(2)实心碳质电阻器

用碳质颗粒装导电物质、填料和黏合剂混合制成一个实体的电阻器。其特点是价格低廉,但其阻值误差、噪声、电压都大,稳定性差,目前较少用。

(3)绕线电阻器

用高阻合金线绕在绝缘骨架上制成,外面涂有耐热的釉绝缘层或绝缘漆。绕线电阻具有较低的温度系数、阻值精度高、稳定性好、耐热耐腐蚀,主要做精密大功率电阻使用。缺点是高频性能差、时间常数大。

(4)薄膜电阻器

用蒸发的方法将一定电阻率材料蒸镀于绝缘材料表面制成。主要如下:

①碳膜电阻器:将结晶碳沉积在陶瓷棒骨架上制成。碳膜电阻器成本低、性能稳定、阻值范围宽、温度系数和电压系数低,是目前应用最广泛的电阻器。

②金属膜电阻器:用真空蒸发的方法将合金材料蒸镀于陶瓷棒骨架表面。金属膜电阻比碳膜电阻的精度高、稳定性好、噪声和温度系数小。在仪器仪表及通讯设备中大量采用。

③金属氧化膜电阻器:在绝缘棒上沉积一层金属氧化物。由于其本身即是氧化物,所以高温下稳定,耐热冲击,负载能力强。

④合成膜电阻:将导电合成物悬浮液涂敷在基体上而得,因此也叫漆膜电阻。由于其导电层呈现颗粒状结构,所以其噪声大,精度低,主要用他制造高压、高阻、小型电阻器。

⑤金属玻璃釉电阻器:将金属粉和玻璃釉粉混合,采用丝网印刷法印在基板上。耐潮湿、高温,温度系数小,主要应用于厚膜电路。

⑥贴片电阻SMT:片状电阻是金属玻璃釉电阻的一种形式,它的电阻体是高可靠的钌系列玻璃釉材料经过高温烧结而成,电极采用银钯合金浆料。体积小、精度高、稳定性好,由于其为片状元件,所以高频性能好。

⑦敏感电阻:敏感电阻是指器件特性对温度、电压、湿度、光照、气体、磁场、压力等作用敏感的电阻器。敏感电阻的符号是在普通电阻的符号中加一斜线,并在旁边标注敏感电阻的

类型。

压敏电阻主要有碳化硅和氧化锌压敏电阻。氧化锌具有更多的优良特性。

湿敏电阻由感湿层、电极、绝缘体组成。湿敏电阻主要包括氯化锂湿敏电阻，碳湿敏电阻，氧化物湿敏电阻。氯化锂湿敏电阻随湿度上升而电阻减小。缺点为测试范围小，特性重复性不好，受温度影响大。碳湿敏电阻缺点为低温灵敏度低，阻值受温度影响大，有老化特性，较少使用。氧化物湿敏电阻性能较优越，可长期使用，温度影响小，阻值与湿度变化呈线性关系。有氧化锡、镍铁酸盐等材料。

光敏电阻是电导率随着光辐照的变化而变化的电子元件，当某种物质受到光照时，载流子的浓度增加从而增加了电导率，这就是光电导效应。

气敏电阻利用某些半导体吸收某种气体后发生氧化还原反应制成，主要成分是金属氧化物，主要品种有：金属氧化物气敏电阻、复合氧化物气敏电阻、陶瓷气敏电阻等。

力敏电阻是一种阻值随压力变化而变化的电阻，国外称为压电电阻器。所谓压力电阻效应即半导体材料的电阻率随机械应力的变化而变化的效应。可制成各种力矩计、半导体话筒、压力传感器等。主要品种有硅力敏电阻器和硒碲合金力敏电阻器。相对而言，合金电阻器具有更高灵敏度。

10.1.2 电感元件

电感线圈是由导线一圈靠一圈地绕在绝缘管上，导线彼此互相绝缘，而绝缘管可以是空心的，也可以包含铁芯或磁粉芯，简称电感。用 L 表示，单位有亨利(H)、毫亨利(mH)、微亨利(μH)，$1\ \text{H} = 10^3\ \text{mH} = 10^6\ \mu\text{H}$。

1. 电感的分类

按电感形式分类：固定电感、可变电感。

按导磁体性质分类：空芯线圈、铁氧体线圈、铁芯线圈、铜芯线圈。

按工作性质分类：天线线圈、振荡线圈、扼流线圈、陷波线圈、偏转线圈。

按绕线结构分类：单层线圈、多层线圈、蜂房式线圈。

2. 电感线圈的主要特性参数

(1)电感量 L

电感量 L 表示线圈本身的固有特性，与电流大小无关。除专门的电感线圈(色码电感)外，电感量一般不专门标注在线圈上，而以特定的名称标注。

(2)感抗 X_L

电感线圈对交流电流阻碍作用的大小称感抗 X_L，单位是欧姆。它与电感量 L 和交流电频率 f 的关系为

$$X_L = 2\pi f L$$

(3)品质因素 Q

品质因素 Q 是表示线圈质量的一个物理量，Q 为感抗 X_L 与其等效电阻的比值，即

$$Q=\frac{X_L}{R}$$

线圈的 Q 值越高，回路的损耗越小。线圈的 Q 值与导线的直流电阻、骨架的介质损耗、屏蔽罩或铁芯引起的损耗、高频趋肤效应的影响等因素有关。线圈的 Q 值通常为几十到几百。

(4)分布电容

线圈的匝与匝之间、线圈与屏蔽罩之间、线圈与底板之间存在的电容被称为分布电容。分布电容的存在使线圈的 Q 值减小，稳定性变差，因而线圈的分布电容越小越好。

3. 常用线圈

(1)单层线圈

单层线圈是用绝缘导线一圈靠一圈地绕在纸筒或胶木骨架上。如晶体管收音机的中波天线线圈。

(2)蜂房式线圈

如果所绕制的线圈，其平面不与旋转面平行，而是相交成一定的角度，这种线圈称为蜂房式线圈。而其旋转一周，导线来回弯折的次数，常称为折点数。蜂房式绕法的优点是体积小、分布电容小、电感量大。蜂房式线圈都是利用蜂房绕线机来绕制，折点越多，分布电容越小。

(3)铁氧体磁芯和铁粉芯线圈

线圈的电感量大小与有无磁芯有关。在空芯线圈中插入铁氧体磁芯，可增加电感量和提高线圈的品质因素。

(4)铜芯线圈

铜芯线圈在超短波范围应用较多，利用旋动铜芯在线圈中的位置来改变电感量，这种调整比较方便、耐用。

(5)色码电感器

色码电感器是具有固定电感量的电感器，其电感量标示方法同电阻一样以色环来标记。

(6)阻流圈(扼流圈)

限制交流电通过的线圈称阻流圈，分高频阻流圈和低频阻流圈。

(7)偏转线圈

偏转线圈是电视机扫描电路输出级的负载，偏转线圈要求偏转灵敏度高、磁场均匀、Q 值高、体积小、价格低。

10.1.3 电容元件

电容是电子设备中大量使用的电子元件之一，广泛应用于隔直、耦合、旁路、滤波、调谐回路、能量转换、控制电路等方面。用 C 表示电容，电容单位有法拉(F)、微法拉(μF)、皮法拉(pF)，换算关系为：

$$1\ \text{F} = 10^6\ \mu\text{F} = 10^{12}\ \text{pF}$$

1. 电容器的型号命名方法

国产电容器的型号一般由四部分组成(不适用于压敏、可变、真空电容器)。依次分别代表名称、材料、分类和序号。

第一部分为名称,用字母表示,电容器用 C 表示。

第二部分为材料,用字母表示。

第三部分为分类,一般用数字表示,个别用字母表示。

第四部分为序号,用数字表示。用字母表示产品的材料:A－钽电解、B－聚苯乙烯等非极性薄膜、C－高频陶瓷、D－铝电解、E－其他材料电解、G－合金电解、H－复合介质、I－玻璃釉、J－金属化纸介、L－涤纶等极性有机薄膜、N－铌电解、O－玻璃膜、Q－漆膜、T－低频陶瓷、V－云母纸、Y－云母、Z－纸介。

2. 电容器的分类

(1)按照结构分三大类:固定电容器、可变电容器和微调电容器。

(2)按电解质分类有:有机介质电容器、无机介质电容器、电解电容器和空气介质电容器等。

(3)按用途分有:高频旁路、低频旁路、滤波、调谐、高频耦合、低频耦合、小型电容器。高频旁路电容器又分为陶瓷电容器、云母电容器、玻璃膜电容器、涤纶电容器和玻璃釉电容器。低频旁路电容器又分为纸介电容器、陶瓷电容器、铝电解电容器和涤纶电容器。滤波电容器又分为铝电解电容器、纸介电容器、复合纸介电容器和液体钽电容器。调谐电容器又分为陶瓷电容器、云母电容器、玻璃膜电容器和聚苯乙烯电容器。高频耦合电容器又分为陶瓷电容器、云母电容器和聚苯乙烯电容器。低频耦合电容器又分为纸介电容器、陶瓷电容器、铝电解电容器、涤纶电容器和固体钽电容器。小型电容器又分为聚苯乙烯电容器、固体钽电容器、玻璃釉电容器、金属化涤纶电容器、聚丙烯电容器和云母电容器。

3. 常用电容器

(1)铝电解电容器

用浸有糊状电解质的吸水纸夹在两条铝箔中间卷绕而成,薄的氧化膜作介质的电容器。因为氧化膜有单向导电性质,所以电解电容器具有极性容量大、能耐受大的脉动电流、容量误差大、泄漏电流大;普通的不适于在高频和低温下应用,不宜使用在 25 kHz 以上频率低频旁路、信号耦合、电源滤波。其电容量为 0.47～10000 μF,额定电压为 6.3～450 V,主要特点是体积小、容量大、损耗大、漏电大、主要用于电源滤波、低频耦合、去耦、旁路等。

(2)钽电解电容器(CA)/铌电解电容(CN)

用烧结的钽块作正极,电解质使用固体二氧化锰。温度特性、频率特性和可靠性均优于普通电解电容器,特别是漏电流极小,贮存性良好,寿命长,容量误差小,而且体积小,单位体积下能得到最大的电容电压乘积。对脉动电流的耐受能力差,若损坏易呈短路状态,常用于超小型高可靠机件中。电容量为0.1~1 000 μF,额定电压为6.3~125 V,主要特点是损耗、漏电小于铝电解电容,主要用在要求高的电路中代替铝电解电容。

(3)薄膜电容器

结构与纸质电容器相似,但用聚酯、聚苯乙烯等低损耗塑材作介质。频率特性好,介电损耗小,不能做成大的容量,耐热能力差,常用于滤波器、积分、振荡、定时电路。

聚酯(涤纶)电容(CL)的电容量为40 pF~4 μF,额定电压为63~630 V,主要特点是小体积、大容量、耐热耐湿、稳定性差,主要用于对稳定性和损耗要求不高的低频电路。

聚苯乙烯电容(CB)的电容量为10 pF~1 μF,额定电压为100 V~30 kV,主要特点是稳定、低损耗、体积较大,主要用于对稳定性和损耗要求较高的电路。

聚丙烯电容(CBB)的电容量为1 000 pF~10 μF,额定电压为63~2000 V,主要特点是性能与聚苯乙烯电容相似,但体积小、稳定性略差,主要用于代替大部分聚苯乙烯或云母电容,用于要求较高的电路。

(4)瓷介电容器

穿心式或支柱式结构瓷介电容器,它的一个电极就是安装螺丝。引线电感极小,频率特性好,介电损耗小,有温度补偿作用,不能做成大的容量,受振动会引起容量变化,特别适于高频旁路。

高频瓷介电容(CC)的电容量为1~6800 pF,额定电压为63~500 V,主要特点是高频损耗小,稳定性好,常用于高频电路。

低频瓷介电容(CT)的电容量为10 pF~4.7 μF,额定电压为50~100 V,主要特点是体积小、价格便宜、损耗大、稳定性差,常用于要求不高的低频电路。

(5)独石电容器

多层陶瓷电容器在若干片陶瓷薄膜坯上被覆以电极桨材料,叠合后一次绕结成一块不可分割的整体,外面再用树脂包封而成小体积、大容量、高可靠和耐高温的新型电容器,高介电常数的低频独石电容器也具有稳定的性能,体积极小,Q 值高容量误差较大,常用于噪声旁路、滤波器、积分、振荡电路。其容量范围为0.5 pF~1 μF,耐压为二倍额定电压,主要特点是电容量大、体积小、可靠性高、电容量稳定、耐高温耐湿性好等,广泛应用于电子精密仪器、各种小型电子设备作谐振、耦合、滤波、旁路。

(6)纸质电容器

一般是用两条铝箔作为电极,中间以厚度为0.008~0.012 mm 的电容器纸隔开重叠卷绕而成。制造工艺简单,价格便宜,能得到较大的电容量。一般用在低频电路内,通常不能在高于3~4 MHz 的频率上运用。油浸电容器的耐压比普通纸质电容器高,稳定性也好,适用于高压电路。

(7)微调电容器

电容量可在某一小范围内调整,并可在调整后固定于某个电容值。瓷介微调电容器的 Q 值高,体积也小,通常可分为圆管式及圆片式两种。云母和聚苯乙烯介质微调电容器通常都采用弹簧式,结构简单,但稳定性较差。线绕瓷介微调电容器是拆铜丝(外电极)来变动电容量的,故容量只能变小,不适合在需反复调试的场合使用。

空气介质可变电容器的可变电容量为100~1500 pF,主要特点是损耗小、效率高,可根据要求制成直线式、直线波长式、直线频率式及对数式等,应用于电子仪器,广播电视设备等。

薄膜介质可变电容器的可变电容量为15~550 pF,主要特点是体积小、重量轻;损耗比空气介质的大,应用于通讯、广播接收机等。

薄膜介质微调电容器的可变电容量为1~29 pF,主要特点是损耗较大,体积小,应用于收录机、电子仪器等电路作电路补偿。

陶瓷介质微调电容器的可变电容量为0.3~22 pF,主要特点是损耗较小,体积较小,应用于精密调谐的高频振荡回路。

(8)陶瓷电容器

用高介电常数的电容器陶瓷(钛酸钡一氧化钛)挤压成圆管、圆片或圆盘作为介质,并用烧渗法将银镀在陶瓷上作为电极制成。它又分高频瓷介和低频瓷介两种。具有小的正电容温度系数的电容器,用于高稳定振荡回路中,作为回路电容器及垫整电容器。低频瓷介电容器限于在工作频率较低的回路中作旁路或隔直流用,或对稳定性和损耗要求不高的场合(包括高频在内)。这种电容器不宜使用在脉冲电路中,因为它们易被脉冲电压击穿。高频瓷介电容器适用于高频电路。

(9)玻璃釉电容器(CI)

由一种浓度适于喷涂的特殊混合物喷涂成薄膜而成,介质再以银层电极经烧结而成"独石"结构。性能可与云母电容器媲美,能耐受各种气候环境,一般可在200 ℃或更高温度下工作,额定工作电压可达500 V,损耗0.0005~0.008,电容量为10 pF~0.1 μF,额定电压为63~400 V,主要特点是稳定性较好、损耗小、耐高温(200 ℃),应用于脉冲、耦合、旁路等电路。

4. 电容器主要特性参数

(1)标称电容量和允许偏差

标称电容量是标志在电容器上的电容量。电容器的实际电容量与标称电容量的偏差称误差,在允许的偏差范围称精度。精度等级与允许的误差对应关系为:001 - ±1%、002 - ±2%、Ⅰ - ±5%、Ⅱ - ±10%、Ⅲ - ±20%、Ⅳ -(+20% ~10%)、Ⅴ -(+50% ~20%)、Ⅵ -(+50% ~30%)。一般电容器常用Ⅰ、Ⅱ、Ⅲ级,电解电容器用Ⅳ、Ⅴ、Ⅵ级,根据用途选取。

(2)额定电压

在最低环境温度和额定环境温度下可连续加在电容器的最高直流电压有效值,一般直接标注在电容器外壳上,如果工作电压超过电容器的耐压,电容器会击穿,造成不可修复的永久损坏。

(3)绝缘电阻

直流电压加在电容上,并产生漏电电流,两者之比称为绝缘电阻值。当电容较小时,主要取决于电容的表面状态,容量大于0.1 μF时,主要取决于介质的性能,绝缘电阻越大越好。为恰当地评价大容量电容的绝缘情况而引入了时间常数,其等于电容的绝缘电阻与容量的乘积。

(4)损耗

电容在电场作用下,在单位时间内因发热所消耗的能量叫做损耗。各类电容都规定了其在某频率范围内的损耗允许值,电容的损耗主要是由介质损耗、电导损耗和电容所有金属部分的电阻所引起的。在直流电场的作用下,电容器的损耗以漏导损耗的形式存在,一般较小,在交变电场的作用下,电容的损耗不仅与漏导有关,而且与周期性的极化建立过程有关。

(5)频率特性

随着频率的上升,一般电容器的电容量呈现下降的规律。

5. 电容器容量标示

(1)直标法:用数字和单位符号直接标出。如01uF表示0.01 μF,有些电容用“R”表示小数点,如R56表示0.56微法。

(2)文字符号法:用数字和文字符号有规律的组合来表示容量。如p10表示0.1 pF,1p0表示1 pF,6p8表示6.8 pF,2u2表示2.2 μF。

(3)色标法:用色环或色点表示电容器的主要参数。电容器的色标法与电阻相同。电容器偏差的标志符号为H-(+100%~0)、R-(+100%~10%)、T-(+50%~10%)、Q-(+30%~10%)、S-(+50%~20%)、Z-(+80%~20%)。

第2节　晶体二极管

10.2.1　二极管的结构及表示

1. 二极管的组成

(1)半导体的材料

自然界中的物质按照其导电能力的不同,可以分为三种类型。一类是导电性能良好的物质,如金、银、铜、铁等金属,称为导体。一类是几乎不能导电的物质,如塑料、陶瓷、橡胶等,称为绝缘体。另一类是导电性能介于导体与绝缘体之间的物质,它们都是四价元素,如硅/锗等,称为半导体。

(2)半导体的类型

常见的半导体分为P型半导体和N型半导体。

P 型半导体是在本征半导体中掺入硼和其他 3 价元素，由于硼原子外围的 3 个价电子与本征半导体的原子构成共价键时，因为缺少一个价电子而形成一个空穴，于是，半导体中空穴数目大量的增加。

N 型半导体是在本征半导体中掺入磷和其他 5 价元素，由于磷原子外围的 5 个价电子与本征半导体的原子构成共价键，而多余的 1 个价电子很容易摆脱磷原子核的束缚而称为自由电子，于是，半导体中的自由电子数目大量的增加。

（3）二极管的组成结构

将 P、N 两种半导体材料用一定的工艺结合成一个 PN 结，就组成了一个二极管。如图 10－1所示是二极管的组成原理图。

2. 二极管的表示符号

如图 10－2 所示是二极管的表示符号。

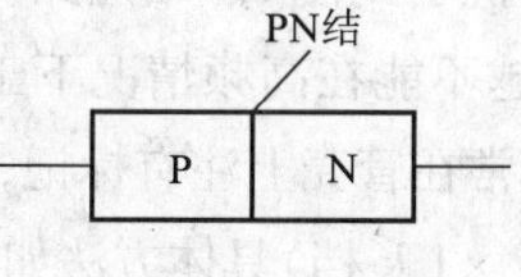

图 10－1

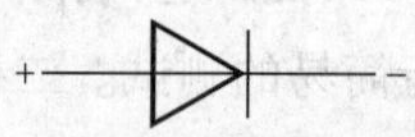

图 10－2

10.2.2 二极管的特性

二极管最主要的特性是单向导电性，其伏安特性曲线如图 10－3 所示。

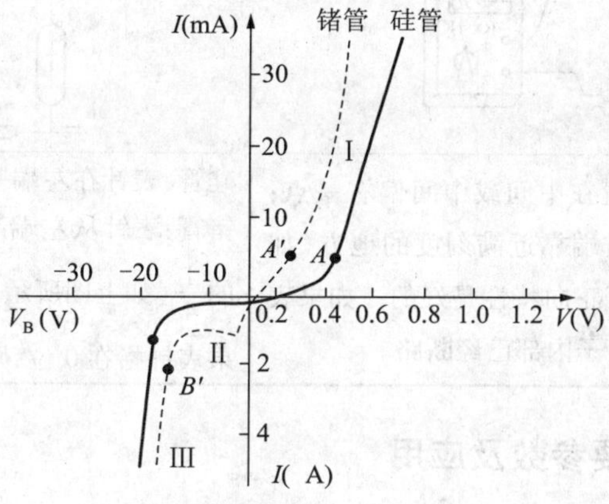

图 10－3

1. 正向特性

当加在二极管两端的正向电压（P 为正、N 为负）很小时（锗管小于 0.1 V，硅管小于 0.5 V），二极管不导通，处于“截止”状态；当正向电压超过一定数值后，管子才导通，电压再稍微增大，电流急剧增加（如图 10－3 曲线Ⅰ段）。不同材料的二极管，起始电压不同，硅管为 0.5～0.7 V 左右，锗管为 0.1～0.3 V 左右。

2. 反向特性

二极管两端加上反向电压时,反向电流很小,当反向电压逐渐增加时,反向电流基本保持不变,这时的电流称为反向饱和电流(如图 10-3 曲线Ⅱ段)。不同材料的二极管,反向电流大小不同,硅管约为 1 微安到几十微安,锗管则可高达数百微安。另外,反向电流受温度变化的影响很大,锗管的稳定性比硅管差。

3. 击穿特性

当反向电压增加到某一数值时,反向电流急剧增大,这种现象称为反向击穿(如图 10-3 曲线Ⅲ段)。这时的反向电压称为反向击穿电压,不同结构、工艺和材料制成的二极管,其反向击穿电压值差异很大,可由 1 伏到几百伏,甚至高达数千伏。

4. 频率特性

由于结电容的存在,当频率高到某一程度时,容抗小到使 PN 结短路。导致二极管失去单向导电性,不能工作,PN 结面积越大,结电容也越大,越不能在高频情况下工作。根据二极管的特性可以对二极管进行简易的测试。二极管的极性通常在管壳上注有标记,如无标记,可用万用表电阻档测量其正反向电阻来判断(一般用 R×100 或 ×1 k 档)具体方法如表 10-1 所示。

表 10-1　　二极管简易测试方法

项目	正向电阻	反向电阻
测试方法	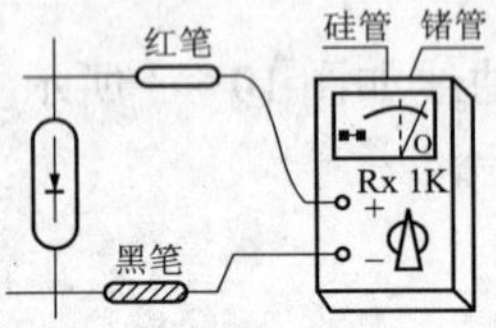	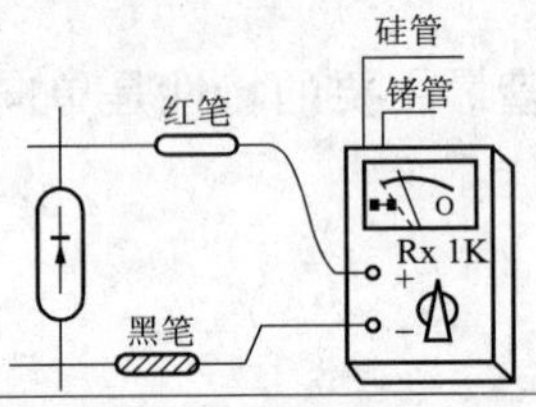
测试情况	硅管:表针指示位置在中间或中间偏右一点; 锗管:表针指示在右端靠近满刻度的地方(如上图所示)表明管子正向特性是好的。如果表针在左端不动,则管子内部已经断路。	硅管:表针在左端基本不动,靠近 0 位置; 锗管:表针从左端起动一点,但不应超过满刻度的$\frac{1}{4}$(如上图所示),则表明反向特性是好的,如果表针指在 0 位,则管子内部已短路。

10.2.3　二极管的主要参数及应用

1. 二极管的主要参数

了解和掌握二极管的参数,对于能够正确地选用和使用二极管是至关重要的。只有正确地选用二极管,才能确保电子电路工作的可靠性。

(1)正向电流 I_F:在额定功率下,允许通过二极管的电流值。

(2)正向电压降 V_F:二极管通过额定正向电流时,在两极间所产生的电压降。

(3)最大整流电流(平均值)I_{OM}:在半波整流连续工作的情况下,允许的最大半波电流的平均值。

(4)反向击穿电压 V_B:二极管反向电流急剧增大到出现击穿现象时的反向电压值。

(5)最高反向工作电压 V_{RM}:二极管正常工作时所允许的反向电压峰值,通常 V_{RM} 为 V_B 的三分之二或略小一些。

(6)反向电流 I_R:在规定的反向电压条件下流过二极管的反向电流值。

(7)结电容 C:结电容包括势垒电容和扩散电容,在高频场合下使用时,要求结电容小于某一规定数值。

(8)最高工作频率 f_m:二极管具有单向导电性的最高交流信号的频率。

2. 常用晶体二极管的主要应用

(1)整流二极管

将交流电源整流成为直流电流的二极管叫做整流二极管,它是面结合型的功率器件,因结电容大,故工作频率低。通常,I_F 在 1 A 以上的二极管采用金属壳封装,如图 10－4(a)所示,以利于散热;I_F 在 1 A 以下的采用全塑料封装,如图 10－4(b)所示。由于近代工艺技术不断提高,国外出现了不少较大功率的管子,也采用塑封形式。

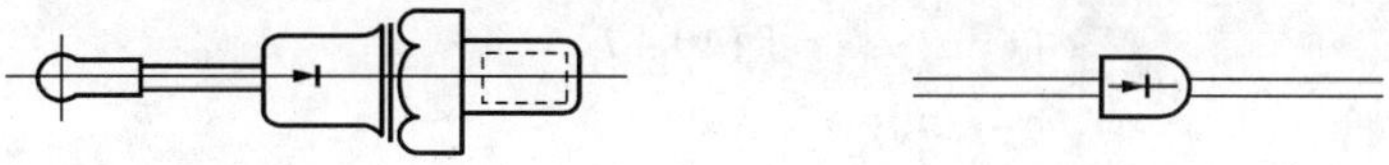

(a)全密封金属结构　　(b)塑料封装

图 10－4　电流方向示意图

(2)检波二极管

检波二极管是用于把迭加在高频载波上的低频信号检出来的器件,它具有较高的检波效率和良好的频率特性。

(3)开关二极管

在脉冲数字电路中,用于接通和关断电路的二极管叫做开关二极管,它的特点是反向恢复时间短,能满足高频和超高频应用的需要。开关二极管有接触型、平面型和扩散台面型几种,一般 $I_F < 500$ mA 的硅开关二极管,多采用全密封环氧树脂陶瓷片状封装,如图 10－5 所示,引脚较长的一端为正极。

(4)稳压二极管

稳压二极管是由硅材料制成的面结合型晶体二极管,它是利用 PN 结反向击穿时的电压基本上不随电流的变化而变化的特点,来达到稳压目的,因为它能在电路中起稳压作用,故称为稳压二极管(简称稳压管),其图形符号如图 10－6 所示。

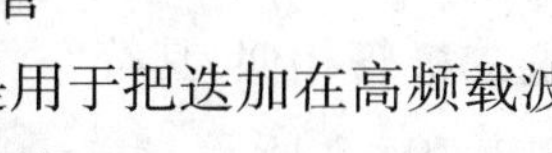

图 10－5　开关二极管

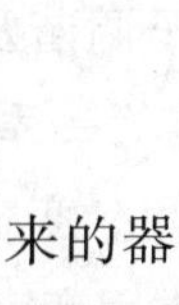

图 10－6

稳压管的伏安特性曲线如图 10－7 所示，当反向电压达到 V_Z 时，即使电压有一微小的增加，反向电流亦会猛增（反向击穿曲线很陡直）。这时，二极管处于击穿状态，如果把击穿电流限制在一定的范围内，管子就可以长时间在反向击穿状态下稳定工作。

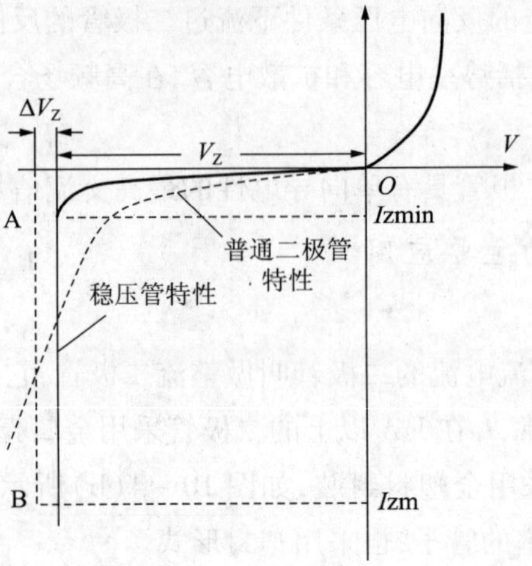

图 10－7

（5）变容二极管

变容二极管是利用 PN 结的电容随外加偏压而变化这一特性制成的非线性电容元件，被广泛地用于参量放大器、电子调谐及倍频器等微波电路中。变容二极管主要是通过结构设计及工艺等一系列途径来突出电容与电压的非线性关系，并提高 Q 值以适合应用。变容二极管的结构与普通二极管相似，其符号如图 10－8 所示，几种常用变容二极管的型号参数如表 10－2 所示。

图 10－8

表 10－2　　常用变容二极管

型号	产地	反向电压（V）		电容量（pF）		电容比	使用波段
		最小值	最大值	最小值	最大值		
2CB11	中国	3	25	2.5	12	4.8	UHF
2CB14	中国	3	30	3	18	6	VHF
BB125	欧洲	2	28	2	12	6	UHF
BB139	欧洲	1	28	5	45	9	VHF
MA325	日本	3	25	2	10.3	5	UHF
ISV50	日本	3	25	4.9	28	5.7	VHF
ISV97	日本	3	25	2.4	18	7.5	VHF
ISV59. OSV70 /IS2208	日本	3	25	2	11	5.5	UHF

如图 10－9 所示是变容二极管的容压特性及等效电路。

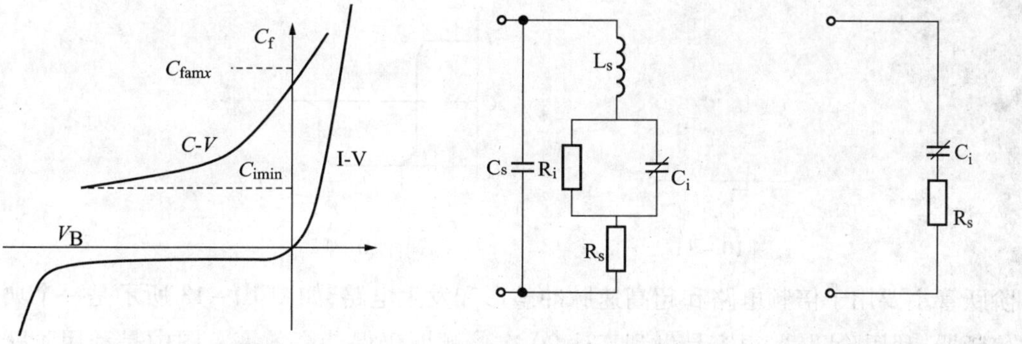

(a)电压/电容特性　　(b)通常频率下的等效电路　　(c)微波频率下的等效电路

图 10－9

如图 10－10 所示是利用变容管的变容特性来调谐本机振荡的频率(电视接收机调谐器中作本机振荡)。图中是一个调谐信号源,用变容管和单结晶体管与恒流二极管组成的锯齿振荡器,利用输出信号进行调频,由于变容管大多数在反偏压下工作,所以应加恒流保护,以防止击穿。

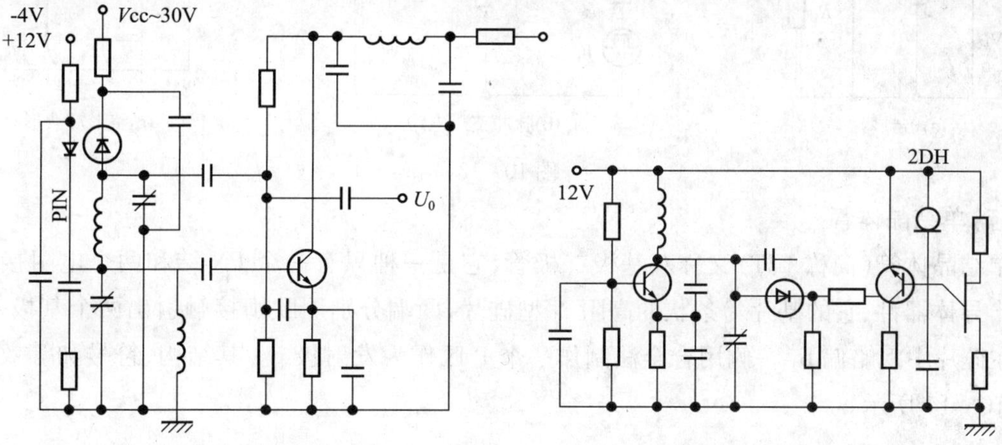

(a)利用变容管调谐本机振荡频率　　(b)利用变容管应用实例

图 10－10

(6)阶跃恢复二极管

阶跃恢复二极管是一种特殊的变容管,也称做电荷储存二极管,简称阶跃管,它具有高度非线性的电抗,应用于倍频器时代独有的特点,利用其反向恢复电流的快速突变中所包含的丰富谐波,可获得高效率的高次倍频,它是微波领域中优良的倍频元件。阶跃管的特性是建立在 PN 结杂质的特殊分布上,和变容管相似,阶跃管的符号如图 10－11 所示,它的直流伏安特性与一般 PN 结构相同。

阶段管的特点是:当处于导通状态的二极管突然加上反向电压时,瞬间反向电流立即达到最大值 I_R,并维持一定的时间 t_S,接着又立即恢复到零,电流和时间的关系如图 10－12所示。

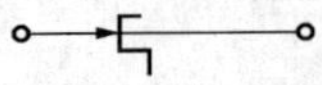

图 10－11

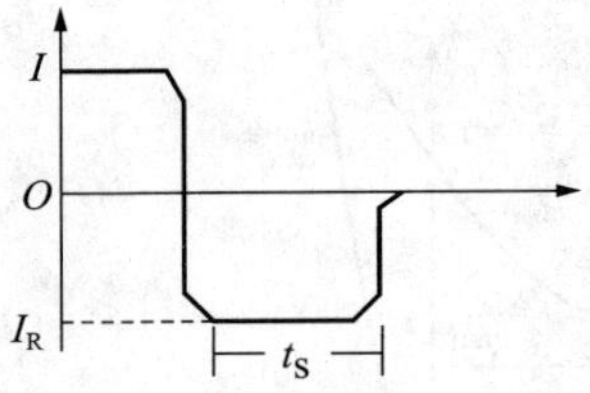

图 10－12

阶跃管主要用于倍频电路和超高速脉冲整形和发生电路，如图 10－13 所示是一个典型的高次倍频器，利用阶跃管，很容易做到高达 20 次倍频而仍保持高效率。图中是利用阶跃管的脉冲整形电路，可以进行整形前后的波形比较。

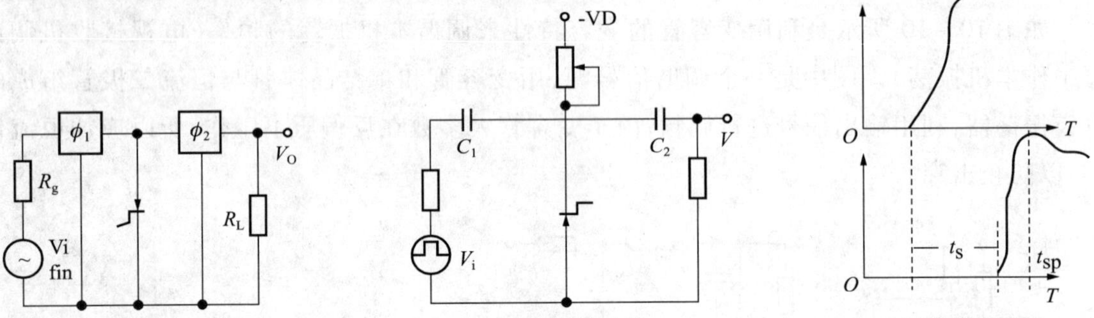

(a)倍频器　(b)脉冲整形电路　(c)整形后波形

图 10－13

(7)单结晶体管

单结晶体管(简称 UJT)又称双基极二极管，它是一种只有一个 PN 结和两个电阻接触电极的半导体器件，它的基片为条状的高阻 N 型硅片，两端分别用欧姆接触引出两个基极 b_1 和 b_2。在硅片中间略偏 b_2 一侧用合金法制作一个 P 区作为发射极 e。其结构、符号和等效电路如图 10－14 所示。

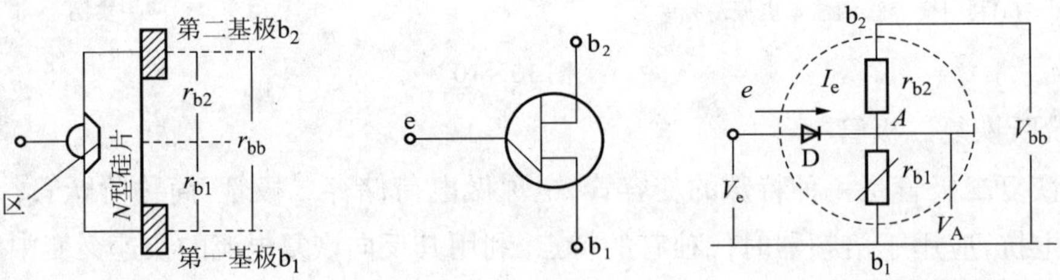

(a)结构　(b)符号　(c)等效电路

图 10－14

从图 10－14(a)可以看出，两基极 b_1 与 b_2 之间的电阻称为基极电阻：

$$r_{bb} = r_{b1} + r_{b2}$$

式中，r_{b1} 为第一基极与发射结之间的电阻，其数值随发射极电流 I_e 而变化，r_{b2} 为第二基极与发射结之间的电阻，其数值与 I_e 无关；发射结是 PN 结，与二极管等效。

若在两面基极 b_1、b_2 间加上正电压 V_{bb}，则 A 点电压为

$$V_A = \frac{r_{b1}}{r_{b1}+r_{b2}} v_{bb} = \frac{r_{b1}}{r_{bb}} v_{bb} = \eta V_{bb}$$

式中，η 为分压比，其值一般在 0.3 ~ 0.85 之间，如果发射极电压 V_e 由零逐渐增加，就可测得单结晶体管的伏安特性，如图 10－15 所示。

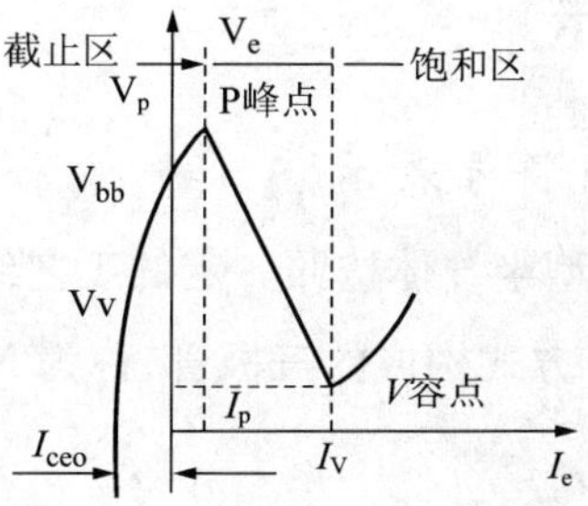

图 10－15

特点 1：当 $V_e < \eta V_{bb}$ 时，发射结处于反向偏置，管子截止，发射极只有很小的漏电流 I_{ceo}。

特点 2：当 $V_e \geqslant \eta V_{bb} + V_D$，$V_D$ 为二极管正向压降（约为 0.7 V），PN 结正向导通，I_e 显著增加，r_{b1} 阻值迅速减小，V_e 相应下降，这种电压随电流增加反而下降的特性，称为负阻特性。管子由截止区进入负阻区的临界 P 称为峰点，与其对应的发射极电压和电流，分别称为峰点电压 V_p 和峰点电流 I_p。I_p 是正向漏电流，它是使单结晶体管导通所需的最小电流，显然 $V_p = \eta V_{bb}$。

特点 3：随着发射极电流 I_e 不断上升，V_e 不断下降，降到 V 点后，V_e 不再下降，这点 V 称为谷点，与其对应的发射极电压和电流，称为谷点电压 V_V 和谷点电流 I_V。

特点 4：过了 V 点后，发射极与第一基极间半导体内的载流子达到了饱和状态，所以 U_e 继续增加时，I_e 便缓慢地上升，显然 V_V 是维持单结晶体管导通的最小发射极电压，如果 $V_e < V_V$，管子重新截止。

单结晶体管的主要参数如下：

参数 1：基极间电阻 R_{bb}。发射极开路时，基极 b_1、b_2 之间的电阻，一般为 2 ~ 10 千欧，其数值随温度上升而增大。

参数 2：分压比 η。由管子内部结构决定的常数，一般为 0.3 ~ 0.85。

参数 3：e、b_1 间反向电压 V_{cb1b2} 开路，在额定反向电压 V_{cb2} 下，基极 b_1 与发射极 e 之间的反向耐压。

参数 4：反向电流 I_{eob1} 开路，在额定反向电压 V_{cb2} 下，e、b_2 间的反向电流。

参数 5：发射极饱和压降 V_{eo}。在最大发射极额定电流时，e、b_1 间的压降。

参数 6：峰点电流 I_p。单结晶体管刚开始导通时，发射极电压为峰点电压时的发射极电流。

第3节 晶体三极管

10.3.1 三极管的结构及表示

1. NPN 型三极管的结构及符号表示

将两个 N 型半导体与一个 P 型半导体按照一定的工艺组合起来，并由三个半导体分别引线，就构成了三极管。将这种组合方式构成的三极管，称为 NPN 型三极管。图 10－16 所示是 NPN 型三极管的组成示意图。

根据两个 PN 结内部结构的不同，将两个 N 型半导体分为集电极和发射极，将中间的 P 型半导体称为基极。在 NPN 型三极管中有两个 PN 结，我们将基极与集电极之间的 PN 结称为集电结，而将基极与发射极之间的 PN 结称为发射结。为了工程上的方便，将三极管用通用的符号表示，如图 10－17 所示。

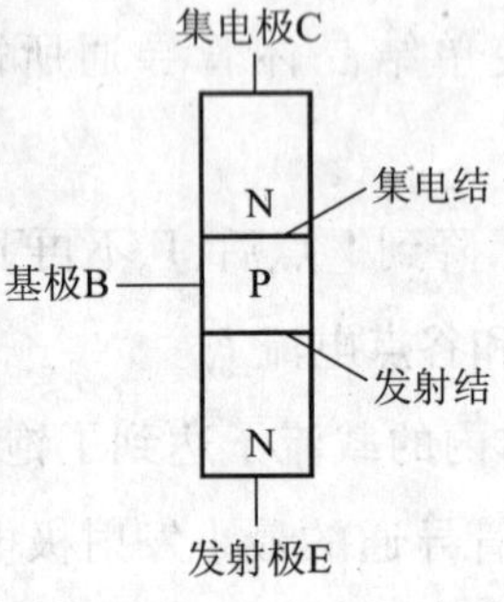

图 10－16

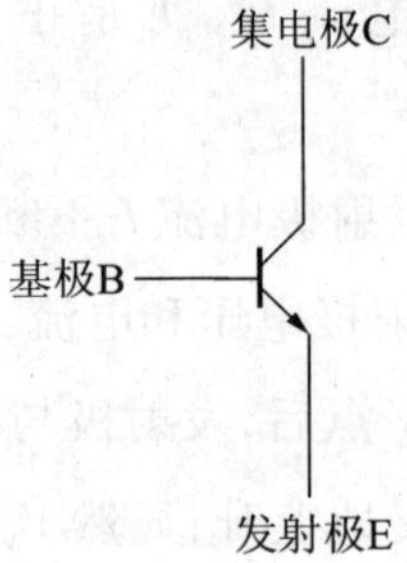

图 10－17

2. PNP 型三极管的结构及符号表示

将两个 P 型半导体与一个 N 型半导体按照一定的工艺组合起来，并由三个半导体分别引线，就构成了三极管。将这种组合方式构成的三极管，称为 PNP 型三极管。图 10－18 所示是 PNP 型三极管的组成示意图。

根据两个 PN 结内部结构的不同，将两个 P 型半导体分为集电极和发射极，将中间的 N 型半导体称为基极。在 PNP 型三极管中有两个 PN 结，我们将基极与集电极之间的 PN 结称为集电结，而将基极与发射极之间的 PN 结称为发射结。为了工程上的方便，将三极管用通用的符号表示，如图 10－19 所示。

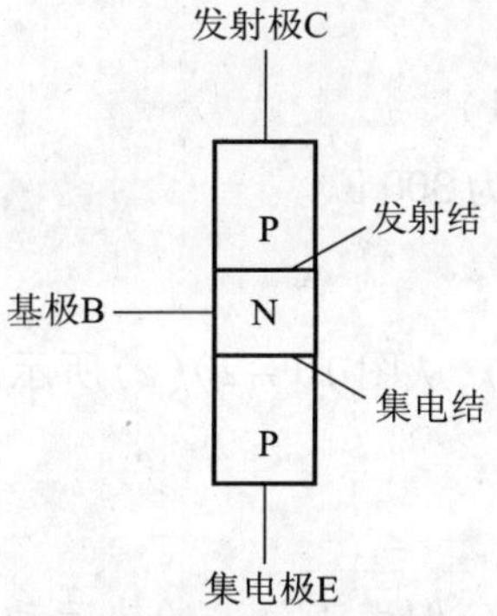

图 10－18

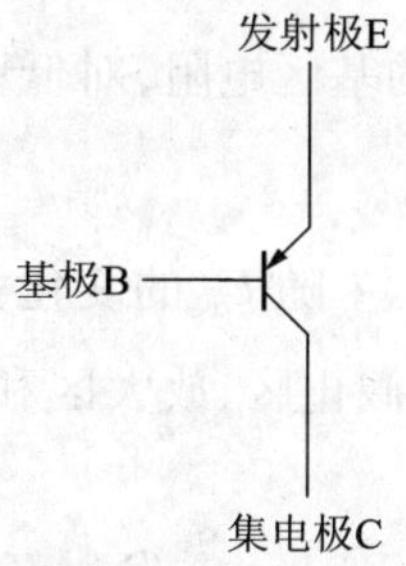

图 10－19

三极管的结构类型分成上述两种，即 NPN 型和 PNP 型。组成三极管的半导体材料有锗型材料和硅型材料两种。锗型材料和硅型材料的三极管分别用于不同工作条件的电路。

10.3.2 三极管的特性

1. 输入特性

图 10－20 所示是三极管的输入特性曲线。

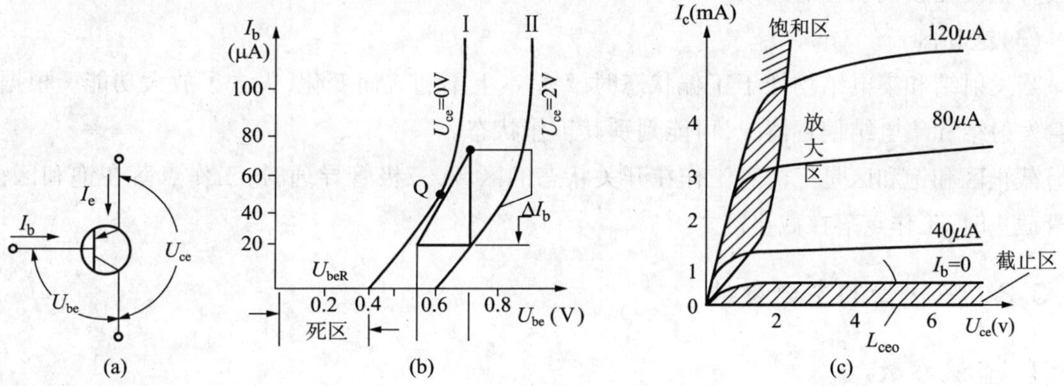

图 10－20

它表示 I_b 随 U_{be} 的变化关系，其特点是：

(1) 当 U_{ce} 在 0～2 V 范围内，曲线位置和形状与 U_{ce} 有关，但当 U_{ce} 高于 2 V 后，曲线与 U_{ce} 基本无关。通常，输入特性由两条曲线（Ⅰ和Ⅱ）表示即可。

(2) 当 $U_{be} < U_{beR}$（死压电压）时，$I_b \approx 0$（0～U_{beR}）的区段称为“死区”，当 $U_{be} > U_{beR}$ 时，I_b 随 U_{be} 增加而增加，放大时，三极管工作在较直线的区段。

(3) 三极管输入电阻，定义为

$$R_{be} = \frac{\Delta U_{be}}{\Delta I_b}$$

其估算公式为

$$R_{be}=R_b(\beta+1)$$

R_b为三极管的基区电阻，对低频小功率管，R_b约为300欧。

2. 输出特性

输出特性表示I_c随U_{ce}的变化关系（以I_b为参数），从图10－20（c）所示的输出特性可见，它分为三个区域：截止区、放大区和饱和区。

（1）截止区

当$U_{be}<0$时，则$I_b\approx0$，发射区没有电子注入基区，但由于分子的热运动，集电集仍有小量电流通过，即$I_c=I_{ceo}$称为穿透电流，常温时I_{ceo}约为几微安、几十微安至几百微安，它与集电极反向电流I_{cbo}的关系是：

$$I_{ceo}=(1+\beta)I_{cbo}$$

常温时硅管的I_{cbo}小于1 μA，锗管的I_{cbo}约为10 μA，对于锗管，温度每升高12 ℃，I_{cbo}数值增加一倍，而对于硅管温度每升高8 ℃，I_{cbo}数值增大一倍，虽然硅管的I_{cbo}随温度变化更剧烈，但由于锗管的I_{cbo}值本身比硅管大，所以锗管仍然受温度影响较严重的三极管。

（2）放大区

当晶体三极管发射结处于正偏而集电结于反偏工作时，I_c随I_b近似作线性变化，放大区是三极管工作在放大状态的区域。

（3）饱和区

当发射结和集电结均处于正偏状态时，I_c基本上不随I_b而变化，失去了放大功能。根据三极管发射结和集电结偏置情况，可能判别其工作状态。

截止区和饱和区是三极管工作在开关状态的区域，三极管导通时，工作点落在饱和区，三极管截止时，工作点落在截止区。

10.3.3　三极管的主要参数

1. 直流参数

（1）集电极－基极反向饱和电流I_{cbo}。发射极开路（$I_e=0$）时，基极和集电极之间加上规定的反向电压V_{cb}时的集电极反向电流，它只与温度有关，在一定温度下是个常数，所以称为集电极－基极的反向饱和电流。良好的三极管，I_{cbo}很小，小功率锗管的I_{cbo}约为1～10 μA，大功率锗管的I_{cbo}可达数毫安，而硅管的I_{cbo}则非常小，是毫微安级。

（2）集电极－发射极反向饱和电流I_{ceo}（穿透电流）。基极开路（$I_b=0$）时，集电极和发射极之间加上规定反向电压V_{ce}时的集电极电流。I_{ceo}大约是I_{cbo}的β倍，即$I_{ceo}=(1+\beta)\ I_{cbo}$。$I_{cbo}$和$I_{ceo}$受温度影响极大，它们是衡量管子热稳定性的重要参数，其值越小，性能越稳定，小功率锗管的I_{ceo}比硅管大。

（3）直流电流放大系数β_1（或h_{EF}），这是指共发射接法，没有交流信号输入时，集电极输出的直流电流与基极输入的直流电流的比值，即：

$$\beta_1=\frac{I_c}{I_b}$$

2. 交流参数

(1)交流电流放大系数β(或h_{fe})，这是指共发射极接法，集电极输出电流的变化量ΔI_c与基极输入电流的变化量ΔI_b之比，即：

$$\beta=\frac{\Delta I_c}{\Delta I_b}$$

一般晶体管的β大约在10～200之间，如果β太小，电流放大作用差，如果β太大，电流放大作用虽然大，但性能往往不稳定。

(2)共基极交流放大系数α(或h_{fb})，这是指共基接法时，集电极输出电流的变化是ΔI_c与发射极电流的变化量ΔI_e之比，即：

$$\alpha=\frac{\Delta I_c}{\Delta I_e}$$

因为$\Delta I_c<\Delta I_e$，故$\alpha<1$。高频三极管的$\alpha>0.90$就可以使用α与β之间的关系：

$$\alpha=\frac{\beta}{1+\beta}$$

$$\beta=\frac{\alpha}{1-\alpha}\approx\frac{1}{1-\alpha}$$

(3)截止频率f_β、f_α。当β下降到低频时的0.707倍的频率，就是共发射极的截止频率f_β；当α下降到低频时的0.707倍的频率，就是共基极的截止频率f_α。f_β、f_α是表明管子频率特性的重要参数，它们之间的关系为：

$$f_\beta\approx(1-\alpha)f_\alpha$$

(4)特征频率f_T。因为频率f上升时，β就下降，当β下降到1时，对应的f_T是全面地反映晶体管的高频放大性能的重要参数。

3. 极限参数

(1)集电极最大允许电流I_{CM}：当集电极电流I_c增加到某一数值，引起β值下降到额定值的$\frac{2}{3}$或$\frac{1}{2}$，这时的I_c值称为I_{CM}。所以当I_c超过I_{CM}时，虽然不致使管子损坏，但β值显著下降，影响放大质量。

(2)集电极——基极击穿电压BV_{cbo}：当发射极开路时，集电结的反向击穿电压称为BV_{ebo}。

(3)发射极——基极反向击穿电压BV_{ebo}：当集电极开路时，发射结的反向击穿电压称为BV_{ebo}。

(4)集电极——发射极击穿电压BV_{ceo}：当基极开路时，加在集电极和发射极之间的最大允许电压，使用时如果$V_{ce}>BV_{ceo}$，管子就会被击穿。

(5)集电极最大允许耗散功率 P_{CM}。有集电流 I_c 流过，温度要升高，管子因受热而引起参数的变化不超过允许值时的最大集电极耗散功率称为 P_{CM}。管子实际的耗散功率于集电极直流电压和电流的乘积，即 $P_c = U_{ce}I_c$，使用时应使 $P_c < P_{CM}$。

P_{CM}与散热条件有关，增加散热片可提高 P_{CM}。

10.3.4 三极管的放大作用

1. 三极管的放大原理

晶体三极管(以下简称三极管)按材料分有两种：锗管和硅管。而每一种又有 NPN 和 PNP 两种结构形式，但使用最多的是硅 NPN 和 PNP 两种三极管，两者除了电源极性不同外，其工作原理都是相同的，下面仅介绍 NPN 硅管的电流放大原理。如图 10－21 所示是 NPN 管的结构图。

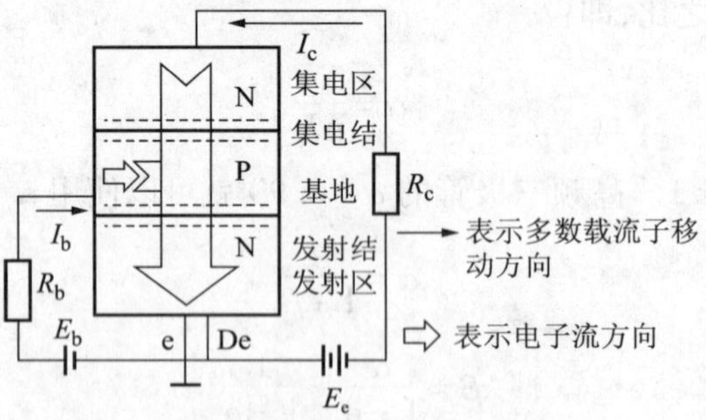

图 10－21

由图 10－21 可知，它是由 2 块 N 型半导体中间夹着一块 P 型半导体所组成，从图中可见发射区与基区之间形成的 PN 结称为发射结，而集电区与基区形成的 PN 结称为集电结，三条引线分别称为发射极 e、基极 b 和集电极 c。

当 b 点电位高于 e 点电位零点几伏时，发射结处于正偏状态，而 c 点电位高于 b 点电位几伏时，集电结处于反偏状态，集电极电源 E_c要高于基极电源 E_{bo}。

在制造三极管时，有意识地使发射区的多数载流子浓度大于基区，同时基区做得很薄，而且要严格控制杂质含量，这样，一旦接通电源后，由于发射结正偏，发射区的多数载流子(电子)及基区的多数载流子(空穴)很容易地越过发射结，互相向反方向扩散，但因前者的浓度基大于后者，所以通过发射结的电流基本上是电子流，这股电子流称为发射极电流 I_e。

由于基区很薄，加上集电结的反偏，注入基区的电子大部分越过集电结进入集电区而形成集电集电流 I_c，只剩下很少(1%～10%)的电子在基区的空穴进行复合，被复合掉的基区空穴由基极电源 E_b重新补给，从而形成了基极电流 I_b。根据电流连续性原理得：

$$I_e = I_b + I_c$$

这就是说，在基极补充一个很小的 I_b，就可以在集电极上得到一个较大的 I_c，这就是所谓电流放大作用。I_c与 I_b是维持一定的比例关系，即：

$$\beta_1=\frac{I_c}{I_b}$$

式中，β_1——称为直流放大倍数。

集电极电流的变化量 ΔI_c 与基极电流的变化量 ΔI_b 之比为

$$\beta=\frac{\Delta I_c}{\Delta I_b}$$

式中，β——称为交流电流放大倍数，由于低频时 β_1 和 β 的数值相差不大，所以有时为了方便起见，对两者不作严格区分，β 值约为几十至一百多。

2. 三极管的放大作用

三极管是一种电流放大器件，但在实际使用中常常利用三极管的电流放大作用，通过电阻转变为电压放大作用。图 10－22 是一个放大电路。

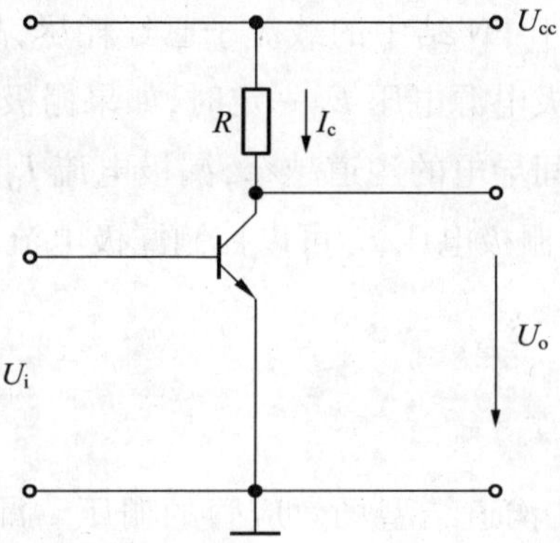

图 10－22

从图 10－22 中可以看出，由于集电极电流的变化，使得集电极电阻中的电流发生变化，从而引起电阻两端的电压变化，最后导致输出电压发生变化。

第 4 节　场效应管电路

10.4.1　场效应管的类型与特性

场效应管（缩写 FET）是电压控制器件，它由输入电压来控制输出电流的变化。它具有输入阻抗高、噪声低、动态范围大、温度系数低等优点，因而广泛应用于各种电子线路中。场效应管有结型和绝缘栅两种结构，每种结构又有 N 沟道和 P 沟道两种导电沟道。

1. 结型场效应管（JFET）

（1）结构原理

在 N 型硅棒两端引出漏极 D 和源极 S 两个电极，又在硅棒的两侧各做一个 P 区，形成两个 PN 结。在 P 区引出电极并连接起来，称为栅极 G，这样就构成了 N 型沟道的场效应管。如图 10－23 所示是 N 沟道结型场效应管的结构及符号。

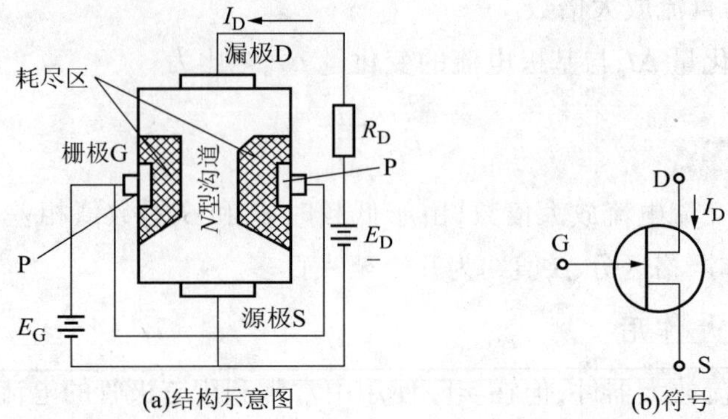

(a)结构示意图　　(b)符号

图 10－23

由图 10－23 可以看出，由于 PN 结中的载流子已经耗尽，故 PN 基本上是不导电的，形成了所谓耗尽区，从图可知，当漏极电源电压 E_D一定时，如果栅极电压为负，PN 结交界面所形成的耗尽区就越厚，则漏、源极之间导电的沟道越窄，漏极电流 I_D就越小；反之，如果栅极电压增大，则沟道变宽，I_D变大，所以用栅极电压 E_G可以控制漏极电流 I_D的变化，也就是说，场效应管是电压控制元件。

（2）特性曲线

①转移特性

如图 10－24 所示给出了 N 沟道结型场效应管的栅压－漏流特性曲线，称为转移特性曲线，它和电子管的动态特性曲线非常相似，当栅极电压 $V_{GS}=0$ 时的漏源电流用 I_{DSS}表示。V_{GS}变负时，I_D逐渐减小。I_D接近于零的栅极电压称为夹断电压，用 V_P表示，在 $0 \geqslant V_{GS} \geqslant V_P$ 的区段内，I_D与 V_{GS}的关系可近似表示为

$$I_D = I_{DSS}\left(1 - \left|\frac{V_{GS}}{V_P}\right|\right)^2$$

式中：ΔI_D——漏极电流增量（微安）

ΔV_{GS}——栅源电压增量（伏）

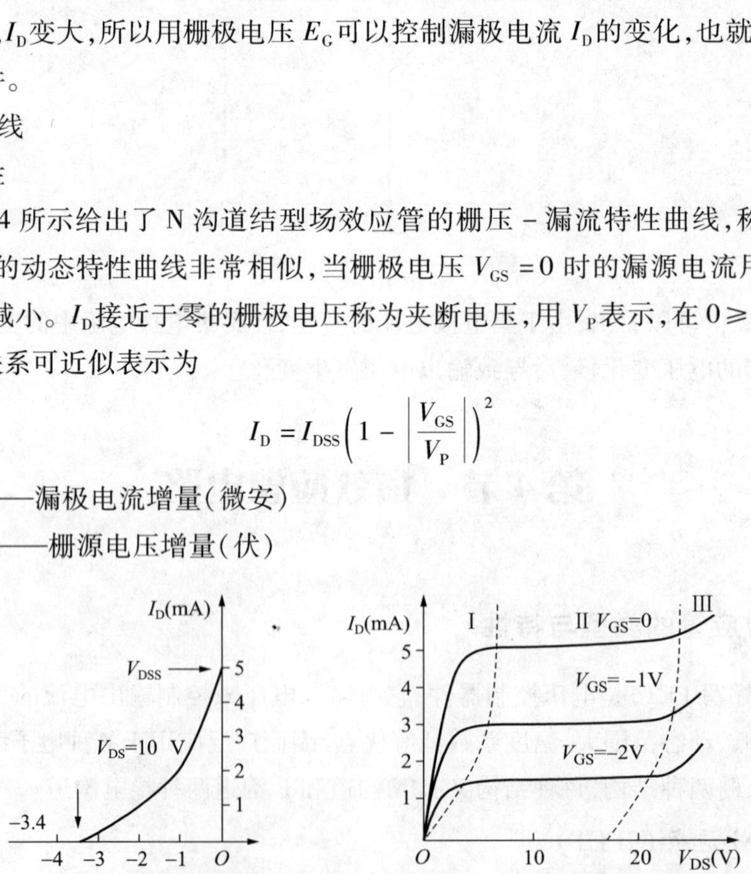

(a)转移特性　　(b)漏极特性

图 10－24

②漏极特性(输出特性)

如图 10－24 给出了场效应管的漏极特性曲线,它和晶体三极管的输出特性曲线很相似。

可变电阻区(图中 I 区):在 *I* 区里 V_{DS}比较小,沟通电阻随栅压 V_{GS}而改变,故称为可变电阻区。当栅压一定时,沟通电阻为定值,I_D随 V_{DS}近似线性增大,当 $V_{GS} < V_P$时,漏源极间电阻很大(关断),$I_P = 0$;当 $V_{GS} = 0$ 时,漏源极间电阻很小(导通),$I_D = I_{DSS}$。这一特性使场效应管具有开关作用。

恒流区(图中 II 区):当漏极电压 V_{DS}继续增大到 $V_{DS} > |V_P|$时,漏极电流 I_P达到了饱和值后基本保持不变,这一区称为恒流区或饱和区。在这里,对于不同的 V_{GS}漏极特性曲线近似平行线,即 I_D与 V_{GS}呈线性关系,故又称线性放大区。

击穿区(图中Ⅲ区):如果 V_{DS}继续增加,以至超过了 PN 结所能承受的电压而被击穿,漏极电流 I_D突然增大,若不加限制措施,管子就会烧坏。

2. 绝缘栅场效应管

绝缘栅场效应管是由金属、氧化物和半导体所组成,所以又称为金属氧化物半导体场效应管,简称 MOS 场效应管。

(1)结构原理

绝缘栅场效应管的结构、电极及符号如图 10－25 所示,以一块 P 型薄硅片作为衬底,在它上面扩散两个高杂质的 N 型区,作为源极 S 和漏极 D。在硅片表面覆盖一层绝缘物,然后再用金属铝引出一个电极 G(栅极)。由于栅极与其他电极绝缘,所以称为绝缘栅场效应管。

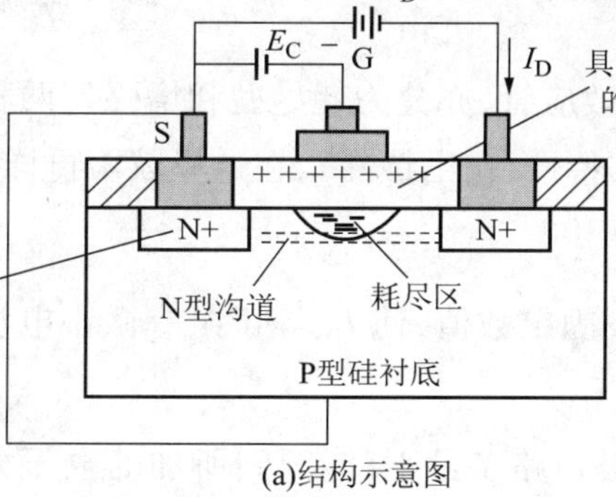

(a)结构示意图

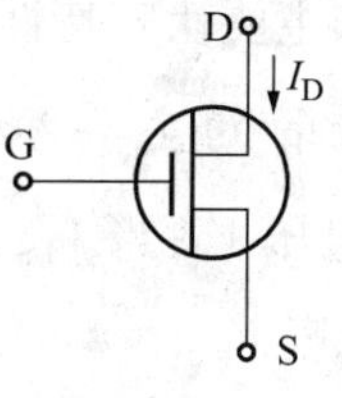

(b)符号

图 10－25

在制造管子时,通过工艺使绝缘层中出现大量正离子,故在交界面的另一侧能感应出较多的负电荷,这些负电荷把高掺杂质的 N 区接通,形成了导电沟道,即使在 $V_{GS} = 0$ 时也有较大的漏极电流 I_D。当栅极电压改变时,沟道内被感应的电荷量也改变,导电沟道的宽窄也随之而变,因而漏极电流 I_D随着栅极电压的变化而变化。

场效应管的工作方式有两种:当栅极电压为零时有较大漏极电流的称为耗散型;当栅极电

压为零,漏极电流也为零,必须再加一定的栅极电压之后才有漏极电流的称为增强型。

(2)特性曲线

①转移特性(栅极电压漏流特性)

如图10－26所示给出了N沟道耗尽型绝缘栅场效应管的转移特性曲线,图中V_P为夹断电压(栅源截止电压)、I_{DSS}为饱和漏电流。图10－26(b)中给出了N沟道增强型绝缘栅场效管的转移特性曲线,图中V_R为开启电压,当栅极电压超过V_T时,漏极电流才开始显著增加。

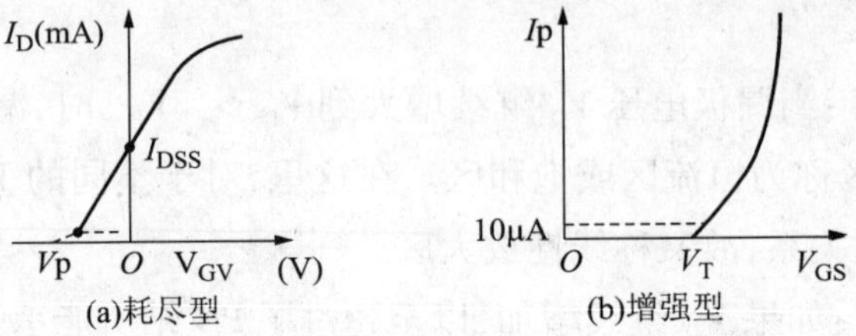

图10－26

②漏极特性(输出特性)

如图10－27所示为N沟道耗尽型绝缘栅场效应管的输出特性曲线。如图10－27(b)所示为N沟道增强型MOS场效应管的输出特性曲线。

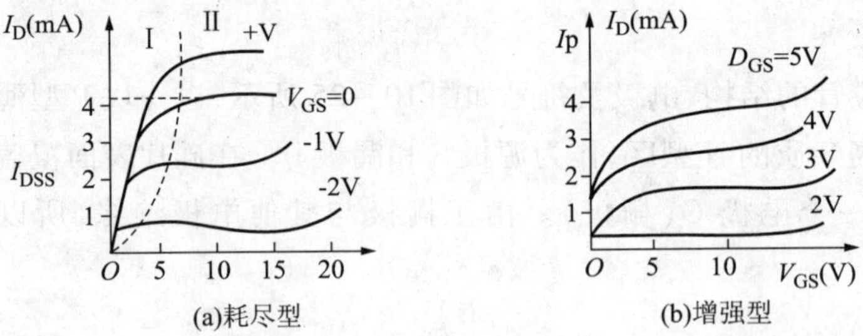

图10－27

此外,还有N衬底P沟道的场效应管,亦分为耗尽型和增强型两种,各种场效应器件的分类,电压符号和主要伏安特性(转移特性、输出特性),在这里就不再详细介绍。

3. 场效应管的主要参数

(1)夹断电压V_P:当V_{DS}为某一固定数值,使I_{DS}等于某一微小电流时,栅极上所加的偏压V_{GS}就是夹断电压V_P。

(2)饱和漏电流I_{DSS}:在源、栅极短路条件下,漏源间所加的电压大于V_P时的漏极电流称为I_{DSS}。

(3)击穿电压BV_{DS}:表示漏、源极间所能承受的最大电压,即漏极饱和电流开始上升进入击穿区时对应的V_{DS}。

(4)直流输入电阻R_{GS}:在一定的栅源电压下,栅、源之间的直流电阻,结型场效应管的R_{GS}可达1000兆欧,而绝缘栅场效应管的R_{GS}可超过1000兆欧。

(5)低频跨导G_m:漏极电流的微变量与引起这个变化的栅源电压微数变量之比,称为跨导,即

$$G_m = \frac{\Delta I_D}{\Delta V_{GS}}$$

它是衡量场效应管栅源电压对漏极电流控制能力的一个参数，也是衡量放大作用的重要参数，此参数的灵敏度常以栅源电压变化 1 V 时，漏极相应变化多少微安（μA/V）或毫安（mA/V）来表示。

10.4.2 场效应管电路

1. 偏置电路

场效应管的偏置电路有两类。一类是自生偏置电路；另一类是混合偏置电路。

表 10－3 是场效应管利用漏极电流通过 R_s 所产生的 I_{dRs} 作为自生偏置电压，即 $U_{gs} = -I_{dRs}$，可以稳定工作点。$|I_{dRs}|$ 越大，稳定性能越好，但过大的偏置电压，会使管子进入夹断而不能工作。若采用如表中图 2 和图 3 所示的混合偏置电路就可以克服上述缺陷。它们是由自生偏压和外加偏置组成的混合偏置，由于外加偏压 E_{dRp}（R_p 为分压系数）提高了栅极电位，以便于选用更大的 I_{dRs} 来稳定工作点，电路 2、3 中 R_g 的作用是提高电路输入电阻。

2. 图解法

用图解法求电路的静态工作点如表 10－3 所示。

表 10－3 常用场效应管放大电路表

	图 1	图 2	图 3
电路	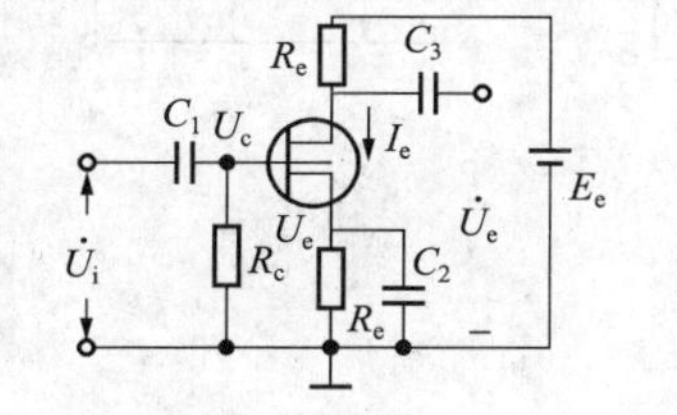	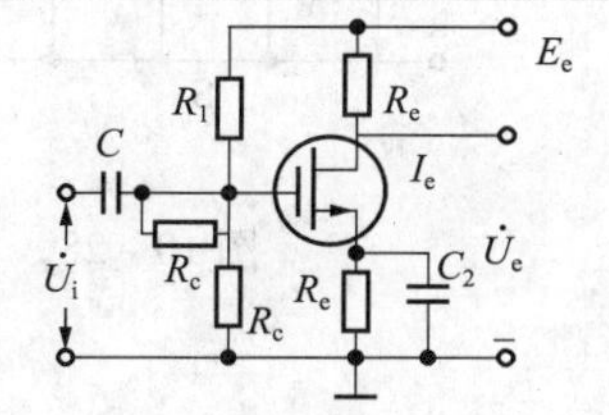	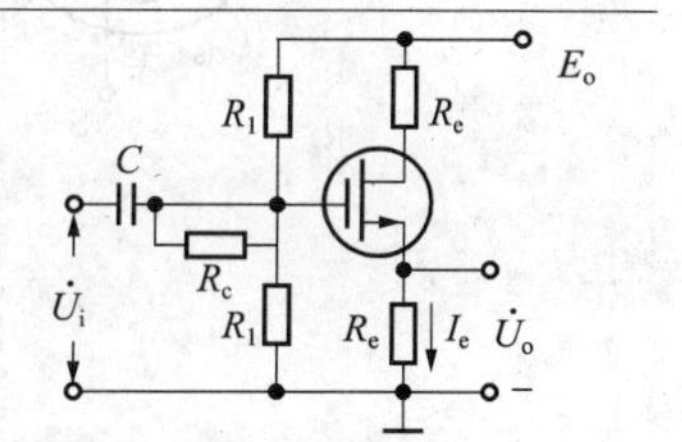
图解法	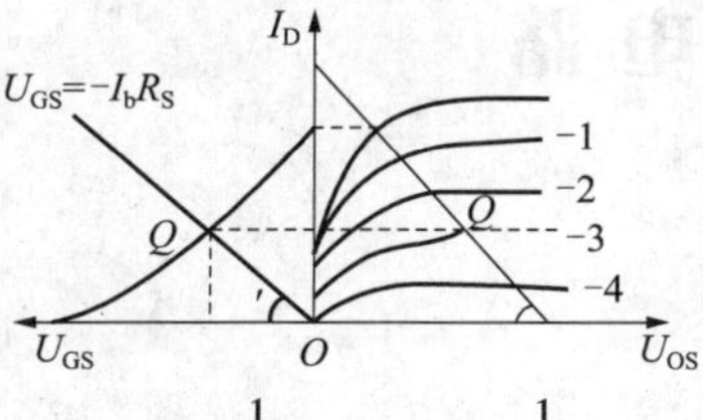 $\tan\alpha' = \frac{1}{R_S}$ $\tan\alpha = \frac{1}{R_o + R_S}$	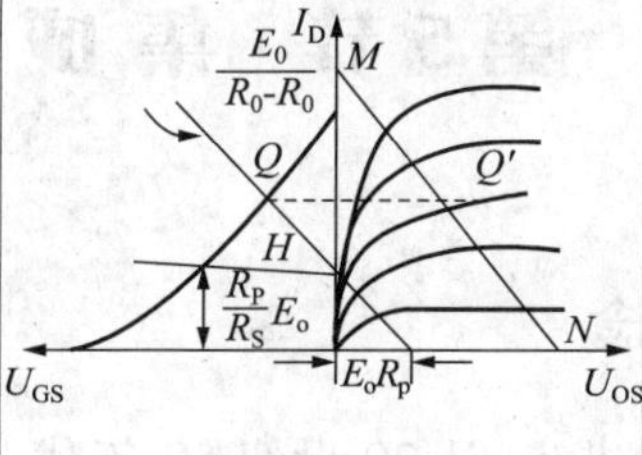	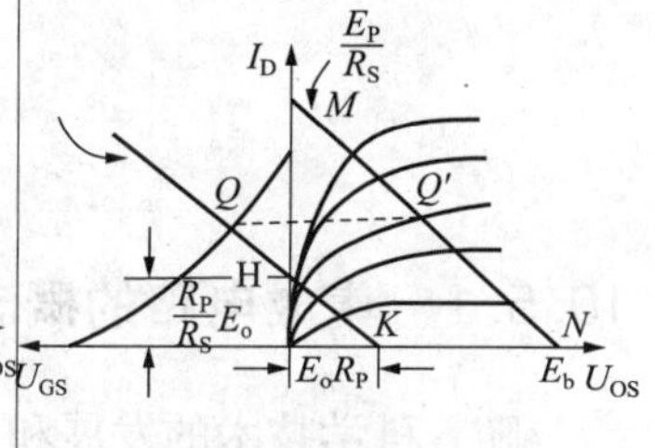
等效电路	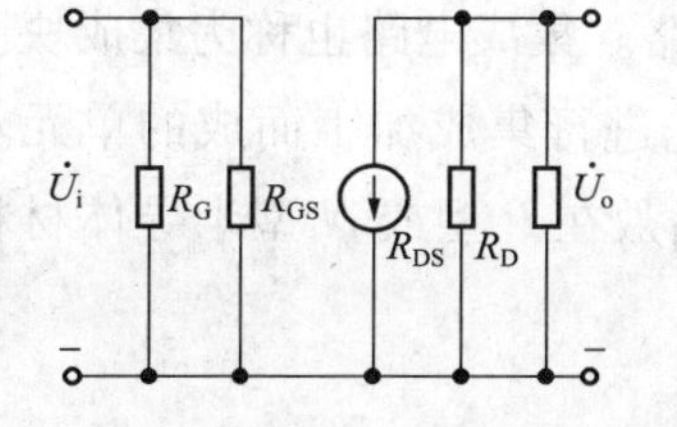	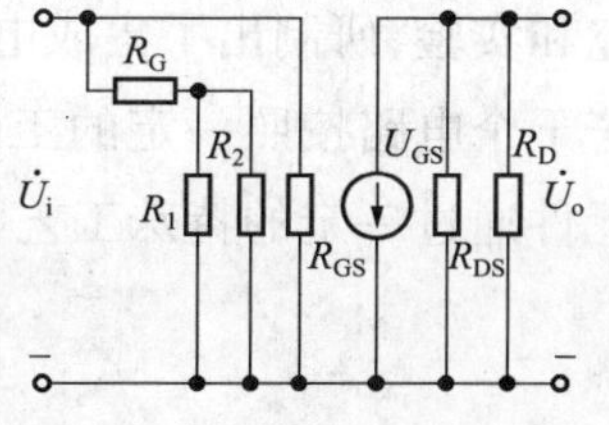	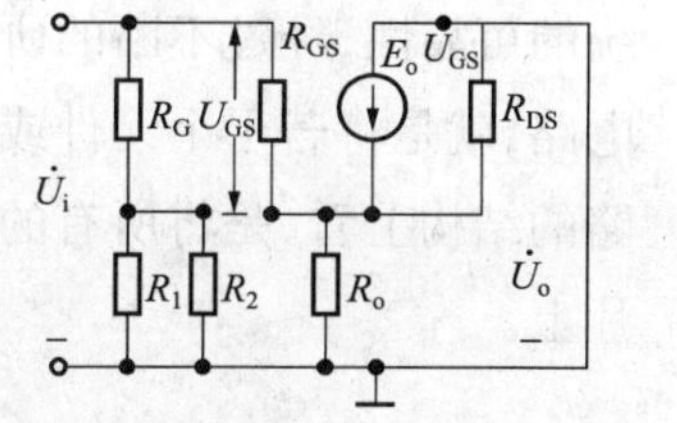

(1)写出直流负载线的方程为：

$$U_{ds}=E_d-I_d(R_d+R_s)=15-3.2I_d$$

令 $I_D=0$，则 $U_{DS}=15$ V，在横坐标上标出 N 点，又令 $U_{DS}=0$，得 $I_D=4.7$ mA，在纵坐标上标出 M 点，将 M、N 连接成直线，则 MN 就是直流负载线。

(2)画栅漏特性(转移特性)

根据负载线与各条漏极特性曲线的交点坐标，画出如表 10－3 图解法图 2 所示的 $I_D=f(U_{GS})$ 曲线称为栅漏特性。

(3)通过栅漏特性坐标原点作 $I_{ga}=\dfrac{1}{R_S}$ 的栅极回路负载线，它与栅漏特性相交于 Q，再过 Q 点作横轴平行线，与栅漏负载线相交于 Q'。由静态工作点 Q 和 Q' 读出：$I_{DQ}=2.5$ mA，$U_{GSQ}=-3$ V，$U_{DSG}=7$ V，表 10－3 中的图解法与此相同。

3. 等效电路分析法

场效应管的微变等效电路如图 10－28 所示，由场效应管放大电路写成等效电路的具体例子可参阅表 10－3。根据等效电路求电压放大倍数及输入、输出电阻的方法与晶体管电路相同。图 10－28 所示是场效应管的交流等效电路。

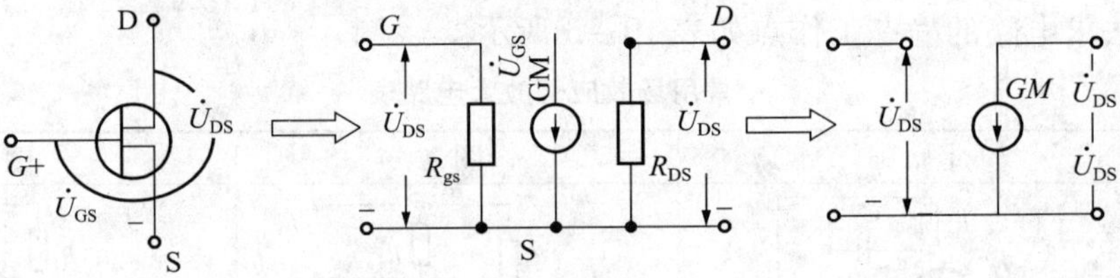

图 10－28

第5节 集成电路

10.5.1 集成电路的概念

随着科学技术的发展和进步，从 20 世纪 50 年代开始，为了缩小电路的体积、增加电路系统的可靠性，经过不断的研究和实验，研制出了集成电路。集成电路也称为集成块。所谓集成电路，就是将若干个元件或若干个电路按照一定的工艺进行集成加工而成的单元。从集成电路的结构上看，是将所有的元件通过一定的特殊工艺贴敷在 P 型或 N 型半导体材料构成的基片上。

10.5.2 集成电路的引脚

集成电路的引脚是具有一定规律的,通常将其称为集成电路引脚的排列顺序。

集成电路引脚的排列顺序是:从集成电路的正面看上去是逆时针排序,而从集成电路的反面看上去是顺时针排序。其起始引脚端一般加工有便于识别的标识。如图 10 - 29 所示是集成电路的引脚排列示意图。

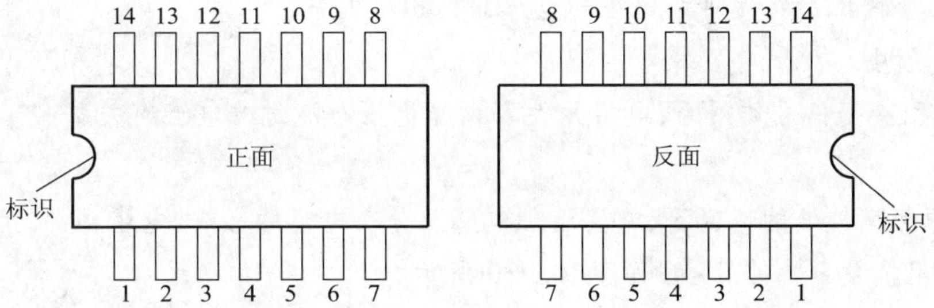

图 10 - 29

10.5.3 集成电路的分类

按照不同的特点和功能可以对集成电路进行分类。

(1)简单的集成电路:简单的集成电路所含有的元件比较少,一般由几个元件组成。比如整流用的集成电路(一般称为整流桥集成块)。其内部主要元件是四个整流二极管。这种集成电路的功能简单。

(2)小规模集成电路:小规模集成电路内部含有多个元件,但是其功能比较简单,一般只能完成一个或几个功能。如单级放大集成电路,其主要功能是进行一级信号放大,主要由一个或几个三极管等元件组成。

(3)中规模集成电路:中规模集成电路内部元件比较多,可以完成多个功能。如电视机电路中采用的集成电路,其中包括视频信号、彩色信号、同步信号、消隐信号等处理功能。

(4)大规模集成电路:大规模集成电路内部的元件很多,可以完成更多个功能。如电子计算机中所采用的集成电路,可以完成对各种数据的分析、处理、记忆等功能。

(5)超大规模集成电路:超大规模集成电路的结构非常复杂,内部元件更多,能完成更多的功能。如大型计算机中采用的集成电路。

(6)特殊用途的集成电路:特殊用途的集成电路是根据电路的特殊需要而专门研制生产的集成电路。如高频电路专用的集成电路,大功率电路专用的集成电路等。

随着科学技术水平的不断提高,相信会研制生产出更加先进的集成电路。

综合实训10　电子电路中的元器件及其应用

一、实训目的

(1)验证电阻、感抗、容抗与频率的关系,测定 $R \sim f$,$X_L \sim f$ 与 $X_C \sim f$ 特性曲线。

(2)加深理解 R、L、C 元件端电压与电流间的相位关系。

二、原理说明

(1)在正弦交变信号作用下,电阻元件 R 两端电压与流过的电流有关系:

$$U = RI$$

在信号源频率较低的情况下,略去附加电感及分布电容的影响,电阻元件的阻值与信号源频率无关,其阻抗频率特性 $R \sim f$,如图10-30所示。

如果不计线圈本身的电阻 R_L,又在低频时略去电容的影响,可将电感元件视为纯电感。则有关系式

感抗

$$U_L = jX_L I$$

$$X_L = 2\pi f_L$$

感抗随信号源频率而变,阻抗频率特性 $X_L \sim f$。在低频时略去附加电感的影响,将电容元件视为纯电容。有关系式

容抗

$$U_C = jX_C I$$

$$X_C = \frac{1}{2\pi f_C}$$

容抗随信号源频率而变,阻抗频率特性 $X_C \sim f$。

(2)单一参数 R、L、C 阻抗频率特性的测试电路如图10-31所示。

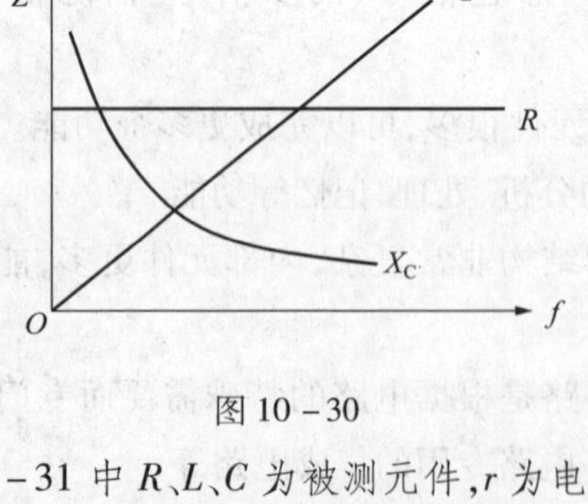

图10-30

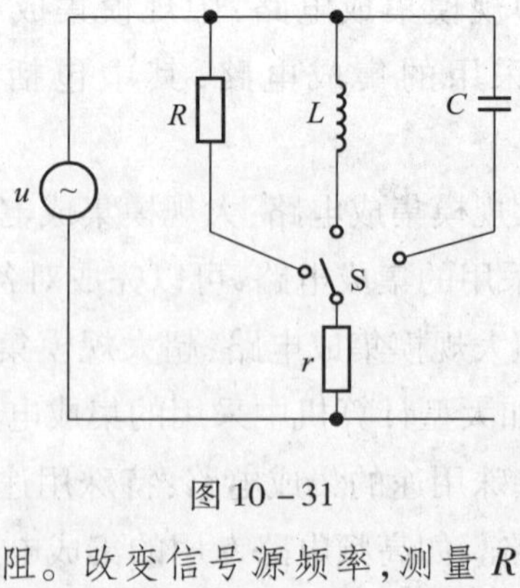

图10-31

图10-31中 R、L、C 为被测元件,r 为电流取样电阻。改变信号源频率,测量 R、L、C 元件两端电压 U_R、U_L、U_C,流过被测元件的电流则可由 r 两端电压除以 r 得到。

(3)元件的阻抗角(即相位差 φ)随输入信号的频率变化而改变,同样可用实验方法测得阻抗角的频率特性曲线 $\varphi \sim f$。如果用双踪示波器测量阻抗角(相位差)的方法,就是将欲测量

相位差的两个信号分别接到双踪示波器 Y_A 和 Y_B 两个输入端。调节示波器有关旋钮，使示波器屏幕上出现两条大小适中、稳定的波形，荧光屏上数得水平方向一个周期占 n 格，相位差占 m 格，则实际的相位差 φ(阻抗角)为 360°。

$$\varphi = m \cdot \frac{360°}{n}$$

三、实训设备

函数信号发生器一台、交流毫伏表一块、双踪示波器一台、频率计一台、实验电路元件 $R = 1\ \mathrm{k\Omega}$、$L = 10\ \mathrm{mH}$、$C = 1\ \mu\mathrm{A}$、$r = 200\ \Omega$。

四、实训内容

(1)测量单一参数 R、L、C 元件的阻抗频率特性。实验电路如图 10－31 所示。

通过电缆线将函数信号发生器输出的正弦信号接至电路输入端，作为激励源 U，并用交流毫伏表测量，使激励电压的有效值为 $U = 3\ \mathrm{V}$，并在整个实验中保持不变。

改变信号源的输出频率从 200 Hz 逐渐增至 5 kHz(用频率计测量)，并使开关 s 分别接通 R、L、C 三个元件，用交流毫伏表分别测量 U_R、U_L、U_C，并通过计算得到各频率点时的 R、X_L 和 X_C 之值。

(2)用双踪示波器观察 RL 串联、RC 串联电路在不同频率下阻抗角的变化情况，并记录。

最后，根据实验数据，在方格纸上绘制 R、L、C 三个元件的阻抗频率特性曲线，从中可得出结论。再根据实验数据，在方格纸上绘制 RL 串联、RC 串联电路的阻抗角频率特性曲线，并可以总结、归纳出结论。

习 题

填空题：

(1)导电体对__________________的阻碍作用称为电阻，用符号 R 表示，常用单位为欧姆、千欧、兆欧，分别用 Ω、kΩ、MΩ 表示。

(2)电感用__________________表示，常用单位有亨(H)、毫亨(mH)、微亨(μH)。

(3)电容用__________________表示，常用单位有法拉(F)、微法(μF)、皮法(pF)。

(4)将 P、N 两种半导体材料用一定的工艺结合成一个__________________结，就组成了一个二极管。

(5)二极管最主要的特性是__________________。

(6)如图 10－32 所示是__________________型三极管。

(7)如图 10－33 所示是__________________型三极管。

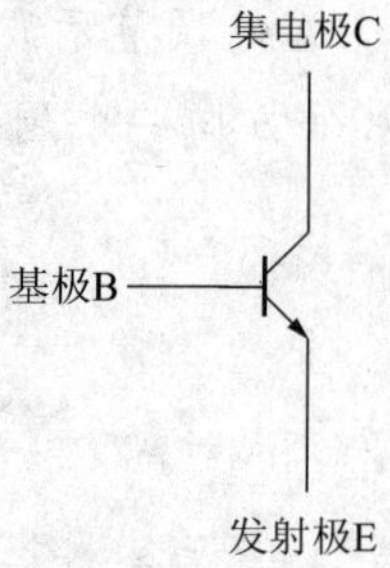

图 10 - 32

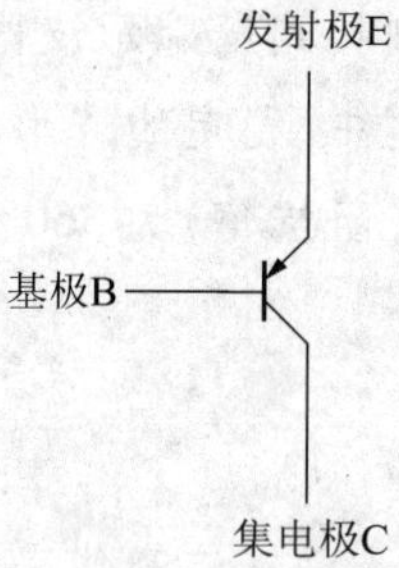

图 10 - 33

(8)场效应管的三个电极分别是__________、__________、__________。

第11章

直流稳压电源

内容提要

本章主要内容包括直流稳压电源电路的组成、整流电路、滤波电路、稳压电路、脉宽调制式开关电源的基本原理及应用电路。

教学建议

在学习本章内容时，要突出对整流电路、滤波电路、稳压电路以及开关稳压电源和应用电路的教学。

学习目标

1. 了解整流电路、单相半波整流电路、单相全波整流电路、单相桥式整流电路、晶闸管单相整流电路、滤波电路以及开关稳压电源。

2. 掌握单相半波、全波、桥式、晶闸管单相整流电路、滤波电路以及滤波电路的类型，稳压管稳压电路、串联型稳压电路和脉宽调制式开关电源及应用电路。

第1节　直流稳压电源电路的组成

电子电路要正常工作，首先就要有与之相匹配的直流稳压电源。一般电子设备所需的直流稳压电源都由电网中的50 Hz/220 V交流电转化而来。由于交流电在生产、传输、变换、分配和使用等方面有很多优点，因此发电厂生产的是交流电，电网供给的也是交流电。但是在很多场合都必须使用直流电，例如，直流电动机、电解、电镀和日常使用的电视机、DV、电脑、手机、MP3等电子设备，都需要直流电源供电，所以需有一种将交流电源变换成直流电源的装置，这就需要在这些设备中设计直流电源电路。如图11－1所示为线性直流稳压电源的结构框图。

由图11－1可见50 Hz/220 V交流电经变压器变压后，被由二极管组成的电路整流成脉动的直流电,再经滤波网络平滑成有一定纹波的直流电压,对于性能要求不高的电子电路,滤波后的直流电压就可以应用了,但对于稳压性能要求较高的电子电路,滤波后再加一级集成稳压环节。这样加到负载上的直流电压纹波就非常低了。

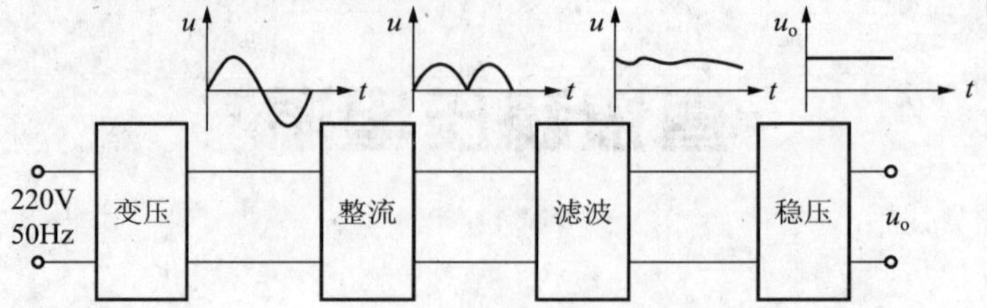

图 11 - 1

通常看到的直流稳压电源主要由两个参数来描述,即稳压电源的功率和稳压值。用户可以根据需要来选择合适的稳压电源。

1. 电源变压器

电网提供的交流电一般为220 V(或380 V),而各种电子设备所需要直流电压的幅值却各不相同。因此,常常需要将电网电压通过变压器变换成负载所需要的合适电压后再去整流、滤波和稳压,最后得到所需要的稳定的直流电压。

2. 整流电路

整流电路的作用是利用具有单向导电性能的整流元件,将正负交替的正弦交流电压整流成为单方向的脉动电压。但是,这种单向脉动电压往往包含着很大的脉动成分,不能使用电设备正常工作。

3. 滤波器

滤波器由电容、电感等储能元件组成。它的作用是尽可能地将单向脉动电压中的脉动成分滤掉,使输出电压成为比较平滑的直流电压。但是,当电网电压或负载电流发生变化时,滤波器输出直流电压的幅值也将随之而变化,在要求较高的电子设备中,这种情况是不符合要求的。

4. 稳压电路

稳压电路的作用是采取某些措施,使输出直流电压在电网电压或负载电流发生变化时保持稳定。

第2节 整流电路

把交流电变换成单相脉动电流的过程叫做整流。能够实现这种功能的电路叫做整流电路。

在整流电路中,整流的种类很多,根据整流的相数不同分为单相整流和三相整流(或多相整流）；根据整流输出波形不同分为单相半波整流、单相全波整流（单相桥式整流）和晶闸管单相可控整流电路。

由于二极管具有单向导电性，因此可以利用二极管的这一特性组成整流电路，将交流电压变换为单向脉动电压。当二极管加正向电压时，二极管导通，其正向电阻很小；当加反向电压时，只要不引起反向击穿，二极管截止，呈现很大的电阻。这样，二极管就相当于一个开关。在实际应用中，可忽略二极管的正向内阻，把二极管看成一个理想的开关。

小功率直流电路因为功率较小，通常可采用单相半波、单相桥式整流电路或单相可控整流。下面主要介绍单相半波整流、单相桥式整流和晶闸管单相可控整流电路。

11.2.1 单相半波整流电路

如图 11－2 所示是单相半波整流电路的电路和波形。电路中 T 为电源变压器，V_D 为整流二极管，R_L 为负载电阻。

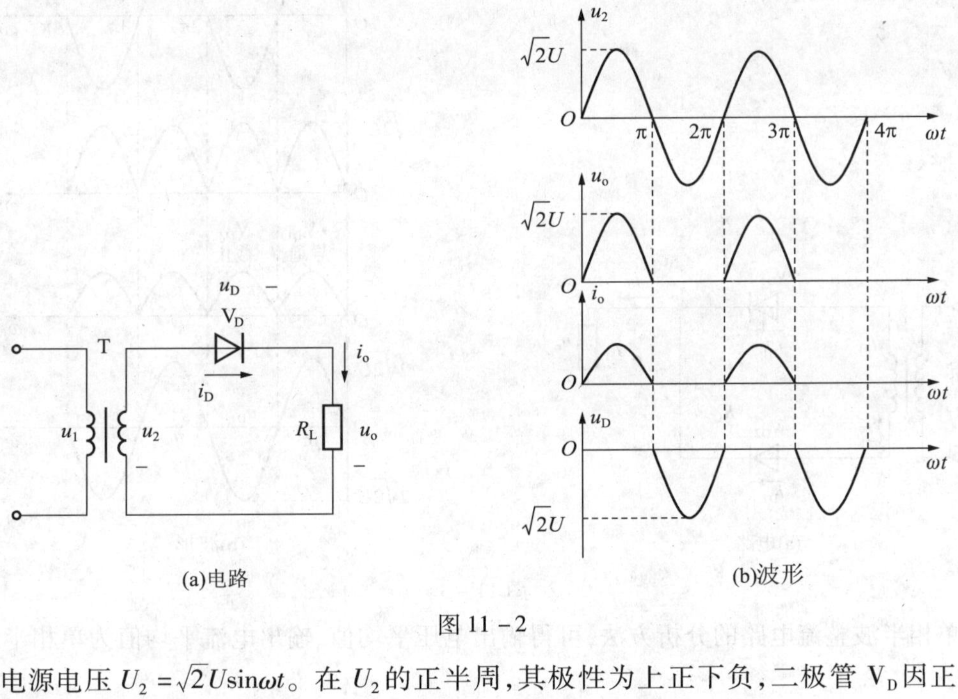

(a)电路　　(b)波形

图 11－2

设电源电压 $U_2=\sqrt{2}U\sin\omega t$。在 U_2 的正半周，其极性为上正下负，二极管 V_D 因正偏而导通，若忽略二极管的导通电压，则 $U_0=U_2$；在 U_2 的负半周，其极性为上负下正，二极管因反偏而截止，此时 U_2 全部加于二极管两端，此后不断重复上述过程。负载电阻 R_L 上的电压始终是上正下负，而且只有在 U_2 的正半周才有波形输出，实现了半波整流。参数计算如下：

（1）输出平均电压 U_0。这是指输出电压 U_0 在一个周期中的平均值。

（2）输出电流平均值 I_0。输出电流等于流过二极管的电流，两者的平均值也相等。

（3）二极管承受的最高反向峰值电压 U_{RM}，电压负半周时二极管截止。

（4）脉动系数 s。由于输出是脉动的直流电压，即直流分量上还叠加着许多交流分量。脉

动系数 s 定义为输出基波幅值 U_{01M} 与输出平均电压 U_0 之比。

半波整流电路虽然电路结构简单，但效率低，输出脉动大，因此很少单独用作直流电源。

11.2.2 单相全波整流电路

1. 变压器带中心抽头的全波整流电路

如图 11－3 所示为电阻性负载单相全波整流电路及电路中电压和电流的波形。

电路中 T 为带中心抽头的变压器，V_{D1}、V_{D2} 为整流二极管，R_L 为负载电阻。设输入为正弦波电压，当变压器的次级绕组电压和二次电压均为上正下负时，V_{D1} 导通，V_{D2} 截止；而上负下正时，V_{D2} 导通，V_{D1} 截止。可见对应于输入正弦波的正负半周，在负载电阻 R_L 上都有同样大小、同方向的电压输出。

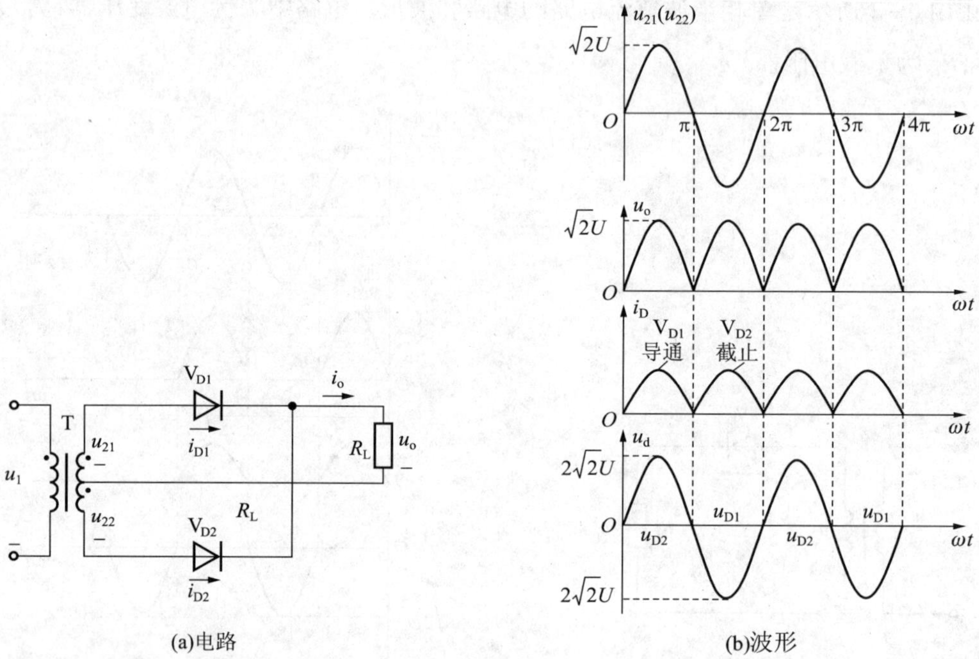

图 11－3

按单相半波整流电路的分析方法，可得输出电压平均值、输出电流平均值为单相半波整流的 2 倍。

单相全波整流电路虽然性能较单相半波整流电路有较大的改善，但输出电压的脉动仍然较大，因此也很少单独用作直流稳压电源。

2. 单相桥式整流电路

图 11－4 为单相桥式整流电路以及习惯画法，其中 V_{D1} ～ V_{D4} 为四个整流二极管，也常称之为整流桥。

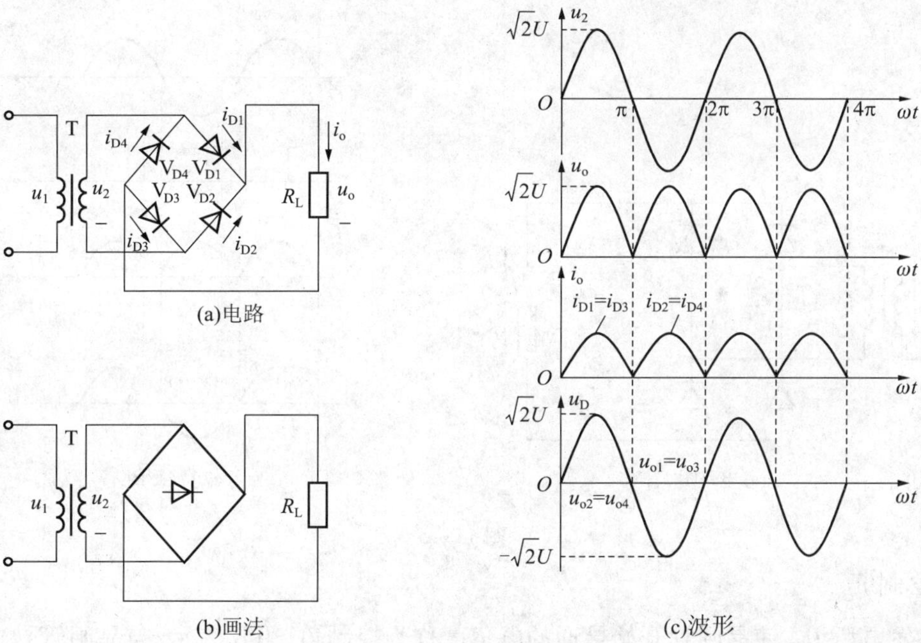

图 11－4

单相桥式整流电路只比全波整流电路多用了两个二极管，由于二极管的反向耐压值要求比较低，因此电路的效率相对也比较高。

11.2.3 晶闸管单相整流电路

由晶闸管的导电特性可知，只有当晶闸管的阳极、阴极之间加正向电压，而且控制极与阴极间也加上正向电压时，晶闸管导通；一旦导通后，控制极不再起作用。将阳极、阴极加反向电压，则晶闸管关断。用晶闸管全部或部分取代整流电路中的整流二极管，并加上晶闸管触发电路就组成输出电压连续可调的可控整流电路。采用晶闸管单相可控整流电路很多，本书以单相半控桥式整流电路为例进行说明。

1. 电路

如果把单相桥式整流电路中的两只二极管 V_{D1}、V_{D2} 换成晶闸管，就组成了单相半控桥式整流电路，如图 11－5(a)所示。

2. 工作原理

若晶闸管控制极不加触发电压 U_g，无论 U_2 的正半周或负半周，晶闸管都不会导通。若在 U_2 的正半周时，V_{D1} 和 V_{D4} 管处于正向电压下，于 t_1 时刻给 V_{D1} 控制极加上触发脉冲，晶闸管 V_{D1} 导通，负载上得到电压，同时有电流流过负载。如果忽略管压降，U_2 电压全部加到 R_L 上。当交流电压 U_2 下降到零时，晶闸管 V_{D1} 关断。在 U_2 的负半周时，V_{D2} 和 V_{D3} 管处于正向电压下，于 t_2 时刻给 V_{D2} 控制极加上触发脉冲，晶闸管 V_{D2} 和 V_{D3} 导通，负载上得到电压。当交流电压 U_2 下降到零时，晶闸管 V_{D2} 关断。电路波形如图 11－5(b)所示。

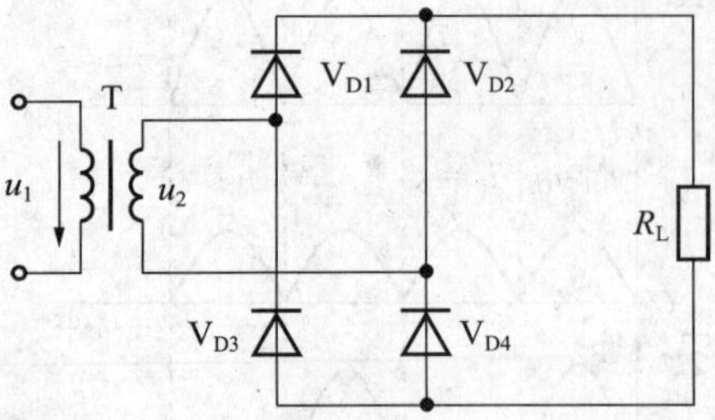

(a) 电路图

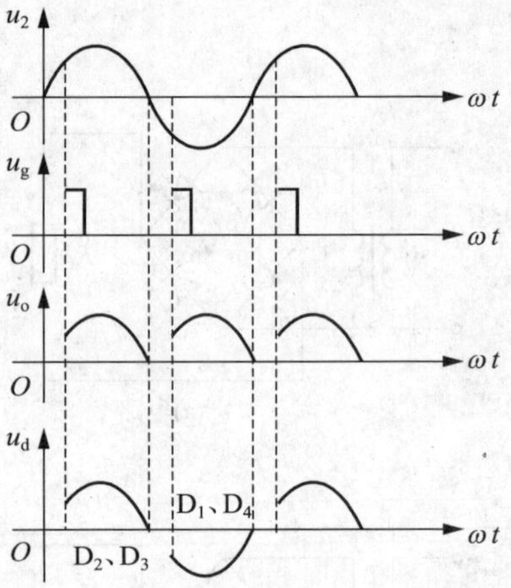

(b) 波形图

图 11－5

3. 控制角

加触发电压 U_g，使晶闸管开始导通的电角度称为控制角，用 α 表示；与晶闸管导通时间对应的电角度称为导通角，用 φ 表示。显然 $\varphi+\alpha=\pi$，并且导通角越大，输出电压越高。控制角 α 只能在 0°～180°范围内变化。当控制角为 0°时输出最大电压，当控制角为 180°时输出电压为零。

4. 输出电压平均值

从以上分析可知，输出电压的大小与控制角 α 有关，经过计算可得单相半控桥式整流电路输出电压的平均值为

$$U_0=0.9U_2\frac{1+\cos\alpha}{2}$$

第3节　滤波电路

整流得到的直流电，脉动很大，含有很大的交流成分，这对电子仪器设备会带来不良影响。因此整流之后还需滤波，即将脉动的直流电变成比较平滑的直流电。常用电容器、电感器等储能元件组成滤波电路。

11.3.1　滤波电路的类型

1. 电容滤波

把电容器并联在负载两端就组成电容滤波电路。利用电容两端电压不能突变，可使输出电压波形平滑。

(1)半波整流电容滤波电路

半波整流电容滤波电路如图 11 -6 所示。

起滤波作用的电容并联在负载电阻上。其电容滤波的原理是利用电容的充放电来进行的。图 11 -7 所示为半波整流电容滤波的波形图。图 11 -7(a)是变压器次级的交流正弦电压 u_2的波形,图 11 -7(b)是未接滤波电容时的输出电压 u_o的波形。图 11 -7(c)为接入电容后,电容上的电压 u_C波形。

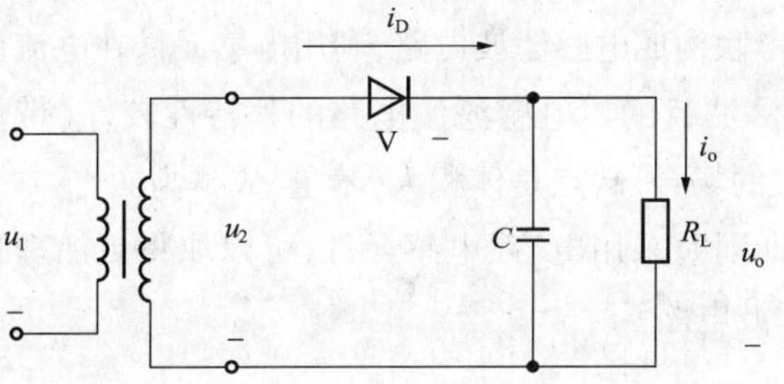

图 11 -6

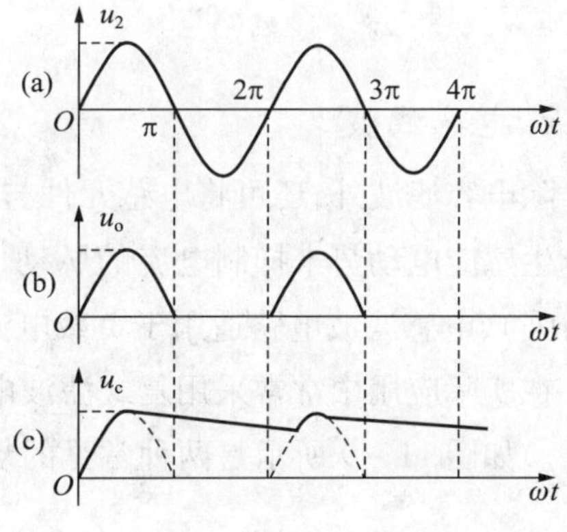

图 11 -7

电路在未接滤波电容时,输出电压 u_o的波形虽然也属直流电,但起伏很大,含有很大的脉动成分,这样的电压输出,很多时候不能符合电路的要求。当接入滤波电容后,在 $0\sim\frac{\pi}{2}$的周期内,电容处于充电的过程中,当 u_o达到最大值时,电容也充电完毕,其值 u_C约等于 u_o的最大值。在此之后,u_o开始下降,此时电容开始放电,如果电容足够大,使放电缓慢,则 u_C上的电压并不会如 u_o一样随 u_2的变化而下降,使 u_C在一段时间内保证缓慢下降的趋势,如图 11 -7(c)中实线所示。由于电容并联在负载上,实际上电容的电压 u_C即为具有滤波作用后的输出电压。

上述分析表明:接上滤波电容器对输出电压波形起到了平滑滤波作用,并且还可提高输出直流电压的幅度。当负载电阻 R_L 一定时,滤波电容越大,则输出电压波形越平稳。

可以证明,输出直流电压:

$$U_L=(0.9\sim1.0)U_2$$

(2)桥式整流电容滤波电路

桥式整流电容滤波电路如图 11 -8(a)所示。与半波整流电容滤波电路相比,由于电容的充放电过程缩短,为电源电压的半个周期重复一次,因此输出电压的波形更为平滑,输出的直流电压幅度也更高些,波形如图 11 -8(b)所示。

可以证明,输出直流电压:

$$U_L=(1.1\sim1.2)U_2$$

电容滤波电路简单,在电流不大时,滤波效果较好,一般用于负载电流较小且变化不大的场合,如各种电子测量仪器、收录机、电视机等。但当负载电流较大时,电容 C 放电快,波形平滑程度差，u_o下降，即电容滤波的外特性差（带负载能力差），不适用于负载电流大的场合。

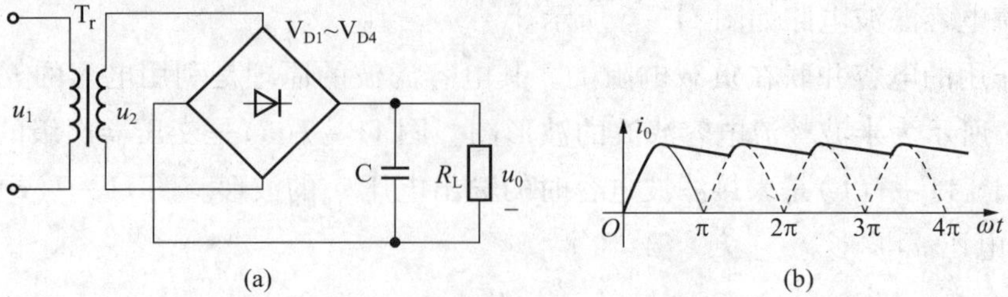

图 11－8

2. 电感滤波

除电容滤波外，还可将电感元件与负载串联构成电感滤波电路，利用电感元件在电流变化时产生感应电动势来抑制电流的脉动，达到滤波目的。电感滤波电路的外特性较好（带负载能力强），电感滤波电路适用于负载电流较大的场合，缺点是体积大、笨重、成本高。

在实际应用中常常采用复式滤波电路，即同时采用电容、电感元件，可以取得更加理想的效果。如图 11－9 所示是两种常见的复式滤波电路。

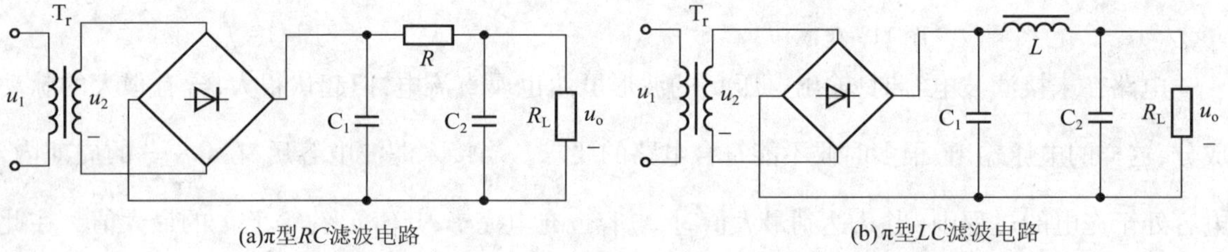

(a)π型RC滤波电路　　(b)π型LC滤波电路

图 11－9

11.3.2　滤波参数

滤波电路的参数主要是纹波系数。纹波系数是用来表示经过滤波后的脉动直流中含有交流成分的多少，或者说是表述脉动直流中交流分量的多少。对于直流电源来说，纹波系数越小越好，纹波系数不会为 0，实际使用中，只要脉动直流中的纹波系数能够满足负载或电路的需要就可以了。

第 4 节　稳压电路

滤波后的电源电路仍然存在着脉动纹波，且带负载能力差，因此只能应用于要求不高的场合。对于要求精度高，带负载能力强的稳压电源，在滤波后还需要加稳压电路。目前多用集成器件来完成稳压的功能。当电路中起稳压调整作用的晶体管或集成块中的电压（或电流）为连续变化量时,此电路被称之为线性稳压电路。

由于直流稳压电路的输出电压 U_o是随输入电压及整流滤波电路的输出电压、负载电流和环境温度的变化而变化的。因此,可以用与上述因素有关的几个指标来衡量直流稳压电路的质量。直流稳压电源的主要性能指标有电压调整率、电流调整率、温度系数等。

(1)电压调整率 S_U:当负载电流和环境温度不变,输入电网电压波动 ±10% 时,输出电压的相对变化量称之为电压调整率,即 $S_U=\frac{\Delta U_o}{U_o}$。它反映了直流稳压电源克服电网电压波动影响的能力。

(2)电流调整率 S_I:当输入电压和环境温度不变,负载电流从零变到最大时,输出电压的相对变化量,叫电流调整率,即 $S_I=\frac{\Delta U_o}{U_o}$。它反映了直流稳压电源克服负载变化影响的能力,实质上是反映稳压电源内阻的大小。因此也用稳压电源的内阻 r_n 来表示这一质量指标,并定义为当输入电压保持不变时,输出电压的变化量与输出电流变化量之比,即上述电压调整率和电流调整率均用其绝对值表示。

(3)温度系数 S_T:当输入电压和负载电流均不变时,输出电压的变化量与环境温度变化量之比。它反映了直流稳压电源克服温度影响的能力。

11.4.1 稳压管稳压电路

如图 11－10 所示是由硅稳压管电路组成的直流稳压电源电路。

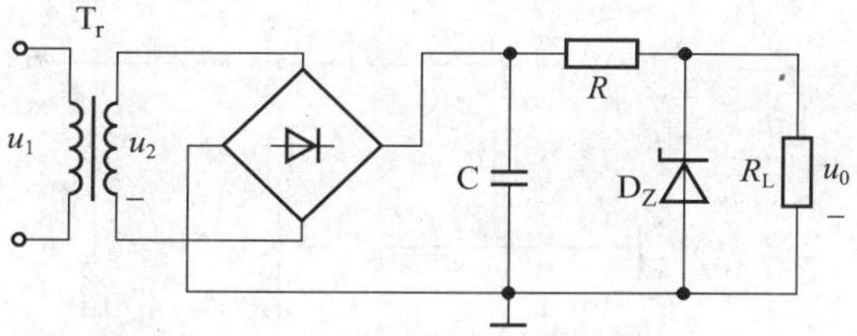

图 11－10

1. 工作过程

变压器 T 起变压作用,得到电压 u_2,波形如图 11－11(a)所示;四个二极管构成全波桥式整流电路,将交流电转换成脉动的直流电,得到如图 11－11(b)所示波形;电容 C 在此起滤波作用,将脉动的直流电转换成较平滑的直流电,滤波后的波形如图 11－11(c)所示;负载电阻 R_L 和硅稳压管 D_Z 组成稳压电路,将较平滑的直流电转换成稳定的直流电,波形如图 11－11(d)所示。

2. 电路特点

当电网电压波动或负载变化时,从图 11－11(d)可以看出,电源电路始终输出稳定的直流电压。当然,这种稳压电路输出电压取决于稳压二极管的稳定电压值,并且输出电流也不能很大,所以也只适合于一些小负载及稳定度要求不高的场合。

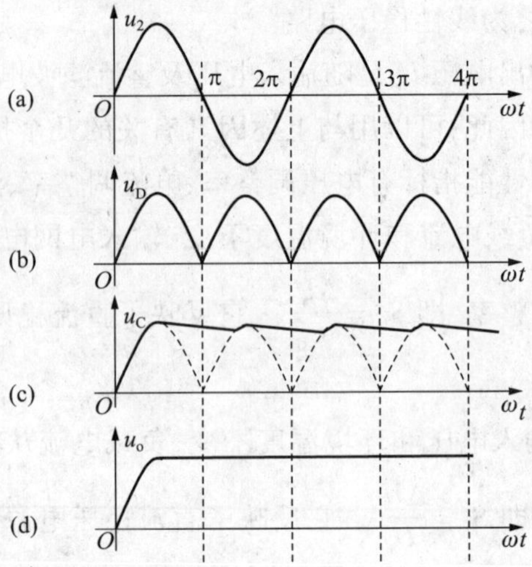

图 11－11

上述这种稳压电路由于稳压元件与负载是并联关系，所以称为并联型稳压电源。除了并联型稳压电路，还有串联型稳压电路，其电路更为完善，特性更加优良。目前应用最广泛的是三端集成稳压电路。

11.4.2 串联型稳压电路

图 11－12 所示为晶体管串联反馈式稳压电路。图中 V_1 为调整元件，电阻 R_1 和 R_2 为取样电路，R_4 和 VD_Z 组成标准参考电压，V_2 为比较放大元件。

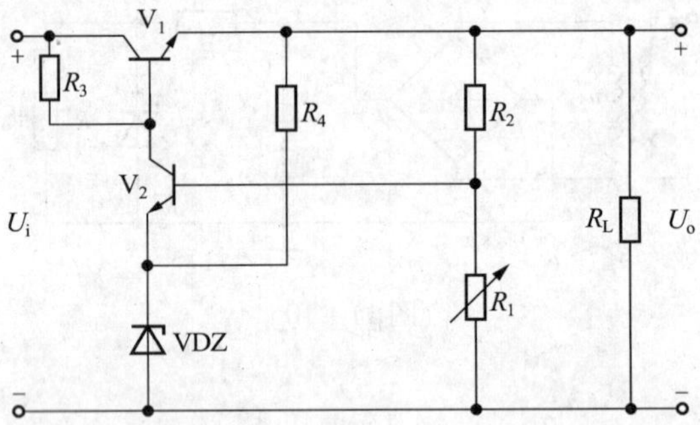

图 11－12

从反馈放大器的角度看，该电路属于电压串联负反馈电路，而且调整元件 V_1 与负载电阻 R_L 串联，因此也称之为串联反馈式直流稳压电路。其稳压过程如下：当负载电阻 R_L 不变时，电网电压波动，波动后的电压上升会导致输出电压向上波动，同时取样电压的增加使 V_2 的基极电位 U_{B2} 升高，造成 V_1 管的基极电压的下降，使 V_1 管的基极电流 I_{B1} 和集电极电流 I_{C1} 下降，而管压降 U_{CE1} 增加。由于输出电压 U_0 等于输入电压 U_1 减 V_1 管压降 U_{CE1}，因此抑制了输出电压的增加，起到了稳压作用。

同理，当输入电压上下波动引起输出电压减小时，电路将产生与上述相反的稳压过程。设输入电压一定,而负载电阻变大时,也将引起输出电压向上波动。和上述分析过程一样,最后导致管压降增加,而抑制了输出电压的增加。负载电阻变小时,会引起输出电压向下波动,与负载电阻变大时相反,最终导致 V_1 管压降下降,从而抑制了输出电压的下降。

总之,当输出电压向上波动时,调整管的管压降将增大;输出电压向下波动时,调整管的管压降将减小。无论什么原因引起的输出电压的变化,最终的变化量都落到了调整管上,而保证了输出电压的基本恒定。

11.4.3 集成稳压电路

根据上述电路的稳压原理,开发出了功能更强、性能更优越、种类齐全的三端和多端集成稳压器。其中可分为正输出和负输出、固定输出和可调输出、通用型和低压型。下面主要介绍三端集成稳压器。

1. 三端固定输出线性集成稳压器

三端固定输出线性集成稳压器有 CW78××(正输出)和 CW79××(负输出)系列。其型号后两位××所标数字代表输出电压值,有 5 V、6 V、9 V、12 V、15 V、18 V、24 V。其中额定电流以 78(或 79)后面的尾缀字母区分,其中 L 表示 0.1 A,M 表示 0.5 A,无尾缀字母表示 1.5 A 等。如 CW7805M 表示正输出电压 5 V、输出电流 0.5 A 的三端固定输出稳压器。

2. 三端可调线性集成稳压器

三端可调线性集成稳压器除了具备三端固定集成稳压器的优点外,在性能方面也有进一步提高,特别是由于输出电压可调,应用更为灵活。目前,国产三端可调正输出集成稳压器系列有 CW117(军用)、CW217(工业用)、CW317(民品);负输出集成稳压器系列有 CW137(军用)、CW237(工业用)、CW337(民用)等。几种三端集成稳压器外形及管脚排列如图 11-13 所示。

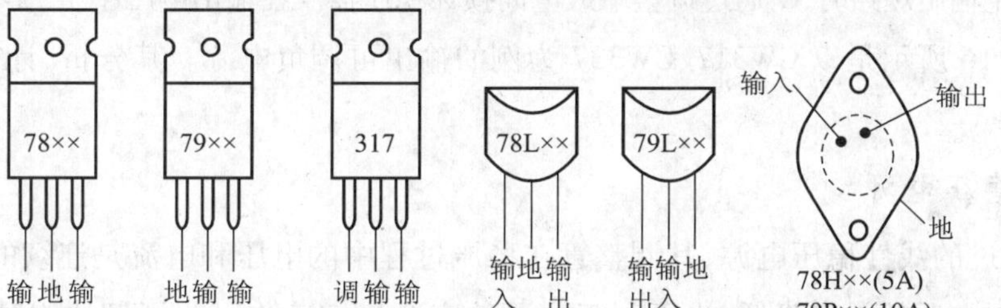

图 11-13

3. CW78××、CW79××器件的应用

如图 11-14 所示为 CW78××、CW79××器件的应用电路原理图。

为保证稳压器正常工作,其最小输入、输出电压差应为 2 V。图 11-14 中电容 C_1 可以减小输入电压的纹波,也可以抵消输入线产生的电感效应,以防止自激振荡。输出端电容 C_2 用以改善负载的瞬态响应及消除电路的高频噪声。

三端集成稳压器当中的低压差器件，输入、输出之间的电压在0.6 V以下，有的在0.4 V以下也能正常工作，其静态工作电流也只有几毫安至几十毫安，因此效率很高。

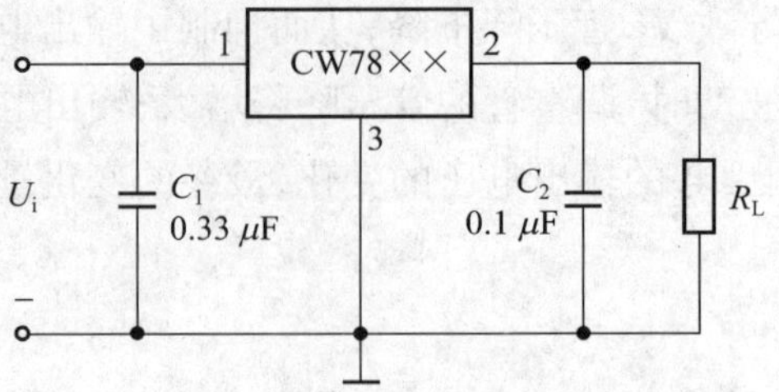

图 11－14

4. 三端可调输出集成稳压器的应用

如图 11－15 所示为输出可调的正电源。

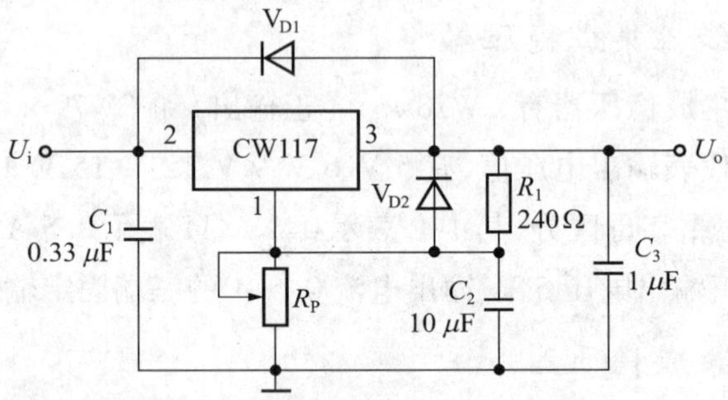

图 11－15

图 11－15 中电容 C_1、C_2 的作用在前面的电路中讲过，电容 C_2 用于抑制调节电位器时产生的纹波干扰。二极管 V_{D1}、V_{D2} 为保护电路。V_{D1} 用于防止输入短路时，C_3 通过稳压器的放电而损坏稳压器；V_{D2} 用于防止输出短路时，C_2 通过调整端放电而损坏稳压器。在输出电压小于7 V时，也可不接。

如图 11－16 所示是以 CW317、CW337 为例的输出可调负电源。其分析、计算方法和正电源相同。

5. 开关稳压电源

前面讨论过的线性稳压电源，其调整管在稳压过程中的电压和电流是连续的，由于其自耗过大，会使稳压电源的效率降低，也不利于电源的安全稳定工作。为了解决上述问题，设计出了开关型的稳压电源，并且得到了广泛的应用。

所有开关电源的调整管都工作在开关状态，此时如果调整管饱和，管压降小；调整管截止时，电流为零。可知调整管的功耗（$P_C = U_{CE} I_c$）很小，效率很高，一般可达 80%～90%。在一些电路中，场效应管被用作调整管。计算机、彩色电视机等全部采用了开关电源。

（1）开关电源的控制方式

①脉冲宽度调制方式

脉冲宽度调制方式简称脉宽调制（Pules Width Modulation，缩写为 PWM）。其特点是固定开关频率,通过改变脉冲宽度来调节占空比;其缺点是受功率开关管最小导通时间的限制,对输出电压不能做宽范围有效调节。目前集成开关电源大多采用 PWM 方式。

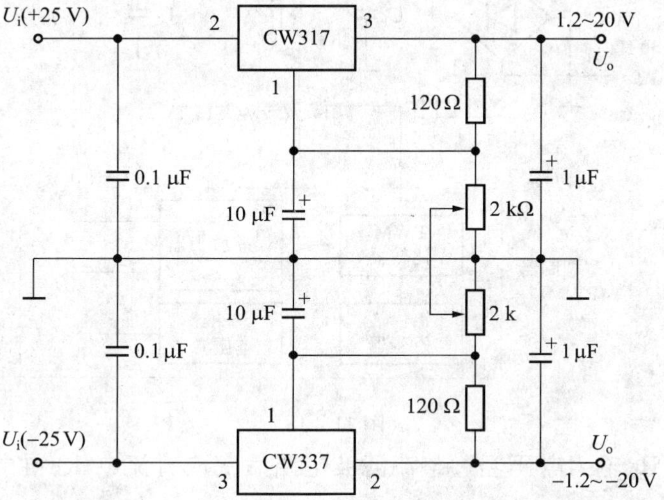

图 11－16

②脉冲频率调制方式

脉冲频率调制方式简称脉频调制(Pules Frenqency Modulation,缩写为 PFM)。它是将脉冲宽度固定,通过改变开关频率来调节占空比。PWM 方式和 PFM 方式的调制波形分别如图 11－17 所示,t_p表示脉冲宽度(即功率开关管的导通时间),T 代表周期。从图中很容易看出两者的区别。

无论是改变 t_p还是 T,最终调节的都是脉冲占空比$\left(f,\frac{1}{T}\right)$,输出电压和占空比成正比。

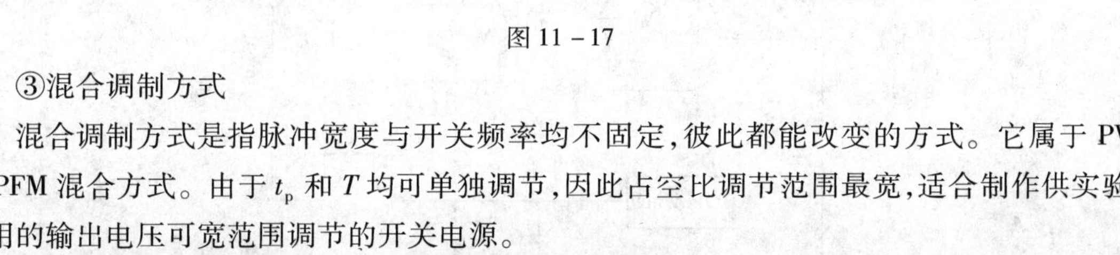

(a)脉宽调制　(b)脉频调制

图 11－17

③混合调制方式

混合调制方式是指脉冲宽度与开关频率均不固定,彼此都能改变的方式。它属于 PWM 和 PFM 混合方式。由于 t_p 和 T 均可单独调节,因此占空比调节范围最宽,适合制作供实验室使用的输出电压可宽范围调节的开关电源。

(2)脉宽调制式开关电源的基本原理及应用电路

带高频输出变压器的开关电源的原理框图如图 11－18 所示。

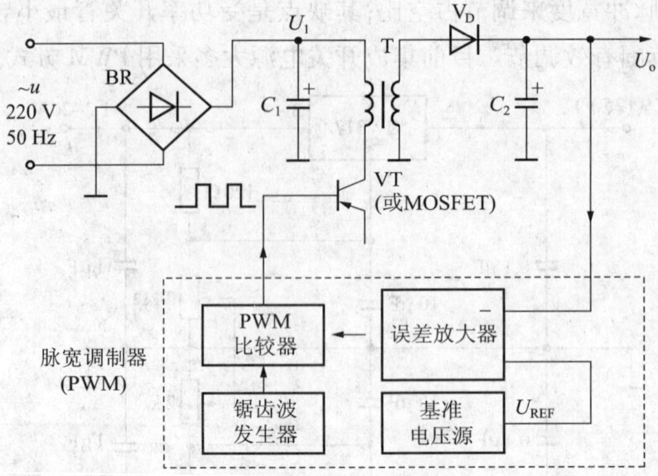

图 11－18

交流 220 V/50 Hz 输入电压经过整流滤波电路后变成直流电压，再由功率开关管 V（或 MOSFET）斩波、高频变压器 T 变压，得到高频矩形波电压。后通过整流滤波电路，获得所需要的直流输出电压。脉宽调制器是这类开关电源的核心，它能产生频率固定而脉冲宽度可调的驱动信号，以控制功率开关管的通断状态，来调节输出电压的高低，达到稳压目的。假如由于某种原因致使电压下降，脉冲调制器就会改变驱动信号的脉冲宽度，亦即改变占空比，使斩波后的平均电压值升高，导致输出电压上升；反之亦然。

如图 11－19 所示是单片集成电路组成的稳压电源电路。该电源采用配稳压管的光耦反馈电路。反馈绕组电压经过整流、滤波后获得反馈电压，经光耦三极管给 TOPSwitch 的控制端提供偏压。G 是控制端的旁路电容。该电源的稳压原理简述如下：

由于某种原因（如交流电压升高或负载变轻）致使输入电压 U 升高时，因为 V_{DZ2} 两端电压不变，故随 V_o 的升高、使 R_1 电流增大，导致光耦的电流增大。但因 TOPSWitch 的输出占空比 q 与 I_c 成反比，所以 q 减小，这就迫使 U_o 降低，达到了稳压的目的。

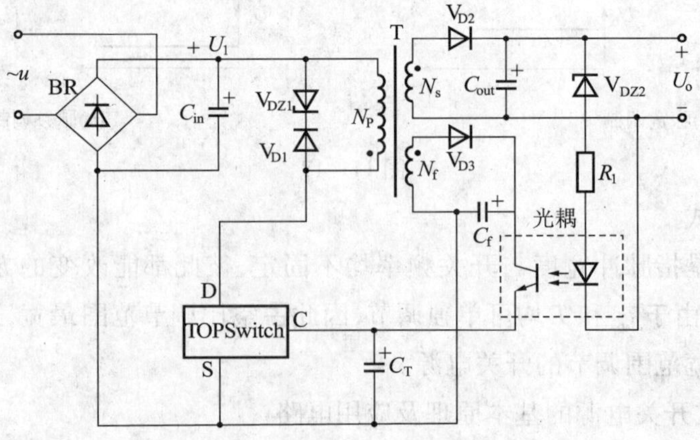

图 11－19

如图 11 －20 所示是不带高频输出变压器的开关电源原理图。它由开关调整管 V、滤波器及续流二极管 V_D、控制电路三大部分组成。其中控制电路有专用的集成电路，其内部包含三角波（或锯齿波）发生器、基准电压源、误差放大器 A_1、电压比较器 A_2 等。虚线框内为专用的集成电路，有些专用的集成电路也把调整管置于其中。

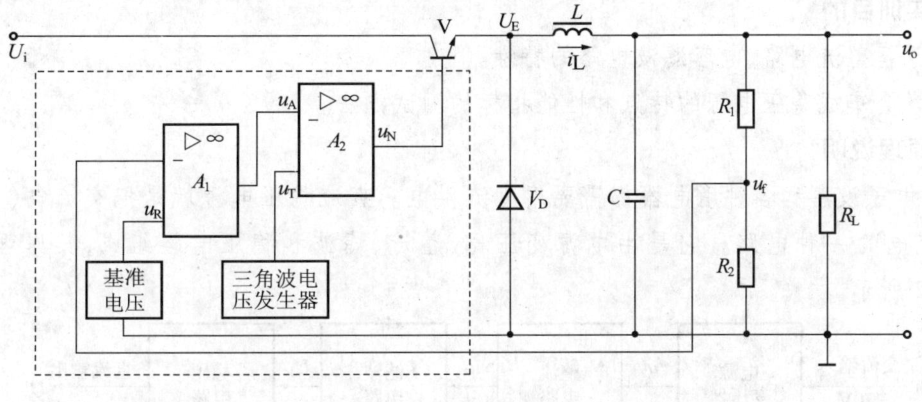

图 11 －20

这种开关稳压电源的基本工作原理是：控制电路使调整管 V 工作在开关状态，将整流滤波输出的电压变成断续的矩形脉冲电压 u_0，再经 LC 滤波及二极管 V_D 续流变为直流电压输出。自动稳压是靠取样电压 U_f 经控制电路去改变调整管的开关时间实现的。

由意法半导体有限公司生产的 L4690 系列产品，是目前国际上最具代表性的多端单片开关式稳压器。它们属于高效率、非隔离、低压输入、大电流输出的脉宽调制式 AC/DC 电源变换器。此类稳压器的输出电压可连续调节，多端单片开关式稳压器既可单独使用，又便于配合 TOPSWitch 或脉宽调制器组成输出电压连续可调的复合式开关电源。如图 11 －21 所示是 L4690 构成的单片开关电源应用电路，图中 L 为滤波电感，C_5、C_6 为滤波电容，V_D 为续流二极管，R_4 和 R_3 为取样电阻。

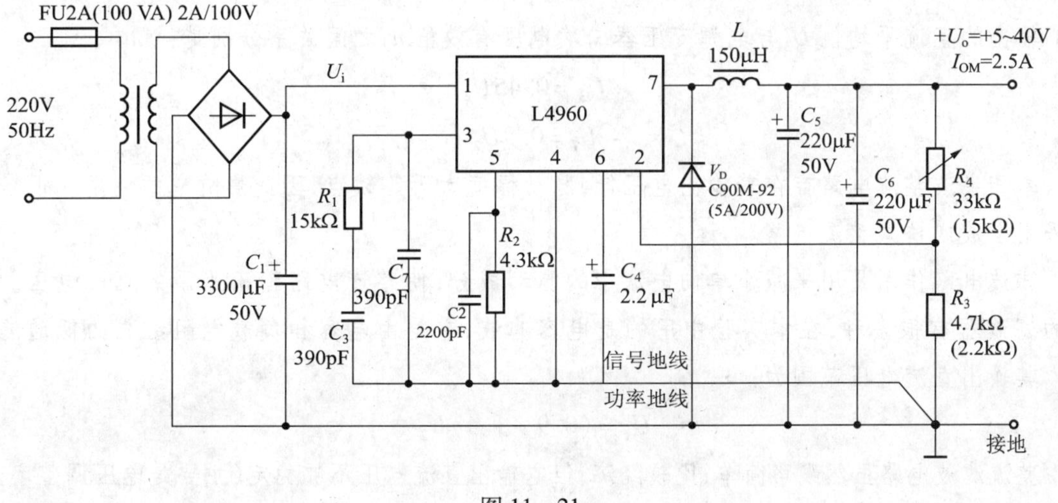

图 11 －21

综合实训 11　直流稳压电源电路及其应用

一、实训目的

(1)了解整流电路、电容滤波电路的特性。

(2)学会集成稳压电源的特点和性能指标的测试方法。

二、原理说明

很多电子设备和各种用电器都需要用直流供电。直流稳压电源就是把交流电(市电)转变为直流电的一种电路。它是由电源变压器、整流、滤波和稳压电路组成,其原理框图如图 11－22 所示。

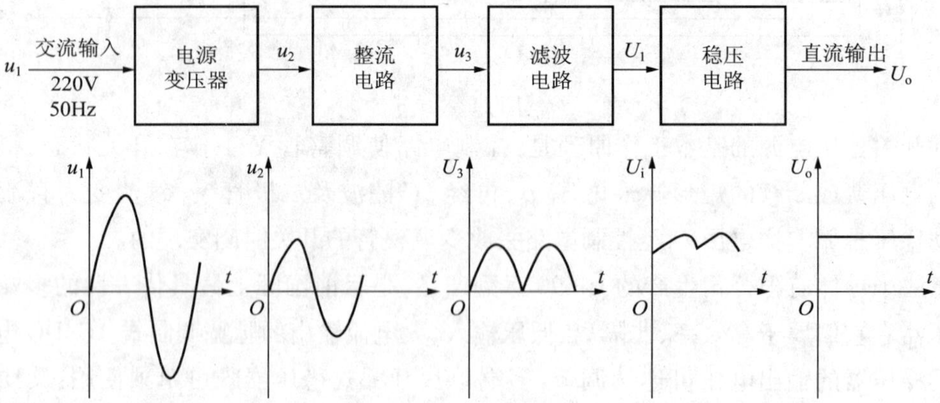

图 11－22

(1)整流、滤波电路。整流电路是把电源经由变压器降压到符合电路所需要的交流电压 u_2,再变换成单方向流通的脉动电压。其电路形式有:单相半波整流、单相全波和桥式整流。它们输出的直流平均值 U_3 与电源变压器二次电压有效值 u_2 之间关系分别是:

$$U_3 = 0.45U_2$$

或

$$U_i = 0.9U_2$$

单相半波整流电路存在着输出电压低,脉动幅度太大等缺点,因此影响它的使用。很多电路采用全波或桥式整流电路。

滤波电路作用是用来减小单向电流中的脉动成分,使整流电路输出平滑的直流电压。常用的滤波器有很多种,在本实验中用的是电容滤波,它是由电容和负载电阻组成的低通滤波器。其输出直流电压范围为:

$$U_1 = (0.9 \sim 1.4)U_2$$

整流滤波电路虽然线路简单,比较经济,但它输出直流电压不够稳定(主要是电压调整率大,内阻偏大),它会随交流电网电压波动或负载的变动而变化,只能用于要求不高的电路中。

(2)集成稳压电路是指在整流电源后面加上稳压器,能大大提高直流电源输出电压的稳定性,常常在对电源要求高的一些电路中采用。从其组成来说,可以由分立元件组成,也可采用集成稳压电路。

如图11－23所示是由W7805构成的串联稳压电源的稳压电路。其中整流部分由4个二极管组成的桥式整流器,C_1、C_2为滤波电容,其值一般选取为几百到几千微法,C_3为消振电容,C_4用来滤除输出端的高频信号,改善电路的瞬态响应。W7805是三端固定式集成稳压器。

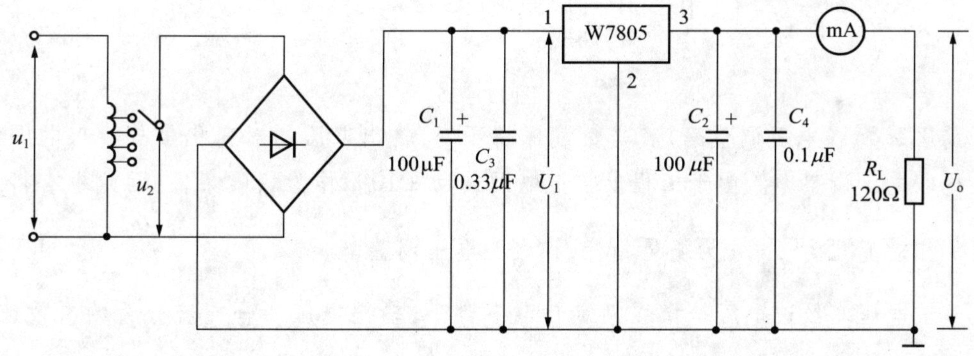

图11－23

(3)W7800系列三端稳压器简介

如图11－24所示为W7800系列三端固定式集成稳压器的外形和管脚图。

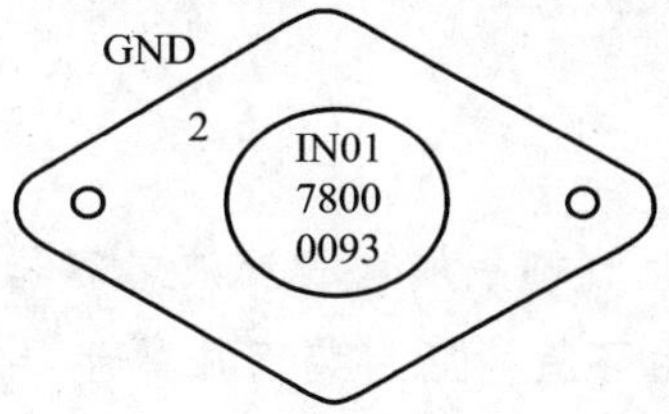

图11－24

W7800有一个输入端IN、一个输出端OUT和一个公共端GND,其外形和普通晶体管相似。W7800系列输出的是正极性电压,其值有:5 V、6 V、9 V、24 V多种。型号的后两位数表示稳定电压最高值。例如W7812型集成稳压器,它的输出电压是12 V,它能承受的最高输入电压为35 V,最小输入电压也必须大于输出电压2～3 V,即约为15 V。如果输入电压小于15 V,则输出电压将不稳定。根据以上所述的输入电压范围,这种稳压器完全能适应外部电压的变化。集成稳压器还有其他一些参数,如最大输出电流、输出电阻等,这都可以从产品手册上查得。此外,W7900系列的集成稳压器输出的是负电压。如图11－25所示是W7800系列三端稳压管的器件外形和接线示意图。

(4)稳压电源主要指标

①输出电阻R_o。当输入电压U(指稳压电路输入电压)保持不变,由于负载变化而引起的输出电压变化量与输出电流变化量之比:

$$R_o = \frac{\Delta U_o}{\Delta I_o}\bigg|_{U_I = 常数}$$

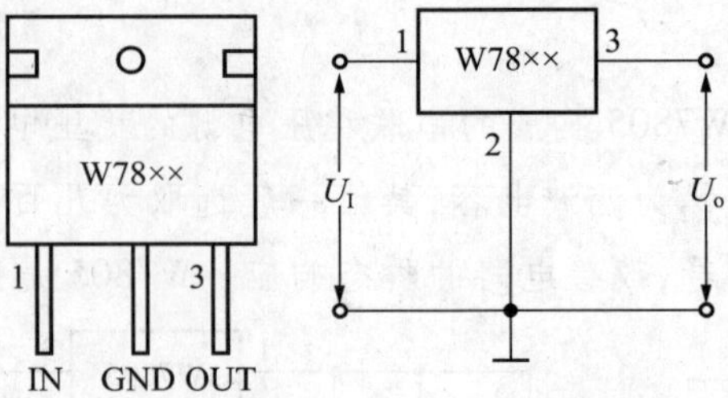

图 11－25

②稳压系数 s(电压调整率)。当负载保持不变,输出电压相对变化量与输入电压相对变化量之比即电压调整率。由于工程上常把电网波动 ±10% 作为极限条件,因此也有将此时输出电压的相对变化为$\frac{\Delta U_o}{U_o}$作为衡量指标,称之为电压调整率。

③纹波电压。纹波电压是指在额定负载条件下,输出电压所含交流分量的有效值(或峰峰值)。

三、实训设备

交流工频电源、双踪示波器、交流毫伏表、万用表、直流数字电压表、直流数字毫伏表、集成三端稳压器 W7805、硅整流桥集成块、晶体二极管 1N4007 ×4、晶体管 3DG12、3DG6、稳压二极管 1N4735、电阻、电容器。

四、实训内容

(1)用万用表测量和检查硅整流桥集成块和滤波电容器。硅整流桥集成块是把 4 只硅整流二极管接成桥式整流电路,再由环氧树脂封装而成的半导体器件。硅堆有交流输入端和直流输出端。可采用判定二极管好坏的方法,来检查桥堆质量。

滤波电容器是铝壳电解电容器,具有正负极性。接入电路时,极性不能接反,同时还要选择合适的容量和耐压值,注意检查实验线路上电容器是否符合要求,并用万用表选择适当量程的电阻档,利用电容器的充放电特性来定性的检查电容器的容量。

(2)整流滤波电路的测试。使用整流二极管、硅整流桥集成块、电容器、电阻等有关元件,按图 11－26、图 11－27 所示电路接成实验电路,取交流工频电源电压为 16 V,作为整流电路的输入电压 U_2。使用直流数字电压表测量电路输出电压 U_L,用示波器观察 U_2和 U_L的波形,读出纹波电压 U_L的峰－峰值(或用交流毫伏表测量 U_L的值)。

如图 11－26 所示是圆形硅整流桥集成块及接线图。如图 11－27 所示是方形硅整流桥集成块及接线图。

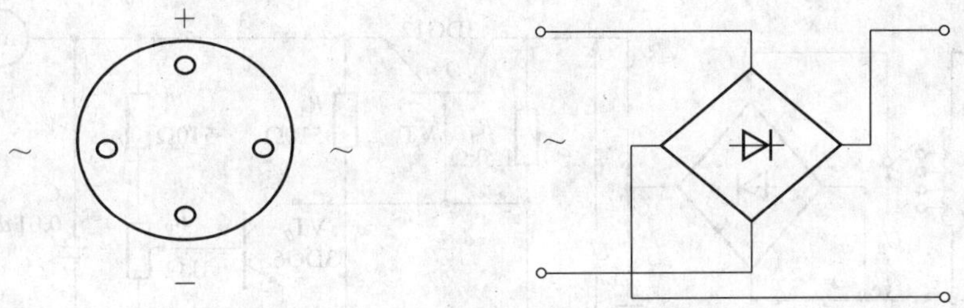

(a)集成块 (b)接线图

图 11－26

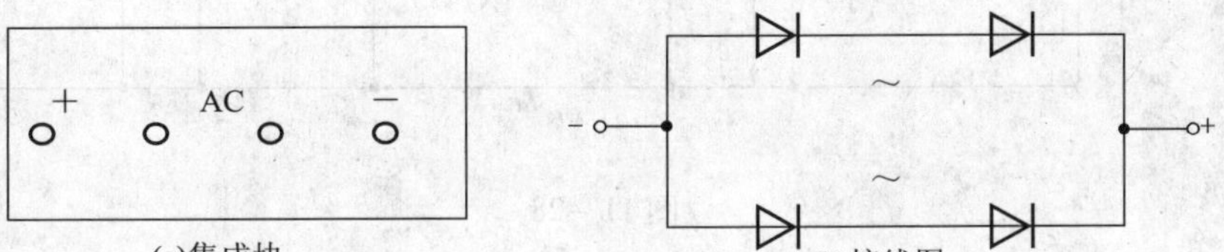

(a)集成块 (b)接线图

图 11－27

(3)集成稳压电源稳压性能的测量使用三端稳压器 W7805、硅整流桥集成块及电容器等元件，取负载电阻 $R_L = 120\ \Omega$，置交流 I 频电源为 8 V，将直流数字毫安表置适当的量程，连接电路。经检查无误后，接入交流 50 Hz 电源。

用直流数字电压表分别测量 U_I、U_o，用直流数字毫安表测量输出电流 I_o，用交流毫伏表测量输出电压 U_I、U_o，并用示波器观察 U_I、U_o的波形。将测量结果记录。

将交流工频电源改接为 14 V，重复上述的测试，结果记录。

将负载电阻改为 240 Ω，重复上述测试。以改变整流电路输入电压 U_I，模拟电网电压的波动，并利用上述测试数据，计算稳压系数 s。在整流电路输入电压 U_2(14 V)不变的情况下，利用改变不同的负载 R_L的测试值，计算电路输出电阻 R_o，并将其结果进行记录。

(4)如图 11－28 所示是串联型晶体管稳压电源的测试图。

电路是由分立元件组成的串联型稳压电源实验电路。它是由调整晶体管 VT_1，比较放大晶体管 VT_2，电阻 R_4，取样电路电阻 R_1、R_2、R_P，基准电压稳压二极管 V_S，电阻 R_3组成。整个稳压电路是一个具有电压串联负反馈的闭环系统。

按图 11－28 连接实验电路。接通 16 V 交流工频电源，将负载 R_L开路，测量整流输入电压 U_2、滤波输出电压 U_I及输出电压 U_{LO}。调节电位器 R_P，如果 U_I能跟随 R 作线性变化，这说明稳压电路基本正常。接入负载 $R_L = 120\ \Omega$，再调节电位器 R_P，测量输出电压可调节的范围$U_{Lmin} \sim U_{Lmax}$，且使 R_P动点在中间位置附近时 $U_L = 12$ V，输出电流 $I_o =$ 100 mA。测量各级静态工作点，以及上述的输出电阻 R_o、稳压系数 s、输出纹波电压等技术指标，并进行记录。

五、分析与思考

(1)对所测各项结果进行分析，总结整流、滤波、稳压电路各自特点。

(2)在桥式整流电路实验中，能否用双踪示波器同时观察 U_2和 $U_L(U_o)$波形。

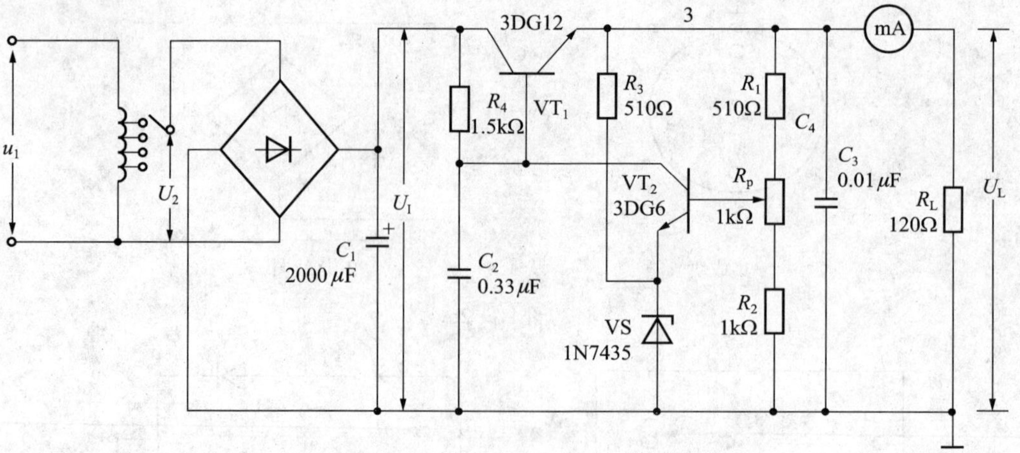

图 11－28

(3) 在桥式整流电路中，如果某一个二极管开路、短路、反接三种情况，将会出现什么问题？在集成稳压电路中，如果输入电压小于输出额定电压 2～3 V，将会出现什么现象？

习　题

11－1　在半波整流与全波桥式整流中，对整流二极管的要求有什么不同？

11－2　在电容滤波电路中，对电容有什么要求？

11－3　π 型 *RC* 滤波电路和 π 型 *LC* 滤波电路有什么不同？各有什么优缺点？

11－4　如果将硅稳压管稳压电源中的稳压二极管反接，还具有稳压作用吗？

11－5　硅稳压管稳压电源中的电阻 *R* 在电路中起什么作用？如果将其短路，对稳压会产生什么影响？

11－6　固定式集成稳压器与可调式集成稳压器的管脚排列有什么差异？

11－7　如图 11－29 所示是一个电热用具中的双控开关电路，图中 V_2 是发光二极管，在通电时能发光，分流电阻 *R* 用以保护 V_2。试问：

(1) 当开关 S_1 和 S_2 都闭合时，负载 R_L 上加的是什么电压，负载 R_L 处于什么状态？

(2) 当开关 S_1 闭合，S_2 断开时，负载 R_L 上加的是什么电压，负载 R_L 处于什么状态？

(3) 当开关 S_1 断开时，电路又处于什么状态？

11－8　在如图 11－30 所示电路中，说明各电路部件的名称。若 $R_L = 100\ \Omega$，交流电压表Ⓥ₁的读数为 20 V，问直流电压表Ⓥ₂和直流电流表Ⓐ的读数为多大？并在图上标注输出电压的极性。

11－9　在如图 11－30 所示电路中，若发生以下现象，会造成什么后果？

(1) V_1 断路时；

(2) V_2 断路时；

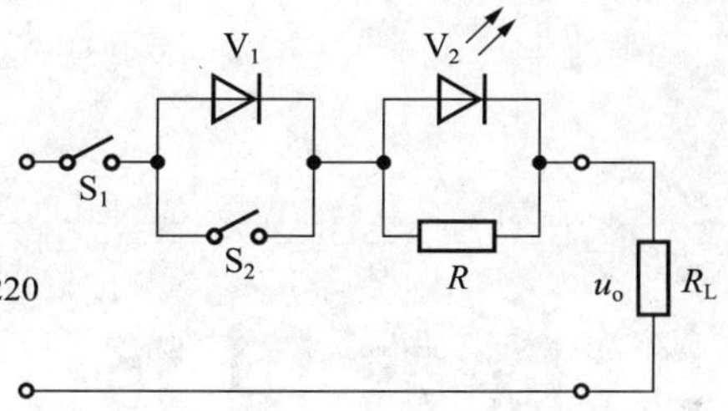

图 11－29

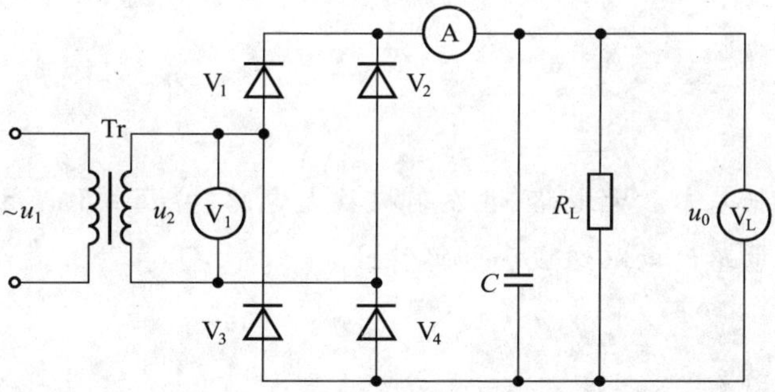

图 11－30

(3) V_1接反时;

(4) V_1、V_2 两个二极管都接反时。

11－10　直流电源中整流、滤波、稳压的目的有何不同?

11－11　有一电压为 36 V,电阻为 55 Ω 的直流负载,采用单相桥式整流电路供电,试求变压器次级绕组电压和输出电流的有效值。

11－12　有两只稳压二极管 V_1 和 V_2,其稳压值分别为 8.5 V 和 5.5 V,它们的正向压降均为 0.5 V。问使用这两只二极管能得到哪些稳定电压,画出相应的电路图(要求负载电阻有一端接"地")。

11－13　有一个电压为 110 V,电阻为 55 Ω 的直流负载,采用单相半控桥式整流电路供电。试求:

(1) 电源变压器次级电压的有效值,并画出电路图;

(2) 当 $\alpha=60°$时,试画出负载 L 上的电压的波形。

第12章

放大电路

内容提要

本章主要内容包括基本放大电路、共发射极放大电路、分压式偏置放大电路、共集电极放大电路以及多级放大电路的电路组成和电路特性。

教学建议

在学习本章内容时，要突出对基本放大电路、共发射极放大电路、分压式偏置放大电路、共集电极放大电路进行原理分析。

学习目标

1. 了解基本放大电路、共发射极放大电路、分压式偏置放大电路、共集电极放大电路以及多级放大电路的电路组成和电路特性。

2. 掌握差动放大电路、理想运算放大器、甲类功率放大器和乙类功率放大器的电路组成元件以及电路的实际应用。

第1节　基本放大电路

一般说来，一个复杂的电子系统都是由不同结构和功能的电子电路单元组成的，要分析各种复杂电子系统的工作原理，就必须对各种基本单元电路有所了解。本章主要讨论由双极型晶体三极管和单极型场效应管构成的基本放大电路的电路组成、工作原理和基本分析方法。

在电子系统中，“放大”起着十分重要的作用。我们经常需要将微弱的电信号加以放大，去推动后续的电路。这个微弱的电信号可能来自于前级放大器的输出，也可能来自于可以将温度、湿度、光照等非电量转变成电量的各类传感器的输出，也可能来自于我们比较熟悉的由收音机的天线接收到的广播电台发射的无线电信号等。这些微弱的电信号经过几级放大电路，被放大到需要的数值，最后送到功率放大电路中进行功率放大以推动喇叭、继电器、电动机、显示仪表等执行元件工作。简单地说，一个我们非常熟悉的收音机电路就是一个以“放大"为核心的小型电子系统。它将微弱的无线电信号逐级放大,最后经功率放大级输出推动喇叭,还原出声音信号,图 12 -1 是一个放大电路系统图。

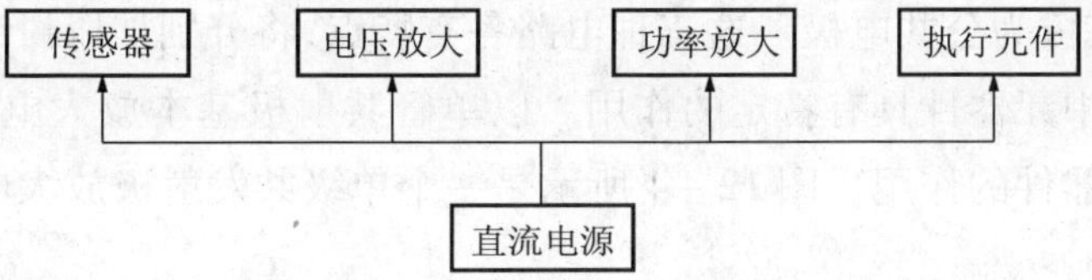

图 12 -1

作为一个完整的放大电路系统,其中还必须包括一些必要的辅助电路,比如电源电路、反馈电路等。

我们知道,无论是单极型的晶体三极管还是双极型的场效应晶体管都具有三个电极,而放大电路应该是一个有源四端双口网络,具有一个输入回路和一个输出回路,如图 12 -2 所示。

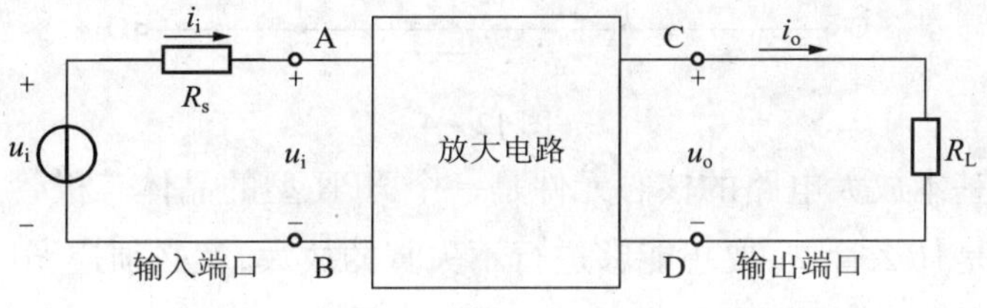

图 12 -2

三极管的一个电极作为输入端 A,一个电极作为输出端 C,则第三个电极必须同时作为 B 端和 D 端,即输入和输出端口的公共端。根据公共端的不同,以单极型晶体三极管为例,三极管组成的基本单级放大电路有三种连接方式:共发射极放大电路(Common Emltter,CE)、共集电极放大电路(Common Collector,CC)和共基极放大电路(Common Base,CB),也叫做基本放大电路的三种组态。图 12 -3 所示给出了这三种组态的基本原理和常见的实际电路形式。

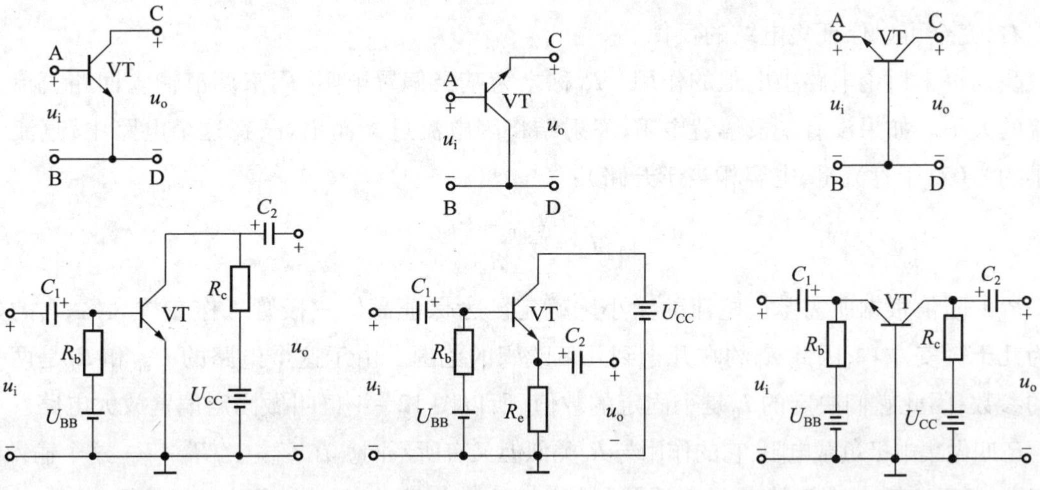

图 12 -3

其中,共发射极放大电路基极为输入极,集电极为输出极,发射极为公共电极;共集电极放大电路基极为输入极,发射极为输出极,集电极为公共电极;共基极放大电路发射极为输入极,集电极为输出极,基极为公共电极。这三种电路各有特点,将分别加以讨论。

基本放大电路中元器件具有特定的作用。以单管共射极基本放大电路为例,先来了解基本放大电路中各元器件的作用。图 12-4 所示是一个单级共发射极放大电路。

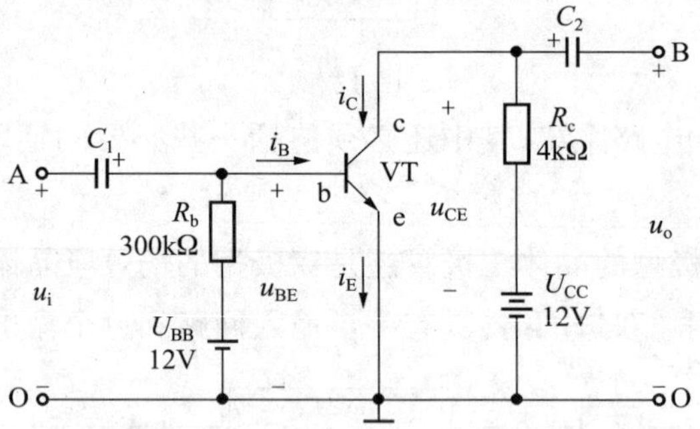

图 12-4

单管共发射极基本放大电路的核心元件是一个 NPN 型的晶体三极管,但不管是什么连接方式也不管三极管是什么管型,要想能够进行不失真的放大,就必须遵循以下基本原则:

第一,晶体三极管应该工作在放大状态,即保证晶体三极管的发射结正偏,集电结反偏。这一点主要由直流电压源来保证。第二,输入信号能有效地从输入端加到三极管的输入电极上,输出信号经放大后能有效地从输出端取出。这一点主要由放大电路的交流输入回路和输出回路来保证。

为了使以上两个原则得以保证,首先,直流电压源 U_o 的存在,使 NPN 管发射结正偏。我们假设三极管的发射极为 0 电位,则硅三极管的基极电位约为 0.7 V 左右,只要三极管的集电极电位高于 0.7 V,即可保证三极管集电结的反偏。一般来说,集电极电压源都在几伏到几十伏左右,完全可以保证集电结的反偏。

我们再来讨论电路中电阻的作用。R_b 称之为基极偏置电阻,用来调节输入回路直流基极电流的大小。如果没有基极偏置电阻,发射结将因电流过大而损坏,在这个电路中,直流 I_B 的大小约为(对于直流量,电容相当于开路):

$$I_B = \frac{U_{BB} - U_{BE}}{R_b}$$

R_b 的阻值根据所需基极电流的大小来确定。为保证晶体三极管工作在放大区,I_B 的数值多为几十微安左右,因此 R_b 约在几十到几百欧姆的范围。由于这个电路的 U_{BB} 和 R_b 是两个固定的参数,因此它们决定的 I_B 是个固定的数值,所以图 12-4 也叫做固定偏置放大电路。

R_c 叫做集电极负载电阻,它的作用与 R_b 类似但又有所不同。在 $U_{BB} = I_B R_b + U_{BE}$ 这个输入回路方程中,只要发射结正偏,就可由 R_b 的大小决定基极电流,因此,R_b 才被称为基极偏置电阻。在输出回路方程中,也有类似的 $U_{CC} = I_C R_c + U_{CE}$,但由于在放大区存在着 $I_C = I_B$ 的定量关系,因此输出回路

中是由 I_C 和 R_c 共同决定三极管的管压降，所以 R_c 的作用是将集电极电流的变化以电压变化的形式反映出来。为保证三极管可靠地工作在放大区，一般 R_c 的阻值取几到几十千欧姆左右。

电容 C_1 和 C_2 叫做耦合电容或隔直电容，在电路中的作用是"隔断直流，通过交流"，简称"隔直通交"。因为电容对直流电信号相当于开路，隔直的作用是为了使两级以上的放大电路相互连接时，其直流状态互相独立、互不干扰，以防止某个三极管的直流状态受其他级的影响，甚至从放大区偏离造成失真。

12.1.1 共发射极放大电路

放大电路是电子设备中重要的组成部分，它的主要功能是放大电信号，即把微弱的输入信号通过电子器件的控制作用，将直流电源的功率转换成一定强度的随输入信号变化而变化的输出功率，因此放大电路实质上是一个能量转换器。放大电路通常是由多个基本放大电路组成的。本章着重介绍基本放大电路、多级放大器、振荡电路、功率放大电路等的组成原理、性能指标及分析方法，简要介绍集成运放及其应用。

1. 基本共射放大电路的组成和工作过程

(1) 基本共射放大电路的组成

如图 12－5 所示是单管电压基本放大电路原理图。

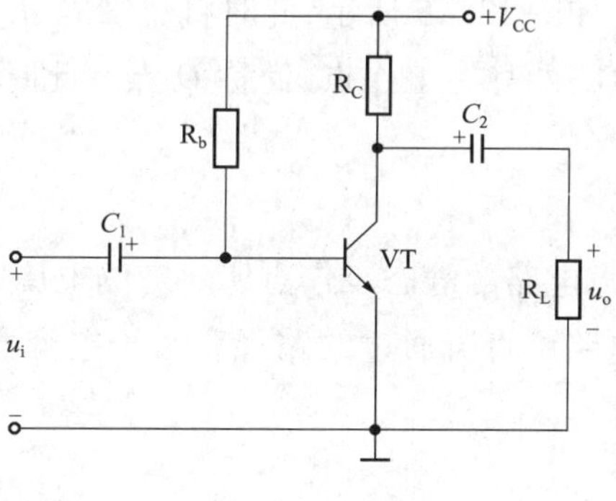

图 12－5

基本共射放大电路的组成如下：

三极管 VT 是放大电路的核心元件，电路在工作时主要依靠三极管的电流放大作用来进行信号的放大。

电源 V_{CC} 是放大器的能源，为电路提供各种电压和电流。适当设置 R_b、R_c 的阻值，可使三极管的发射结正偏、集电结反偏，保证三极管工作在放大区。图中三极管采用 NPN 型管，如三极管采用 PNP 型管，则电源的极性就要反过来。

R_b 是基极偏流电阻，改变 R_b 的阻值，即可改变基极偏流 I_b 的大小，从而改变了三极管的工作状态。若把三极管开路，$I_b=0$，三极管处于截止区，将导致放大器不能正常放大。

R_c 是集电极负载电阻，放大后的电流 I 流经 R_c 后将电流的变化转变为 R_c 上电压的变化，从而引起 U_I 的变化，这个变化电压就是输出电压 U_o。

C_1 和 C_2 是耦合电容,它们分别接在放大电路的输入端和输出端,利用电容器对交流电的阻抗很小的特点进行信号的传输,以实现耦合。同时也是利用电容器对直流电的阻抗很大来隔断直流,从而避免信号源与放大电路之间、放大电路与负载之间直流电流的相互影响。因此耦合电容的作用是"隔直通交"。

(2)基本共射放大电路的工作过程

需要放大的交流信号电压从三极管的基极和发射极间输入,使得三极管的基极电流随信号电压的变化而变化,由于三极管的电流放大作用,于是产生了一个比基极电流变化更大的集电极电流。此电流在流经集电极电阻 R 时,产生了一个变化的集电极电压,此电压的变化作为信号电压 U。从集电极和发射极间输出,形成信号电流流过负载 R_L,并驱动负载。

在信号的输入与输出中,发射极成为输入回路(信号的输入)和输出回路(信号的输出)的公共端,由此可见这是一个共发射极放大电路,简称共射放大电路。

2. 基本共射放大电路的工作原理

为便于分析,电路中各符号作如下规定:交流量用小写字母、小写下标表示,直流量用大写字母、大写下标表示。

(1)电路的静态

放大器未加输入信号即 $U_I=0$ 时,电路的工作状态称为静态。这时电路中没有变化量,电路中的电压、电流都是直流量,如图 12-5 所示,此时直流量 I_B、I_C、U_{CE} 的值在晶体管输出特性曲线上所对应的点称为放大电路的静态工作点,简称 Q 点。此时各相应的直流量分别用 I_{BQ}、U_{BEQ}、I_{CQ}、U_{CEQ} 来表示。

(2)直流通路

由上可见,要分析计算放大电路的静态工作点所对应的电压电流,就应先画出放大电路的直流通路。直流通路是放大电路中直流通过的路径。由于电容器具有隔断直流的作用,因此画直流通路时电容相当于开路。

(3)电路的动态

放大器输入端加入信号时,电路的工作状态称为动态。这时输入信号叠加在直流的 U_{BE} 上,形成了既有直流量又有交流量的总变化量。基极电流也跟随发生变化。

3. 基本放大器的直流通路静态工作点的计算

在三极管放大器中,既有直流分量又有交流分量,为了分析方便,常将直流静态量和交流动态量分开来研究。首先来分析只有电源 V_{CC} 而无信号输入时电路的工作状态。

当放大器无信号输入时,电路中只存在直流信号,我们可画出放大器的直流通路。直流通路就是在直流电源的作用下,直流电流流经的通路。直流通路的画法是:电容视为开路、电感视为短路、信号源视为短路。根据直流通路的画法可以画出共发射极基本放大器的直流通路。

4. 基本放大器的交流通路放大倍数的计算

在分析输入交流信号单独作用时的电路称为交流通路,即交流信号流经的通路。其画法是:将容量较大的电容视为短路,直流电压源(内阻小,可忽略不计)视为短路。根据交流通路的画法可以画出共发射极基本放大电路的交流通路。

12.1.2 分压式偏置放大电路

实践证明,当放大电路的周围环境变化、电源电压的波动等因素都可能会引起静态工作点的不稳定。在这些因素中,温度的变化对静态工作点的影响最大。当温度升高时,三极管的放大倍数、各级电流都会发生变化,并且使得管压降下降,造成静态工作点的上升。最终的结果是集中表现在集电极电流的升高,从而影响放大电路的工作质量。

当静态工作点过高时,三极管进入饱和区状态。若静态工作点过低,三极管进入截止区,造成截止失真。

为了克服由以上因素造成的放大电路工作不正常,可以采用分压式偏置放大电路。图12-6所示是分压式偏置放大电路的基本组成。

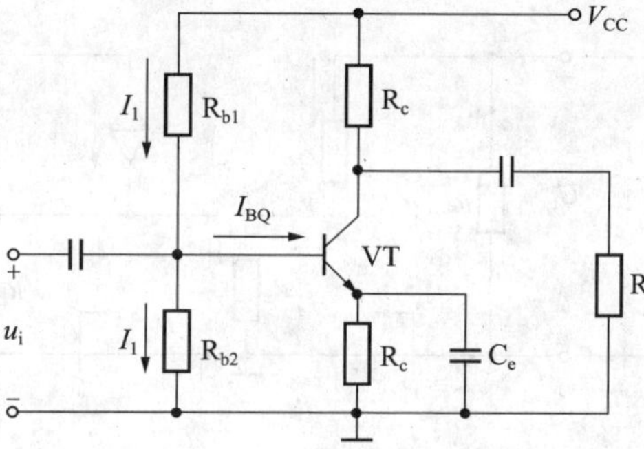

图 12-6

12.1.3 共集电极放大电路

共集电极放大电路是三极管放大电路三种组态之一,是以集电极作为输入、输出回路公共端的放大电路。图 12-7 所示是共集电极放大电路的原理电路和交流通路原理图。

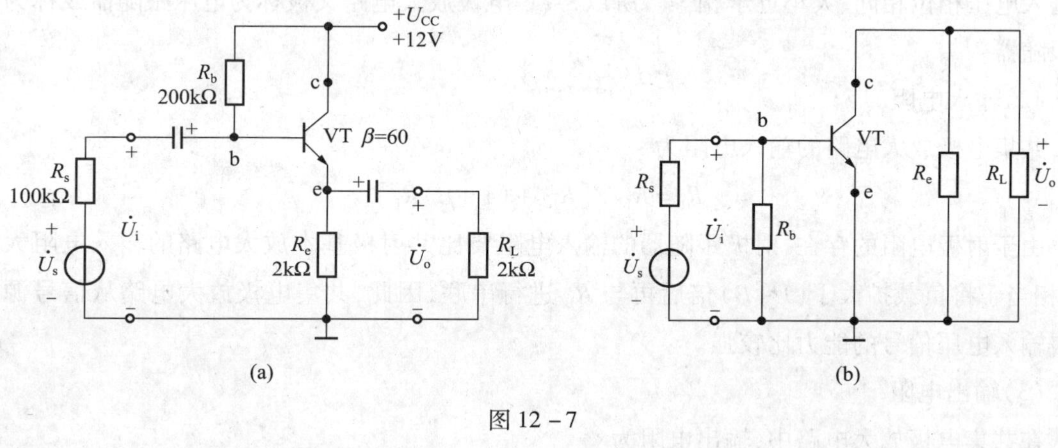

图 12-7

从交流通路可以看出，三极管的集电极作为输入和输出回路的公共端，输入信号从三极管的基极和集电极之间输入，输出信号从三极管的发射极和集电极之间输出。因为输出信号是从三极管的发射极输出的，所以又称为射极输出器。

1. 直流分析

直流分析就是指对放大电路进行静态工作点的分析。基极电流为

$$I_B = \frac{U_{CC} - U_{BE}}{R_b + (1+\beta)R_e}$$

集电极电流和三极管的管压降分别为

$$I_C = \beta I_B$$

$$U_{CE} = U_{CC} - (1+\beta)R_e I_B$$

2. 交流分析

图 12－8 是在进行交流分析时的微变等效电路。

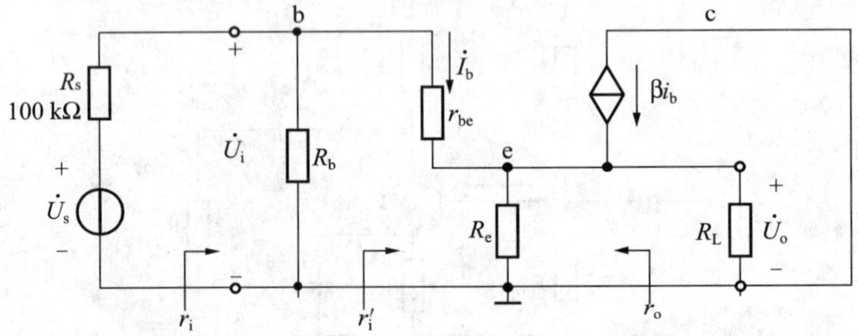

图 12－8

(1)电压放大倍数

$$A_U = \frac{U_o}{U_I} = \frac{(1+\beta)R_L}{R_{be} + (1+\beta)R_L}$$

电压放大倍数是小于 1 且约等于 1 的值，输出电压和输入电压同相位。这说明输出电压和输入电压相位相同、大小近于相等。所以，共集电极放大电路又被称为电压跟随器或称为射极跟随器。

(2)输入电阻

共集电极放大电路的输入电阻为

$$R_I = R_b // [R_{be} + (1+\beta)R_L]$$

由于射极电阻的存在，射极跟随器的输入电阻要比共射极基本放大电路的输入电阻大得多，相当于将负载扩大了$(1+\beta)$倍后再与 R_{be}进行串联，因此，共集电极放大电路从信号源处获得输入电压信号的能力比较强。

(3)输出电阻

在共集电极放大电路中，输出电阻为

$$R_o = R_e // \frac{R_s + R_{be}}{1+\beta}$$

在图 12－9 所示中的基极电流和集电极电流的方向不再是从基极和集电极流入，而变得相反。这是因为图中所示的电流方向是在测试电压源 U_T的作用下产生的，而不是输入信号源的作用。因 U_T与受控支路并联，所以可以使基极支路产生与输入信号 U 作用时方向相反的电流。这个基极电流又控制集电极受控支路产生相应方向的集电极电流，各电流方向如图中所示。

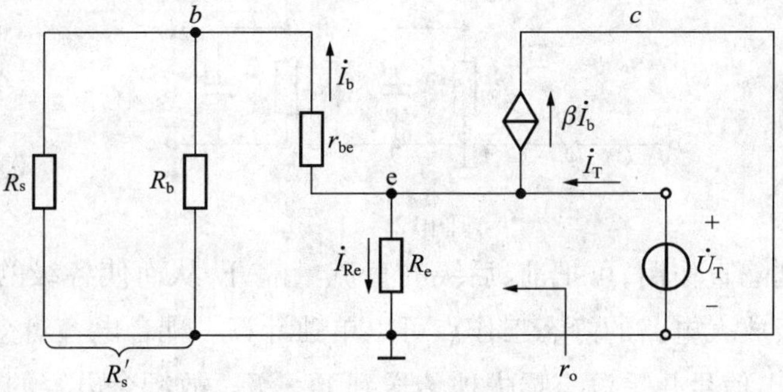

图 12－9

第 2 节　多级放大电路

放大器的输入信号往往都很微弱，一般为毫伏级或微伏级。为了推动负载工作需用多级放大电路对微弱信号进行连续放大。图 12－10 所示为多级放大电路的组成方框图。

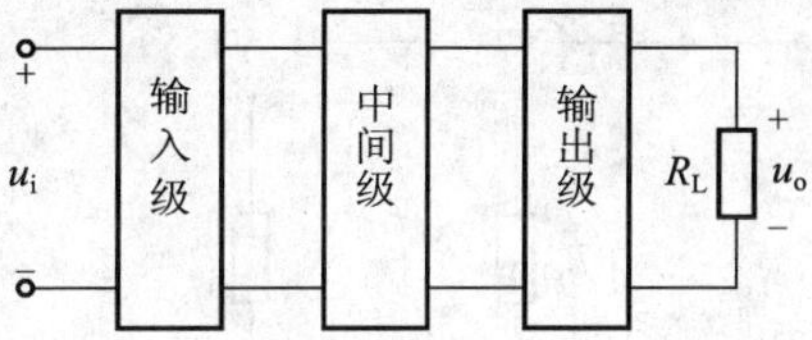

图 12－10

输入级直接连接信号源，一般要求它的输入电阻高一些。输入级和中间级的任务是电压放大。中间级根据需要可以是多级的电压放大电路，将微弱的输入电压放大到足够的幅度。输出级用作功率放大，向负载输出所需的功率。

多级放大电路中每两个单级放大电路之间的连接称为耦合。常用的耦合方式有：阻容耦合、直接耦合和变压器耦合，但变压器耦合应用很少。

12.2.1　多级放大电路的耦合方式

1. 阻容耦合

级与级之间通过耦合电容与下级输入电阻连接，把信号传输到下一级的耦合方式称为阻容耦合,如图 12 - 11 所示。

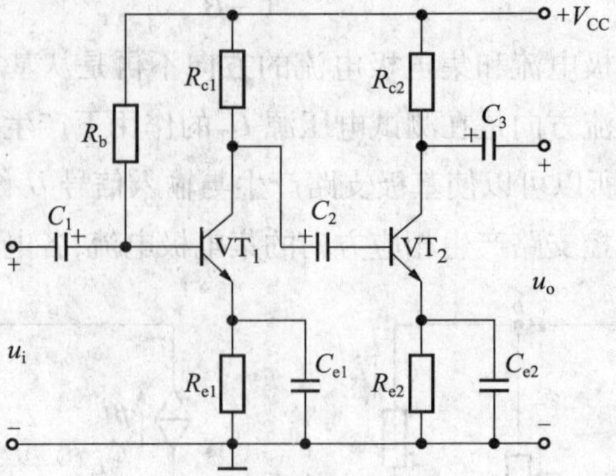

图 12 - 11

电容在这里起到隔直作用,可把前、后级的直流量隔开,从而使各级的静态工作点相互间没有影响。所以各级放大电路的静态工作点可以单独计算。耦合电容对交流信号的容抗必须很小,以便把前级输出信号几乎没有损失地传送到下一级。故耦合电容的容量一般相对较大,大多采用电解电容。

2. 直接耦合

不经过电抗元件,把前后级直接连接起来的耦合方式称为直接耦合,如图 12 - 12 所示。

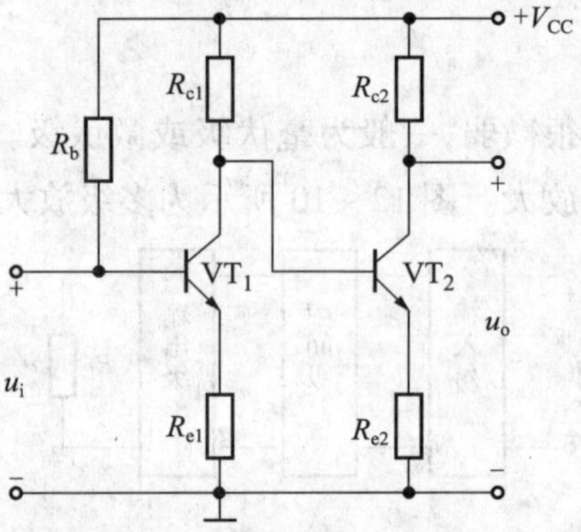

图 12 - 12

由于是直接连接,各级的直流通路相互沟通,因此各级静态工作点相互关联,相互牵制,使调整发生困难。但直接耦合放大电路不仅能放大交流信号,也能放大直流与缓慢变化的信号而获得广泛应用。在集成电路中,因无法制作大容量的耦合电容,往往采用直接耦合。

12.2.2 多级放大电路的参数分析

1. 多级放大器的输入电阻

多级放大器的输入电阻为第一级的输入电阻,即 $R_I = R_{I1}$。

2. 多级放大器的输出电阻

多级放大器的输出电阻为最后一级的输出电阻，即 $R_o = R_{on}$。

3. 多级放大器的放大倍数

多级放大器把第一级输出的信号电压作为第二级输入电压进行再次放大，这样依次逐级放大后，总的电压放大倍数将为各级放大倍数的乘积，即：

$$A_U = A_{U1} \cdot A_{U2} \cdot A_{U3} \cdot \cdots \cdot A_{Un}$$

运用上式时必须注意：在计算每一级的电压放大倍数时要把后一级的输入电阻作为前一级的负载电阻。

在实际应用中，它可以用倍数值来表示，也可以用对数单位分贝(dB)表示，分贝表示法可以将多级放大器的放大倍数乘除关系转化为对数的加减关系，便于使用和计算。

第3节　放大电路中的反馈

如图 12－13 所示的是一个两级放大电路，第一级的输出信号作为第二级的输入信号，信号只有从输入到输出的正向传送，输出端与输入端之间没有直接的联系，所以不存在反馈，这种情况称为开环。

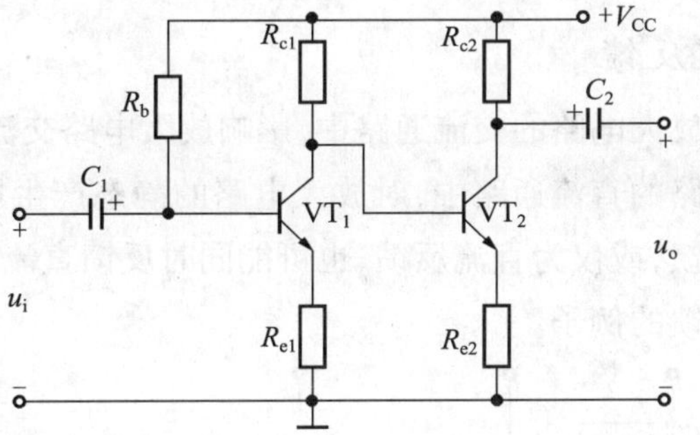

图 12－13

如图 12－14 中，在输出 u_o 的正端和 k 点之间增加了连接电阻 R_f，该电路除了从输入到输出的信号正向传送外，还有从输出到输入信号的反向传送，即从输出端到输入端有一条反馈支路 R_f，所以存在反馈，这种情况称为闭环。

由以上分析可知，反馈放大器是由两部分组成的，如图 12－15 所示。A 是基本放大电路，F 是反馈电路，构成一个闭环系统。这里 X 可以表示电压，也可以表示电流。其中 X_i 是输入信号，X_o 是输出信号，X_f 是反馈信号，X_i' 是输入信号与输出信号叠加以后的净输入信号。如果反馈量起到加强输入信号的作用，使净输入信号增加，即 $X_i' = X_i + X_f$，这种反馈称为正反馈；如果反馈量起到削弱输入信号的作用，使净输入信号减小，即 $X_i' = X_i - X_f$，这种反馈称为负反馈。

图 12－15 所示是带有反馈的放大器方框图。

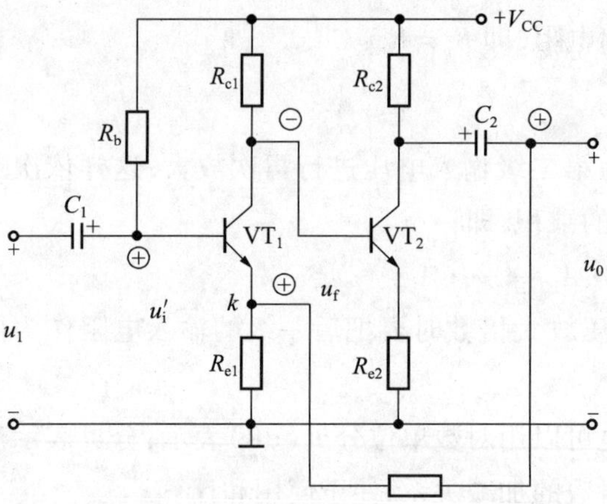

图 12－14

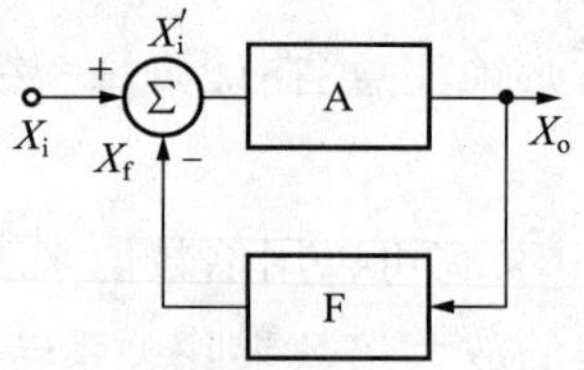

图 12－15

12.3.1 反馈的类型及特点

1. 正反馈和负反馈

依前所述，按照反馈的极性，可以将反馈分为正反馈和负反馈两类。反馈使放大器的净输入量得到增强的是正反馈；反之，使放大器的净输入量减弱的则是负反馈。通常采用“瞬时极性法”来判断反馈的极性。

2. 交流反馈和直流反馈

如果反馈网络存在于放大电路的交流通路中，影响放大电路交流性能的称为交流反馈；如果反馈网络存在于放大电路的直流通路中，对放大电路的静态产生影响的称为直流反馈。一个反馈有可能仅为交流反馈，或仅为直流反馈，也可能同时反馈直流和交流信号。如图12－16给出了交流反馈和直流反馈的例子。

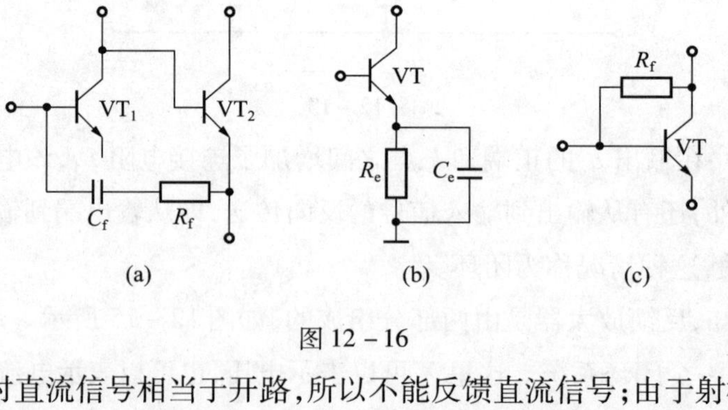

图 12－16

因为反馈电容对直流信号相当于开路，所以不能反馈直流信号；由于射极电容对交流信号短路，所以在交流通路中，反馈支路被短路，三极管的发射极相当于直接接地，交流反馈是不存在的；反馈电阻可以同时反馈交流和直流信号，为交、直流反馈。

一般来说，直流负反馈的目的是为了稳定电路的静态工作情况，只需知道它的极性就可以了。而交流反馈对放大电路性能的影响是多方面的。因此,除分析交流反馈的极性,还要进行更详细的分类(是电压、电流反馈,还是串联或并联反馈)。

3. 电压反馈和电流反馈

由于基本放大电路和反馈网络均是四端双口,因此基本放大电路 A 与反馈网络 F 的端口连接方式就有串联和并联的区别。

基本放大电路 A 与反馈网络 F 在反馈放大电路输出端的连接方式叫做采样方式。根据采样方式的不同,分为电压反馈和电流反馈,如图 12－17 所示。

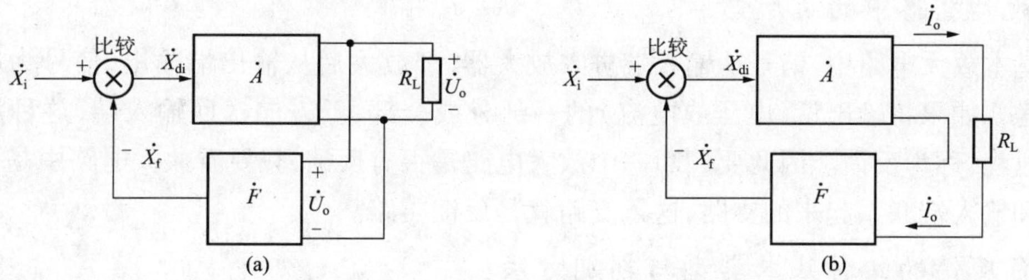

图 12－17

在反馈放大电路的输出端,基本放大电路输出与反馈网络输入相连接,它们的连接方式决定了反馈网络将输出电压还是输出电流送回输入端,因此叫做采样方式。并联采样时,取输出电压为反馈网络的输入,即反馈信号 X 与输出电压成正比,称为电压反馈。串联采样时,取输出电流为反馈网络的输入,反馈信号 X 与输出电流成正比,称为电流反馈。由于电压反馈或电流反馈仅与放大电路的输出回路有关,与输入回路无关,因此上述两个框图中的输入端应采用简单的表示方法。

4. 串联反馈和并联反馈

基本放大电路与反馈网络在反馈放大电路输入端的连接方式,叫做比较方式,根据比较方式的不同,分为串联反馈和并联反馈,如图 12－18 所示。

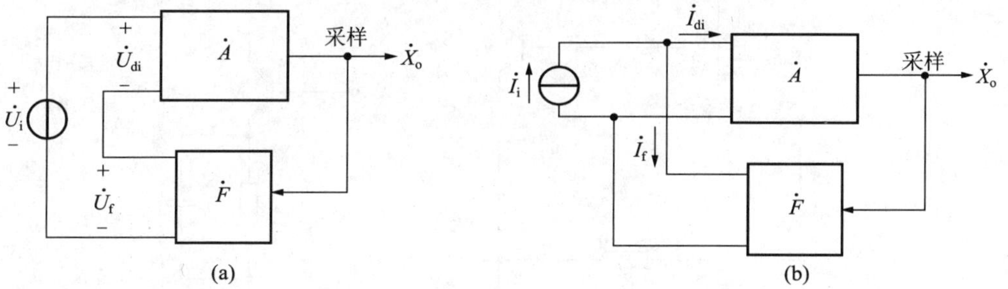

图 12－18

在反馈放大电路的输入端,基本放大电路输入口与反馈网络输出口相连接,它们的连接方式决定了反馈信号在输入端以什么形式出现。净输入信号是输入电压和反馈电压的比较还是输入电流和反馈电流的比较,因此,叫做比较方式。当只以电压形式出现时,比较方式一定为串联,所以称为串联反馈;当以电流形式出现时,比较方式一定为并联,所以称为并联反馈。

对于多级放大电路,如果反馈支路将下一级(或更后级)的输出信号反馈回本级的输入端,称为级间反馈。反之,如果反馈到输入端的仅为本级的输出信号,则为本级反馈。由于多级放大电路的控制作用相对于单级要强,在同一个电路中如果既有级间反馈,又有本级反馈,我们将只考虑级间反馈对放大电路的影响。但级间反馈一般不超过3级,否则容易产生自激,反而使放大器不能正常工作。

12.3.2 负反馈对放大电路的影响

1. 放大电路中的负反馈

在基本放大电路中,信号从输入端进入放大器,经放大后从输出端输出,信号为单方向的正向传送。如果将输出量(电压或电流)的一部分或全部,反方向送回输入端,这种反向传输信号的过程,称为反馈。因此要判断一个放大电路是否有反馈,只要看放大电路中是否存在把输出端和输入端联系起来的支路,这条支路就是反馈支路。

2. 负反馈的四种基本类型与判别方法

因为不同的反馈类型对放大电路性能的影响大不相同。在实际的电子电路中,要求对不同性能的放大电路,必须根据不同的情况,选用不同类型的负反馈。

反馈的类型又叫做反馈的组态。根据反馈放大电路的采样和比较方式,反馈分为:电压反馈、电流反馈、串联反馈和并联反馈。可以分别构成四种负反馈组态:电压串联负反馈、电压并联负反馈、电流串联负反馈和电流并联负反馈。这四种不同类型的负反馈对放大电路的性能会带来不同的影响,所以,正确区分负反馈的组态十分重要。

(1)直流反馈和交流反馈

在电子电路中,对直流量起反馈作用的电路为直流反馈电路。对交流量起反馈作用的电路为交流反馈电路,如图12-19所示。

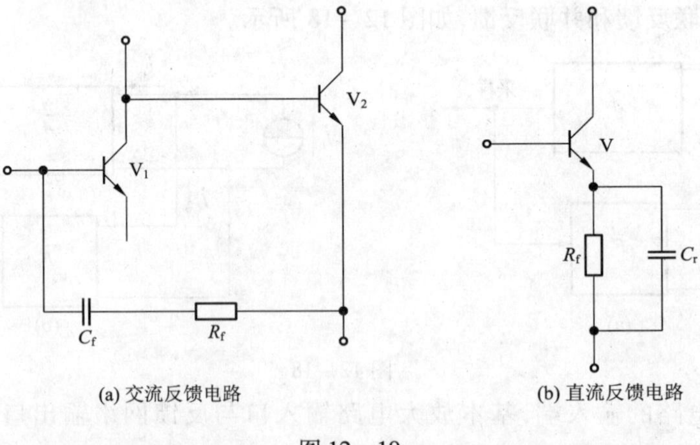

(a) 交流反馈电路　　(b) 直流反馈电路

图12-19

(2)正反馈和负反馈

在电路中,如果反馈信号的极性与输入信号的极性相同,反馈信号与外加输入信号经过叠加后使得净输入信号增强,这种反馈称为正反馈。正反馈使得输出信号和输入信号互相促进,不断增强。实际电路中,一般将正反馈用于振荡电路中。在电路中,如果反馈信号的极性与输入信号的极性相反,反馈信号与外加输入信号经过叠加后使得净输入信号减小,这种反馈称为负反馈。负反馈电路使得放大电路的放大倍数降低,但是可以改善放大电路的性能,可以提高放大电路的稳定性。如图 12－20 所示是一个负反馈电路。

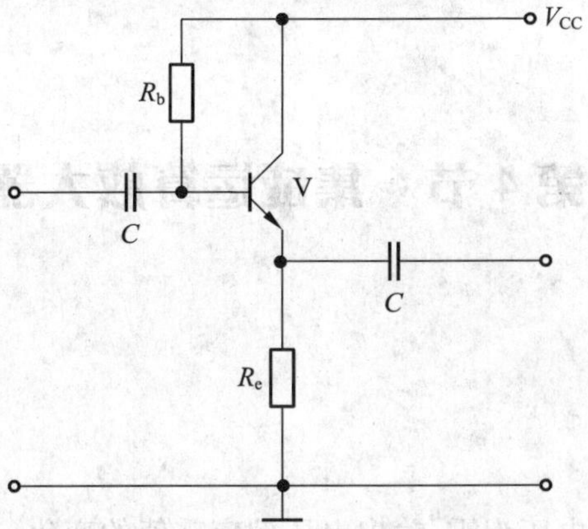

图 12－20

根据前面所述各种反馈概念的定义,可以得到简单有效的具体判别方法如下:

①有/无反馈。看电路中是否有反馈支路一端接于放大电路的输出端,另一端接于放大电路的输入端或是否有反馈支路同时处于放大电路的输入和输出回路中。

②交/直流反馈。存在于放大电路交流通路中的反馈是交流反馈,存在于直流通路中的反馈是直流反馈,若交、直流通路中该反馈支路均存在,则为交、直流反馈。具体在进行交直流反馈的判定时,主要是判断在反馈环节中是否有电容的存在。因为在电路中电容呈现的主要特性是隔直流通交流。

③正/负反馈。反馈极性的判别,通常采用瞬时极性法。所谓瞬时极性法,就是先假定放大电路原输入信号在某瞬间的极性(一般习惯假定从正开始,用“＋”作标记,表示该点的瞬时信号有增大的趋势),以此为起点,在正极性输入信号的作用下,从输出端看信号的极性。如果反馈电路作用下,使得信号减小,则此反馈为负反馈,如果输出信号增加,则此反馈为正反馈。

④电压/电流反馈。按照反馈电路在输出端对输出信号采样的方式不同,可以判定是属于电压反馈还是属于电流反馈。具体在进行电压、电流反馈的判定时,主要是看反馈信号是与输出的电流有关还是与输出的电压有关。当反馈信号与输出电压成正比时,此反馈为电压反馈。当反馈信号与输出电流成正比时,此反馈为电流反馈。一般来说,反馈电路接在电压输出端的为电压反馈,而不接在电压输出端的为电流反馈。

⑤联/并联反馈。根据反馈信号在放大电路输出端与输入端的信号的连接方式,可以判断出是串联反馈还是并联反馈。在具体进行串联反馈和并联反馈的判断时,通常是从反馈信号在输入端是否直接连接到三极管的基极来进行判定。如果反馈信号直接连接到三极管的发射极,此反馈为串联反馈,如果反馈信号直接接在三极管的基极,则此反馈为并联反馈。

3. 负反馈对放大电路的影响

放大电路中采用的是负反馈。因为负反馈可以使得放大电路的稳定性得以提高,从而保证放大电路能够稳定地进行工作。放大电路的稳定性是由于引入了负反馈而获得的,而负反馈却使得电路的放大倍数降低。所以说,负反馈虽然使得电路的稳定性提高,但是却降低了电路的放大倍数。

第 4 节　集成运算放大器

12.4.1　差动放大电路

1. 零点漂移

零点漂移可描述为输入电压为零,输出电压偏离零值的变化。它又被简称为零漂。运算放大器均是采用直接耦合的方式,我们知道直接耦合式放大电路的各级 Q 点是相互影响的,由于各级放大作用,第一级的微弱变化,会使输出级产生很大的变化。当输入短路时(由于一些原因使输入级的 Q 点发生微弱变化,比如温度),输出将随时间缓慢变化,这样就形成了零点漂移。产生零漂的原因是晶体三极管的参数受温度的影响。解决零漂最有效的措施是采用差动电路。

2. 差动放大电路

如图 12－21 所示是差动放大电路的基本形式。

基本形式对电路的要求是:两个电路的参数完全对称,两个管子的温度特性也完全对称。它的工作原理是:

当输入信号 $U_I=0$ 时,则两管的电流相等,两管的集电极电位也相等,所以输出电压 $U_o=U_{C1}-U_{C2}=0$。温度上升时,两管电流均增加,则集电极电位均下降,由于它们处于同一温度环境,因此两管的电流和电压变化量均相等,其输出电压仍然为零。

(1)共模信号及共模电压的放大倍数 A_{UC}

共模信号在差动放大管 T_1 和 T_2 的基极接入幅度相等、极性相同的信号,如图 12－22 所示。

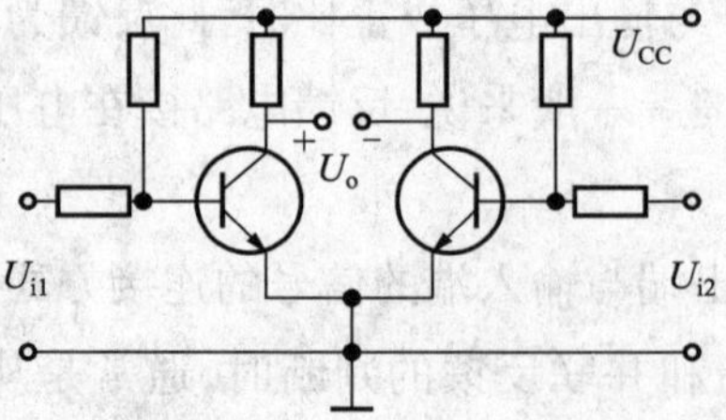

图 12－21

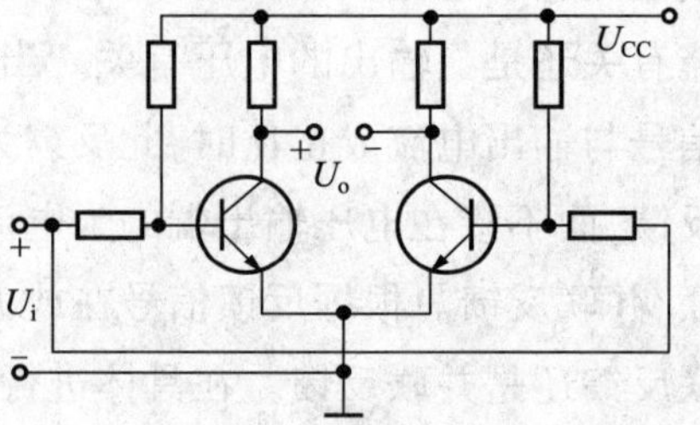

图 12－22

共模信号对两管的作用是同向的，将引起两管电流同量的增加，集电极电位也同量减小，因此两管集电极输出共模电压 U_{oC} 为零。因此：

$$A_{UC}=\frac{U_{oC}}{U_{iC}}=0$$

于是差动电路对称时，对共模信号的抑制能力强。

(2)差模信号及差模电压放大倍数 A_{Ud}

差模信号在差动放大管 T_1 和 T_2 的基极分别加入幅度相等而极性相反的信号，如图 12 - 23 所示。

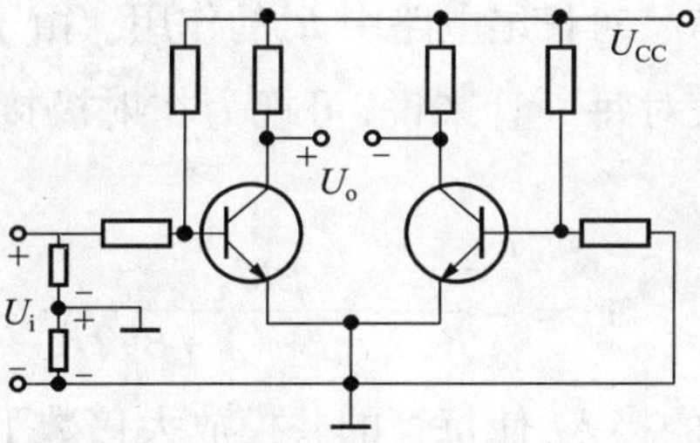

图 12 - 23

由于信号的极性相反，因此 T_1 管集电极电压下降，T_2 管的集电极电压上升，且二者的变化量的绝对值相等，因此：

$$U_{od}=U_{C1}-U_{C2}=2U_{C1}（或 2U_{C2}）$$

此时的两管基极的信号为：

$$U_{id}=U_{id1}-U_{id2}=2U_{id1}$$

所以

$$A_{ud}=\frac{U_{od}}{U_{id}}=\frac{2U_{C1}}{2U_{id1}}=\frac{U_{C1}}{U_{id1}}=A_{u1}\approx-\frac{\beta R'_L}{R_S+r_{be}}$$

由此我们可以看出差动电路的差模电压放大倍数等于单管电压的放大倍数。

基本差动电路存在如下问题：电路难于绝对对称，因此输出仍然存在零漂；管子没有采取消除零漂的措施，有时会使电路失去放大能力；它要对地输出，此时的零漂与单管放大电路一样。为此，我们要学习另一种差动放大电路——长尾式差动放大电路。

3. 长尾式差动放大电路

长尾式差动放大电路又被称为射极耦合差动放大电路，如图 12 - 24 所示。

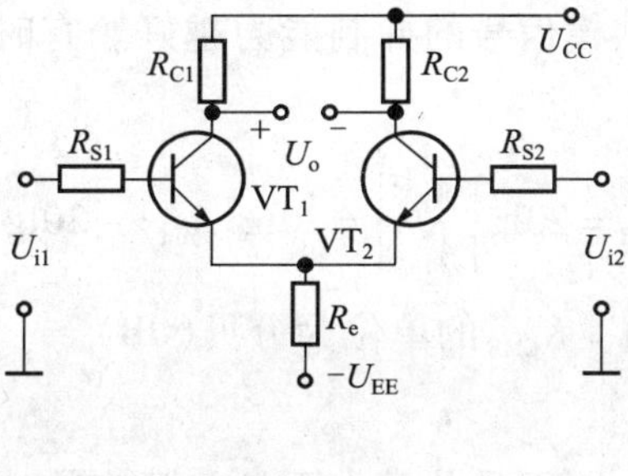

图 12 - 24

图中的两个管子通过射极电阻 R_e 和 U_{ee} 耦合。

(1)静态工作点

静态时,输入短路,由于流过电阻 R_e 的电流为 I_{E1} 和 I_{E2} 之和,且电路对称,$I_{E1}=I_{E2}$,因此,

$$I_{E1}=I_{E2}=\frac{U_{EE}-U_{BE}}{2R_e+\dfrac{R_S}{1+\beta}}\approx\frac{U_{EE}-U_{BE}}{2R_e}$$

(2)对共模信号的抑制作用

在这里我们只学习共模信号对长尾电路中 R_e 的作用。由于是同向变化的,因此流过 R_e 的共模信号电流是 $I_{e1}+I_{e2}=2I_e$,对每一管来说,可视为在射极接入电阻为 $2R_e$。它的共模放大倍数为:

$$A_{uc}=-\frac{\beta R'_L}{R_S+r_{be}+(1+\beta)2R_e}$$

由此式我们可以看出 R_e 的接入,使每管的共模放大倍数下降了很多(对零漂具有很强的抑制作用)。

(3)对差模信号的放大作用

差模信号引起两管电流的反向变化(一管电流上升,一管电流下降),流过射极电阻 R_e 的差模电流为 $I_{e1}-I_{e2}$,由于电路对称,所以流过 R_e 的差模电流为零,R_e 上的差模信号电压也为零,因此射极视为地电位,此处"地"称为"虚地"。因此差模信号时,R_e 不产生影响。

由于 R_e 对差模信号不产生影响,故双端输出的差模放大倍数仍为单管放大倍数:

$$A_{ud}=-\frac{\beta R'_L}{R_S+r_{be}}$$

(4)共模抑制比(K_{CMR})

差模放大倍数与共模放大倍数之比称为共模抑制比 K_{CMR},我们一般用共模抑制比来衡量差动放大电路性能的优劣。K_{CMR} 定义如下

$$K_{CMR}=\left|\frac{A_{ud}}{A_{uc}}\right|$$

它的值越大,表明电路对共模信号的抑制能力越好。有时还用对数的形式表示共模抑制比,即:

$$K_{CMR}=20\lg\left|\frac{A_{ud}}{A_{UC}}\right|=20\lg|A_{ud}|-20\lg|A_{uc}|$$

其中 $20\lg|A_{ud}|$ 为差模增益。K_{CMR} 的单位为分贝(dB)。

(5)一般输入信号情况

如果差动电路的输入信号,既不是共模也不是差模信号时,我们要把输入信号分解为一对共模信号和一对差模信号,它们共同作用在差动电路的输入端。

【例12-1】 如图12-25所示电路，已知差模增益为48 dB，共模抑制比为67 dB，$U_{I1}=5\ V$，$U_{I2}=5.01\ V$，试求输出电压U_o。

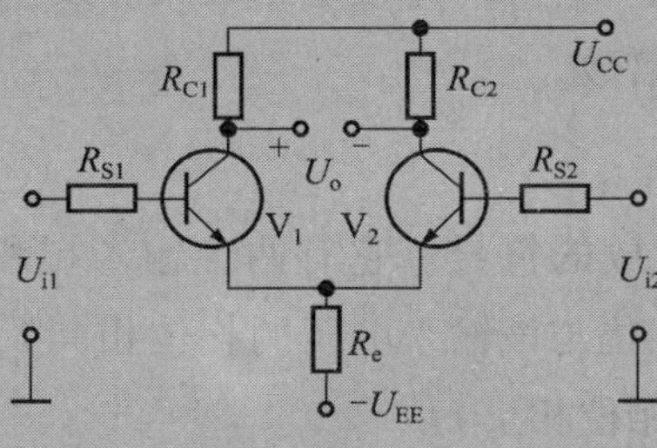

图12-25

解
$$20\lg|A_{ud}|=48\ dB$$
$$A_{ud}\approx-251$$

又
$$K_{CMR}=67dB$$
$$20\lg\left|\frac{A_{ud}}{A_{uc}}\right|=67$$
$$\left|\frac{A_{ud}}{A_{uc}}\right|=2239$$
$$A_{uc}=\frac{A_{ud}}{2239}\approx0.11$$

则输出电压为：

$$U_o=A_{ud}U_{id}+A_{uc}U_{ic}=-251\times(5-5.01)+0.11\times\frac{5+5.01}{2}=2.51+0.55=3.06\ V$$

4. 集成运放的组成

集成运放由四部分组成：

(1)偏置电路。

(2)输入级：为了抑制零漂，采用差动放大电路。

(3)中间级：为了提高放大倍数，一般采用有源负载的共射放大电路。

(4)输出级：为了提高电路驱动负载的能力，一般采用互补对称输出级电路。

5. 集成运放的性能指标

(1)共模抑制比K_{CMR}：共模抑制比K_{CMR}反映了集成运放对共模输入信号的抑制能力，其定义同差动放大电路。K_{CMR}越大越好。

(2)最大输出电压U_{op-p}：最大输出电压U_{op-p}是指一定电压下，集成运放的最大不失真输出电压的峰-峰值。

(3)差模输入电阻R_{Id}：差模输入电阻R_{Id}的大小反映了集成运放输入端向差模输入信号源

索取电流的大小。要求它愈大愈好。

(4)输出电阻 R_o:输出电阻 R_o 的大小反映了集成运放在小信号输出时的负载能力。

(5)开环差模电压放大倍数 A_{od}:开环差模电压放大倍数 A_{od} 是指集成运放在无外加反馈回路的情况下的差模电压的放大倍数。

6. 低频等效电路

如图 12-26 所示为集成运放的符号。它有两个输入端和一个输出端。其中:标有"+"的为同相输入端(输出电压的相位与该输入电压的相位相同);标有"-"的为反相输入端(输出电压的相位与该输入电压的相位相反)。

在电路中集成运放作为一个完整的独立器件来对待。于是,在分析、计算时我们用等效电路来代替集成运放。由于集成运放主要用于频率不高的场合,因此我们只学习低频率时的等效电路。

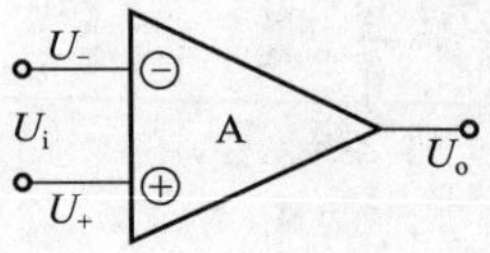

图 12-26

12.4.2 理想运算放大器

在分析集成运放的各种应用电路时,常将其中的运放看成是一个理想运算放大器,即将各项技术指标理想化。理想运算放大器的条件如表 12-1 所示。

表 12-1 理想放大器的条件

开环电压放大倍数:$A_{od}=\infty$	输入电阻:$r_{id}=\infty$	输入偏置电流:$I_{B1}=I_{B2}=0$
共模抑制比:$K_{CMR}=\infty$	输出电阻:$U_->U_+$	-3 dB 带宽:$F_\pi=\infty$
无干扰无噪声	失调电压 U_{IO}、失调电流 I_{IO} 及它们的温漂均为零	

1. 集成运放工作在线性区的特性

当集成运放工作在线性放大区时的条件是:

(1)$U_-\approx U_+$,$U_o=A_{od}(U_+-U_-)$,因为理想运放 $A_{od}=\infty$,所以可得出 $U_+\approx U_-$;

(2)$I_-=I_+=0$。

需要注意的是:同相输入端与反相输入端的电位相等,但不是短路。我们把满足这个条件称为"虚短"。

2. 集成运放工作在非线性工作区

当集成运放工作在非线性区时的条件是:集成运放在非线性工作区内一般是开环运用或加正反馈。它的输入输出关系不是线性的:

$$U_o\neq A_{od}(U_--U_+)$$

它的输出电压有两种形态:

(1)当 $U_->U_+$ 时,$U_o=U_{oL}$;

(2)当 $U_-<U_+$ 时,$U_o=U_{oH}$。

它的输入电流仍为零(因为 $r_{id}=\infty$),即:

$$I_- = I_+ = 0$$

集成运放工作在不同区域时,近似条件不同,我们在分析集成运放时,应先判断它工作在哪个区域,然后再用上述公式对集成运放进行分析、计算。

12.4.3 运算放大器的应用

1. 比例运算电路

比例运算放大电路是集成运算放大电路的一种主要放大形式。

(1)反相比例电路

输入信号加入反相输入端,电路如图 12－27 所示。其输出特性为:

$$U_o = -I_f R_f = -\frac{R_f}{R_1} U_i$$

(2)同相比例电路

输入信号加入同相输入端,电路如图 12－28 所示。其输出特性为:

$$U_o = \frac{R_1 + R_f}{R_1} U_- = \left(1 + \frac{R_f}{R_1}\right) U_i$$

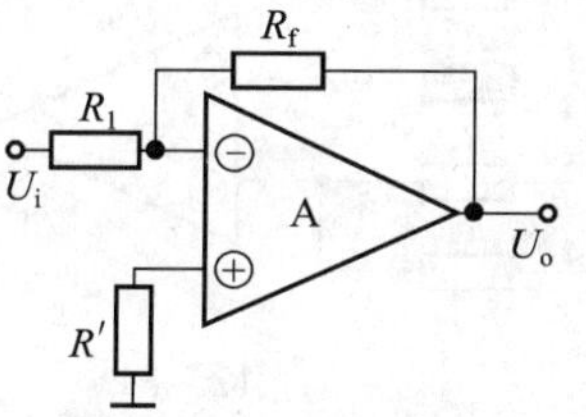

图 12－27

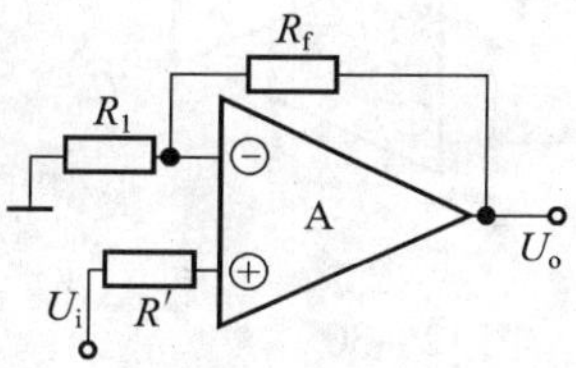

图 12－28

当改变$\frac{R_f}{R_1}$时,即可改变 U_o 的值,此时,输入、输出电压的极性相同。

2. 和、差电路

(1)反相求和电路

反相求和电路如图 12－29 所示(输入端的个数可根据需要进行调整)。

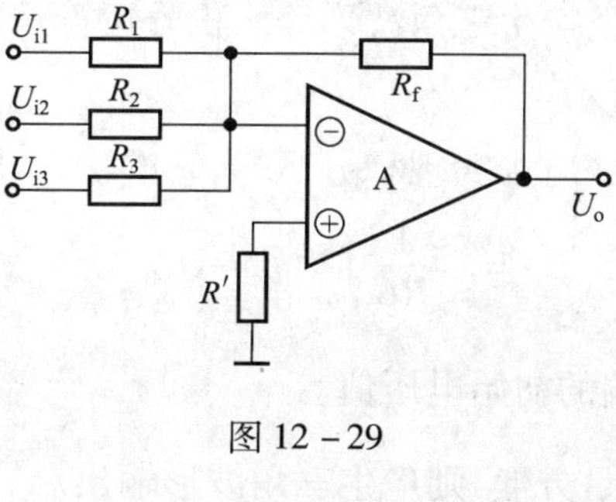

图 12－29

反相求和电路的输出电压与输入电压的关系为：

$$U_o = -\left(\frac{R_f}{R_1}U_{i1} + \frac{R_f}{R_2}U_{i2} + \frac{R_f}{R_3}U_{i3}\right)$$

它的特点与反相比例电路相同。它可十分方便地改变或调节某一电路的输入电阻，来改变电路的比例关系，而不影响其他电路的比例关系。

(2)同相求和电路

同相求和电路如图 12－30 所示（输入端的个数可根据需要进行调整）。

同相求和电路的输出电压与输入电压的关系为：

$$U_o = R_f\left(\frac{U_{i1}}{R_a} + \frac{U_{i2}}{R_b} + \frac{U_{i3}}{R_c}\right)$$

同相求和电路的调节不如反相求和电路，而且它的共模输入信号大，因此它的应用并不广泛。

(3)和差电路

和差电路如图 12－31 所示。

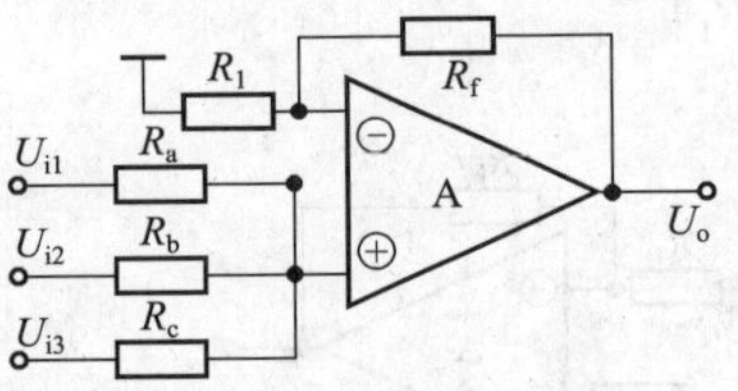

图 12－30

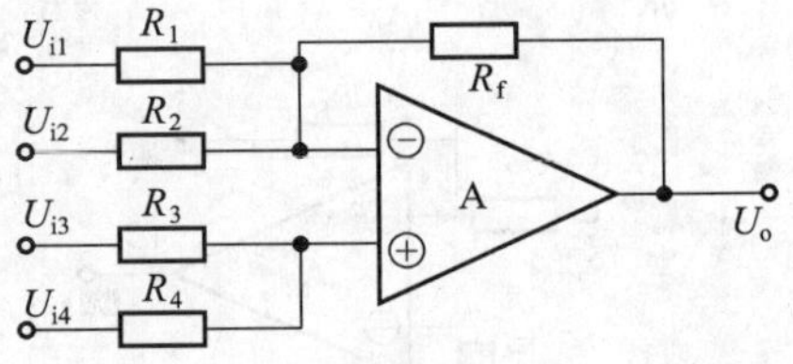

图 12－31

此电路的功能是对 U_{i1}、U_{i2}进行反相求和，对 U_{i3}、U_{i4}进行同相求和，然后进行叠加即得和差结果。它的输入输出电压的关系是：

$$U_o = R_f\left(\frac{U_{i3}}{R_3} + \frac{U_{i4}}{R_4} - \frac{U_{i1}}{R_1} - \frac{U_{i2}}{R_2}\right)$$

3. 积分电路与微分电路

(1)积分电路

积分电路可实现积分运算及产生三角波形等。积分运算是输出电压与输入电压呈积分关系。它的电路图如图 12－32 所示。

积分电路是利用电容的充放电来实现积分运算，它的输入、输出电压的关系为：

$$U_o = -\frac{1}{RC}\int_0^t U_i \mathrm{d}t + U_B\Big|_{i=0}$$

其中：$U_B\Big|_{i=0}$ 表示电容两端的初始电压值。

如果电路输入的电压波形是方形，则产生三角波形输出。

(2)微分电路

微分是积分的逆运算,它的输出电压与输入电压呈微分关系。电路图如图 12 – 33 所示。

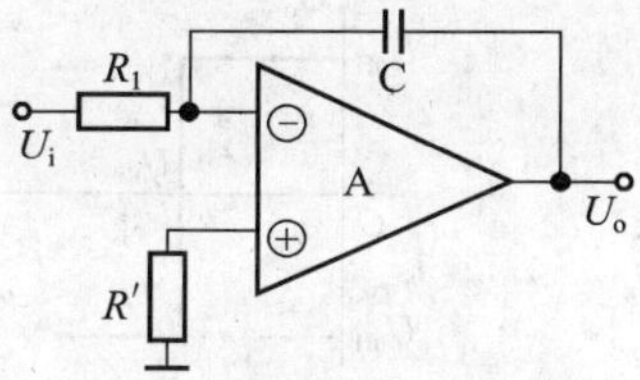

图 12 – 32

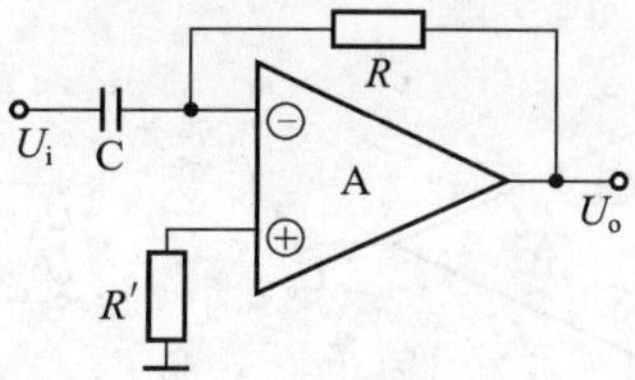

图 12 – 33

它的输入、输出电压的关系为:

$$U_o = -Ri_f = -Ri_C = -RC\frac{dU_i}{dt}$$

4. 对数与指数运算电路

(1)对数运算电路

对数运算电路就是输出电压与输入电压呈对数函数。我们把反相比例电路中 R_f 用二极管或三极管代替即组成了对数运算电路。电路图如图 12 – 34 所示。

对数运算电路的输入、输出电压的关系为:

$$U_o \approx -U_T \ln\frac{U_i}{RI_S}$$

(2)指数运算电路

指数运算电路是对数运算的逆运算,将指数运算电路的二极管(或三极管)与电阻 R 对换即可。电路图如图 12 – 35 所示。

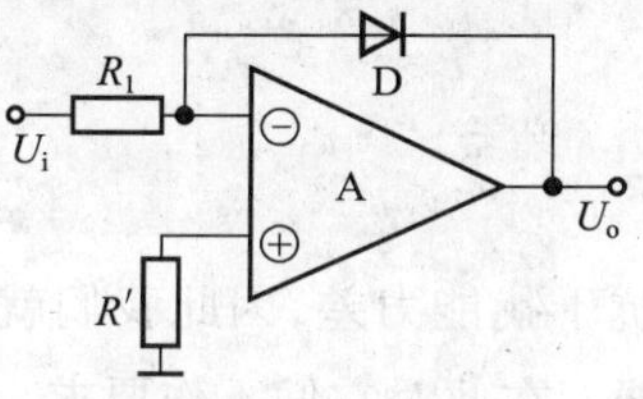

图 12 – 34

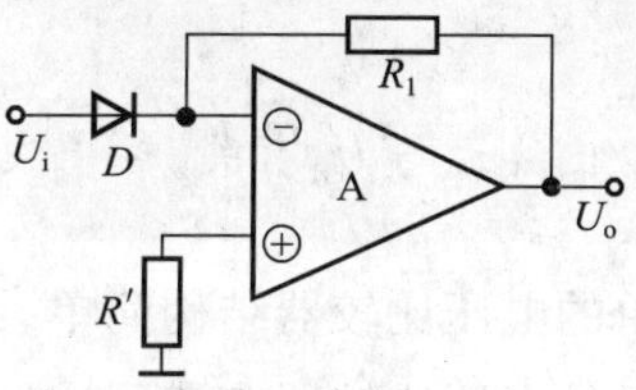

图 12 – 35

指数运算电路的输入、输出电压的关系为:

$$U_o = -I_S R_e^{\frac{U_1}{U_r}}$$

5. 电压比较器

电压比较器的功能是比较两个电压的大小(用输出电压的高或低电平,表示两个输入电压的大小关系)。

当 $U_- > U_+$ 时,$U_o = U_{oL}$;

当 $U_- < U_+$ 时,$U_o = U_{oH}$。

如图12－36(a)、图12－36(b)所示是简单电压比较器，它的传输特性如图12－36(c)所示。

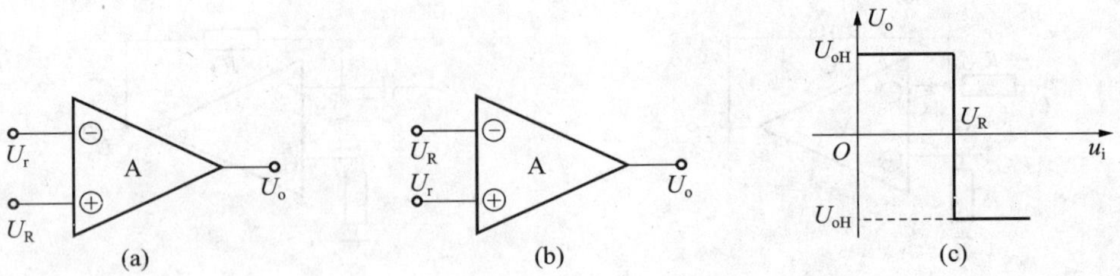

图12－36

它表明：输入电压从低逐渐升高经过 U_R 时，U_o 将从高电平变为低电平。相反，当输入电压从高逐渐到低时，U_o 将从低电平变为高电平。

我们将比较器的输出电压从一个电平跳变到另一个电平时对应的输入电压的值称为阈值电压，它还被称为门限电压，简称为阈值，用符号 U_{TH} 表示。利用简单电压比较器可将正弦波变为同频率的方波或矩形波。

【例12－2】 如图12－37(a)所示，输入电压为正弦波，试画出输出波形。

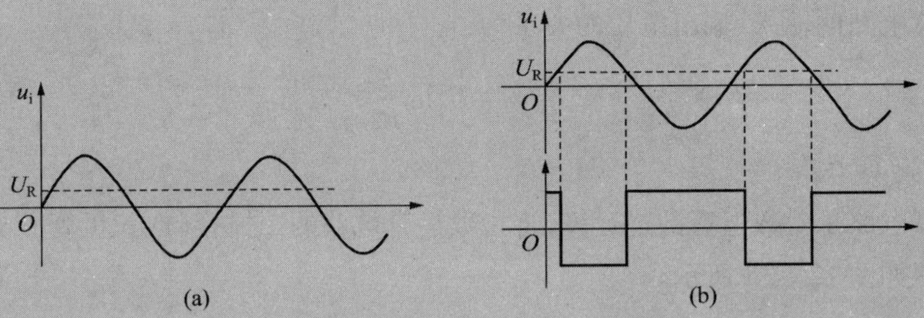

图12－37

解 输出波形与 U_R 有关，输出波形如图12－37(b)所示。

由于简单的电压比较器结构简单，灵敏度高，但是抗干扰能力差，因此我们就要对它进行改进。改进后的电压比较器有滞回比较器和窗口比较器。在此对它们不作要求。

我们前面学习的比较器都是用集成运放构成的，它存在着一定的缺点。我们一般用集成电压比较器来代替它。集成电压比较器的固有特点是：

(1)可直接驱动TTL等数字集成电路器件；

(2)它的响应速度比同等价格集成运放构成比较器快；

(3)为提高速度，集成电压比较器内部电路的输入级工作电流较大。

第 5 节 功率放大器

12.5.1 功率放大器的类型与特点

由于功率放大是一种能量转换的电路,在输入信号的作用下,晶体管把直流电源的能量,转换成随输入信号变化的输出功率送给负载。功率放大器输出功率要大、效率 η 要高、非线性失真要在允许范围内。

功率放大器按工作状态和电路形式可分成甲类功率放大器、乙类功率放大器和甲乙类功率放大器。在实际中,为了克服交越失真,推挽式晶体管电路是工作于甲、乙类状态的。

1. 甲类功率放大器

如图 12-38(a)所示是甲类功率放大器,负载 R_L 通过阻抗变换器 B 变成集电极负载 $R_b = nR_L$。对直流来说,变压器 B 初级直流电阻和 R_e 均很小,所以直流负载线接近一条垂直线如图 12-38(b)。

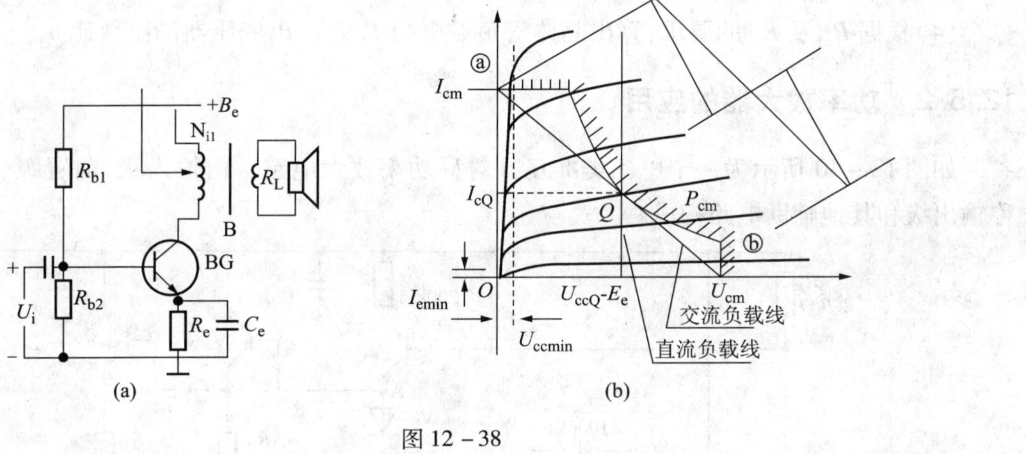

图 12-38

分析甲类功率放大电路,可以得出以下结论:

(1)晶体管的最大集射电压为电源电压 E_C 的两倍。

(2)晶体管静态时耗功率为输出功率的两倍。

(3)甲类放大器的效率最高只有 50%。

2. 乙类推挽电路

图 12-39(a)为乙类推挽电路,由于输出端使用变压器,因而晶体管对地有两个输出端,设电路完全对称,当输入信号 U_s 为正半波时,BG1 截止、BG2 导通,输出电压 U_L 为负半波,因此,两管轮流导通,一推一挽地工作,故称为推挽电路。

设计推挽电路时要注意:

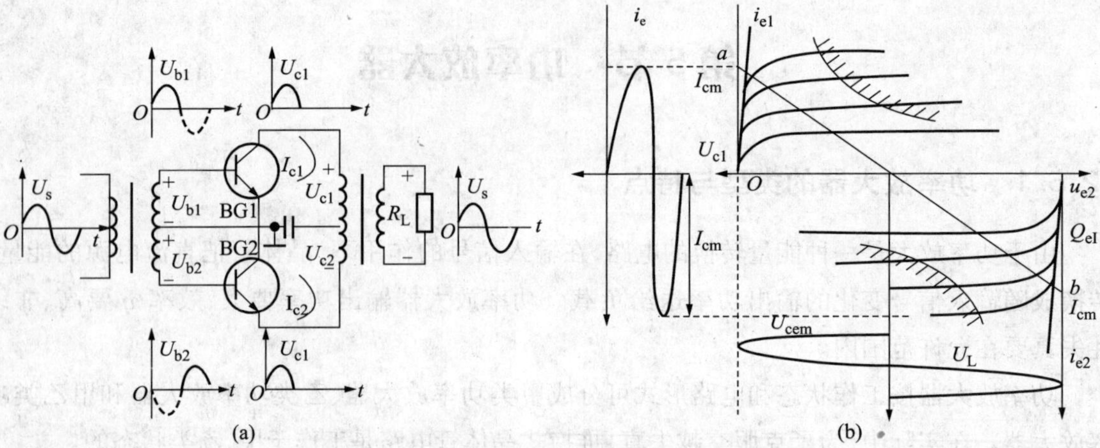

图 12－39

(1)为避免交越失真,晶体管应具有一定的偏置电流,但不要过大,否则使电路效率低。

(2)晶体管的最大集电极电压 $U_{cm} > 2E_c$。

(3)晶体管的耗散功率 $P_{cm} \geq 1.2P_{c1}$,其中 P_{c1} 为每只晶体管送给变压器 $B2$ 初级的功率,即 $P_{c1} = \frac{1}{2}P_{so}$。

(4)根据 P_{c1} 及 E_{c1} 的要求,算出晶体管负载电阻 P_L 及输出变压器的匝数比 n。

12.5.2　功率放大器的应用

如图 12－40 所示为一个甲乙类准互补对称功率放大电路。由输入级、前置级、准互补对称输出级和其他辅助电路构成。

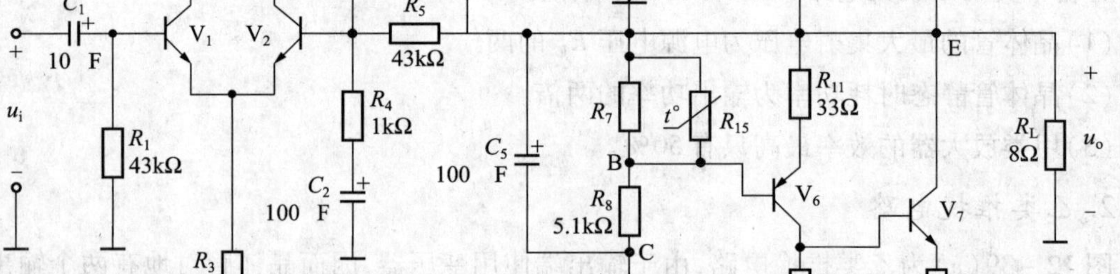

图 12－40

V_1、V_2组成单入单出的差动输入级，从 V_1 的基极输入信号，集电极取出信号，送至前置级 V_3的基极。前置级由 PNP 管 V_3构成共发射极放大电路，负责为功率输出级提供激励信号。二极管 V_{D1}、V_{D2}和电阻 R_7、热敏电阻 R_{15}为输出功率管提供偏置，使输出管处于甲乙类工作状态。R_{15}选择具有负温度系数的热敏电阻，二极管 V_{D1}、V_{D2}的正向导通压降也具有负温度系数。所以，当温度升高导致功率管的静态工作点上移、集电极电流增大时，U_{AB}下降，功率管的发射结电压下降，抑制集电极电流的增加，从而起到稳定输出级静态工作点的作用。

本电路的输出级由 V_4、V_5两个同型管复合成 NPN 型输出管，V_6、V_7两个异型管复合成 PNP 管，组成准互补对称功率电路。

为保证电路的性能，此电路中还有一些辅助电路，下面简单介绍其工作原理。R_4、R_5和 C_2组成功率放大电路的交、直流负反馈支路，一端接于功率放大电路的输出端，另一端接于差动输入级 V_2 管的基极。电流负反馈保证整个电路静态工作点的稳定，并使输出 E 点的直流零电位稳定。交流负反馈类型为电压串联负反馈，用来减小非线性失真和改善电路的其他性能。

相位补偿电容 C_3的作用是为了防止自激振荡。C_5、R_9构成自举电路，以使输出电压峰值能达到接近电源电压的理想状态。当 V_6、V_7组成的复合 PNP 管导通输出负半周信号时，随着输出电压的负向增大，复合 PNP 管的各电极电流增加，使之向饱和区趋近。由于 R_8上的压降也会逐渐增大，将限制 V_6 的基极电流，因此，输出电压的负向峰值并不能达到理想的 U_{CC}。加入自举电路 C_5和 R_9后，静态时电容两端的电压被充至静态值，由于 C_5较大，电容两端的电压几乎不随输入信号变化。当交流输出信号负向增大时，C 点电位由于 U_e为负值，所以随着输出信号的负向增大，U_c 的电位会自动降低，因此，即使输出电压负向很大，U_c会更负向，仍然保证有足够大的电流使得复合管 PNP 充分充电，以继续接近饱和区。

综合实训 12　放大电路及其应用

一、实训目的

(1) 理解负反馈放大电路的工作原理和负反馈对放大性能的影响。

(2) 学习负反馈放大电路性能的测量和调试方法。

(3) 了解负反馈时放大电路通频带和非线性失真的改善。

二、原理说明

为了改善放大电路的性能，放大电路常常引入负反馈网络，以提高电路的放大倍数，改变输入、输出电阻，减小非线性失真和展宽通频带等。图 12－41 所示为共射极单管放大电路与带有负载电阻两级放大的放大电路共用实验模块。如将 S_1、S_2接通，则前后级组成带有电压串联负反馈的两级放大电路。

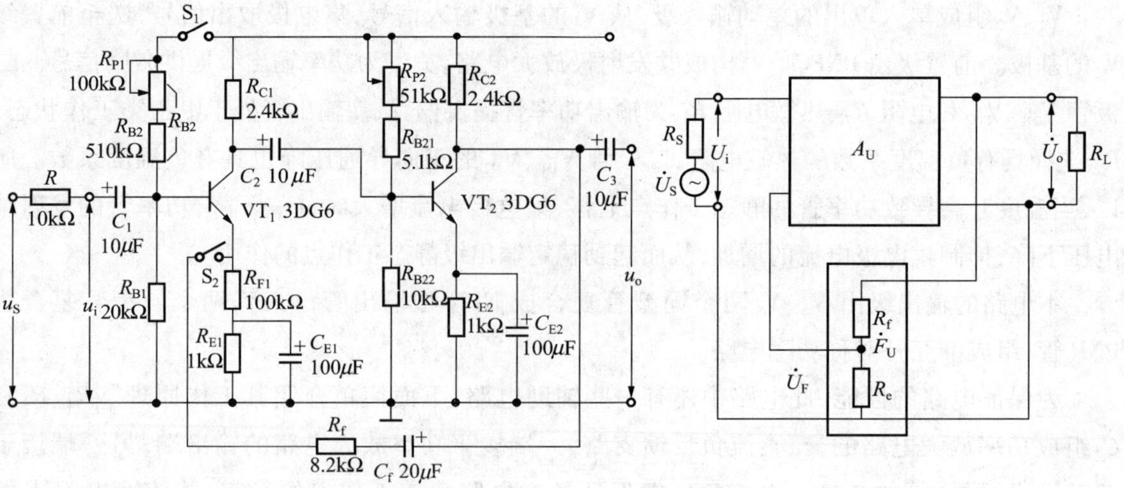

图 12－41

(1)负反馈放大电路的分析与测量在左图中，通过 R_f 把输出电压 U_o 引回到输入端，加在晶体管 VT_1 的发射极上，在发射极电阻 R_f 上形成反馈电压 U_f。根据反馈的判断法可知，它属于电压串联负反馈。它稳定了输出电压，提高了输入电阻，降低了输出电阻，是反馈放大电路中的基本放大电路（不带反馈时为开环），F_U 为负反馈电路中反馈网络。利用基本放大电路各量和反馈网络可求出反馈放大电路主要性能指标。

①闭环电压放大倍数

$$A_{Uf}=\frac{A_U}{1+A_UF_U}$$

式中，$A_U=\frac{U_o}{U_i}$ 为开环电压放大倍数；$(1+A_UF_U)$ 是反馈深度，它的大小决定了负反馈时放大器性能的改善。

②反馈系数

$$F_U=\frac{R_U}{R_f+R_{f1}}$$

③闭环输入电阻

$$R_{if}=(1+A_UF_U)R_i$$

式中，R_i 为开环输入电阻。

④闭环输出电阻 R_o

$$R_{of}=\frac{R_o}{1+A_{Uo}F_U}$$

通过对负反馈放大电路和基本放大电路各项主要性能指标的测量，可验证上述各式及反馈网络之间的关系，了解反馈网络对放大电路主要性能指标的影响。

(2)基本放大电路的测量。测量基本放大电路的动态参数时，注意以下几点：

①当考虑到反馈网络对输入电路负载效应时,可令 $U_o=0$,即将放大电路的输出端短路,找出它的输入电路;如为电流反馈时,可令 $I_o=0$,即将放大电路的输出电路断开,找出它的输入电路。

②当考虑到反馈网络对输出电路负载效应时,可令 $U_i=0$,即将放大电路的输入端短路,找出它的输出电路;如为串联反馈时,$I_i=0$,即将放大电路的输入电路断开,找出它的输出电路。以上短路均为交流短路。

根据以上所述,可求出负反馈放大电路的基本放大电路参数。当求基本放大电路的输入回路时,因其是电压负反馈,所以可将负反馈放大电路的输出端交流短路,即 $U_o=0$,此时 R_f 相当于并联在 R_{f1} 上。当求基本放大电路的输出回路时,又由于是串联负反馈,因此将负反馈放大电路的输入端(VT_1 的发射极)开路,此时(R_f+R_{F1})相当于并接在输出端,可近似认为 R_f 并接在输出端。

如图 12-42 所示是考虑到负反馈网络的负载效应的基本放大电路。

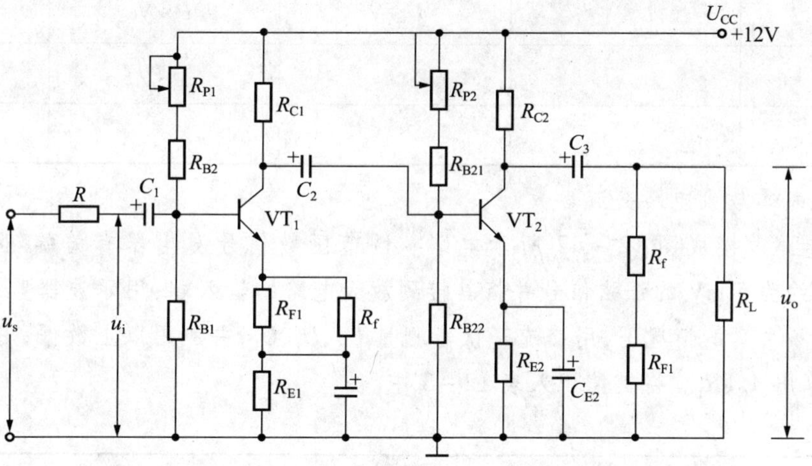

图 12-42

(3)放大电路的幅频特性和通频带的测量。放大电路的电压放大倍数与输入信号频率之间的关系称为放大电路的幅频特性。随着输入频率降低,直至电路的电压放大倍数是中频电压放大倍数的 $\frac{1}{\sqrt{2}}$ 时,称此时频率为下限频率 f_L,当输入频率升高到电压放大倍数为中频电压放大倍数的 $\frac{1}{\sqrt{2}}$ 时,称此时频率为上限频率 f_H。通频带则为

$$B=f_H-f_L$$

虽然负反馈使放大电路的放大倍数降低,但是其中通频段降低得多,高频段和低频段降低得少,相当于通频带加宽了。

测量放大电路的幅频特性,就是测量不同频率的电压放大倍数,电压放大倍数的测量方法,就是首先测出中频电压放大倍数,然后改变频率,分别找出 f_L、f_H,并且计算出通频带。在

改变频率时,要保持输入信号的幅度不变且使得输出不失真。

三、实训设备

直流稳压电源、函数信号发生器、频率计、双踪示波器、交流毫伏表、直流数字电压表、电阻器、电容器以及实验电路模板。

四、实训内容

(1)负反馈放大电路静态工作点的测量

将电路板的 S_1、S_2 接通,并且用导线连接前级和后级,使其成为带有电压串联负反馈的两级阻容耦合放大电路。

令输入信号 $U_I = 0$,将直流稳压电源调至 +12 V,并且接入模块电路。调节 R_P,用直流数字电压表检测 R_{e1} 端上的电压,直至 $U_{e1} = 2$ V。测量 VT_2 发射极电阻上电压 U_{RE2},计算 I_{C1}、I_{C2}。用直流数字电压表分别测量晶体管 VT_1、VT_2 各脚对地的电压值。并将结果记录在表 12-2 中。

表 12-2

	U_B/V	U_E/V	U_C/V	I_C/mA
VT_1				
VT_2				

(2)测试基本放大电路交流参数

将实验电路改接成图 12-42 所示电路。调节函数信号发生器有关旋钮,使其输出为 $f=1$ kHz,U_S 约为 5 mV 的正弦信号并将其接到放大电路的输入端,用示波器监视输出电压波形 U_o。在 U_o 不失真的情况下,用交流毫伏表测量 U_S、U_I、U_L,并利用以上数据,用前述求取 A_c、R_I。方法计算出 A_C、R_I。将其值记入表 12-3 中。

表 12-3

	U_s/V	U_I/V	U_L/V	A_C	R_I	R_o
$U_s = 5$ mV R_L						
$U_s = 5$ mV $R_L = \infty$						

保持 U_s 不变,断开负载电阻 R_L(注意:R_f 不要断开),测量放大电路空载时的输出电压 U_0,并用前述方法计算出 R_o 的值,记入表内。

(3)基本放大电路、负反馈电路通频带的测量

接上 R_L 保持输入信号 $U_s = 5$ mV 不变。调节函数信号发生器的频率旋钮,使正弦波信号频率在 1 kHz 基础上逐渐增加,直至示波器上显示的波形幅度缩小到原来幅值的 $\frac{1}{\sqrt{2}}$,此时的输入信号频率为 f_H。同样,逐渐减小频率,使信号幅值低至原来幅值的 $\frac{1}{\sqrt{2}}$,此时输入信号频率即

为 f_L（也可以用交流毫伏表测 U_o 的大小）。计算出基本放大电路的通频带 B 并把 f_H、f_L 记入表 12－4 中（此项实验，注意应使用频率较高的信号发生器）。

将基本放大电路恢复成负反馈放大电路，保持输入信号 U_s 不变，并按前述方法，找出 f_{Lf}、f_{Hf}，并计算出 B_f 值，记入表 12－4 中。

表 12－4

f_H	f_L	f_{Lf}	f_{Hf}	B_f	A_{uf}	R_{if}	R_{of}

(4) 测试负反馈放大电路交流参数

将恢复成负反馈放大电路的输入信号适当加大（约 10 mV），用示波器观察输出信号波形情况，在不失真的条件下，测量负反馈放大电路的 A_{uf}、R_{if}、R_{of}，记入表 12－4 中，并与基本放大电路对应的交流参数值进行比较。

(5) 观察负反馈对非线性的改善

将实验电路改接基本放大电路形式，在输入端加入 $f=1$ kHz 的正弦信号，输出端接示波器，逐渐增大信号幅度，使输出波形开始出现失真，记录其波形。将电路恢复为负反馈放大电路形式，增大输入信号幅度，使输出电压仍保持原有大小，比较有负反馈时，输出波形的变化，观察波形失真改善情况，有条件的可用失真度仪测试比较。

五、预习要求

(1) 复习负反馈对放大电路性能改善的原理。

(2) 了解负反馈放大电路划分为基本放大电路的概念和原理。

(3) 了解负反馈放大电路和基本放大电路的各项性能指标测试方法，如何使实验做到迅速而准确。

习 题

12－1 如图 12－43 所示是几种功率放大电路中的三极管集电极电流波形。请判断各属于哪类功率放大电路（甲类、乙类或甲乙类）。

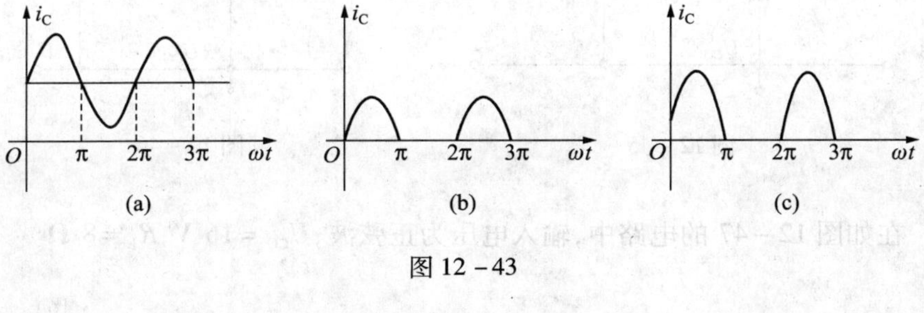

图 12－43

12 - 2　对于采用甲乙类功率放大输出级的收音机电路，有人说将音量调得越小越省电，这种说法对吗？为什么？

12 - 3　在如图 12 - 44 所示的放大电路中，设三极管的 $\beta=80$，$U_{BE}=0.7\ V$，$U_{CE}=0.3\ V$，电容 C 的容量足够大，对交流可视为短路。当输入正弦变流信号时，使电路最大不失真输出时的基极偏置电阻 R_s 是多少？此时的最大不失真输出功率是多少？效率是多少？

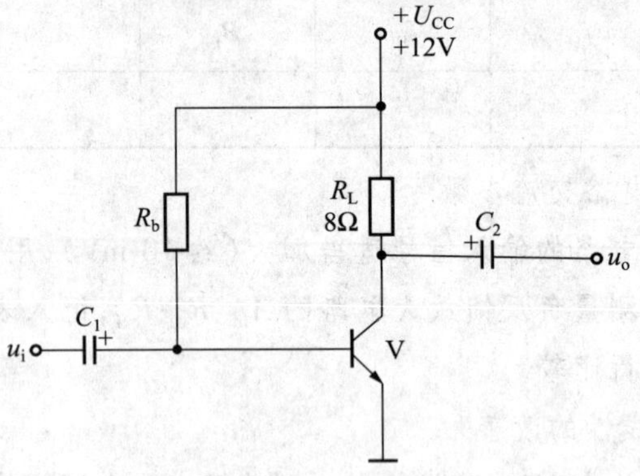

图 12 - 44

12 - 4　如图 12 - 45 所示的乙类双电源互补对称功率放大电路中，已知 $U_{CC}=20\ V$，$R_L=8\ \Omega$，U_i 为正弦输入信号，三极管的饱和压降可忽略。试计算：

(1) 负载上得到的最大不失真输出功率和此时每个功率管上的功率损耗；

(2) 每个功率管的最大功率损耗。

12 - 5　在如图 12 - 46 所示的功率放大电路中，电源电压为 16 V，忽略功率管的饱和压降，当 $R_L=8\ \Omega$ 时，请计算电路最大的不失真输出功率。（注意电路中的电容）

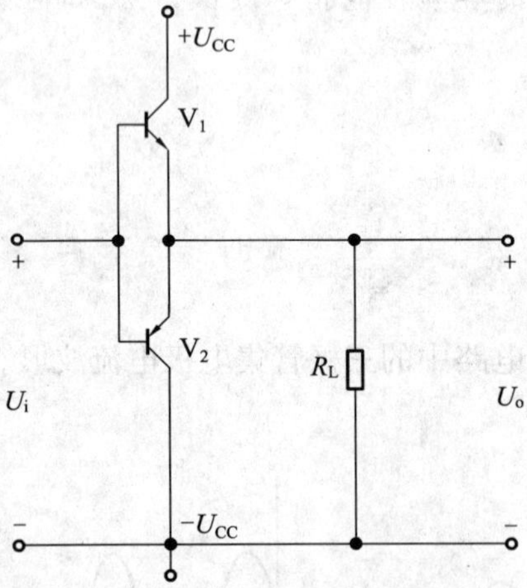

图 12 - 45

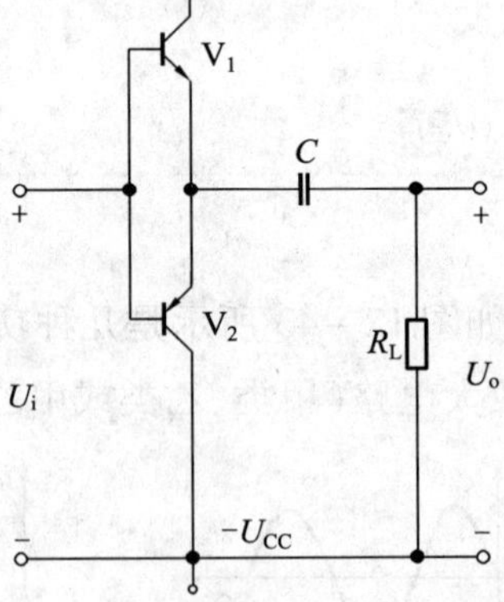

图 12 - 46

12 - 6　在如图 12 - 47 的电路中，输入电压为正弦波，$U_{CC}=16\ V$，$R_L=8\ \Omega$。

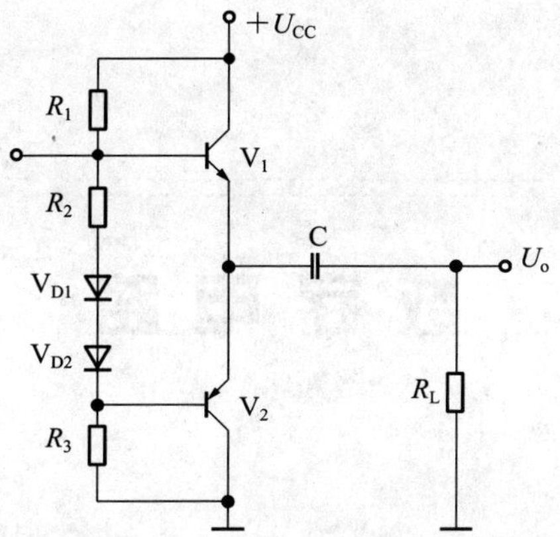

图 12 - 47

(1) E 点的静态电位应该是多少？通过调节哪个电阻能达到要求？

(2) 如果输出电压的波形出现交越失真，应该调整哪个电阻？

第13章

数字电路

内容提要

本章主要内容包括基本逻辑门电路、组合逻辑电路、触发器、时序逻辑电路及 A/D 和 D/A 转换器。

教学建议

在学习本章内容时,要注意组合逻辑电路的分析、组合逻辑电路和时序逻辑电路的设计及应用。

学习目标

1. 了解与门、或门、非门、与非门、或非门、与或非门和异或门的符号和逻辑关系,了解 RS 触发器、JK 触发器、T 触发器、D 触发器的真值表和特性方程。

2. 掌握逻辑电路的分析、设计和应用以及 555 定时器的应用,同时掌握数字—模拟;模拟—数字的转换。

第1节　逻辑门电路

逻辑是指一定的因果关系,即“条件和结果的关系”。为了方便描述逻辑关系,通常用符号“0”和“1”来表示某一事件的对立状态,如电位的“高”和“低”,开关的“通”和“断”等。因此,这里的“0”和“1”仅表示两种不同的状态,并不代表数值的大小。

在逻辑电路中,用 1 表示满足逻辑条件,用 0 表示不满足逻辑条件,称为正逻辑;否则,称为负逻辑。在本书的各种逻辑关系表述中均采用正逻辑。

逻辑电路用到的基本逻辑关系有“与逻辑”、“或逻辑”和“非逻辑”,相应的逻辑门为“与门”、“或门”和“非门”。

13.1.1 与门

与逻辑指的是只有当决定某一事件的全部条件都具备之后,该事件才发生;否则就不发生的一种因果关系。如图 13-1(a)所示的电路,为与门逻辑关系。

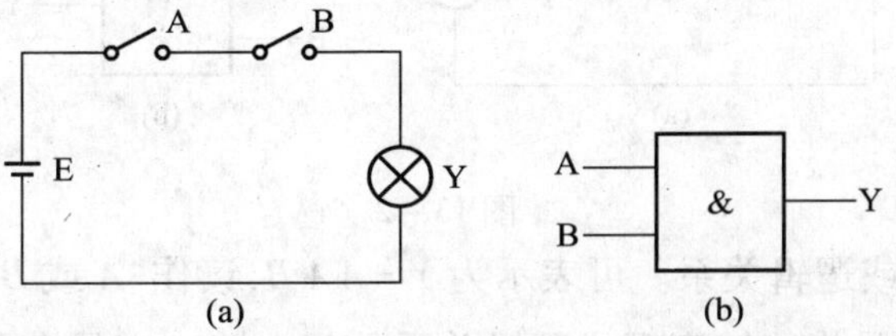

图 13-1

可以看出,只有当开关 A 与 B 全部闭合时,白炽灯 Y 才亮;若开关 A 或 B 其中有一个不闭合,白炽灯 Y 就不亮,这种因果关系就是与逻辑关系。与门的输出和输入之间的逻辑关系用逻辑表达式表示为

$$Y=A\cdot B=AB$$

可表示为 $Y=AB$,读作"A 与 B"。在逻辑运算中,与逻辑称为"逻辑乘"。

与门是指能够实现与逻辑关系的门电路。与门具有两个或多个输入端,一个输出端。其逻辑符号如图 13-1(b)所示。

与门的逻辑关系除了用逻辑表达式表示外,还可用真值表表示。真值表是指表明逻辑门电路输出端状态和输入端状态逻辑对应关系的表格。两输入端与门的真值表如表 13-1 所示。

表 13-1 与门真值表

输入		输出
A	B	Y
0	0	0
0	1	0
1	0	0
1	1	1

13.1.2 或门

或逻辑指的是当决定某一事件的所有条件中,只要有一个或一个以上的条件具备,该事件就会发生;当所有条件都不具备时,该事件才不发生的一种因果关系。

如图 13-2 所示的电路,只要开关 A 或 B 其中任一个闭合,白炽灯 Y 就亮;A、B 都不闭合,

白炽灯 Y 才不亮。

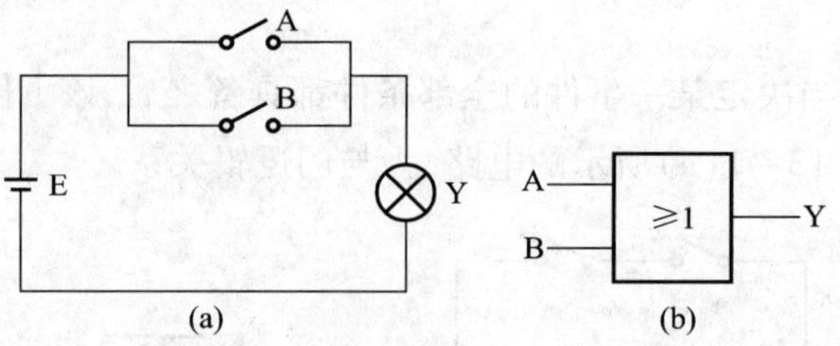

图 13－2

这种因果关系就是或逻辑关系。可表示为 $Y=A+B$,读作"A 或 B"。在逻辑运算中,或逻辑称为"逻辑加"。或门是指能够实现或逻辑关系的门电路。它具有两个或多个输入端,一个输出端。逻辑符号如图 13－2(b)所示。

或门的输出与输入之间的逻辑关系用逻辑表达式表示为

$$Y=A+B$$

两输入端或门电路的真值表如表 13－2 所示。

表 13－2　　或门真值表

输入		输出
A	B	Y
0	0	0
0	1	1
1	0	1
1	1	1

13.1.3　非门

非逻辑是指决定某事件的唯一条件不满足时,该事件就发生;而条件满足时,该事件反而不发生的一种因果关系。如图 13－3(a)所示电路,当开关 A 闭合时,白炽灯 Y 不亮;当开关 A 断开时,白炽灯 Y 才亮,这种因果关系就是非逻辑关系。可表示为 $Y=\overline{A}$,读作"A 非"或"非 A"。在逻辑代数中,非逻辑称为"求反"。

非门是指能够实现非逻辑关系的门电路。它只有一个输入端,一个输出端。其逻辑符号如图 13－3(b)所示。非门的输出与输入之间的逻辑关系用逻辑表达式表示为

$$Y=\overline{A}$$

非门真值表如表 13－3 所示。

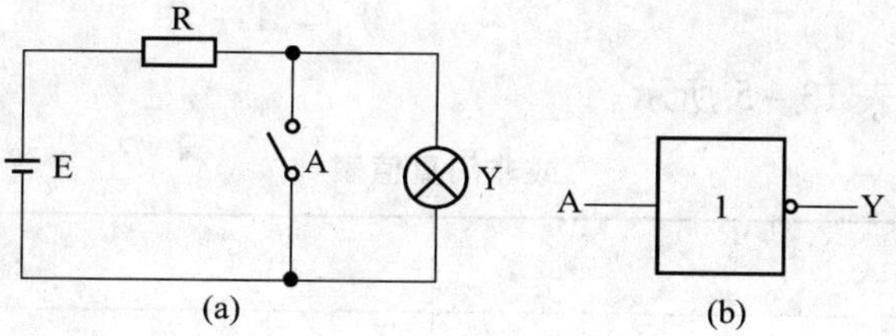

图 13－3

表 13－3　　非门真值表

输入	输出
A	Y
0	1
1	0

13.1.4　与非门

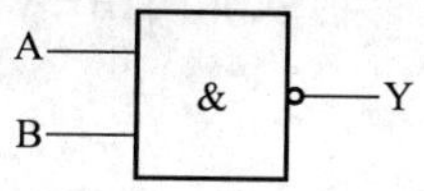

图 13－4

将一个与门和一个非门联合起来就构成了一个与非门。其逻辑符号如图 13－4 所示。

与非门的逻辑表达式为

$$Y = \overline{A \cdot B}$$

与非门的真值表如表 13－4 所示。

表 13－4　　与非门真值表

输入		输出
A	B	Y
0	0	1
0	1	1
1	0	1
1	1	0

可以看出,与非门的逻辑功能为有 0 出 1,全 1 出 0。

13.1.5　或非门

图 13－5

将一个或门和一个非门联合起来就构成了一个或非门。其逻辑符号如图 13－5 所示。

或非门的逻辑表达式为

$$Y = \overline{A + B}$$

或非门的真值表如表 13 -5 所示。

表 13 -5　　或非门真值表

输入		输出
A	*B*	*Y*
0	0	1
0	1	0
1	0	0
1	1	0

13.1.6　与或非门

与或非门由一个与门和一个或门、一个非门串联构成。其逻辑符号如图 13 -6(a)所示。

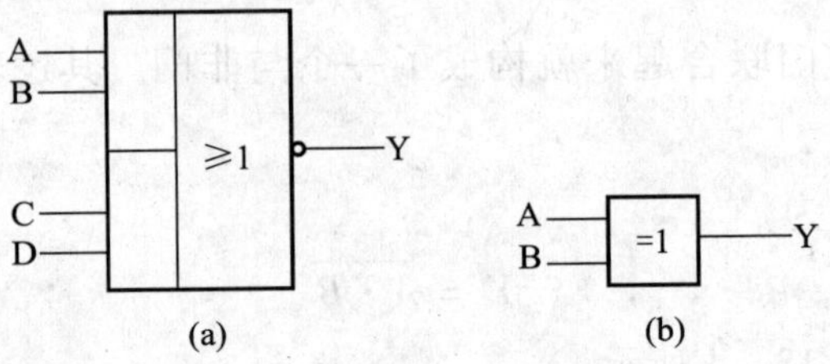

图 13 -6

与或非门的逻辑表达式为

$$Y = \overline{AB + CD}$$

与或非门的逻辑功能为一组全 1 出 0,各组有 0 出 1。

13.1.7　异或门

异或门由多个与门、或门、非门组成。其逻辑符号如图 13 -6(b)所示。异或门的逻辑表达式为

$$Y = \overline{A}B + A\overline{B}$$

或

$$Y = A \oplus B$$

异或门的逻辑功能为同出 0,异出 1。

第2节 组合逻辑电路

数字电路中,在任何时刻,输出状态只取决于同一时刻各个输入状态的组合,而与先前状态无关的逻辑电路称为组合逻辑电路。学习组合逻辑电路的主要目的是进行组合逻辑电路的分析和设计,而分析是设计的基础。组合逻辑电路的分析是根据给出的逻辑图确定逻辑功能。

组合逻辑电路的特点是:任何时刻的输出状态,直接由当时的输入状态所决定。也就是说,组合逻辑电路不具有记忆功能,输出结果与输入信号作用前的状态无关。常用组合逻辑的种类很多,主要有全加器、编码器、译码器、数据选择器、数据分配器、算术逻辑单元和数值比较器等。

13.2.1 组合逻辑电路的分析

组合逻辑电路的分析就是根据给定的逻辑电路图求出电路的逻辑功能,其分析步骤如下:

(1)根据给定的逻辑电路图,写出输出端的逻辑表达式。

(2)列出真值表。

(3)通过真值表概括出逻辑功能,看原电路是不是最理想;若不是,则对其进行改进。

13.2.2 组合逻辑电路的设计

组合逻辑电路设计的任务就是根据逻辑功能,设计逻辑电路。一般按如下的步骤进行:

第一步:把逻辑命题转换为真值表,这一步要从以下几个方面考虑:

(1)用英文字母代表输入或输出。

(2)分清几个输入、几个输出。

(3)分清输入和输出之间的对应关系。

第二步:写出逻辑关系式,然后化简,化简的形式则是根据所选用的逻辑门和逻辑关系最简式来决定。

第三步:根据化简结果和所选定的门电路,画出逻辑电路图,如图 13-7 所示。

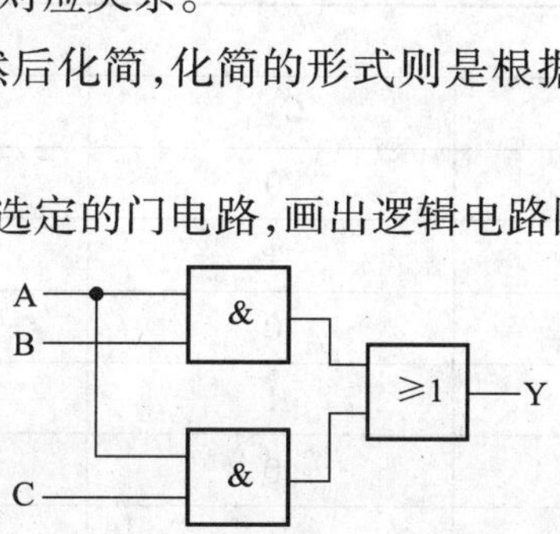

图 13-7

13.2.3 组合逻辑电路的应用

1. 半加器和全加器

在数字系统中算术运算都是利用加法进行的，因此加法器是数字系统中最基本的运算单元。由于二进制运算可以用逻辑运算来表示，因此可以用逻辑设计的方法来设计运算电路。加法在数字系统中分为全加和半加，所以加法器也分为全加器和半加器。

(1)半加器设计

半加器不考虑低位向本位的进位，因此它有两个输入端和两个输出端。设加数为 A、B，和为 S，向高位的进位为 C_i。根据逻辑功能，可列出真值表如表 13－6 所示。

表 13－6　半加器真值表

输入		输出	
A	B	S	C_i
0	0	0	0
0	1	1	0
1	0	1	0
1	1	0	1

逻辑表达式为

$$S = \overline{A}B + A\overline{B}$$

$$C_i = AB$$

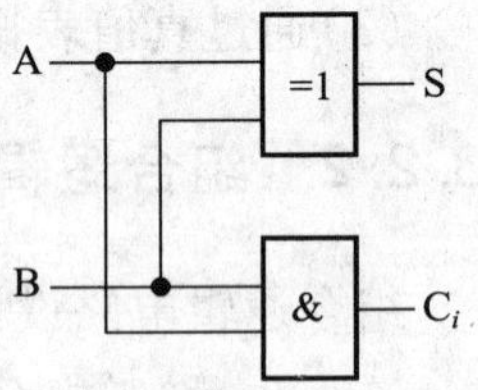

图 13－8

逻辑电路图(用异或门和与门构成)如图 13－8 所示。

(2)全加器的设计

由于全加器考虑低位向高位的进位，所以它有三个输入端和两个输出端。设输入变量为 A、B、C_{i-1}(低位进位)，输出变量为 S、C_i。根据逻辑功能列出真值表如表 13－7 所示。

表 13－7　全加器真值表

输入			输出	
A	B	C_{i-1}	S	C_i
0	0	0	0	0
0	0	1	1	0
0	1	0	1	0
0	1	1	0	1
1	0	0	1	0
1	0	1	0	1
1	1	0	0	1
1	1	1	1	1

函数的逻辑表达式为

$$S = A \oplus B \oplus C_{i-1}$$

$$C_i = (A \oplus B)C_{i-1} + AB$$

逻辑电路图(用异或门和与门构成)如图13－9所示。

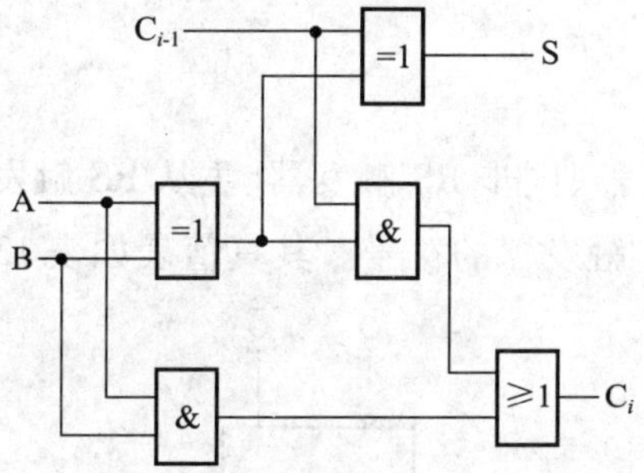

图13－9

2. 编码器和译码器

将符号或数字按规律编排,使其代表某种特定含义的过程称为编码。能够实现编码操作过程的器件称为编码器。用 n 位二进制代码对 $2n$ 个信号进行编码的电路称为二进制编码器。

(1)编码器

将二进制代码按照一定的规律编排,使得每组代码具有一定的含义,如代表某个数和控制信号。我们将这组具有一定含义的代码称为编码,在实际使用中,将实现编码逻辑功能的电路称为编码电路或编码器。

编码器一般具有若干个输入。在某一时刻只有一个输入信号被转换成二进制代码。例如8线－3线编码器有8个输入,3位二进制代码输出,而10线－4线编码器有10个输入,4位二进制代码输出。

常见的编码器有4线－2线编码器和优先编码器等。在集成电路编码器中还有8线－3线优先编码器74148和优先编码器74147等。

(2)译码器

所谓译码是编码的逆过程。译码是将含有特定含义的二进制代码转换成相应的输出控制信号或者另一种形式的代码。我们将能够实现译码的电路称为译码器。

译码器一般可以分为两种形式,一种是将一系列代码转换成与之一一对应的有效信号。这种译码器可以称为唯一地址译码器,它常用于计算机中对存储器单元的地址译码,即将每一个地址代码转换成一个有效信号,从而选中对应的单元。另一种是将代码转换成另一种代码,所以也将此种译码器称为代码转换器。

常用的译码器是唯一地址译码器,主要包括二进制译码器和二－十进制译码器。

第3节 触 发 器

13.3.1 RS 触发器

RS 触发器有基本 RS 触发器、同步 RS 触发器、主从 RS 触发器三种。

图 13－10 所示是基本 RS 触发器的符号。其真值表如表 13－8 所示。

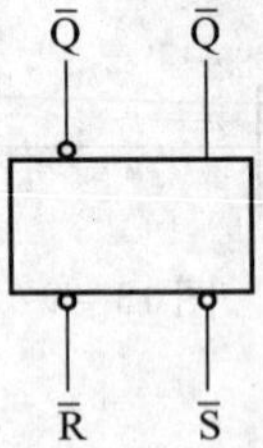

图 13－10

表 13－8 **基本 RS 触发器真值表**

$\bar{R}$	$\bar{S}$	Q_{n+1}	逻辑功能
0	1	0	置 0(复位)
1	0	1	置 1(置位)
1	1	不变	保持
0	0	不变	不允许

13.3.2 JK 触发器

JK 触发器是从 RS 触发器的基础上改进的电路。图 13－11 所示是 JK 触发器的符号。其真值表如表 13－9 所示。

表 13－9 **JK 触发器真值表**

J	K	Q_{n+1}	逻辑功能
0	0	Q_n	保持(记忆)
0	1	0	置 0
1	0	1	置 1
1	1	$\overline{Q_n}$	翻转(计数)

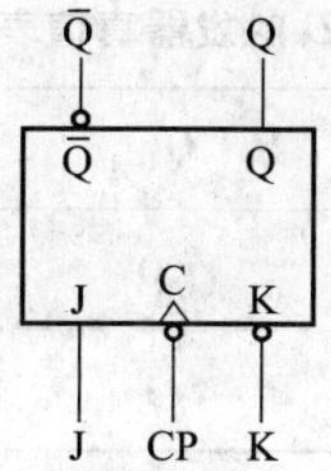

图 13－11

13.3.3 T 触发器

将 JK 触发器的 JK 两个输入端连接起来作为 T 端，就构成了 T 触发器。图 13－12 所示是 T 触发器的符号表示。其真值表如表 13－10 所示。

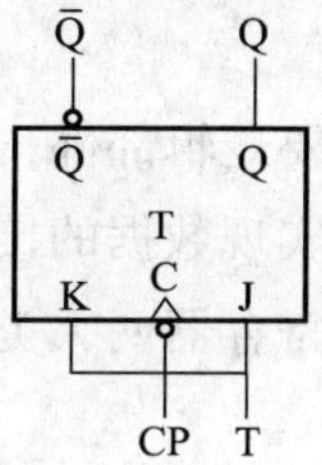

图 13－12

表 13－10　　T 触发器真值表

T_n	Q_{n+1}	逻辑功能
0	Q_n	保持(记忆)
1	$\overline{Q}_n$	翻转

13.3.4 D 触发器

从 JK 触发器的 J 端接一个非门到 K 端，将 K 端作为 D 端，就可以将一个 JK 触发器变成 D 触发器。图 13－13 所示是 D 触发器的符号表示。其真值表如表 13－11 所示。

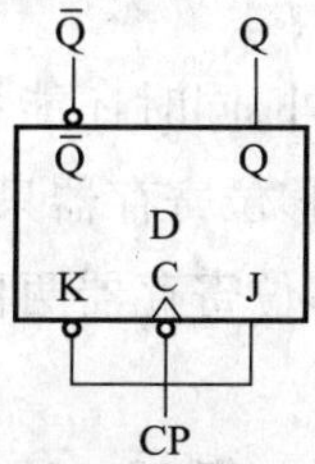

图 13－13

表 13－11　　D 触发器真值表

D_n	Q_{n+1}	逻辑功能
0	0	置 0
1	1	置 1

第 4 节　时序逻辑电路及其应用

13.4.1　寄存器

寄存器是一种存储二进制数码的重要逻辑部件，寄存器中用的记忆部件是触发器，每个触发器只能存一位二进制码。寄存器可以实现数据的接收、暂存、输出和清除等功能。

寄存器通常分为数码寄存器和移位寄存器两大类。

1. 数码寄存器

(1) 电路组成

4 位二进制数码寄存器的电路组成如图 13－14 所示，是由 4 个 D 触发器组成。

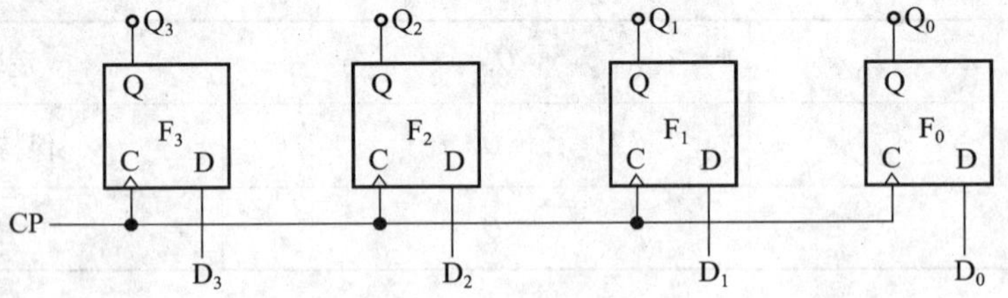

图 13－14

(2) 工作原理

当接收脉冲 CP 有效时，输入数据码 $D_3D_2D_1D_0$ 直接存入相应的 D 触发器。

2. 移位寄存器

移位寄存除了接收、存储、输出数据外，同时还能将其中寄存器的数据按一定方向进行移动。移位寄存器分为单向和双向。单向移位寄存器只能将寄存的数据在相邻位之间单方向移动，按移动方向分为左移位寄存器和右移位寄存器两种类型。

(1) 右移位寄存器

右移位寄存器电路如图 13－15 所示。表 13－12 是右移位寄存器的输出变化。

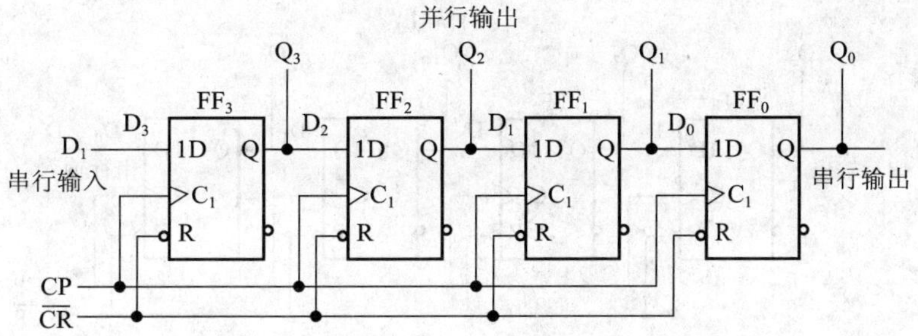

图 13－15

表 13－12 **右移位寄存器的输出变化**

CP	输入数据 D	右移位寄存器输出			
		Q_3	Q_2	Q_1	Q_0
0	0	0	0	0	0
1	1	1	0	0	0
2	0	0	1	0	0
3	1	1	0	1	0
4	1	1	1	0	1

如图 13－16 所示是右移位寄存器的时序图。

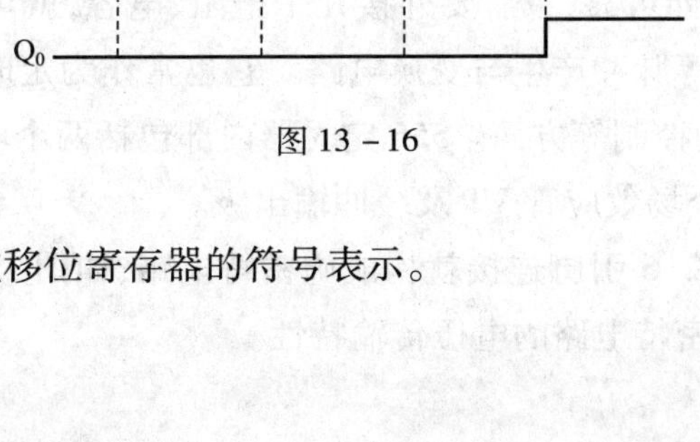

图 13－16

(2)左移位寄存器

如图 13－17 所示是左移位寄存器的符号表示。

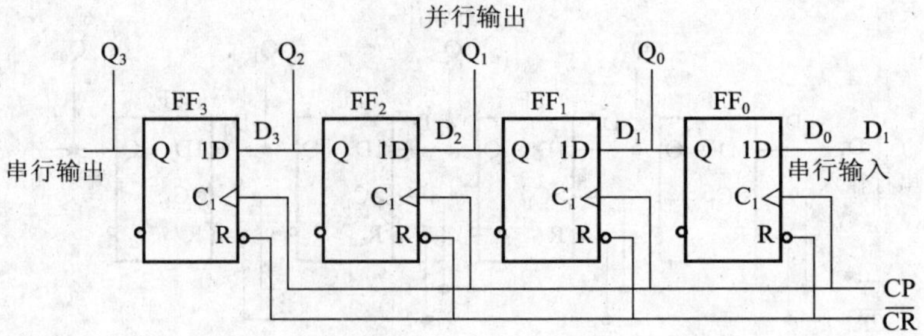

图 13－17

13.4.2 计数器

统计输入脉冲个数的功能称为计数，能实现计数操作的电路称为计数器。计数器是数字系统中用得较多的基本逻辑器件。它不仅能记录输入时钟脉冲的个数，还可以实现分频、定时、产生节拍脉冲和脉冲序列等。例如，计算机中的时序发生器、分频器、指令计数器等都要使用计数器。

计数器的种类很多，按时钟脉冲输入方式的不同，可分为同步计数器和异步计数器；按进位体制的不同，可分为二进制计数器和非二进制计数器；按计数过程中数字增减趋势的不同，可分为加法计数器、减法计数器和可逆计数器。

第 5 节　555 定时器的应用

555 定时器是一种模拟和数字功能相结合的中规模集成器件。一般用双极性工艺制作的称为 555，用 CMOS 工艺制作的称为 7555，除单定时器外，还有对应的双定时器 556/7556。555 定时器的电源电压范围宽，可在 4.5～16V 工作，7555 可在 3～18V 工作，输出驱动电流约为 200 mA，因而其输出可与 TTL、COMS 或者模拟电路电平兼容。

555 定时器成本低，性能可靠，只需要外接几个电阻、电容，就可以实现多谐振荡器、单稳态触发器及施密特触发器等脉冲产生与变换电路。它也常作为定时器广泛应用于仪器仪表、家用电器、电子测量及自动控制等方面。555 定时器内部包括两个电压比较器、三个等值串联电阻、一个 RS 触发器、一个场效应管 VT 及缓冲输出级。

将 555 定时电路中的 2、6 引脚连接就构成施密特电路，如图 13－18 所示。图 13－19 所示是 555 定时器构成的施密特电路的电压传输特性。

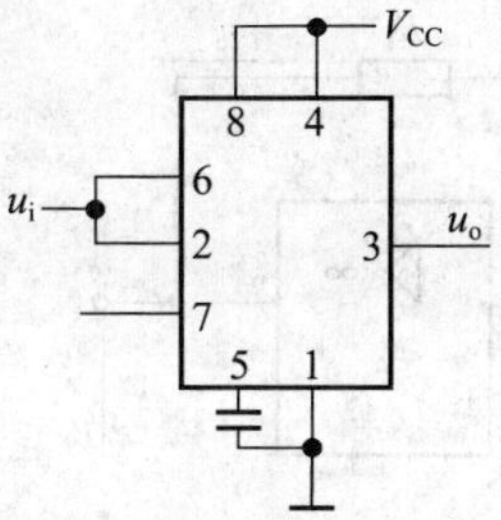

图 13－18

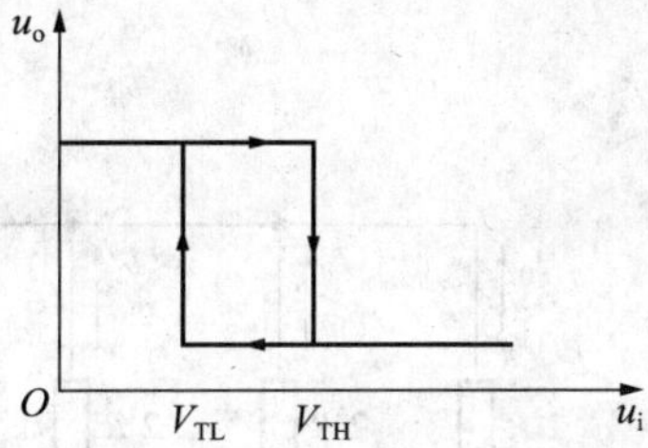

图 13－19

施密特电路的工作特点是：

(1)有两个稳定状态,但是这两个稳定状态要靠输入信号来维持,而且转换也要靠输入信号的转换来实现；

(2)输出电压和输入电压具有迂回特性,抗干扰能力强。

施密特电路的用途是：

(1)整形:将不好的矩形波变为较好的矩形波；

(2)波形转换:将三角波、正弦波和其他波形转换为矩形波,转换后输出波形的频率与输入波形相同；

(3)幅度鉴别:将输入信号中的幅度大于某一数值的信号检测出来。

第6节　A/D和D/A转换器

随着现代电子技术的发展,数字电路被广泛应用。数字电路只能对数字信号进行处理,而自然界大部分物理量是模拟量,所以要使数字电路能够处理模拟信号,必须将模拟信号转换成数字信号,即要用模/数转换器(A/D 转换器);有时又要把处理过的数字信号转换成模拟信号,即要用数/模转换器(D/A 转换器)。

13.6.1　D/A 转换器

D/A 转换器是将数字量转换成与之成比例的模拟量的电路。D/A 转换器有权电阻网络、T 型电阻网络、倒 T 型电阻网络等几种电路形式。一般 D/A 转换器由电阻译码网络、模拟开关、基准电源及求和运算放大器四部分组成。

如图 13－20 所示为一个 4 位权电阻网络 D/A 转换器,它主要由权电阻网络 D/A 转换电路和求和运算放大器组成。其中权电阻网络 D/A 转换电路是核心。求和运算放大器构成一个电流电压变换器,将流过各权电阻的电流相加,并转换成与输入数字量成正比的模拟电压输出;D_0 ~ D_3是输入的 4 位数字量。

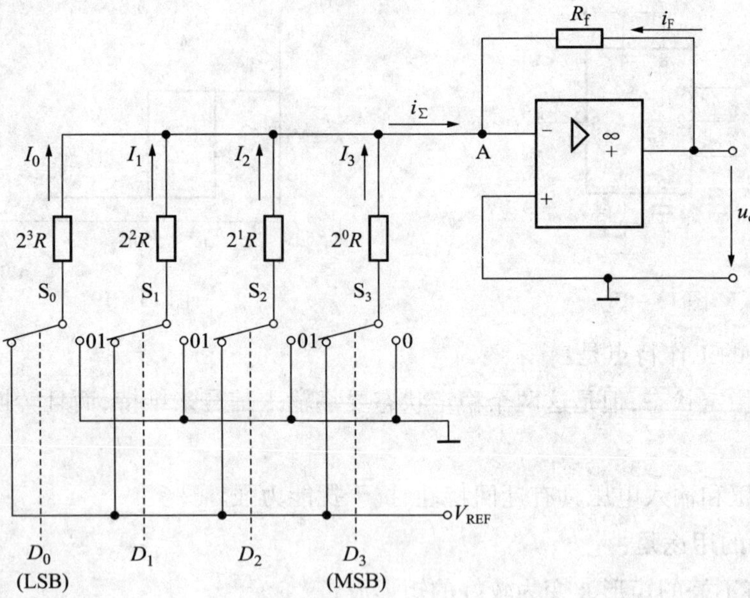

图 13－20

13.6.2　A/D 转换器

1. A/D 转换的一般步骤

A/D 转换一般需要经过四个步骤：采样、保持、量化和编码。

(1)采样—保持。采样是对在时间上连续变化的模拟量转换成在时间上断续变化的模拟量。如果为了能不失真地恢复原有的模拟信号，一般要求采样频率 $f_s \geqslant 2f_{Imax}$（f_{Imax} 为输入模拟信号频谱中的最高频率）。

由于采样时间很短，采样输出是一串断续的脉冲，量化电路来不及数字化，因此在两次采样间，须将采样的模拟信号暂时保存起来，并保持到下一采样脉冲到来之前。这就要在采样后加上保持电路。如图 13－21 所示是实际的采样保持电路。用一频率为 f_s 的周期脉冲 u_s 控制场效应管 V 的栅极电位，场效应管 V 导通期间输入信号储存在电容 C 上；场效应管 V 截止期间电容上电压保持截止前的数值，直到下一次导通时电容上的电压再变化。

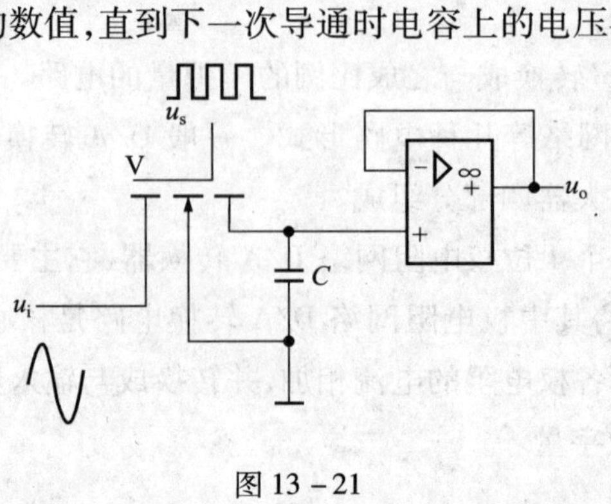

图 13－21

(2)量化－编码。模拟信号经采样保持电路后,得到了连续模拟信号的样值脉冲,它们还是模拟信号在给定时间上的瞬时值,而不是数字信号。还需进一步把每个样值脉冲转换成与它的幅度成正比的数字量。具体转换过程是将采样－保持电路输出的模拟信号的样值脉冲电压,用一个规定的量化单位去度量,最终模拟量可用这个量化单位的整数倍来表示。量化后的结果用代码表示称为编码。

2. A/D 转换器的工作原理

A/D 转换器有很多种类型,一般分为直接转换型和间接转换型。直接转换型可分为逐次逼近型 A/D 转换器、并行 A/D 转换器、计数型 A/D 转换器;间接转换型可分为单积分型 A/D 转换器、双积分型 A/D 转换器。下面以逐次逼近型 A/D 转换器为例来加以阐述。

逐次逼近型转换原理框图如图 13－22 所示。

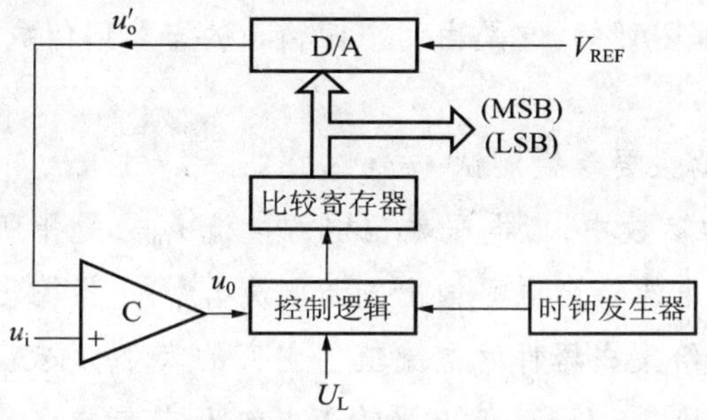

图 13－22

它由 D/A 转换器、电压比较器、比较寄存器和控制逻辑电路及时钟发生器组成。其转换原理是:控制逻辑电路使比较寄存器逐次产生已知数字量,并送入 D/A 转换器,产生对应的已知电压,该电压与输入模拟量进行比较,逐次逼近输入模拟量,转换结束后,比较寄存器保留了对应输入模拟量的数字量,并输出此数字量。

综合实训 13　数字电路及其应用

一、实训目的

(1)掌握 TTL 集成与非门的逻辑功能和主要参数的测试方法。

(2)掌握 TTL 器件的使用规则。

(3)熟悉数字电路实验装置的结构,基本功能和使用方法。

二、原理说明

集成门电路是数字集成电路中最基本的单元电路,因此掌握各种逻辑门,尤其是集成与非门的逻辑功能与参数是十分必要的。

(1)与非门的逻辑功能

与非门的逻辑功能是当输入端有一个或一个以上是低电平时,输出为高电平;只有当输入端全部为高电平时，输出才是低电平。图 13－23 所示是 TTL 集成与非门 74LS20 的逻辑框图及引脚排列。图 13－24 为引脚排列说明图。

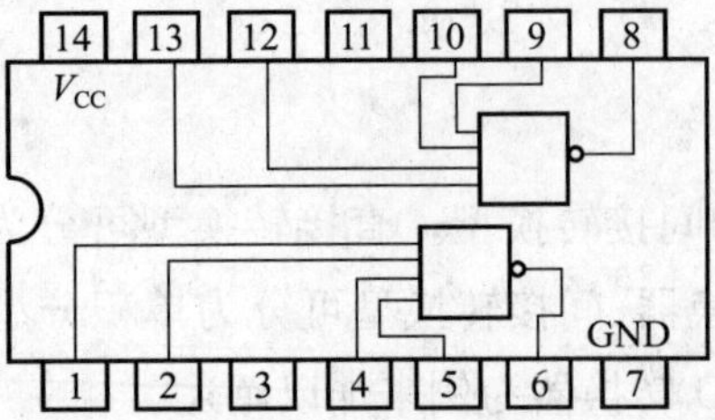

图 13－23

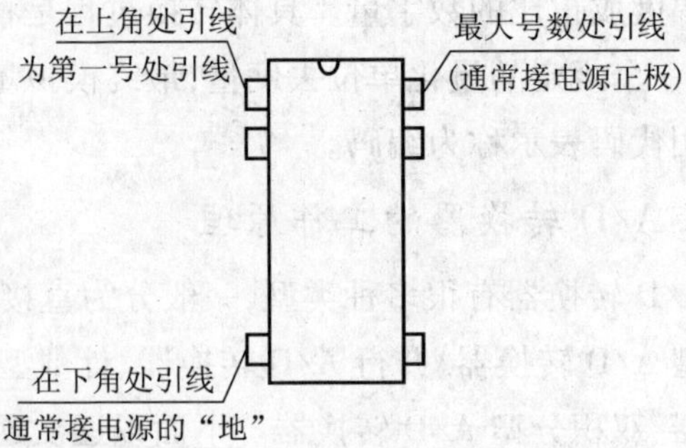

图 13－24

从 74LS20 内部逻辑框图可知，它是由两个四输入的与非门组成，故 74LS20 也称四输入二与非门。

(2) TTL 集成与非门的主要参数测试

在 TTL 集成与非门的参数中，低电平输出电源电流 I_{OCL}，是指所有的输入端悬空，输出空载时电源提供集成器件的电流。高电平输出电源电流 I_{CCH}，是指输出端空载，输入端一个以上接地，其余悬空，电源提供给集成器件的电流值。它们的大小标志着集成器件静态功耗大小。器件的最大功耗为 $P_{CCL}=V_{CCL}\cdot I_{CCL}$。低电平输入电流 I_{IL}是指被测输入端接地，其余输入端悬空，输出空载时由被测输入端流出的电流值越小越好。测试连接如图 13－25 所示。

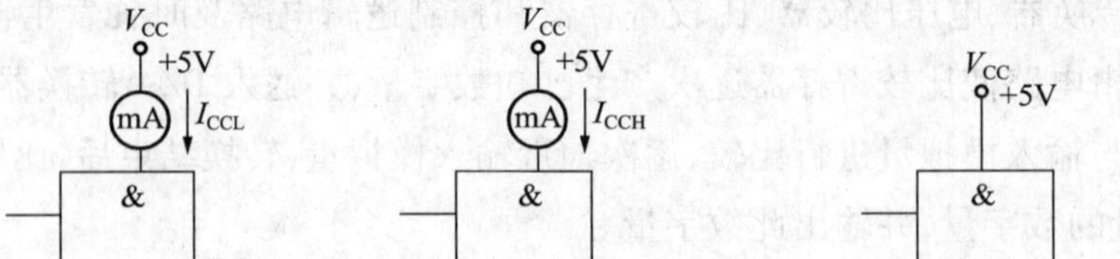

图 13－25

扇出系数 N_O是指门电路能驱动同类门的个数，常以低电平扇出系数作为门的扇出系数 N_{OL}。测试时，门的输入端全部悬空，输出端接电流负载 R_L，调节 R_P，使 I_{OL}增大，V_{OL}随之增高。当 $V_{OL}=0.4V$ 时的 I_{OL}就是允许灌入的最大负载的电流，则

$$N_{OL}=\frac{I_{OL}}{I_{IL}}$$

通常情况下，$N_{OL}\geqslant 8$。

电压传输特性是指门的输出电压 U_O 随输入电压 U_I 而变化的曲线 $U_O=f(U_I)$。通过它可

读出门电路的一些重要参数。测试电路如图 13－26 所示，图(a)为扇出系数测试电路，图(b)为传输电路测试电路。

(3)TTL 集成电路使用规则

数字电路实验中所用到的集成芯片都是双列直插式，其引脚排列具有一定的规则。识别方法是：正对集成电路型号(如 74LS20)或看标记(左边的缺口或小圆点标记号)从左下角开始逆时针方向以 1、2、3 依次排列到最后一脚(在左上角)。在标准 TTL 集成电路中，电源端 V_{CC} 一般排在上端，接地端 GND 一般排在右下端。

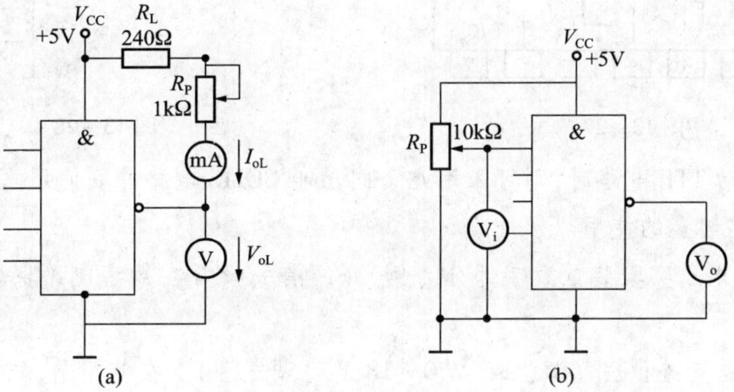

图 13－26

若集成芯片上的标号为 NC，则表示该引脚为空引脚，与内部电路不连接。

TTL 集成电路电源电压的使用范围在 4.5～5.5 V 之间，实验中要求使用电源电压 V_{CC} 为 5 V。电源极性不允许接错。

TTL 集成与非门的输出端一般不能并联，否则将破坏正常逻辑关系；也不能与电源或地短路。其输入端如果悬空，则相当于逻辑“1”，但对多余的输入端，一般最好不要悬空，可以把已用的输入端并联当一个脚用，也可通过 2 kΩ 电阻接到 5 V 电源上。

(4)COMS 集成电路与集成逻辑电路的连接

COMS 有功耗低、输入阻抗高，传输特性好，电源电压范围广等优点，其电路可在 3～18 V 之间正常运行。COMS 与 TTL 电路的逻辑功能是完全一样的。图 13－27 所示是二输入四与非门 COMS 集成电路 CC4011 引脚排列图。

TTL 集成电路、COMS 集成电路均可直接连接。在 TTL 电路驱动 COMS 电路时，为了保证 TTL 输出高电平时，后级 COMS 电路可靠工作，通常要外接一个 2～6.2 kΩ 提拉电阻，如图 13－28所示。

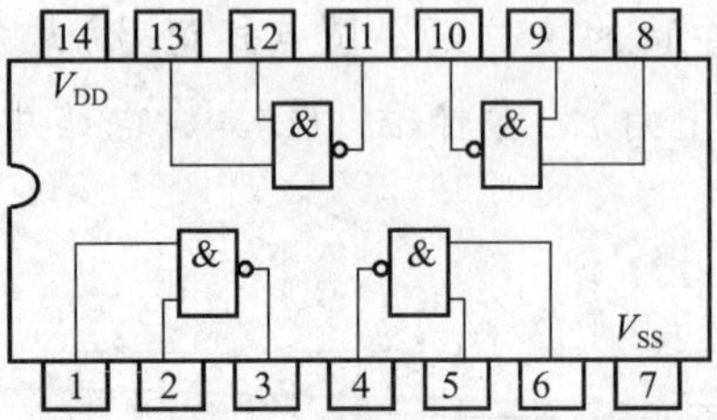

图 13－27

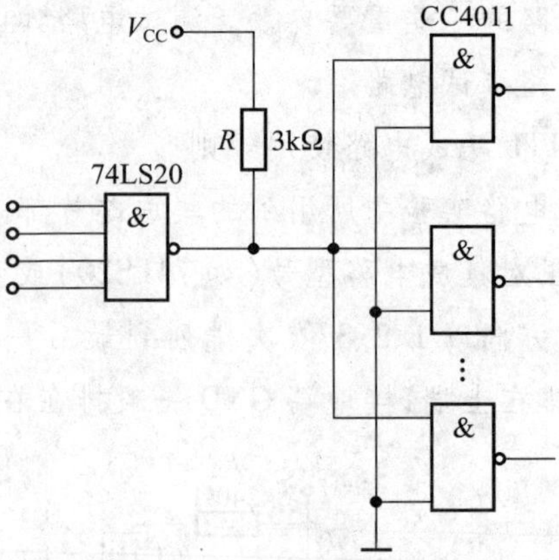

图 13－28

当 COMS 驱动 TTL 电路时,则可采用几个同功能 COMS 电路并联使用。

(5)数字电路装置的使用

这里以 DZX 电子实验装置数字部分为例,介绍有关设备在数字电路实验中的使用,其他设备可参照使用。

装置装有四路直流稳压电源(±5 V,0～18 V 可调电源)。在使用前,先要用连线将 +5 V 电源接至"+5 V"处插孔。装置上装有双列直插式圆脚集成电路插座,在插座四周装有标有数字的插孔,与插座对应各脚相连接。

装置上装有十六位开关电平输出,每位是由开关及与之相对应开关电平输出插口,并有发光二极管予以显示。当开关向上拨(即拨向"高")时,与之相对应的输出插口输出高电平,且其对应发光二极管点亮;当开关向下拨(即拨向"低")时,相对应的输出插口为低电平,则对应的发光二极管熄灭。在装置上还装有十六位逻辑显示器输入,在接通 +5 V 直流稳压电源后,当输入口接高电平时,所对应的发光二极管点亮;输入口接低电平时,则熄灭。

在装置左下方设有频率为 1 Hz、10 kHz、20 kHz 附近连续可调的脉冲信号源。当接通电源后,其输出插口将输出连续的幅度为 3.5 V 的方波脉冲信号。其输出频率由"频率范围"波段开关的位置(1Hz、10 kHz、20 kHz)决定,并通过"频率调节"电位器对输出频率进行细调,并由发光二极管指示是否有脉冲信号输出。

三、实训设备

±5 V 直流稳压电源、双踪示波器、直流数字电压表、直流数字电流表、逻辑电平开关、逻辑电平显示器、连续脉冲源、74LS20、10 kΩ 电位器一只、1 kΩ、240 Ω 电阻各一只。

四、实训内容

在一个合适的位置选取一个 14 脚插座,按定位标记插好 74LS20 集成块。

(1)验证 TTL 集成与非门 74LS20 逻辑功能

本实训只对 74LS20 中的一个门的逻辑功能进行测试。按图 13－29 进行接线,即集成电路 14 脚接 +5 V 直流稳压电源,7 脚接地端,其输入端 1、2、4、5 脚则分别接至十六位开关电平输出中的任意4个插口,将输出6脚接至十六位逻辑电平输入中任意一个插口。打开电源开关,并将开关电平输出开关分别按逻辑电平置于集成电路输入端,并观察逻辑电平显示器中所显示的逻辑电平,记入表13-13中。

表13-13

输入				输出
A	B	C	D	E
1	1	1	1	
0	1	1	1	
1	0	1	1	
1	1	0	1	
1	1	1	0	

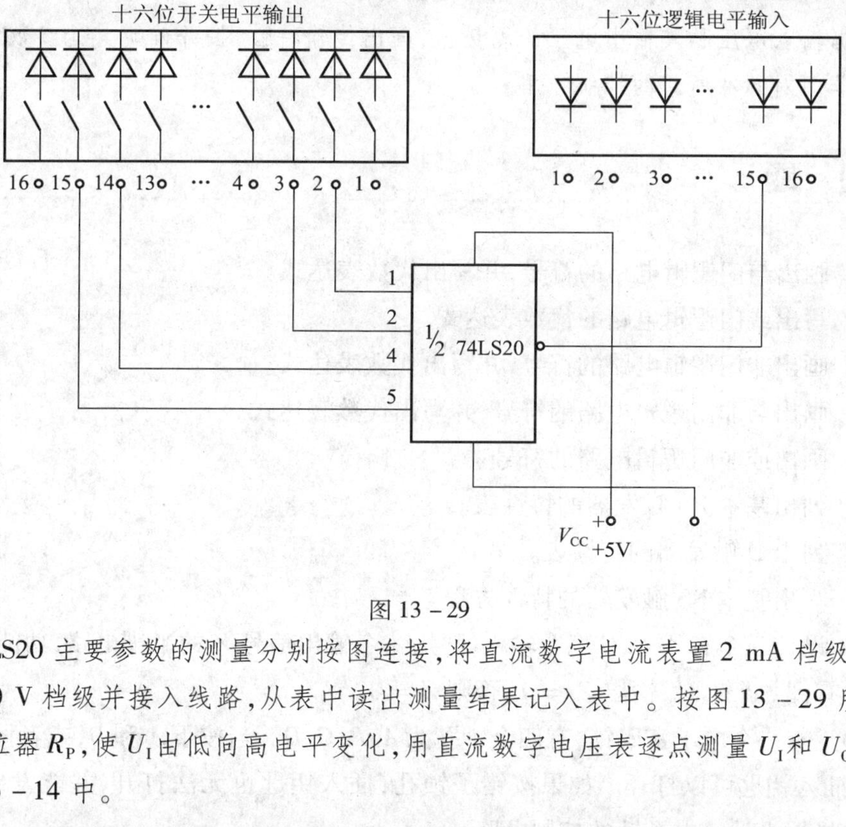

图13-29

(2)74LS20主要参数的测量分别按图连接,将直流数字电流表置2 mA档级,直流数字电压表置20 V档级并接入线路,从表中读出测量结果记入表中。按图13-29所示连接线路,调节电位器R_P,使U_I由低向高电平变化,用直流数字电压表逐点测量U_I和U_O的对应值,记录于表13-14中。

表13-14

U_I/V	0	0.2	0.4	0.6	0.8	1.0	1.5	2.0	2.5	3.0	3.5	4.0
U_O/V												

(3)观察与非门对脉冲的控制作用。按图13－30所示电路连接线路，将74LS20中任意一个输入端接在连续脉冲源的输出端，并将其频率调至$f=1$ kHz，将另外3个输入端连接在一起，并接入开关电平输出插口，分别置逻辑“1”和逻辑“0”。并用示波器观察两种情况的输出波形，进行记录。

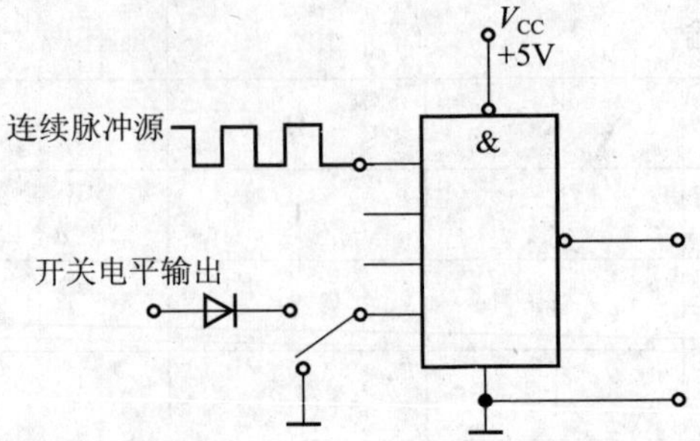

图13－30

五、实训总结

(1)列出74LS20测量的真值表，观察与逻辑关系是否相符。

(2)根据输入电压和其输出电压的测量值，画出传输特性图，并确定其他参数值。

(3)与非门对脉冲所起的控制作用。

习　题

13－1　画出与门逻辑电路的符号，并写出代数表达式。

13－2　写出或门逻辑电路的代数表达式。

13－3　画出非门逻辑电路的符号，并写出代数表达式。

13－4　画出与非门逻辑电路的符号，并写出代数表达式。

13－5　画出或非门逻辑电路的符号。

13－6　列出基本RS触发器的特性表。

13－7　列出D触发器的特性表。

13－8　写出基本RS触发器的特性方程。

13－9　设计一个有A、B、C三个输入信号，一个输出信号Z的半耦电路，功能是当三个输入的取值中有偶数个1时，输出$Z=1$，否则$Z=0$。

13－10　有一个电子密码锁，有四个锁孔为A、B、C、D。当按下A和D，或者按下A和C、B和D时，再插入钥匙可以打开。如果按错了锁孔，插入钥匙也无法打开，并能发出报警信号。请用数据选择器设计该电子锁的控制电路。

参考文献

[1] 田玉. 电工电子技术. 北京:电子工业出版社,2010

[2] 赵立燕. 电工电子技术基础. 北京:清华大学出版社,北京交通大学出版社,2009

[3] 史仪凯. 电工电子技术. 北京:科学出版社,2009

[4] 杨素行. 模拟电子技术简明教程(第二版). 北京:高等教育出版社,1998

[5] 邱关源. 电路(第二版). 北京:高等教育出版社,1982

[6] 康华光. 电子技术基础模拟部分(第四版). 北京:高等教育出版社,1999

[7] 李瀚荪. 电路及磁路. 北京:中央广播电视出版社,1994

[8] 庄玉欢. 模拟电子技术. 成都:电子科技大学出版社,1991

[9] 唐竞新. 模拟电子技术基础题解. 北京:清华大学出版社,1998

[10] 康光华. 电子技术基础(第三版). 北京:高等教育出版社,1988

[11] 李士雄、皇甫正贤. 数字集成电路基础. 北京:高等教育出版社,1997

[12] 阎石. 数字电子技术(第三版). 北京:高等教育出版社,1990

[13] 宋樟林,陈道铎,王小海. 数字电子技术基本教程. 杭州:浙江大学出版社,1995

[14] 谭建生,李东. 数字电路与逻辑设计. 北京:电子工业出版社,1998

[15] 王克义,李洁. 电子技术与数字电路. 北京:北京大学出版社,1996

[16] 王家继. 脉冲与数字电路. 北京:高等教育出版社,1992

[17] 孙梅生,李美莺,徐振英. 电子技术基础课程设计,北京:高等教育出版社,1989